"十二五"普通高等教育本科国家级规划教材

本教材第2版曾获首届全国教材建设奖全国优秀教材二等奖

U0162101

导弹测试与发射控制技术

（第3版）

胡昌华　郑建飞　马清亮　编著

国防工业出版社

·北京·

内 容 简 介

本书以一种全新的体系结构介绍导弹测试与发射控制技术：从导弹控制系统部件或系统的工作原理出发，分析导弹控制系统部件或系统的输入/输出传递关系，进而分析对应的导弹控制系统部件或系统的测试技术指标、测试原理、测试方法和测控手段，并介绍了诸元、瞄准、精度分析及故障诊断技术。主要内容包括惯性器件与系统、弹载计算机、伺服机构、电源配电系统、制导系统、姿态控制系统、安全自毁系统及其测试、综合测试、发射控制、导弹分布式测控技术、导弹弹道与诸元计算、导弹初始与对准、导弹命中精度分析以及导弹故障诊断技术。

本书适合作为导弹控制、测试计量技术及仪器、检测技术及自动化装置、导航制导与控制等专业高年级本科生和研究生的教材，对从事导弹测试与发射控制系统设计与使用的广大工程技术人员也是一本内容系统全面、视角独特、参考价值高的参考书。

图书在版编目（CIP）数据

导弹测试与发射控制技术/胡昌华，郑建飞，马清亮编著．—3版．—北京：国防工业出版社，2025.2重印
ISBN 978－7－118－12961－8

Ⅰ.①导… Ⅱ.①胡… ②郑… ③马… Ⅲ.①导弹－测试技术②导弹发射－指挥控制系统 Ⅳ.①TJ760.6 ②TJ768

中国国家版本馆 CIP 数据核字（2023）第 076527 号

※

*国防工业出版社*出版发行

（北京市海淀区紫竹院南路23号 邮政编码100048）
北京凌奇印刷有限责任公司印刷
新华书店经售

*

开本 787×1092 1/16 印张 21½ 字数 515 千字
2025 年 2 月第 3 版第 2 次印刷 印数 2001—3000 册 定价 99.00 元

（本书如有印装错误，我社负责调换）

国防书店：(010)88540777　　书店传真：(010)88540776
发行业务：(010)88540717　　发行传真：(010)88540762

前言

自 2015 年第 2 版后,又过去了近八年时间。考虑到导弹武器装备的快速发展,尤其是网络化、智能化测控技术的推广应用,我们在第 2 版的基础上增加了以总线、机内测试和网络化等技术为代表的导弹分布式测控技术,并对原书中电动伺服机构等内容进行了更新。李红增副教授、周涛副教授承担了这两部分的增补和修订工作,在此深表感谢。

本书自第 1 版、第 2 版出版以来,得到了航天工业部门、战略支援部队实验基地、国防科技大学等军地众多科研院所科技人员的广泛关注、重视和高度好评,在火箭军作战部队指挥、技术军官以及相关专业师生中也获得了较高认可。2014 年本书被评为"十二五"普通高等教育本科国家级规划教材,2021 年获得首届全国教材建设奖全国优秀教材二等奖,这既是学界同行们对我们的肯定和鼓励,也是对我们的鞭策,我们希望结合教学工作,继续对本书进行后续的完善和更新,也希望同行们能及时地给予我们更多的批评、指导和帮助!

感谢阅读本书的广大读者!您的持续关注和支持,是我们继续改进、完善本书的动力源泉。感谢国防工业出版社一直以来高标准、严要求对待本书的编辑出版。感谢以不同方式关心和支持本书出版、再版的各级领导、朋友!我们将不断努力,紧跟前沿、与时俱进,对本书继续进行完善和提高。

作 者

2023 年于古都西安

第2版前言

自 2010 年第 1 版后,又过去了近五年时间。在教学过程中,根据装备技术的新发展,如电动伺服机构的发展,导引头技术的广泛应用,测试体制、测试方案出现的许多变化和发展,我们对部分章节进行了修订。另外,考虑到弹道分析与诸元计算、初始定位与对准、精度分析等导弹武器使用中必须面对的问题,我们在第 2 版中增加了论述这三部分的章节。胡昌华教授撰写了新增的第十二章导弹初始定位与对准、第十三章导弹精度分析,并对第一、四、六、十四章进行了修订。李邦杰副教授撰写了新增的第十一章导弹诸元计算。周涛博士参与了第六章中雷达导引头及测试部分的修订。

本书第 1 版自出版以来,得到国防科技大学、航天工业部门、总装备部实验基地等军地众多科研院所科技人员的广泛关注、重视和高度好评,在部队从事相关专业的广大官兵中也获得较高认可,在此向所有关心、支持本书及第 2 版出版的领导及学界同仁表示衷心的感谢!

本书在成稿和出版过程中得到国家杰出青年科学基金(61025014)、国家自然科学基金面上项目(61573365)的资助,在此向国家自然科学基金委员会,特别是信息三处的王成红、宋苏同志表示衷心的感谢!

本书 2014 年被评为"十二五"普通高等教育本科国家级规划教材,这既是学界同行们对我们的肯定和鼓励,也是对我们的鞭策,我们希望结合教学工作,继续对本书进行后续的完善和发展,也希望同行们能及时地给予我们更多的批评、指导和帮助!

作 者

2015 年 3 月于古都西安

第1版前言

第二炮兵工程学院测控工程教研室从 1959 年就一直从事导弹测试与发射控制技术方面的教学研究工作,教研室先后编写过近十本导弹测试与发射控制技术方面的教材,但这些教材大多以单一型号为背景,缺少能覆盖不同型号背景的通用化公共专业基础教材。国内公开出版的系统论述导弹测试与发射控制技术方面的文献也不多见,宇航出版社出版的导弹丛书中有一些这方面的著作,但也多是结合背景型号展开论述。冉隆遂研究员 1996 年出版过一本《导弹测试发射控制工程》著作,但随着时间的推移,有许多技术已有新的发展。教学实践的迫切需要,使我们萌生了编写一本内容系统全面而又能反映相关技术最新发展的导弹测试与发射控制技术方面的教材。进入 21 世纪后,国家教育部提出高校教育应朝"重基础,宽口径"的方向发展,更坚定了我们编写一本导弹测试与发射控制技术方面通用教材的想法。为此,我们从 2005 年开始着手这一教材的编写,2007 年 5 月完成第一稿,由第二炮兵工程学院作为学院本科生教材试用两期,期间数易其稿,2009 年 10 月完成第二稿,并进行第三期试用,试用过程中再次对许多内容进行了修改、完善,形成了目前的版本。

本书的成稿,凝聚了第二炮兵工程学院测控教研室几代人的智慧,胡昌华教授提出并确定了教材的整体编写体系结构:从被测对象工作原理及其传递函数分析出发,阐释设备或系统的测试参数、测试指标及测试方法。这一全新的体系结构是论述导弹测试与发射控制技术的一种全新尝试。本书在写作过程中参阅了学院自编教材的一些内容,在此对相关内容的作者一并致以谢意!周涛、刘志国、廖守亿同志参与了第六章部分内容的编写,岳瑞华、徐中英参加了书稿写作思路的研究,并对部分书稿进行了校正,在此一并表达我们的谢意!此外,本书还得到了第二炮兵工程学院许多领导和同事的关心、支持和帮助,在此一并致谢。

本书的出版得到了军队"2110 工程"和教育部"新世纪优秀人才支持计划"的支持,在此表示感谢!

限于我们的水平和本书所涉及内容知识面的宽广性,书中难免存在一些不足之处,恳请广大读者批评指正!

作 者

2010 年 3 月于古都西安

目录

第一章

导弹测试与发射控制系统

>>

第一节 概　述

导弹测试与发射控制系统是对导弹各设备及系统的性能及相互间信号的协调配合性实施测试,对导弹进行发射条件检查和准备,对检查合格的导弹按命令进行发射的系统。

导弹控制系统测试包括单元测试和综合测试。其中:单元测试是对弹上各仪器进行的单机测试,通过测试判断导弹各仪器设备的功能是否正常、参数是否符合要求;综合测试是对控制系统各分系统的功能与参数进行的测试,以及对全系统的综合性能、外部系统配合信号的协调性进行的总检查,通常包括单项检查、分系统测试、总检查等内容。

单项检查是对影响导弹发射成败的重要机械部件或电子线路的工作状态和性能进行的单独检查。如发动机点火保险栓栓开和栓闭功能的检查、脱落连接器(弹地信号连接插头)插拔功能的检查。

分系统测试是从分系统的角度考查组成各个分系统的部件整体性能及相互之间的协调匹配性能是否正常。控制系统通常包括电源配电系统、制导系统(又称射程控制系统)和姿态控制系统(又称稳定系统)等分系统。

总检查是对导弹全系统综合性能进行的检查测试,重点检查各系统工作的协调性和典型的系统参数。作为对导弹总体使用性能的最后检验,总检查通常包括模拟飞行、模拟发射和紧急断电等检查。模拟飞行完成导弹飞行时序、全系统极性关系、制导准确性以及各系统之间工作协调性的检查;模拟发射主要考核调平、瞄准、诸元装定、电源转换、点火发射程序,检查导弹"发射"后飞行状态下的性能和参数;紧急断电检查是在转电之后、发射之前,发现紧急危险时,通过切断弹上供电和地面供电,从而中止整个发射进程的一种应急电路检查。通过紧急断电检查,实现对发射电路的检查和发射不成功时各系统的紧急断电,以及关机功能的检查。

导弹的发射控制是对导弹实施控制系统接通、状态初始化控制以及各种发射准备条件的综合,并对检查合格、准备好的导弹实施发射点火控制。

导弹测试与发射控制系统是导弹武器系统的重要组成部分,配合指挥控制系统(指挥自动化设备),共同完成导弹的作战使命。此外,为完成导弹的作战任务,还有许多作战保障系统,如气象保障、大地测量、射击诸元计算、火力规划、任务规划、航迹规划、情报保障等系统。

　　导弹测试与发射控制系统在导弹武器研制和使用中具有重要的地位，主要体现在以下三点。

　　（1）导弹测试与发射控制系统是导弹武器发挥战术技术性能的重要保证。导弹武器从出厂直到在阵地上实施发射，每一个环节都需要利用导弹测试与发射控制系统对其性能进行检查和测试。高性能的导弹测试与发射控制系统，能快速、准确判断导弹的性能，并及时将性能合格的导弹发射出去。现代战争将缩短发射准备时间作为提高导弹武器攻击能力的一项重要战术技术指标。为此，导弹测试与发射控制系统不仅应具有高度的自动化水平和高可靠性的设备，而且应具有先进的通信手段和快速的阵地展开、撤收性能。针对现代战争的特点，研制出高性能导弹测试与发射控制系统，是导弹武器发挥战斗威力的重要保证。

　　（2）导弹测试与发射控制系统是实现导弹性能检验与优化设计的重要手段。导弹从出厂直到试验飞行的整个过程中，需要运用导弹测试与发射控制系统对各个仪器、分系统、全系统进行参数测试和性能验证。导弹测试与发射控制系统的测量结果，可以作为验证和修改导弹设计的重要依据。

　　导弹测试与发射控制系统是导弹控制系统优化设计的重要环节。实践表明，弹－地一体化设计是导弹武器系统的重要研究方法。为满足导弹武器系统的战术技术指标和优化设计目标，需要将导弹测试与发射控制系统同导弹作为一个整体来考虑，统筹协调，一体化设计。

　　（3）导弹测试与发射控制系统是实现导弹武器基于信息系统体系作战指挥决策的重要依托。随着计算机技术、通信、控制技术的发展，导弹测试与发射控制系统逐渐形成了集指挥、测试、监视、发射控制于一体的系统，并逐渐成为导弹地面设备的中枢。为了进一步适应现代作战的需要，今后还将会实现指挥、控制、通信、信息一体化的地面武器系统结构，从而使得导弹测试与发射控制系统的地位和作用越来越重要。随着人工智能、实时仿真、专家系统、网络通信等新技术的广泛应用，导弹测试与发射控制系统将不仅是测试、发射导弹的重要设备，而且将成为导弹武器的性能分析与指挥决策的重要依托。

第二节　导弹测试与发射控制系统的功用、测试体制及结构组成

一、导弹测试与发射控制系统的功用

　　（1）对导弹控制系统的功能和参数进行检查和测试。
　　（2）对导弹发射电路进行检查。
　　（3）对导弹进行发射条件综合，实施发射点火控制。
　　（4）配合指挥自动化系统，对导弹实施测试和发射的指挥控制。

二、导弹测试与发射控制系统的测试体制及结构组成

　　按照测试顺序分，导弹有两种测试体制：①由局部到整体、自底向上的测试方法，即先进行单元测试，再进行分系统测试，最后全系统进行总检查；②由整体到局部、自顶向下的测试方法，即先测试整个系统，如正常，则通过，如有问题，则测试分系统，进而测试单个仪器。

　　按照测试设备配置的位置分，导弹有三种测试体制：①地测体制；②弹测与地测相结合的测试体制；③弹测体制。

地测体制的所有测试设备放在地面,弹地之间通过模拟电缆实现信号的连接和信息的交互。弹测体制的测试设备放在弹上,测量结果通过通信方式发送至地面。弹地结合体制通过弹测和地测结合,完成导弹的测试。

（一）基于地测体制的导弹测试与发射控制系统及其结构组成

基于地测体制的导弹测试与发射控制系统通过弹地连接电缆,将弹上被测信号引到地面导弹测试与发射控制系统,经信号调理后供导弹测试与发射控制系统进行测试,由导弹测试与发射控制系统对测试结果进行分析处理,对故障情况进行初步分析诊断,对测试合格的导弹按操作流程进行发射准备和发射。

典型的基于地测体制的导弹测试与发射控制系统结构组成如图1.2.1所示。由图可见,系统通常由以下设备组成。

（1）发射控制台。

（2）配电转接箱。

（3）自动测试设备（ATE）。

（4）测试与发射控制计算机。

（5）瞄准设备（或定位、定向设备）。

（6）指挥自动化设备。

（7）产品等效器。

（8）绝缘通路测试仪。

（9）地面测试电源。

（10）配套信号转接电缆。

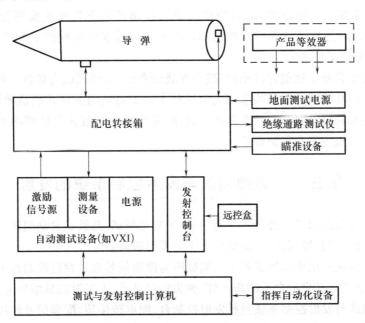

图 1.2.1　基于地测体制的导弹测试与发射控制系统结构组成图

（二）弹测与地测相结合的导弹测试与发射控制系统

地面导弹测试与发射控制系统和弹载分布式检控器协调配合,共同完成导弹的测试与发射控制任务。在地面，以总线式测控系统为主体，构成集激励、采样、测量、数据处理多功能为一体的测控系统；在弹上，设置检控器，检控器接收地面测控系统发来的控制字，并对控制字进行解析，按照控制命令进行测量量程控制，发出测试激励，进行系统或设备在激励下响应结果的采样，并对采样结果进行处理，最后将测试结果通过通信发送至导弹测试与发射控制系统。导弹测试与发射控制系统对两部分信息进行汇总，进行测试与发射控制决策。

对于弹测与地测相结合的导弹测试与发射控制系统，被测信号在弹上就近采样，设备之间以数字通信替代了原来模拟信号点对点的通信方式，大幅度减少了导弹弹上设备之间、系统之间、弹地之间的连接电缆，同时也减轻了导弹的结构重量，数字通信较之模拟通信的抗干扰能力也得到较大的提高。

（三）基于弹测体制的导弹测试与发射控制系统

对于弹测体制，弹上和地面均采用总线分布式测控技术，弹上总线和地面总线可以相同，也可以不同。各设备内部均集成有智能微处理单元（如 SoC、DSP、FPGA 等）、采样电路（A/D、D/A转换，时序回采电路等）、标准总线接口电路等，实现了各设备的智能化、数字化。智能化弹上设备和地面测控设备以总线控制器（BC）、远程终端（RT）和监视终端（MT）形式就近挂接在总线上，弹上设备自主完成测试，将本地数据采集并传输至总线，测试与发射控制系统作为远程终端，通过其总线监视设备获取弹测数据并完成数据分析。各个设备均具有自检测、自诊断甚至自标校功能。

基于弹测体制的导弹测试与发射控制系统具有如下优点：①利用总线传输各类程序指令信号，简化了控制系统结构，有利于提高导弹控制系统的工作可靠性；②采用总线体制进行分布式综合集成，使得弹上控制设备模块化、通用化，接口标准化、智能化，有利于控制与测试的一体化设计；③弹上遥测系统、地面测试与发射控制系统作为总线监视设备，能够方便地获取全部测试信息，为实现导弹的在线故障诊断和健康监控管理提供了条件。

（四）导弹免测试技术

免测试是指导弹处于性能保持期内，接到作战命令后，不经测试直接将导弹投入作战使用。例如，俄罗斯的 S300 防空导弹等均采用免测试技术。免测试的关键是确认导弹处于性能保持期，前提是对导弹的性能演化规律、寿命演化规律、可靠性演化规律有确切的了解和掌握，核心理论基础是故障预报与寿命预测理论。

第三节 导弹测试与发射控制系统的发展

导弹测试与发射控制系统经历了手动测试、半自动测试、总线式自动测试、弹测与地面测试相结合的测试、分布式总线测试、免测试几个主要发展阶段。

早期的导弹测试采用手动测试系统。测试所需激励信号通过发射控制台上的开关、按钮或旋钮施加，测试结果通过指示台上的指示灯、表头加以显示，人工对测试结果进行观察判读和分析。此时导弹测试与发射控制系统包括发射控制台、配电转接箱、配套信号转接电缆、瞄准设备（或定位、定向设备）、绝缘通路测试仪、产品等效器等。

导弹测试与发射控制系统发展的第二阶段是半自动测试系统。此阶段导弹测试所需激励的施加和系统测试响应的分析及判断在程序控制下自动完成。此时，导弹测试发射控制系统包括发射控制台、配电转接箱、半自动测试设备、配套信号转接电缆、瞄准设备（或定位、定向设备）、绝缘通路测试仪、产品等效器等。

导弹测试发射控制系统发展的第三阶段是总线式自动测试系统。测试系统采用 CAN、PCI、VXI 等总线式自动测试系统,系统结构图如图 1.2.1 所示。此时的导弹测试与发射控制系统中的测试软件在系统中发挥重要的作用。

随着电子技术、计算机控制技术、仪器仪表技术的迅速发展,弹测与地面测试相结合的测试、分布式总线测试、免测试技术得到越来越广泛的应用,导弹测试与发射控制系统越来越呈现出以下特点。

（1）集成化、智能化、自动化、信息化程度越来越高。随着分布式总线测试、免测试技术的广泛运用,导弹运输、通信、指控、测控、瞄准、发射等功能均集成在一辆多功能发射车上,导弹测试与发射控制系统的集成化、智能化、自动化、信息化程度越来越高。

（2）任意点随机快速发射。采用自寻北、星光制导、卫星定位定向及惯性系统自检测、自对准和自标定技术,实现导弹任意点随机机动发射。

（3）测试与发射控制的时间越来越短。为提高导弹的生存能力和快速反应能力,普遍采用自动化测试和智能化信息分析处理技术,测试的时间越来越短。

（4）抗恶劣环境工作能力越来越强。为应对战场恶劣环境,导弹测试与发射控制系统普遍采用耐高低温、耐高压、电磁加固等耐环境设计和可靠性设计保障技术,使导弹测试与发射控制系统的抗恶劣环境适应能力越来越强。

 ▶ 思考题 ▶

1. 导弹控制系统的测试包括哪些内容?
2. 导弹测试与发射控制系统在导弹武器系统中的地位和作用是什么?
3. 简述导弹测试与发射控制系统的结构和组成。
4. 按照测试设备配置的位置,导弹测试与发射控制系统有哪些测试体制?
5. 简述典型的基于总线分布式测控技术的导弹测试与发射控制系统的结构组成和特点。

第二章

惯性仪表系统及其测试

>>>

惯性仪表主要包括陀螺仪和加速度计。广义上讲,凡能保持给定方位,并能测量载体绕给定方位转动的角位移或角速度的装置均可称为陀螺仪。能够保持给定的方位,并测量载体角位移或角速度的功能称为陀螺效应。能够测量载体运动加速度的装置称为加速度计。

导弹惯性制导系统中惯性仪表的主要功能是:建立导弹空间运动的方位基准(惯性坐标系);测量载体相对于惯性坐标系转动的角速度、角度和运动的线加速度。

惯性制导系统可分为平台惯导系统和捷联惯导系统两大类:平台惯导系统通过惯性测量元件和稳定控制回路,使平台台体与外部相对隔离,方位保持不变(或按给定规律改变),惯性元件置于平台台体上;捷联惯导系统中的惯性测量元件直接固连在弹体上,用于测量导弹在飞行过程中相对于弹体坐标系的运动参数。

研究表明,对于纯惯性制导导弹,惯性仪器的工具误差引起的落点偏差占整个落点偏差的近70%。因此,提高惯性测量系统的测量精度,或通过测试建立惯性测量系统的误差模型,并在飞行中用补偿的方法加以抑制或消除,有重要的现实意义。

第一节 陀螺仪及其测试

产生陀螺效应的机理有很多种,人们根据不同的陀螺效应产生机理,研制出了不同形式的陀螺仪。例如:转子陀螺仪是利用高速旋转的刚体具有陀螺效应而形成的陀螺仪;振动陀螺仪是利用振动叉旋转时的哥氏加速度效应做成的角速度测量装置;半球谐振陀螺仪是利用振动环旋转时的哥氏加速度效应做成的角位移测量装置;静电陀螺仪利用悬浮技术支撑转子,并利用光电传感器摄取转子特制刻线形成的光脉冲来间接测量偏差角;压电陀螺仪是利用晶体的压电效应做成的角速度测量装置;粒子陀螺仪是利用基本粒子的陀螺磁效应做成的角速度测量装置;光学陀螺仪是利用光学 Sagnac(萨格奈克)效应测量角速度的惯性仪器。

目前,转子陀螺仪和光学陀螺仪应用较广泛,本节重点讨论这两类陀螺仪。

一、转子陀螺仪

(一)单自由度转子陀螺仪

单自由度转子陀螺仪包含两个刚体:一个是具有两个转动自由度的转子;另一个是具有单

一转动自由度的内框架。单自由度转子陀螺仪的结构如图 2.1.1 所示。

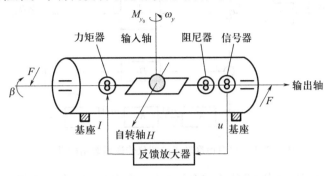

图 2.1.1　单自由度转子陀螺仪结构图

在描述单自由度陀螺仪运动时,可采用图 2.1.2 所示的两套坐标系:固连于陀螺仪内框架上的坐标系 $Ox_1y_1z_1$,x_1 为陀螺内框轴,也是测量信号的输出轴,y_1 为陀螺缺少自由度的轴,该轴是被测角速度的敏感轴,通常称为输入轴或测量轴,z_1 为转子自转轴。$Ox_0y_0z_0$ 为固连于基座的坐标系。

当陀螺仪绕 y_0 轴以 ω_y 转动时,会产生陀螺力矩,陀螺力矩大小为 $H\omega_y$,方向为右手从 H 握向 ω_y,大拇指指向的方向。同时,ω_y 会使陀螺沿 x_0 轴负向进动,沿输出轴的进动角度、角速度、角加速度分别为 β、$\dot{\beta}$、$\ddot{\beta}$。其中,$\ddot{\beta}$ 会产生惯性力矩 $J_x\ddot{\beta}$,$\dot{\beta}$ 会产生阻尼力矩 $D\dot{\beta}$,β 通过力矩再平衡回路会形成再平衡力矩 $K_uK_iK_m\beta$(K_u 为转角传感器传递系数,K_i 为反馈回路放大校正环节,K_m 为陀螺力矩器的传递系数),这些力的方向如图 2.1.2 所示。由图 2.1.2 可列出力矩平衡方程,即

$$J_x\ddot{\beta} + D\dot{\beta} + K\beta = H\omega_y \quad (K = K_uK_iK_m)$$ (2.1.1)

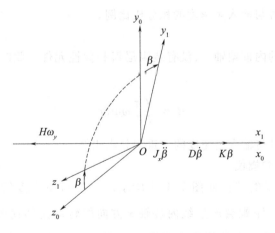

图 2.1.2　单自由度陀螺仪运动平衡原理图

由式(2.1.1)可得单自由度陀螺仪的传递函数结构框图,如图 2.1.3 所示。

在零初始条件下,式(2.1.1)两边取拉普拉斯变换,可得到单自由度陀螺仪的传递函数,即

$$G(s) = \frac{\beta(s)}{\omega(s)} = \frac{H}{J_xs^2 + Ds + K}$$ (2.1.2)

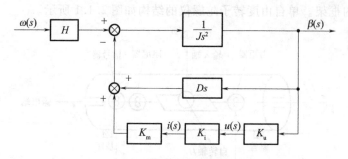

图 2.1.3　单自由度转子陀螺仪传递函数结构框图

实际的单自由度转子陀螺仪,可能不完全具有阻尼器和弹性元件。根据在稳态时所加的平衡力矩不同,一般将单自由度陀螺仪分为速率陀螺仪、积分陀螺仪和二重积分陀螺仪三种。

1. 速率陀螺仪

在速率陀螺仪的内框架轴上,既装有阻尼器,也装有弹性元件。在稳态时是用弹性力矩来平衡陀螺力矩,即 $K\beta = H\omega$,因此有

$$\beta = \frac{H}{K}\omega \tag{2.1.3}$$

即陀螺仪的输出转角信号与输入角速度成比例。

2. 积分陀螺仪

在积分陀螺仪的内框架轴上,只装有阻尼器,而没有装弹性元件。在稳态时是用阻尼力矩来平衡陀螺力矩,即 $D\dot{\beta} = H\omega$,因此有

$$\beta = \frac{H}{D}\int \omega \mathrm{d}t \tag{2.1.4}$$

即陀螺仪的输出转角信号与输入角速度的积分成比例。

3. 二重积分陀螺仪

在二重积分陀螺仪的内框架轴上,没有装阻尼器和弹性元件。此时,陀螺仪动力学方程为 $J\ddot{\beta} = H\omega$,因此有

$$\beta = \frac{H}{J}\iint \omega \mathrm{d}t\mathrm{d}t \tag{2.1.5}$$

即陀螺仪的输出转角信号与输入角速度的二重积分成比例。

（二）二自由度转子陀螺仪

二自由度转子陀螺仪的结构如图 2.1.4 所示。当二自由度转子陀螺仪受绕内环轴 x 轴正向力矩 M_x 作用时,陀螺会产生绕内环轴 x 方向的转动角加速度 $\ddot{\beta}$ 和转动角速度 $\dot{\beta}$。$\ddot{\beta}$ 的存在会形成沿 x 轴负方向的惯性力矩 $J_x\ddot{\beta}$;$\dot{\beta}$ 的存在会产生陀螺力矩 $H\dot{\beta}$,其方向按角动量 H 转向角速度方向的右手定则确定,即沿 y 轴正向。同理,陀螺受绕外环轴 y 轴正向力矩 M_y 作用时,陀螺会绕 y 轴正向产生转动角加速度 $\ddot{\alpha}$ 和转动角速度 $\dot{\alpha}$。$\ddot{\alpha}$ 的存在会产生沿 y 轴负方向的惯性力矩 $J_y\ddot{\alpha}$;$\dot{\alpha}$ 的存在会产生陀螺力矩 $H\dot{\alpha}$,其方向按角动量 H 转向角速度方向的右手定则确定,即沿 x 轴负向。若忽略摩擦力矩,二自由度转子陀螺仪受力的力矩平衡图如图 2.1.5 所示。

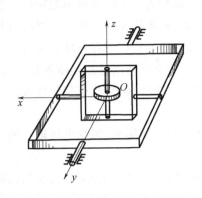

图 2.1.4　二自由度转子陀螺仪结构图

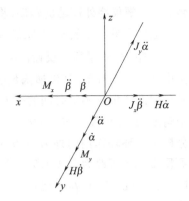

图 2.1.5　二自由度转子陀螺仪力矩平衡图

根据力矩平衡关系,有

$$\begin{cases} J_x \ddot{\beta} + H\dot{\alpha} = M_x \\ J_y \ddot{\alpha} - H\dot{\beta} = M_y \end{cases} \qquad (2.1.6)$$

设初始条件为零,对式(2.1.6)进行拉普拉斯变换,可得

$$\begin{cases} J_x s^2 \beta(s) + Hs\alpha(s) = M_x \\ J_y s^2 \alpha(s) - Hs\beta(s) = M_y \end{cases} \qquad (2.1.7)$$

由式(2.1.7)可得二自由度陀螺仪的传递函数方框图,如图2.1.6所示。

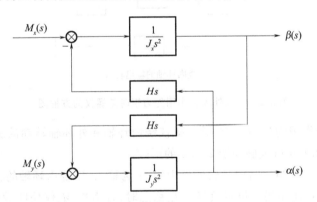

图 2.1.6　二自由度陀螺仪传递函数方框图

由图 2.1.6 可见:沿内环作用的外力矩 M_x,一方面引起陀螺绕内环轴转动,使之输出转角 β,另一方面还引起陀螺仪绕外环轴进动,使之出现转角 α;同理,沿外环轴作用外力矩 M_y,一方面引起陀螺仪绕外环轴转动,使之输出转角 α,另一方面引起陀螺仪转子轴绕内环轴进动,使之输出转角 β。因此,由于陀螺角动量 H 的存在,陀螺力矩起到耦合内外两个轴转动的作用,沿内环轴或外环轴作用的外力矩,都将引起陀螺仪绕这两个轴的转动。

为分析绕外环轴作用的外力矩 M_y 对陀螺仪绕外环轴转动的影响,可令内环轴上的外力矩 $M_x = 0$,则图 2.1.6 可改画为图 2.1.7(a)所示的形式。

由图 2.1.7(a)看出,绕外环轴作用的外力矩 M_y,引起陀螺仪绕外环轴产生角加速转动并

出现转角 α。陀螺仪绕外环轴的转动，将引起沿内环轴的陀螺力矩 $H\dot\alpha$，从而引起陀螺仪绕内环轴产生角加速转动并出现转角 β；陀螺仪绕内环轴的转动，又将引起沿外环轴作用的陀螺力矩 $H\dot\beta$，而与外力矩 M_y 相平衡。反馈回路的输入是转角 α，输出则是作用在外环轴上的力矩。在反馈回路中共有三个环节，其传递函数的乘积等于 H^2/J_x，整个反馈回路起到位置反馈作用，使陀螺绕外环轴的转角 α 不随时间的平方而增加。在稳态时，外力矩 M_y 仅引起陀螺仪绕外环轴转过一个角度，其大小等于 M_yJ_x/H^2。

为分析绕外环轴作用的外力矩 M_y 对陀螺仪绕内环轴转动的影响，可令内环轴上的外力矩 $M_x=0$，则图 2.1.6 可改为图 2.1.7（b）的形式。

由图 2.1.7（b）看出，在主回路中三个环节的传递函数乘积为 $H/(J_xJ_ys^3)$，而反馈回路中只有一个传递函数为 Hs 的微分环节，其作用相当于速度反馈。根据反馈控制原理可知，在稳态时外力矩 M_y 将引起陀螺仪绕内环轴以角速度 $-M_y/H$ 转动，且转角 β 随时间增加。显然，这就是外力矩 M_y 所引起的陀螺仪绕内环轴的进动。

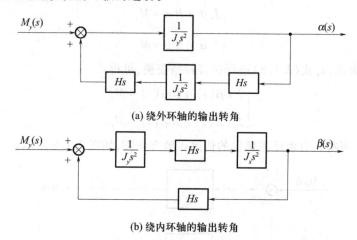

(a) 绕外环轴的输出转角

(b) 绕内环轴的输出转角

图 2.1.7　绕外环轴作用外力矩时陀螺仪的方框图

为分析绕内环轴作用的外力矩 M_x 对陀螺仪绕内环轴和外环轴转动的影响，令外环轴上的外力矩 $M_y=0$，则图 2.1.6 可改画为图 2.1.8 的形式。

由图 2.1.8（a）可知，当以沿内环轴的外力矩 M_x 为输入、以绕内环轴的转角 β 为输出时，反馈回路中三个环节的功能相当于位置反馈。在稳态时，外力矩 M_x 仅使陀螺仪绕内环轴转过一个角度，其大小等于 M_xJ_y/H^2。

由图 2.1.8（b）可知，当以沿内环轴的外力矩 M_x 为输入、以绕外环轴的转角 α 为输出时，反馈回路中只有一个微分环节，其功能相当于速率反馈。在稳态时，外力矩 M_x 将使陀螺仪绕外环轴以角速度 M_x/H 转动，转角 α 随时间而增加，这就是外力矩 M_x 所引起的陀螺仪绕外环轴的进动。

如果忽略陀螺仪转动惯量 J_x 和 J_y 的影响，仅考虑陀螺仪的进动，则式（2.1.7）简化为

$$\begin{cases} Hs\alpha(s) = M_x(s) \\ -Hs\beta(s) = M_y(s) \end{cases} \tag{2.1.8}$$

简化后的二自由度陀螺仪的方框图如图 2.1.9 所示。

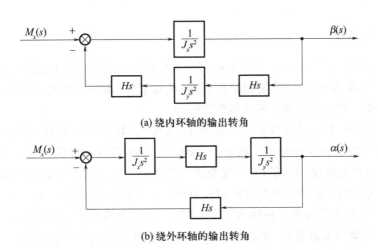

(a) 绕内环轴的输出转角

(b) 绕外环轴的输出转角

图 2.1.8　绕内环轴作用外力矩时陀螺仪的方框图

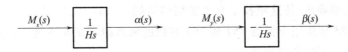

图 2.1.9　二自由度陀螺仪的简化方框图

由式(2.1.8)和图 2.1.9 可知,如果不考虑陀螺仪转动惯量 J_x 和 J_y 的影响,陀螺仪绕内、外环轴的运动互不交连。沿内环轴的外力矩 M_x 使陀螺仪绕外环轴的转角 α 随时间而增加,沿外环轴的外力矩 M_y 使陀螺仪绕内环轴的转角 β 随时间而增加。由此可见,方框图 2.1.9 所表明的就是陀螺仪的进动运动。

由式(2.1.7)和图 2.1.6 可以看出,二自由度陀螺仪的两个输入是 M_x 和 M_y,两个输出是 $\beta(s)$ 和 $\alpha(s)$。为说明陀螺仪的运动特性,根据图 2.1.6 ~ 图 2.1.9,可给出陀螺仪的四个传递函数,即

$$\begin{cases} \dfrac{\beta(s)}{M_x(s)} = \dfrac{J_y}{J_x J_y s^2 + H^2} \\[2mm] \dfrac{\beta(s)}{M_y(s)} = -\dfrac{H}{s(J_x J_y s^2 + H^2)} \\[2mm] \dfrac{\alpha(s)}{M_y(s)} = \dfrac{J_x}{J_x J_y s^2 + H^2} \\[2mm] \dfrac{\alpha(s)}{M_x(s)} = \dfrac{H}{s(J_x J_y s^2 + H^2)} \end{cases} \qquad (2.1.9)$$

若忽略转动惯量 J_x 和 J_y 的影响,仅考虑陀螺仪的进动,则根据式(2.1.9)或图 2.1.6,可得到二自由度陀螺仪的传递函数,即

$$\begin{cases} \dfrac{\alpha(s)}{M_x(s)} = \dfrac{1}{Hs} \\[2mm] \dfrac{\beta(s)}{M_y(s)} = -\dfrac{1}{Hs} \end{cases} \qquad (2.1.10)$$

二、光学陀螺仪

光学陀螺仪是利用 Sagnac 效应来测量旋转体角速度的新型固态光电式惯性仪器。它无需转子陀螺仪所必需的高速转子，具有测量精度高、灵敏度高、动态范围大、体积小、重量轻、易于集成等优点，是新一代捷联惯导系统的理想传感器。

光学陀螺仪分为激光陀螺仪和光纤陀螺仪两大类，其共同的物理基础是 Sagnac 效应。1913 年，法国物理学家 Sagnac 研究了在环形干涉仪中沿相反方向传播的两相干光束的干涉特性，发现当干涉仪以角速度 Ω 旋转时，二光束的光程差 ΔL 与 Ω 成正比。这种现象称为 Sagnac 效应，是用光学方法测量旋转体角速度的物理基础。由于科技水平的限制，在激光出现之前，这一原理一直未能得到实际应用。1960 年，世界上第一台激光器问世，为光学陀螺仪的研制提供了可能。1961 年，美国人迈塞克（Macek）提出了用环形激光器测量旋转角速度的理论，即激光陀螺仪理论。1963 年，美国斯佩里（Sperry）公司对激光陀螺仪的研究取得突破性进展，并做出了激光陀螺仪的实验装置。1966 年，美国霍尼威尔（Honeywell）公司开始使用石英作腔体，并研究出交变机械抖动偏频法，使这项技术有了实用的可能。1981 年，霍尼威尔公司研制出环形激光陀螺仪，并在 1983 年应用于波音 757 和 767 客机的机载捷联惯导系统。目前，激光陀螺仪已广泛应用于军事和民用捷联惯导系统。

纤维光学和激光技术的发展，促进了以 Sagnac 效应为基础的光学陀螺仪的进一步发展。1976 年，美国犹他大学的 Valit 和 Shorthill 首次提出了光纤陀螺仪（Fiber Optic Gyro）的概念，标志着第二代光学陀螺仪，即光纤陀螺仪的诞生。

光纤陀螺是一种以光纤线圈取代激光谐振腔的新型激光陀螺。它同样基于 Sagnac 效应，用光纤构成环形光路，并可检测由顺、逆时针沿光纤传输的两种光随光纤环转动而产生的两路激光束之间的相位差，由此计算出旋转角速度。光纤陀螺通常将 200～2000m 的光纤绕制成直径为 10～60cm 的圆形光纤环，增长了激光束的检测光路，提高了检测的灵敏度和分辨率。光纤陀螺仪以其许多独特的优点，引起了世界上众多研究机构的重视，其发展相当迅速。经过几十年的发展，光纤陀螺仪测量角速度的精度已从最初的 15（°）/h 提高到现在的小于 0.001（°）/h 的量级，并在航空航天、机器人控制等领域得到广泛的应用。

（一）Sagnac 效应

1913 年，法国物理学家 Sagnac 采用一个环形干涉仪，证实了无运动部件的光学系统能够检测物体相对于惯性空间的旋转。

所谓 Sagnac 效应，是指在任意几何形状的闭合光路中，从某一观察点发出的一对光波，在环路内沿相反方向各自传播一周后又回到该观察点时，这对光波的相位将由于该闭合环形光路相对于惯性空间的旋转而不同，相位差的大小与闭合光路的旋转角速率成正比。

Sagnac 效应可由图 2.1.10 所示的环形干涉仪来解释。

由光源发出的光在 A 点被光束分离器分解为沿顺、逆时针方向传播的两束光，进入环形腔体。如果腔体相对于惯性空间没有转动，则两束光在环路内绕一圈的光程是相等的，所需要的时间为

$$t = \frac{2\pi R}{c} \tag{2.1.11}$$

式中：R 为环路半径；c 为光速。

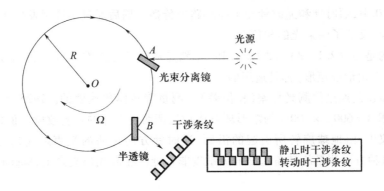

图 2.1.10　Sagnac 环形干涉仪

如果干涉仪以常值角速度 Ω（设为顺时针方向）绕垂直于光路平面的中心轴线旋转，则从 A 点出发的两束反向传播光束返回到光束分离镜的时间是不同的。因为在此时间内，光束分离镜由 A 点移动到 B 点，在环路内顺时针光束比逆时针光束必须移动较长的距离。

设 L^+ 为顺时针光束绕环路一圈传播的光程，对应的传播时间为 t^+，L^- 为逆时针光束绕环路一圈传播的光程，对应的传播时间为 t^-，则有

$$L^+ = 2\pi R + R\Omega t^+ \tag{2.1.12}$$

$$L^- = 2\pi R - R\Omega t^- \tag{2.1.13}$$

或

$$ct^+ = 2\pi R + R\Omega t^+ \tag{2.1.14}$$

$$ct^- = 2\pi R - R\Omega t^- \tag{2.1.15}$$

于是，沿相反方向传播的两束光绕行一圈再次到达光束分离镜的时间差为

$$\Delta t = t^+ - t^- = 2\pi R\left(\frac{1}{c - R\Omega} - \frac{1}{c + R\Omega}\right) = \frac{4\pi R^2 \Omega}{c^2 - R^2 \Omega^2} \tag{2.1.16}$$

考虑到 $R^2 \Omega^2 \ll c^2$，有

$$\Delta t \approx \frac{4\pi R^2 \Omega}{c^2} = \frac{4A}{c^2}\Omega \tag{2.1.17}$$

式中：A 为环形光路所围面积，$A = \pi R^2$。

由式（2.1.17）可得，顺、逆时针传播光束在环路内绕行一圈的光程差，即

$$\Delta L = \frac{4A}{c}\Omega \tag{2.1.18}$$

式（2.1.18）表明光程差与腔体转动角速度成正比。只要能测量出光程差 ΔL，就能确定环形光路相对于惯性空间的旋转角速度。

设光的角频率为 ω，波长为 λ，则沿相反方向传播的两束光绕行一圈后，其相位差为

$$\Delta \theta = \omega \cdot \Delta t = \frac{2\pi c}{\lambda} \cdot \frac{4A}{c^2}\Omega = \frac{8\pi A}{\lambda c}\Omega \tag{2.1.19}$$

式中：$\Delta \theta$ 为 Sagnac 相移，它与旋转角速度 Ω 成正比。

在图 2.1.10 中,顺时针和逆时针光束在环路内传播一周后通过半透镜发生干涉,形成明暗相间的干涉条纹,反映了两束光的相位差。

需要指出的是,式(2.1.18)和式(2.1.19)虽然是从圆形环路推导得出的,但是对于任何几何形状的环路(三角形或矩形)都是适用的。

Sagnac 干涉仪是通过检测光程差(相位差)来测量旋转体角速度的。1925 年,Michelson 和 Gale 用一个面积 $A = 600\text{m} \times 300\text{m}$ 的矩形环路成功地证明了地球的自转效应。但即使是在这个巨大环形干涉仪中,由地球旋转所引起的沿顺、逆时针方向传播的光束之间的光程差也仅为 $0.18\mu\text{m}$,因此这种方法测量旋转角速度的灵敏度非常低。在激光出现之前,Sagnac 效应没有得到实际应用。

1960 年激光出现以后,使用环形谐振腔和频差技术或使用光导纤维和相敏技术大大提高了测量灵敏度,才使 Sagnac 效应从原理走向实用,先后发展出激光陀螺仪和光纤陀螺仪。

（二）激光陀螺仪

激光陀螺仪是以 Sagnac 效应为基础,利用激光作为相干光源,采用差频探测技术,由环形激光谐振腔为主体构成的角速度测量装置。

1. 激光陀螺仪的组成

激光陀螺仪主要由环形激光器、偏频电路、程长控制电路、信号读出电路、逻辑电路等组成,如图 2.1.11 所示。

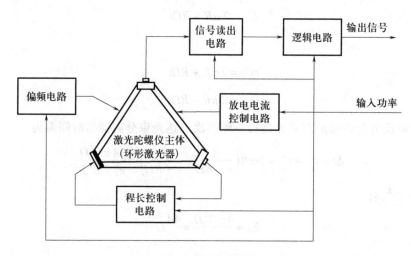

图 2.1.11　激光陀螺仪组成示意图

环形激光器是激光陀螺仪的核心,由它形成的正、反向行波激光振荡是激光陀螺仪实现输入角速度测量的基础。

环形激光器存在着感测锁区 Ω_L。通过提高环形激光器反射镜的质量和制作工艺,可以减小 Ω_L,却不可能使其消失。为提高环形激光器的测量灵敏度,必须采用偏频措施。在两束相向行波之间引入较大的频差,以克服低转速条件下的闭锁效应。偏频方法主要有恒速偏频、抖动偏频、速率偏频和磁镜偏频等。标定因数的稳定性和精度主要取决于程长 L。为减小程长 L 受温度等环境因素的影响,必须采用程长控制电路实现程长的稳定。

环形激光器相向行波的频差需由信号读出电路进行检测,将偏频引入的频差处理后才能得到所需的信号。

2. 激光陀螺仪的工作原理

激光陀螺仪的主体通常是一个三角形或四边形的环形谐振腔,其中充有按一定比例配制的氦-氖(He-Ne)混合气体作为激活物质。在环形谐振腔内,三个光学平面反射镜形成闭合光路。沿光轴方向传播的光子受到反射镜的不断反射,在腔内不断绕行,并重复通过激活物质使同方向、同频率、同相位、同偏振的光子不断得到放大,从而形成激光。由于激光陀螺仪采用环形谐振腔,在腔内产生了沿相反方向传播的两束激光,其中一束沿逆时针方向,另一束沿顺时针方向。

激光陀螺仪工作的前提是:沿环路反向传播的两束光必须发生谐振。只有发生谐振才能使反向传播的两束光干涉叠加后形成强烈的光振荡,保持光能增益,维持光波在闭合环路中的循环传播。

设环形谐振腔的周长为 L,则对于频率为 f 的单束光而言,在腔内绕行一周的相位差为

$$\Delta\theta = \omega \cdot \Delta t = \frac{2\pi f L}{c} \tag{2.1.20}$$

考虑到光在腔内绕行一周相位改变为 2π 的整数倍,即 $2q\pi$(q 为正整数),才能产生激光这一条件,故有

$$\frac{2\pi f L}{c} = 2q\pi \tag{2.1.21}$$

由此可得到谐振频率为

$$f = q\frac{c}{L} \tag{2.1.22}$$

设 L^+、L^- 分别为沿顺时针和逆时针方向传播的光波在腔内绕行一周的光程,f^+、f^- 分别为沿顺时针和逆时针方向传播的光波的谐振频率。当谐振腔相对于惯性空间无旋转时:两束激光在腔内绕行一周的光程相等,即 $L^+ = L^- = L$;两束激光的谐振频率也相同,即 $f^+ = f^- = qc/L$。

当谐振腔绕着与环路垂直的轴以角速度 Ω(设为顺时针方向)相对于惯性空间旋转时,两束激光在腔内绕行一周的光程不再相等,因而两束激光的谐振频率也不同。根据式(2.1.22),有

$$\begin{cases} f^+ = \dfrac{qc}{L^+} \\[2mm] f^- = \dfrac{qc}{L^-} \end{cases} \tag{2.1.23}$$

两束激光的谐振频率之差为

$$\Delta f = f^- - f^+ = \frac{(L^+ - L^-)qc}{L^+ L^-} \tag{2.1.24}$$

可以证明

$$L^+ L^- = \frac{L^2}{1 - (L\omega)^2/(8c)^2} \approx L^2 \tag{2.1.25}$$

$$L^+ - L^- = \frac{4A}{c}\Omega \tag{2.1.26}$$

式中：A 为环形谐振腔光路包围的面积。

联立式(2.1.24)～式(2.1.26)，可得

$$\Delta f = \frac{4Aq}{L^2}\Omega \qquad (2.1.27)$$

即

$$\Delta f = \frac{4A}{L\lambda}\Omega \qquad (2.1.28)$$

式中：λ 为谐振波长，$\lambda = L/q$。

由于环形谐振腔环路包围的面积 A、环路周长 L 和谐振波长 λ 均为定值，因此激光陀螺仪的输出频差 Δf 与输入角速度 Ω 成正比，即

$$\Delta f = K\Omega \qquad (2.1.29)$$

式中：K 为激光陀螺仪的标度因数，$K = 4A/L\lambda$。

式(2.1.29)是激光陀螺仪测量角速度的原理公式。只要测出顺、逆时针激光行波的频差，就可以计算出相应的转动角速度。

为了准确测量顺时针、逆时针传播的两束激光的频差，需要将这两束激光引出谐振腔外，使它们混合并入射在光检测器上。混合两束激光的典型方案如图 2.1.12 所示。

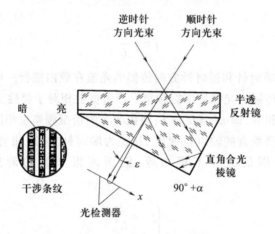

图 2.1.12　混合两束激光的典型方案

在图 2.1.12 中，两束光的一部分通过半透反射镜和直角合光棱镜，再经合光棱镜进行相应的透射和反射，使两束光汇合。由于合光棱镜的直角不可能严格等于 90°，总存在一个小的偏差角 α，两束光从合光棱镜出射后也有很小的夹角 $\varepsilon = 2n\alpha$（n 为合光棱镜的折射率），于是在光检测器上就会产生平行等距的干涉条纹。

当激光陀螺仪无角速度输入时，频差 $\Delta f = 0$，干涉条纹的位置不随时间变化。当有角速度 Ω 输入时，干涉条纹的移动速度与频差 Δf 成正比，即与 Ω 成正比。干涉条纹的移动速度可由光检测器来测量。如果检测器敏感元件的尺寸比干涉条纹的间距小，那么光检测器只能检测到一个干涉条纹。这样，当干涉条纹在光检测器上移动时，就会输出电脉冲信号。输入的角速度 Ω 越大，干涉条纹移动的速度越快，输出电脉冲的频率也就越高。因此，只要采用频率计测量出电脉

冲的频率,就可测得输入角速度 Ω。

3. 激光陀螺仪的特点

激光陀螺仪与刚体转子陀螺仪有着本质的区别。传统的刚体转子陀螺仪都是基于力学原理来测量的,而激光陀螺仪则是利用光速的恒定性和 Sagnac 效应来测量输入角速度的。

与刚体转子陀螺仪相比,激光陀螺仪具有如下优点。

(1) 没有机械运动部件,结构简单,全固体化,可靠性高,寿命长,性能稳定,抗干扰能力强。

(2) 动态范围宽。

(3) 无需加热启动,准备时间短,启动速度快。

(4) 激光陀螺仪的敏感轴垂直于环形谐振腔平面,对其他正交轴的旋转角速率、角加速度和线加速度均不敏感,噪声小,灵敏度高。

(5) 无质量不平衡问题,对加速度和振动不敏感,抗冲击过载能力强。

(6) 数字脉冲输出,便于与弹载计算机接口。

激光陀螺仪以其独特的优点和性能在新兴的固态陀螺领域具有非常重要的地位。但由于激光陀螺仪采用短工作波长的激光,对反射镜等器件的工艺要求较高,因而成本较高,限制了激光陀螺的应用。

(三) 光纤陀螺仪

光纤陀螺仪是一种基于 Sagnac 效应的角速度敏感装置。它通过测量沿光纤线圈顺时针和逆时针方向传播的两束光的光程差(或相位差)来测量光纤线圈的转速。光纤陀螺仪具有测量精度高、灵敏度高、动态范围大、体积小、重量轻、易于集成等优点,在军事和民用领域具有广阔的应用前景。

光纤陀螺仪与激光陀螺仪的本质区别在于,光纤陀螺仪是被动型的,而环形激光陀螺仪是主动型的。与激光陀螺仪相比,光纤陀螺仪的结构更为简单,不存在闭锁问题,不需要光学镜的高精度加工、光腔的严格密封和机械偏频技术,易于制造,成本低。在未来的惯性导航和制导系统中,光纤陀螺仪有取代机电式陀螺仪和激光陀螺仪的趋势。

光纤陀螺仪种类很多,根据工作原理的不同,可将其划分为三大类:干涉型光纤陀螺仪 (Interferometric Fiber Optic Gyro, IFOG)、谐振式光纤陀螺仪 (Resonator Fiber Optic Gyro, RFOG) 和布里渊型光纤陀螺仪 (Brillouin Fiber Optic Gyro, BFOG)。其中:干涉型光纤陀螺仪是第一代光纤陀螺仪,在技术上已于趋成熟,正在实用化;谐振型光纤陀螺仪是第二代光纤陀螺仪,目前正处于实验研究向实用化发展的阶段;布里渊型光纤陀螺仪目前尚处于理论研究阶段。

1. 干涉型光纤陀螺仪

1) 干涉型光纤陀螺仪的基本原理

干涉型光纤陀螺仪通常由光源、分束器、光纤线圈和检测器等组成,如图 2.1.13 所示。

从光源发出的光,经过分束器后,被分成强度相等的两束光,分别从光纤线圈的两端头耦合入光纤线圈,在相反方向上绕光纤线圈一周后,分别从光纤线圈的相反端头出射,再经分束器产生干涉。当光纤线圈处于静止状态时,从光纤线圈两端头出来的两光束的光程差为零,陀螺仪输出也为零。当光纤线圈以角速度 Ω 旋转时,两束光会由于 Sagnac 效应而产生相位差。

设光纤线圈的面积为 A,匝数为 N,则由式(2.1.18),可得两光束的光程差为

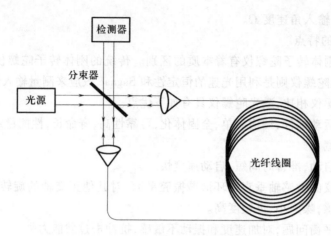

图 2.1.13　干涉型光纤陀螺仪原理图

$$\Delta L = \frac{4NA}{c}\Omega \tag{2.1.30}$$

由此可得两束光之间的相位差为

$$\Delta\theta = \frac{2\pi c}{\lambda} \cdot \frac{\Delta L}{c} = \frac{2\pi c}{\lambda} \cdot \frac{4NA}{c^2}\Omega = \frac{8\pi NA}{\lambda c}\Omega = K\Omega \tag{2.1.31}$$

式中：K 为光纤陀螺仪的标度因数，且

$$K = 8\pi NA/\lambda c \tag{2.1.32}$$

由式（2.1.31）可知，只要能够检测出 Sagnac 相位差 $\Delta\theta$，即可计算出旋转角速度 Ω。

2）干涉型光纤陀螺仪的分类

根据 Sagnac 相移的检测方式不同，干涉型光纤陀螺仪可分为开环干涉型和闭环干涉型两大类：开环系统结构简单，测量范围小，精度较低；闭环系统结构复杂，测量范围大，精度较高。在电路实现上，根据选用的解调手段不同，开环干涉型和闭环干涉型又均分为模拟解调和数字解调。于是，根据信号处理方式的不同，干涉型光纤陀螺仪可分为模拟开环、模拟闭环、数字开环和数字闭环四类工作方式。

由图 2.1.13 可知，干涉型光纤陀螺仪主要由光路系统（由光源发出的光至检测器所经过的回路）和信号处理电路组成。按照光路系统的构成，目前进入实用阶段的干涉型光纤陀螺仪主要有两类：全光纤型光纤陀螺仪和集成光路型光纤陀螺仪。

对于全光纤型光纤陀螺仪而言，从光源发出的光可以不间断地沿着光纤通路连续传播，最后到达检测器，构成一个封闭回路，从而实现光纤陀螺仪的全部功能。由于光始终在光纤中传播，因此总体损耗较小，光路形成后，性能相对稳定，成本较低。全光纤型光纤陀螺仪的主要问题是难以实现高精度测量，大多应用于对精度要求不高的场合。

集成光路型光纤陀螺仪的基本元件为集成光学器件、光纤耦合器、光纤线圈、光源和检测器，如图 2.1.14 所示。

集成光学器件是集成光路型光纤陀螺仪中的关键元件，它将偏振器、耦合器和相位调制器集成在一块铌酸锂（LiNbO$_3$）基片上。集成光路型光纤陀螺仪具有元件集成度高和相位调制器频带宽的优点，可以大大缩短装配时间，同时在信号处理中便于采用数字闭环技术，有利于提高

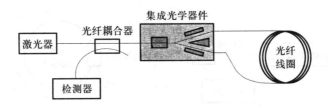

图 2.1.14　集成光路型光纤陀螺仪结构图

测量的精度和稳定性。集成光路型光纤陀螺仪是目前最常用的光纤陀螺仪的构成方式。

2. 谐振型光纤陀螺仪

1983 年,美国的 Ezekiel 首次提出了无源谐振腔式光纤陀螺仪(RFOG)的系统结构方案。在光路系统中,光源采用氦 – 氖激光器。为了取代反射镜组成的谐振腔,敏感 Sagnac 效应的环形腔采用了单模光纤绕制的线圈。在 RFOG 中,光源被放置在光纤线圈之外,谐振腔内没有光源,因此,在工程界,RFOG 也称为无源腔激光陀螺仪。

谐振型光纤陀螺仪的原理框图如图 2.1.15 所示。

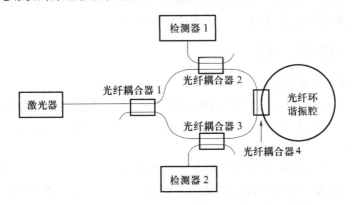

图 2.1.15　谐振型光纤陀螺仪原理框图

从激光器发出的光经光纤耦合器耦合后进入光纤环谐振腔,在谐振腔内形成相反方向传播的两路谐振光。谐振腔静止时,两束光的谐振频率相等。但是,当谐振腔旋转时,两束光的谐振频率不再相等,基于 Sagnac 效应,通过测量 RFOG 中的两谐振光束的谐振频率差,可以确定旋转角速度。

与干涉型光纤陀螺仪相比,RFOG 具有以下特点。

(1)光纤长度短,降低了由于光纤中温度分布不均匀引起的漂移。

(2)采用高相干光源,波长稳定性高。

(3)由于谐振频率随转动角速度而变,因此检测精度高,动态范围大。

与环形激光陀螺仪相比,由于 RFOG 的光源在谐振腔外,因而无闭锁效应。

3. 布里渊型光纤陀螺仪

1980 年,美国 Thomas 等首次提出了有源腔的谐振型光纤陀螺仪系统结构方案。在该方案中,取消了氦 – 氖激光器,而采用"受激布里渊散射"(Stimulated Brillouin Scattering)的光纤作为光源。这种具有"有源式谐振腔"的光纤陀螺仪称为布里渊型光纤陀螺仪,它与谐振腔光纤陀螺仪具有相似的结构,如图 2.1.16 所示。

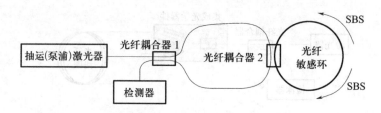

图 2.1.16　布里渊型光纤陀螺仪原理结构图

泵浦激光器发出的光在光纤耦合器 1 处被分为两束不同路径传播的光（分光比为 1∶1），当经过光纤耦合器 2 时，两束光分别以一定的分光比（99∶1）进入光纤敏感环中沿相反方向传播。当传输光满足受激布里渊散射的阈值条件时，分别产生后向斯拉克斯（Stokes）散射光，两束以相反方向传输的斯拉克斯散射光分别沿着与泵浦光相反的方向经过光纤耦合器 2 后，在光纤耦合器 1 处相遇并进行频差处理，基于 Sagnac 效应就可以得到旋转角速度。

BFOG 是一种有源腔的 RFOG，具有与激光陀螺仪相同的缺点，即存在着闭锁现象，而且闭锁阈值较大。同时，光纤谐振腔要求很高的温度控制精度。由于许多关键技术没有得到解决，因此 BFOG 尚未达到实用要求，目前正处于理论研究阶段。

三、陀螺仪漂移误差模型

（一）陀螺仪漂移及其分类

陀螺仪的误差是整个导弹控制系统的重要误差源。漂移角速度是衡量陀螺仪精度的主要指标。研究陀螺仪漂移误差及其数学模型，在陀螺仪的工程应用中具有重要意义。

1. 陀螺仪漂移

陀螺仪在实际运行过程中，总是不可避免地存在着干扰力矩。在干扰力矩的作用下，陀螺仪将产生进动，使自转轴相对于惯性空间偏离原来给定的方位。在干扰力矩作用下陀螺自转轴的方位偏离运动，称为陀螺仪漂移。

陀螺仪漂移的主要形式是进动漂移。在干扰力矩作用下陀螺的进动角速度称为漂移角速度，进动的方向即为漂移的方向。漂移角速度的大小通常称为漂移率。

陀螺仪漂移率的计算公式为 $\omega_d = M_d/H$。漂移率 ω_d 与干扰力矩 M_d 成正比，而与动量矩 H 成反比。漂移率的单位一般用（°）/h 来表示。有时也采用千分之一地球自转角速率，即毫地率（meru）作为漂移率的单位，1meru = 0.01（°）/h。

由陀螺仪漂移率的计算公式可知，增大动量矩和减小干扰力矩，均可降低漂移率。但过多地加大动量矩，会给陀螺仪带来体积、重量、功耗和发热增大等不利影响，而且对降低漂移率并无明显效果。用于导弹控制系统的陀螺仪，其动量矩数值一般都在 0.2kg·m²/s 以内。从陀螺仪的设计、结构、材料和工艺等方面尽量减小造成干扰力矩的各种因素，才是降低漂移率的关键。

对于非转子陀螺仪，如激光陀螺仪、光纤陀螺仪、半球谐振陀螺仪等，仍然采用漂移率作为衡量其精度的主要指标。

2. 陀螺仪漂移的分类

引起陀螺仪漂移的主要原因是其自身的不完善所造成的干扰力矩。引起陀螺仪漂移的力矩可以分为两大类：系统性的干扰力矩和随机性质的干扰力矩。因此，陀螺仪的漂移也就相应地分为系统性漂移与随机漂移两大类。

1）系统性漂移

陀螺仪的系统性漂移是由系统性的干扰力矩所导致的。系统性干扰力矩大致有三种形式。

（1）与加速度无关的漂移。导致其产生的力矩一般有弹性力矩、电磁力矩，以及陀螺仪转子轴与框架轴不垂直时，转子转速改变所引起的力矩等。

（2）与加速度成比例的漂移。一般由质量不平衡所引起。

（3）与加速度平方成比例的漂移。一般由陀螺仪结构中非弹性变形所引起。

由于系统性漂移有明确的规律可遵循，因此在惯性系统的应用中应设法加以补偿。

2）随机漂移

陀螺仪的随机漂移是由随机性质的干扰力矩所导致的。随机性质的干扰力矩没有确定的规律性，因此不能用简单的方法进行补偿。

陀螺仪的随机漂移，一般用大量的漂移试验数据做统计分析来确定。由于随机漂移是由随机干扰力矩引起的，在惯性系统应用中不能用一般的方法进行补偿，因此，随机漂移率是限制和衡量陀螺仪性能和精度指标的关键。

（二）陀螺仪漂移误差模型

造成陀螺仪漂移的因素很多。概括而言，陀螺仪漂移误差源可分为两个方面：一方面是内部原因，即陀螺仪本身结构和工艺不完善引起的干扰力矩作用在陀螺仪上；另一方面是外部原因造成的作用在陀螺仪上的附加干扰力矩。

描述陀螺仪漂移规律的数学表达式，称为陀螺仪漂移数学模型。根据在不同条件下陀螺仪漂移与有关参数之间的关系，可将陀螺仪漂移数学模型分为以下三类。

1. 静态漂移数学模型

静态漂移数学模型是在线运动条件下陀螺仪漂移与加速度或比力之间关系的数学表达式。静态漂移数学模型一般具有三元二次多项式的形式。

2. 动态漂移数学模型

动态漂移数学模型是在角运动条件下陀螺仪漂移与角速度、角加速度之间关系的数学表达式。动态漂移数学模型一般也具有三元二次多项式的形式。

3. 随机漂移数学模型

引起陀螺仪漂移的诸多因素是带有随机性的，陀螺仪漂移实际上是一个随机过程。即使漂移测试的条件不变，所得的数据也将是一个随机时间序列。描述该随机时间序列统计相关性的数学表达式，即为陀螺仪随机漂移数学模型，它通常采用自回归（AR）或自回归滑动平均（ARMA）模型来拟合。

当陀螺仪在平台式惯性系统中应用时，陀螺仪安装在平台上，用来测量平台的角偏移，导弹的线运动引起的陀螺仪漂移将造成平台的稳定误差。当陀螺仪在捷联惯导系统中应用时，陀螺仪直接与弹体固连，用来测量导弹运动的角位移或角速度，导弹线运动引起的陀螺仪漂移将造成角位移或角速度的测量误差。这些都最终导致惯性系统的定位误差。因此，无论是平台还是捷联惯导系统，都需要建立陀螺仪静态漂移数学模型，并设法在系统中进行补偿。

在平台惯导系统中，平台对导弹的角运动起到隔离作用，安装在平台上的陀螺仪不参与导弹的角运动，因而不必考虑其动态漂移数学模型。而在捷联惯导系统中，陀螺仪直接与弹体固连，用于测量导弹绕弹体坐标系各轴的转角或转动角速度。导弹的姿态角运动将直接作用于陀螺仪并引起漂移，从而最终导致惯性系统测量误差。因此，对于捷联惯导系统，除了需要建立静态漂移数学模型之外，还需要建立陀螺仪动态漂移数学模型。

陀螺仪随机漂移是惯性系统的主要误差源之一。为了减小陀螺仪随机漂移对惯性系统精度的影响，有效、可行的办法是采用卡尔曼滤波技术。因此，需要建立陀螺仪随机漂移数学模型。

陀螺仪的总误差可看成由三部分组成：一是由线运动引起的静态误差；二是由角运动引起的动态误差；三是由随机干扰因素引起的随机误差。因此，陀螺仪的总漂移速率是静态漂移速率、动态漂移速率以及随机漂移速率之和。

建立陀螺仪的误差数学模型并确定模型中的各误差系数，可以为分析仪器性能、改进仪器设计提供可靠依据。另外，根据惯性仪器（陀螺仪和加速度计）的误差模型，可以推算出惯性系统的工作精度，尤其是可以利用误差数学模型进行误差补偿。

（三）陀螺仪漂移误差模型的建立方法

建立陀螺仪漂移误差数学模型通常有两种方法，即分析法和实验法。

1. 分析法

分析法是根据陀螺仪的工作原理、具体结构以及引起漂移的物理机制，通过数学推导得出其误差数学模型的结构形式，而后再通过实验测量数据确定模型中的各相关参数。误差数学模型的复杂度与对其精度的要求有关。由于这种数学模型中的各误差项一般都有明确的物理意义与之对应，因此又称为物理模型。

2. 实验法

实验法不需要事先对陀螺仪的误差假设某种形式的数学模型，而是以实验中取得的大量数据为依据，用系统辨识的方法来建立陀螺仪的误差数学模型。实验法建模过程一般包括模型识别、参数估计以及模型校验三个步骤。

采用分析法建立物理模型的方法比较直观，物理概念比较清楚，但它是基于对误差机理的分析，需要了解陀螺仪的结构原理，容易受人们认识水平的限制，有时不能完全真实地描述误差特性。采用实验法建立数学模型不受人们主观认识的影响，但必须具备精确的测试手段，并且要获得大量的测试数据，否则难以真实地反映误差特性。

四、转子陀螺仪测试

（一）陀螺仪漂移测试的目的

陀螺仪漂移测试的主要目的如下：

（1）评价陀螺仪的性能、精度，考核其是否满足设计或使用要求。

（2）通过建立陀螺仪精确的数学模型，分析各个模型系数的大小及其稳定性，从而为改进陀螺仪的设计和生产，进行故障诊断提供重要依据。

（3）根据表征陀螺仪实际性能的数学模型，利用计算机按使用条件计算出陀螺仪有规律的系统性漂移误差，并给予补偿，以提高陀螺仪的实际使用精度。

（4）确定陀螺仪误差的随机散布规律，用作制定武器作战使用规范的依据。

（二）转子陀螺仪的静态误差模型

在转子陀螺仪的静态漂移数学模型中，通常是把陀螺仪漂移表示为比力的函数。为此，首先引入比力的概念。

某一点的比力,就是此点单位质量的惯性力,其大小与方向等于该单位质量在那一点处由于加速度所引起的加在它的支承结构上的力。比力一般用 f 表示,即

$$f = G - a \qquad (2.1.33)$$

式中: G 为质量引力场所引起的加速度; a 为载体相对于惯性空间的加速度矢量。

由式(2.1.33)可知,比力矢量是单位质量重力引力场所引起的加速度与载体相对于惯性空间的加速度矢量之差。

引力加速度 G 与当地重力加速度的关系可以表示为

$$g = G - \boldsymbol{\omega}_e \times (\boldsymbol{\omega}_e \times R) \qquad (2.1.34)$$

式(2.1.34)表明,当地重力加速度是质量引力场所引起的加速度和地球离心加速度的矢量差。于是,比力与当地重力加速度之间的关系可表示为

$$f = g + \boldsymbol{\omega}_e \times (\boldsymbol{\omega}_e \times R) - a \qquad (2.1.35)$$

如果单位质量相对于地球不动,则它相对于惯性空间的加速度 a 就是向心加速度 $\boldsymbol{\omega}_e \times (\boldsymbol{\omega}_e \times R)$,于是式(2.1.35)可简化为

$$f = g \qquad (2.1.36)$$

此时,比力的大小等于当地重力加速度,本书中规定重力加速度方向向下为正。

1. 单自由度转子陀螺仪的静态漂移误差模型

单自由度转子陀螺仪的静态漂移误差模型,是指在线运动条件下单自由度转子陀螺仪的漂移误差与加速度或比力之间关系的数学表达式。单自由度转子陀螺仪静态漂移误差产生的原因主要是由质量不平衡引起的与比力一次方成比例的干扰力矩、结构的不等弹性引起的与比力二次方成比例的干扰力矩,以及工艺误差等因素。其一般表达式为

$$\omega_d = K_0 + K_x f_x + K_y f_y + K_z f_z + K_{xy} f_x f_y + K_{yz} f_y f_z + K_{zx} f_z f_x +$$
$$K_{xx} f_x^2 + K_{yy} f_y^2 + K_{zz} f_z^2 \qquad (2.1.37)$$

式中: ω_d 为陀螺仪漂移角速度; f_x、f_y、f_z 分别为沿陀螺仪输出轴 x、输入轴 y 和自转轴 z 的比力分量; K_0 为与比力无关的常值漂移,其单位为(°)/h; K_x、K_y、K_z 为与比力的一次方成比例的漂移系数,其单位为(°)/(g·h); K_{xy}、K_{yz}、K_{zx} 为与比力的乘积项成比例的漂移系数,其单位为(°)/(h·g²); K_{xx}、K_{yy}、K_{zz} 为与比力的二次方成比例的漂移系数,其单位为(°)/(h·g²)。

在实验室进行漂移测试时,所使用的单自由度转子陀螺仪静态漂移误差数学模型为

$$\omega_d = K_0 + K_x g_x + K_y g_y + K_z g_z + K_{xy} g_x g_y + K_{yz} g_y g_z + K_{zx} g_z g_x +$$
$$K_{xx} g_x^2 + K_{yy} g_y^2 + K_{zz} g_z^2 \qquad (2.1.38)$$

2. 二自由度转子陀螺仪的静态漂移误差模型

二自由度转子陀螺仪的静态漂移误差模型,是指在线运动条件下二自由度转子陀螺仪的漂移误差与加速度或比力之间关系的数学表达式。二自由度转子陀螺仪有两个框架轴,即内环轴和外环轴。设陀螺仪的动量矩为 H,绕外环轴和内环轴作用的干扰力矩分别为 M_{dx} 和 M_{dy},则根据陀螺仪漂移的定义,可得二自由度转子陀螺仪的漂移表达式为

$$\begin{cases} \omega_{dx} = -\dfrac{M_{dy}}{H} \\[3mm] \omega_{dy} = \dfrac{M_{dx}}{H} \end{cases} \qquad (2.1.39)$$

式中：负号表示绕内环轴 y 正向作用的干扰力矩 M_{dy} 引起陀螺仪绕外环轴 x 负向的漂移。

基于对绕陀螺仪内、外环轴干扰力矩 M_{dy} 和 M_{dx} 的分析，并结合式（2.1.39），可得二自由度转子陀螺仪的静态漂移误差模型，即

$$\begin{cases} \omega_{dx} = K(x)_0 + K(x)_x f_x + K(x)_y f_y + K(x)_z f_z + K(x)_{xy} f_x f_y + K(x)_{yz} f_y f_z + \\ \qquad K(x)_{zx} f_z f_x + K(x)_{xx} f_x^2 + K(x)_{yy} f_y^2 + K(x)_{zz} f_z^2 \\ \omega_{dy} = K(y)_0 + K(y)_x f_x + K(y)_y f_y + K(y)_z f_z + K(y)_{xy} f_x f_y + K(y)_{yz} f_y f_z + \\ \qquad K(y)_{zx} f_z f_x + K(y)_{xx} f_x^2 + K(y)_{yy} f_y^2 + K(z)_{zz} f_z^2 \end{cases} \tag{2.1.40}$$

式中：ω_{dx}、ω_{dy} 为陀螺仪漂移角速度；f_x、f_y、f_z 分别为沿陀螺仪外环轴 x、内环轴 y 和自转轴 z 的比力分量；$K(x)_0$ 和 $K(y)_0$ 为与比力无关的常值漂移，其单位为 $(°)/h$；式中的其他漂移系数，如 $K(x)_x$、$K(x)_y$ 等，其意义与式（2.1.37）类似。

在实验室进行漂移测试时，所使用的二自由度转子陀螺仪静态漂移误差数学模型为

$$\begin{cases} \omega_{dx} = K(x)_0 + K(x)_x g_x + K(x)_y g_y + K(x)_z g_z + K(x)_{xy} g_x g_y + K(x)_{yz} g_y g_z + \\ \qquad K(x)_{zx} g_z g_x + K(x)_{xx} g_x^2 + K(x)_{yy} g_y^2 + K(x)_{zz} g_z^2 \\ \omega_{dy} = K(y)_0 + K(y)_x g_x + K(y)_y g_y + K(y)_z g_z + K(y)_{xy} g_x g_y + K(y)_{yz} g_y g_z + \\ \qquad K(y)_{zx} g_z g_x + K(y)_{xx} g_x^2 + K(y)_{yy} g_y^2 + K(y)_{zz} g_z^2 \end{cases} \tag{2.1.41}$$

（三）转子陀螺仪的动态漂移误差模型

转子陀螺仪的动态漂移误差模型是以角运动为自变量的函数，没有考虑比力的影响，因此在建模过程中应保持比力不变。

单自由度转子陀螺仪的动态漂移误差模型，是指在角运动条件下陀螺仪的测量误差与角速度、角加速度之间关系的数学表达式。工作于捷联惯导系统的单自由度转子陀螺仪直接与弹体固连，载体的角运动将直接作用于陀螺仪。因此，除了由载体线运动所引起的干扰力矩之外，还将出现由载体角运动所引起的干扰力矩，从而导致角速度测量的附加误差。因此，对工作于捷联惯导系统的单自由度转子陀螺仪，除了需要建立其静态漂移误差数学模型之外，还需要建立其动态漂移误差模型。

单自由度陀螺仪的动态漂移误差模型通常应用欧拉动力学方程式来建立，其具体表达式为

$$\delta\omega_I = D_I \dot{\omega}_I + D_O \dot{\omega}_O + D_S \dot{\omega}_S + D_{IO} \omega_I \omega_O + D_{OS} \omega_O \omega_S + D_{SI} \omega_S \omega_I + D_{II} \omega_I^2 + D_{SS} \omega_S^2 + D_{III} \omega_I^3 + D_{ISS} \omega_I \omega_S^2 \tag{2.1.42}$$

式中：$\delta\omega_I$ 为工作于力矩反馈状态下，单自由度转子陀螺仪的角速度测量误差；ω_I、ω_O 和 ω_S 为陀螺仪相对于惯性空间转动的角速度在测量坐标系各轴上的分量；D_I、D_O 和 D_S 为对角加速度敏感的动态误差漂移系数；D_{IO}、D_{OS}、D_{SI}、D_{II} 和 D_{SS} 为对角速度二次方或乘积项敏感的动态误差漂移系数；D_{III} 和 D_{ISS} 为对角速度三次方或乘积项敏感的动态误差漂移系数。

需要指出的是，捷联惯导系统中的单自由度转子陀螺仪，是用力矩器的输出电流（对于模拟再平衡回路）或电流脉冲（对于数字再平衡回路）来度量输入角速度的，因此力矩器的标度因数误差也将造成角速度的测量误差。

在综合考虑力矩器标度因数误差、角运动误差力矩和线运动误差力矩等多种因素的情况下，单自由度陀螺仪测量角速度的总误差可表示为

$$\Sigma\Delta\omega_{\mathrm{I}} = \frac{\Delta k_{\mathrm{m}}}{k_{\mathrm{m}}}\omega_{\mathrm{I}} + \delta\omega_{\mathrm{I}} + \omega_{\mathrm{d}} + \varepsilon \tag{2.1.43}$$

式中：$\Delta k_{\mathrm{m}}/k_{\mathrm{m}}$ 表示力矩器标度因数误差；ω_{d} 为陀螺仪静态漂移角速率；ε 表示均值为零的随机漂移速率。

（四）陀螺仪漂移测试原理和方法

陀螺仪漂移测试的方法可分为开环测试和闭环测试两类，如图 2.1.17 所示。

$$陀螺仪漂移测试 \begin{cases} 开环测试：人工伺服法 \\ 闭环测试 \begin{cases} 力矩反馈法 \\ 伺服转台法 \end{cases} \end{cases}$$

图 2.1.17　陀螺仪漂移测试方法

开环测试方法通过直接测量陀螺仪中信号器输出信号随时间的变化，来确定漂移角速度。人工伺服法就是典型的开环测试方法。所谓人工伺服测试，是指在测量时间之内，人为地转动陀螺仪壳体，让其跟踪陀螺仪转子轴的转动，使陀螺仪信号传感器的输出信号归零。这时，陀螺仪壳体相对于惯性空间所转过的角度，就表征了陀螺仪转子轴相对于惯性空间的转角。这一转角是陀螺仪漂移角速度对时间的积分。开环测试的测量原理简单，但只适用于精度要求不高的场合。

闭环测试方法是把陀螺仪中信号器输出的信号送至反馈元件或反馈装置，而给出反馈力矩或反馈角速度；通过测量反馈力矩或反馈角速度，来确定漂移角速度。由于闭环测试方法能够获得较高的测量精度，其分辨率一般可达千分之几度/小时，因此适用于惯性级陀螺仪的漂移测试。

闭环测试方法可分为两种类型，即力矩反馈法和伺服转台法。伺服转台测试主要用来测定陀螺仪的长期漂移特性。陀螺仪在伺服转台测试中的工作状态是模拟其在平台惯导系统的工作状态。力矩反馈测试的主要目的是测定陀螺仪的短期漂移性能，它是利用力矩再平衡回路进行的力矩反馈试验，陀螺仪的工作状态类似于其在捷联惯导系统中的状态。

1. 陀螺仪漂移测试的力矩反馈法

目前，力矩反馈法已成为转子陀螺仪漂移测试中最常用的方法。根据陀螺力矩器产生控制力矩的方式不同，陀螺仪漂移的力矩反馈测试可分为模拟式力矩反馈测试和脉冲式力矩反馈测试两种。

1）力矩反馈法陀螺仪漂移测试原理

力矩反馈法陀螺仪漂移测试原理如图 2.1.18 所示。

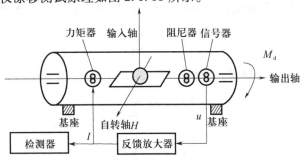

图 2.1.18　力矩反馈法陀螺仪漂移测试原理

由于地球自转及外加干扰力矩的影响,陀螺仪的动量矩矢量将偏离零位,信号传感器将产生相应的输出信号,该信号经过反馈放大器中的滤波、放大、解调等环节后,向陀螺力矩输入一个与干扰力矩成比例的直流电流信号,力矩器便产生相应的控制力矩,与作用于陀螺仪上的由地球自转产生的陀螺力矩和外干扰力矩相平衡,从而使作用在陀螺仪输出轴上的合力矩为零。显然,如果力矩器的刻度因数是已知的,只要精确测定施加到力矩器上的直流反馈电流,并扣除地球自转角速率的影响,即可准确地计算出外加干扰力矩的大小,进而确定出陀螺仪漂移角速度。

在力矩反馈测试中,陀螺仪传感器的输出通过放大器送到相应的力矩器构成力矩反馈回路,使仪表工作于闭路状态,称为力矩反馈状态。

用力矩反馈法测试陀螺仪漂移时,忽略二次项系数,则陀螺仪静态漂移误差模型即式(2.1.41)可以进一步简化为

$$
\begin{cases}
\omega_{dx} = K(x)_0 + K(x)_x g_x + K(x)_y g_y + K(x)_z g_z + \omega_{ex} \\
\omega_{dy} = K(y)_0 + K(y)_x g_x + K(y)_y g_y + K(y)_z g_z + \omega_{ey}
\end{cases} \tag{2.1.44}
$$

式中:ω_{ex}、ω_{ey}分别为地球自转角速度在x轴和y轴上的分量。

采用力矩反馈法测试漂移时,陀螺仪一直工作在力矩反馈状态,即

$$
\begin{cases}
\omega_{dx} = K_y I_y \\
\omega_{dy} = K_x I_x
\end{cases} \tag{2.1.45}
$$

式中:K_x、K_y分别为陀螺仪x轴和y轴上力矩器的标度因数,其单位为$(°)/(h \cdot mA)$;I_x、I_y分别为陀螺仪x轴和y轴上力矩器的输入电流,其单位为mA。

根据式(2.1.44)和式(2.1.45),可得力矩反馈法的陀螺仪漂移模型为

$$
\begin{cases}
K_y I_y = K(x)_0 + K(x)_x g_x + K(x)_y g_y + K(x)_z g_z + \omega_{ex} \\
K_x I_x = K(y)_0 + K(y)_x g_x + K(y)_y g_y + K(y)_z g_z + \omega_{ey}
\end{cases} \tag{2.1.46}
$$

2）固定位置测试

固定位置测试是一种最经济、最简便的测试陀螺仪综合漂移的方法。所谓综合漂移,是指不细分陀螺仪漂移的特性,只测出确定性漂移率和随机漂移率。测试时,将陀螺仪以一定方位(模拟陀螺仪在平台中实际的工作方位)安装在基座上,并使其工作于力矩反馈状态,则陀螺仪输出轴上力矩器输入电流的稳态值就是该轴外干扰力矩的度量。

在测试中,通常将力矩器电流测量值的算术平均值作为它的估计值,即

$$
I = \frac{1}{n} \sum_{i=1}^{n} I_i \tag{2.1.47}
$$

式中:n为测量次数。于是,陀螺仪x轴和y轴上力矩器的输入电流值可由下式计算:

$$
\begin{cases}
\bar{I}_x = \frac{1}{n} \sum_{i=1}^{n} I_{xi} \\
\bar{I}_y = \frac{1}{n} \sum_{i=1}^{n} I_{yi}
\end{cases} \tag{2.1.48}
$$

在测试过程中,陀螺仪一直工作于力矩反馈状态。根据式(2.1.46),并考虑地球自转的影

响,可得陀螺仪固定方位下的综合漂移率为

$$
\begin{cases}
\omega_{dx} = K_y \bar{I}_y - \omega_{ex} \\
\omega_{dy} = K_x \bar{I}_x - \omega_{ey}
\end{cases}
\tag{2.1.49}
$$

陀螺仪的随机漂移率可用漂移数据的标准差来表示,即

$$
\begin{cases}
\delta_x = K_y \sqrt{\dfrac{1}{n-1} \displaystyle\sum_{i=1}^{n} (I_{yi} - \bar{I}_y)^2} \\
\delta_y = K_x \sqrt{\dfrac{1}{n-1} \displaystyle\sum_{i=1}^{n} (I_{xi} - \bar{I}_x)^2}
\end{cases}
\tag{2.1.50}
$$

3) 八位置测试法

采用固定位置测试方法,可以测出陀螺仪的确定性漂移率和随机漂移率分量。由于确定性漂移率是陀螺仪各项常值漂移分量的总和,因此固定位置测试无法分离常值漂移分量的漂移误差系数。为此,必须将陀螺仪相对于不同地理坐标取不同的位置,并分别在这些位置上测量漂移,从而得到不同的漂移数据。通过对这些漂移数据的适当处理,就可以将静态漂移误差模型中的各有关系数进行分离。

力矩反馈法分离漂移系数的测试方法包括位置测试法和极轴翻滚测试法两种。

(1) 位置测试法是在陀螺仪相对于地理坐标系处于各个不同的选定位置时,测定相应的力矩器电流,在计算各选定位置上地球自转角速度的投影后,即可获得陀螺仪静态误差模型即式(2.1.46)中的各有关系数。

(2) 极轴翻滚测试与位置测试的不同之处,在于陀螺仪的角动量 H 始终平行于地球自转轴。当转台旋转时,地球重力矢量相对陀螺仪不断改变方向,通过测定各不同位置时力矩器中的电流,即可分离出式(2.1.46)中的各有关系数。

八位置测试是最常用的一种力矩反馈测试方法。测试时,陀螺仪各轴的指向、重力加速度和地球自转角速度在 x、y、z 各轴上的分量如表 2.1.1 所列。

测试时,按表 2.1.1 的顺序,先将陀螺仪按位置 1 调整好。这时,陀螺外扭杆轴 x 指北,内扭杆轴 y 指西,z 轴沿地垂线方向指天顶,于是,有如下关系式成立:

$$
\begin{cases}
K_y I_{y1} = K(x)_0 + K(x)_z g_z + \omega_{ex} \\
K_x I_{x1} = K(y)_0 + K(y)_z g_z + \omega_{ey}
\end{cases}
\tag{2.1.51}
$$

表 2.1.1　不同位置时重力加速度和地球自转角速度在 x、y、z 轴上的投影分量

位置	坐　标　图	轴的方向			重力加速度分量			地球自转角速度分量	
		z	x	y	z	x	y	x	y
1		上	北	西	$-g$	0	0	$\omega_e \cos\varphi$	0

续表

位置	坐标图	轴的方向			重力加速度分量			地球自转角速度分量	
		z	x	y	z	x	y	x	y
2		上	西	南	$-g$	0	0	0	$-\omega_e\cos\varphi$
3		上	南	东	$-g$	0	0	$-\omega_e\cos\varphi$	0
4		上	东	北	$-g$	0	0	0	$\omega_e\cos\varphi$
5		北	东	下	0	0	g	0	$-\omega_e\sin\varphi$
6		北	上	东	0	$-g$	0	$\omega_e\sin\varphi$	0
7		北	西	上	0	0	$-g$	0	$\omega_e\sin\varphi$
8		北	下	西	0	g	0	$-\omega_e\sin\varphi$	0

接通线路和测试仪表,启动驱动电机,额定运行一段时间后,分别连续记录 x 轴和 y 轴力矩器的输入电流 I_{x1} 和 I_{y1} 的 10 个瞬时值,并分别求出其平均值 $\bar{I}_{x11}$ 和 $\bar{I}_{y11}$。隔 15min 后,运用上述方法求取 $\bar{I}_{x12}$ 和 $\bar{I}_{y12}$。再隔 15min 后,运用上述方法求取 $\bar{I}_{x13}$ 和 $\bar{I}_{y13}$。最后求取 $\bar{I}_{x11}$、$\bar{I}_{x12}$ 和 $\bar{I}_{x13}$ 的平均值 $\bar{I}_{x1}$,以及 $\bar{I}_{y11}$、$\bar{I}_{y12}$ 和 $\bar{I}_{y13}$ 的平均值 $\bar{I}_{y1}$。然后,转动测试台,将被测陀螺仪转到位置 2,稳定 10min 后,运用与位置 1 相同的测试方法测得 $\bar{I}_{x2}$ 和 $\bar{I}_{y2}$。依此类推,分别求出 $\bar{I}_{x3}$ 和 $\bar{I}_{y3}$、$\bar{I}_{x4}$ 和 $\bar{I}_{y4}$、$\bar{I}_{x5}$ 和 $\bar{I}_{y5}$、$\bar{I}_{x6}$ 和 $\bar{I}_{y6}$、$\bar{I}_{x7}$ 和 $\bar{I}_{y7}$、$\bar{I}_{x8}$ 和 $\bar{I}_{y8}$。将求取的结果代入式(2.1.46),则可得到如下两组方程式:

$$\begin{cases} K_y I_{y1} = K(x)_0 - K(x)_z g + \omega_e \cos\varphi \\ K_y I_{y2} = K(x)_0 - K(x)_z g \\ K_y I_{y3} = K(x)_0 - K(x)_z g - \omega_e \cos\varphi \\ K_y I_{y4} = K(x)_0 - K(x)_z g \\ K_y I_{y5} = K(x)_0 + K(x)_y g \\ K_y I_{y6} = K(x)_0 - K(x)_z g + \omega_e \sin\varphi \\ K_y I_{y7} = K(x)_0 - K(x)_y g \\ K_y I_{y8} = K(x)_0 + K(x)_z g - \omega_e \sin\varphi \end{cases} \quad (2.1.52)$$

$$\begin{cases} K_x I_{x1} = K(y)_0 - K(y)_z g \\ K_x I_{x2} = K(y)_0 - K(y)_z g - \omega_e \cos\varphi \\ K_x I_{x3} = K(y)_0 - K(y)_z g \\ K_x I_{x4} = K(y)_0 - K(y)_z g + \omega_e \cos\varphi \\ K_x I_{x5} = K(y)_0 + K(y)_y g - \omega_e \sin\varphi \\ K_x I_{x6} = K(y)_0 - K(y)_x g \\ K_x I_{x7} = K(y)_0 - K(y)_y g + \omega_e \sin\varphi \\ K_x I_{x8} = K(y)_0 + K(y)_x g \end{cases} \quad (2.1.53)$$

于是,陀螺仪力矩器系数和误差模型的各个系数可以计算得到,即

$$\begin{cases} K_y = \dfrac{2\omega_e \cos\varphi}{I_{y1} - I_{y3}} \\ K(x)_0 = \dfrac{1}{4} K_y (\bar{I}_{y5} + \bar{I}_{y6} + \bar{I}_{y7} + \bar{I}_{y8}) \\ K(x)_x = \dfrac{1}{2} K_y (\bar{I}_{y8} - \bar{I}_{y6}) + \omega_e \sin\varphi \\ K(x)_y = \dfrac{1}{2} K_y (\bar{I}_{y5} - \bar{I}_{y7}) \\ K(x)_z = K(x)_0 - \dfrac{1}{4} K_y (\bar{I}_{y1} + \bar{I}_{y2} + \bar{I}_{y3} + \bar{I}_{y4}) \end{cases} \quad (2.1.54)$$

$$\begin{cases} K_x = \dfrac{2\omega_e \cos\varphi}{I_{x4} - I_{x2}} \\[3mm] K(y)_0 = \dfrac{1}{4} K_x (I_{x5} + I_{x6} + I_{x7} + I_{x8}) \\[3mm] K(y)_x = \dfrac{1}{2} K_x (I_{x8} - I_{x6}) \\[3mm] K(y)_y = \dfrac{1}{2} K_x (I_{x5} - I_{x7}) + \omega_e \sin\varphi \\[3mm] K(y)_z = K(y)_0 - \dfrac{1}{4} K_x (I_{x1} + I_{x2} + I_{x3} + I_{x4}) \end{cases} \qquad (2.1.55)$$

2. 陀螺仪漂移测试的伺服转台法

伺服转台测试是采用专门的伺服转台与陀螺仪构成的伺服系统来实现的。伺服转台主要由转台台体、伺服系统（包括前置放大器、测速发电机、校正环节和力矩电机）、测角装置、标准时间显示器和记录仪等部分组成。转台台体保证为被测陀螺仪提供所需要的安装方位。伺服系统保证转台测量轴跟踪陀螺仪相对于惯性空间的漂移，或使转台相对于惯性空间保持稳定。测角装置给出转台相对于基座的转角。标准时间显示器给出与所测转角相对应的标准时间。

图 2.1.19 给出了陀螺仪漂移伺服转台测试的原理方框图。

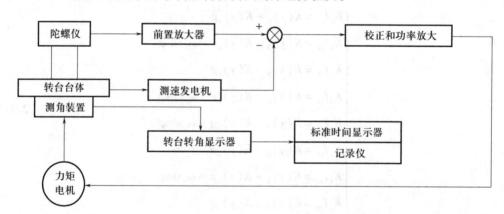

图 2.1.19　陀螺仪漂移伺服转台测试的原理方框图

测试时，将陀螺仪通过专门的夹具安装在转台台体上，使陀螺仪的输入轴与转台转轴平行。当陀螺仪测量到输入轴方向的角速率时，传感器即输出相应信号，经过伺服系统电子线路的处理与放大后，送到伺服转台的力矩电机，驱动转台转动，以抵消陀螺仪输入轴方向的角速率。通过读取转台在不同时刻相对于地面的转角，可计算出转台转动的平均角速率，即陀螺仪输入轴方向上的角速率。如果输入角速率中包含有确定的角速率，则在扣除确定角速率后，所得到的就是陀螺仪漂移角速率。

以单自由度转子陀螺仪为例说明伺服转台陀螺仪漂移测试的原理。

将单自由度转子陀螺仪安装在转台台体上，使陀螺仪的输入轴与伺服转台的转轴平行，且转台转轴与地球极轴平行，此时，陀螺仪感受全部地球自转角速率。由于地球自转角速率的输入和陀螺仪本身漂移角速率的影响，使陀螺仪的传感器有信号输出。将传感器输出信号送到伺服转台的电子线路加以放大,放大后的信号再送到力矩电机,驱动转台转动以抵消陀螺仪感受的地球角速率和陀螺仪本身的漂移角速率。当转台的转速达到平衡时,陀螺仪传感器的输出趋于零。通过测量一段时间内转台相对于地面转过的转角,可求出转台转动的平均角速率,再减去地球自转角速率之后,即可得到陀螺仪本身的漂移角速率。

伺服转台陀螺仪漂移测试系统的方框图如图 2.1.20 所示。

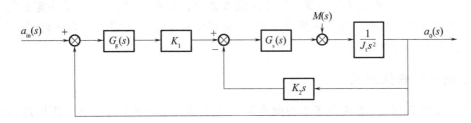

图 2.1.20 伺服转台陀螺仪漂移测试系统的方框图

图 2.1.20 中: $a_{in}(s)$ 为被测陀螺仪漂移角度的拉普拉斯变换式; $G_g(s) = HK_s/(J_g s + C)$ 为陀螺仪的传递函数,其中,H 为陀螺仪角动量,J_g 为陀螺仪转子的转动惯量,C 为陀螺仪的阻尼系数,K_s 为陀螺仪信号传感器的灵敏度;K_1 为伺服系统前置放大器放大系数;$G_s(s)$ 为伺服系统的校正环节、功率放大器和力矩电机的总传递函数;J_t 为转台的转动惯量;K_2 为测速发电机的反馈系数;$a_0(s)$ 为转台相对于基座转角的拉普拉斯变换式。

为便于分析,假定系统相对于惯性空间没有转动,则根据不同时间测得的转台相对于基座的转角,就可以计算出陀螺仪的漂移角速度。同时,假定系统只有干扰力矩作用在台体上,则在此情况下,系统的传递函数为

$$a_0(s) = \frac{K_1 G_g(s) G_s(s)}{J_t s^2 + K_2 G_s(s)s + K_1 G_g(s) G_s(s)} \cdot a_{in}(s) +$$

$$\frac{1}{J_t s^2 + K_2 G_s(s)s - K_1 G_g(s) G_s(s)} \cdot M(s) \qquad (2.1.56)$$

由式(2.1.56)可知,转台相对于基座转角的稳态值为

$$a_0 = a_{in} - \frac{M}{K_1 G_g G_s} \qquad (2.1.57)$$

式(2.1.57)表明,只要 $M/K_1 G_g G_s$ 项小到可以忽略的程度,转台相对于基座的转角就代表了陀螺仪的漂移角度 a_{in}。G_g、G_s 分别代表了 $G_g(s)$ 和 $G_s(s)$ 的静态放大倍数,$K_1 G_g G_s$ 称为伺服回路的伺服刚度,是由伺服系统设计时根据干扰力矩的大小确定的。

3. 转子陀螺仪漂移测试方法的比较

力矩反馈测试主要用于陀螺仪误差模型各项参数的估计,也适用于陀螺仪短期漂移特性的检验。它的优点是在短时间内测定所有系数,试验设备成本低,易于改变陀螺仪相对于重力场的位置,可以分别确定各种因素变化时对陀螺仪精度产生的影响,具有很大的灵活性,因而得到广泛应用。缺点是陀螺仪力矩器的非线性将直接影响测试精度。

伺服转台测试主要用来测试陀螺仪的长周期性能,即用来测定陀螺仪的综合漂移率。虽然采用伺服转台法也能分离出陀螺仪的误差系数,但由于所需时间较长,因此不便于应用。与力

矩反馈测试方法相比,伺服转台测试方法具有较高的可靠性和测试精度,因此往往用伺服转台法测得的数据去核实力矩反馈法的测试结果。伺服转台测试的优点是测试得到的数据是角度,即漂移角速度的一次积分,因此滤除了高频分量的影响,并且采用了较长的测试时间,可以有效提高测试精度。伺服转台的工作原理与陀螺稳定平台类似,因此伺服转台法测得的数据,更接近于陀螺仪在系统中实际工作的数据。另外,在伺服转台测试中,由于陀螺仪的力矩器不参与闭合回路的工作,因而测试结果不受力矩器性能参数变化的影响,从而避免了力矩器的非线性因素对陀螺仪漂移的影响。与力矩反馈法相比,伺服转台法测试所需的测试时间较长,其最大的缺点是转台的价格昂贵。

五、光学陀螺仪测试

对于光学陀螺仪,由于其内部多种噪声源以及外部环境的影响,造成了使用过程中的随机误差,从而影响其性能。为减小光学陀螺仪的误差,并提高其精度,需要对陀螺仪进行性能评估。

（一）光学陀螺仪的数学模型和测试项目

1. 光学陀螺仪的数学模型

激光陀螺仪和光纤陀螺仪同属于光学陀螺仪,两者具有相似的性能特点和误差特性。由IEEE标准（IEEE STD 647—1995）给出的激光陀螺仪输入/输出模型与光学陀螺仪的数学模型相同,其中各项参数的定义也一致。因此,描述激光陀螺仪与光纤陀螺仪性能的主要指标参数相同,相应的测试方法与标定方法也相同。

由 IEEE 标准给出的光学陀螺仪输入/输出模型为

$$\frac{\Delta N}{\Delta t} \cdot S_0 = [\Omega + E + D][1 + 10^{-6}\varepsilon_k]^{-1} \qquad (2.1.58)$$

式中:S_0 为标称的标度因子,单位为(")/脉冲数;$\Delta N/\Delta t$ 为输出脉冲频率,单位为脉冲数/s;Ω 为输入角速度,单位为(")/s;E 为主要由温度引起的环境敏感误差,单位为(")/s;D 为漂移误差,单位为(")/s;ε_k 为标度因子误差。

2. 光学陀螺仪的主要测试项目

光学陀螺仪的主要测试项目有标度因数系列值测试、零偏系列值测试和随机误差测试。

1）标度因数系列值测试

标度因数是指光学陀螺仪输出脉冲数与输入角速率的比值。标度因数通常取脉冲数/角秒作为量纲。在同一角速率输入下,如果标度因数变化,将引起输出频差 Δf 的变化,从而导致光学陀螺仪的测量误差。

标度因数误差是指标度因数的实际值相对于标称值的变化。温度是引起标度因数误差的主要原因,温度的变化导致标度因数的不稳定。衡量标度因数误差的性能参数有标度因数非线性度、标度因数重复性和标度因数的温度灵敏度。

2）零偏系列值测试

零偏是指在输入角速率为零时,光学陀螺仪的频差输出。零偏以规定时间内测量的输出量平均值相应的等效角速度来表示,通常取(°)/h 作为量纲。零偏误差主要受磁场、温度和温度梯度的影响。

衡量零偏误差的性能参数主要有零偏稳定性、零偏重复性和零偏温度灵敏度。

3）随机误差测试

由于环境干扰等原因,光学陀螺仪的输出信号中存在许多随机误差项,主要包括量化噪声、角度随机游走、零偏不稳定性、角速率随机游走等。

（二）光学陀螺仪测试设备

光学陀螺仪的测试设备主要有精密测试台、调温室、数据采集与处理系统、工控计算机等。测试设备连接图如图2.1.21所示。

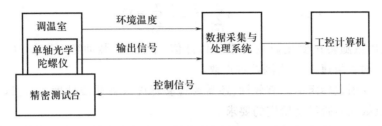

图 2.1.21　光学陀螺仪测试设备连接图

图 2.1.21 中,测试转台安装在独立的地基上,且转台的转轴与当地地垂线平行,陀螺仪通过夹具安装在工作台面上,其敏感轴与转台转轴平行。

（三）光学陀螺仪测试方法

1. 标度因数系列值测试

1）标度因数系列值测试的过程

标度因数系列值测试的过程如下。

（1）常温下,在陀螺仪的动态测速范围内,均匀选定多个角速率测试点。在每个角速率测试点,启动陀螺仪进入稳定工作状态后,用给定的转动速率驱动测试转台,并以一定的频率采集陀螺仪输出脉冲数。测试过程中,转台先连续正转 m 圈,接着连续反转 m 圈,记录正、反转的陀螺仪输出脉冲数。

（2）按照（1）中的方法,重复进行 p 次测试。

（3）根据光学陀螺仪的实际应用所需要的温度范围,均匀选定多个测试温度点。在每个温度点上,执行（2）中的测试内容。

2）标度因数系列值的计算

（1）标度因数的计算。常温下,某一次测试中标度因数 K 的计算方法如下。

首先,计算第 i 个速率测试点正、反方向各转 m 圈的平均脉冲数 $N_{\pm i}$,有

$$N_{\pm i} = \frac{1}{m} \sum_{j=1}^{m} N_{\pm ij} \tag{2.1.59}$$

式中:$N_{\pm ij}$ 为第 i 个速率测试点第 j 圈正、反转360°时的累计脉冲数。

然后,计算第 i 个速率测试点标度因数 K_i（单位:脉冲数/(")）,有

$$K_i = \frac{N_{+i} + N_{-i}}{2 \times 360 \times 3600} \tag{2.1.60}$$

最后,利用最小二乘法拟合该次测试的标度因数。标度因数非线性方程为

$$K_i = K + W\Omega_i \tag{2.1.61}$$

最小二乘拟合结果为

$$K = \frac{\sum\limits_{i=1}^{q} K_i \sum\limits_{i=1}^{q} \Omega_i^2 - \sum\limits_{i=1}^{q} K_i \Omega_i \sum\limits_{i=1}^{q} \Omega_i}{q \sum\limits_{i=1}^{q} \Omega_i^2 - \left(\sum\limits_{i=1}^{q} \Omega_i \right)^2} \qquad (2.1.62)$$

$$W = \frac{q \sum\limits_{i=1}^{q} K_i \Omega_i - \sum\limits_{i=1}^{q} \Omega_i \sum\limits_{i=1}^{q} K_i}{q \sum\limits_{i=1}^{q} \Omega_i^2 - \left(\sum\limits_{i=1}^{q} \Omega_i \right)^2} \qquad (2.1.63)$$

式中：W 为标度因数随转速变化影响的最佳估计值，单位为 [脉冲数/(″)]/[(°)/s]；Ω_i 为第 i 个速率测试点的输入角速率；q 为测试点点数。

为了验证标度因数标定值的有效性，还需要检验标度因数非线性度、标度因数重复性以及标度因数温度灵敏度是否满足给定的要求。

（2）标度因数非线性度的计算。标度因数非线性度是指在输入角速率范围内，陀螺仪输出量与输入量的比值相对于标度因数与标度因数之比。

由式（2.1.60）和式（2.1.62），可求得标度因数非线性度，即

$$K_{\mathrm{nl}} = \frac{\max |K_i - K|}{K} \qquad (2.1.64)$$

式中：K_{nl} 为标度因数非线性度；K_i 为第 i 个速率测试点标度因数。

（3）标度因数重复性的计算。标度因数重复性是指在相同条件下及规定间隔时间内，重复测量陀螺仪标度因数之间的一致程度。标度因数重复性以各次测试所得标度因数的标准偏差与平均值之比表示。

标度因数重复性的计算公式为

$$K_{\mathrm{r}} = \left[\frac{\sum\limits_{j=1}^{p} \left(K_j - \dfrac{1}{p} \sum\limits_{j=1}^{p} K_j \right)^2}{p - 1} \right]^{1/2} \Bigg/ \frac{1}{p} \sum\limits_{j=1}^{p} K_j \qquad (2.1.65)$$

式中：K_{r} 为标度因数重复性；K_j 为第 j 次测试的标度因数；p 为重复次数。

（4）标度因数温度灵敏度的计算。标度因数温度灵敏度是指相对于室温标度因数，由温度变化引起的陀螺仪标度因数相对变化量与温度变化之比，其单位为 $10^{-6}/℃$。

标度因数温度灵敏度计算公式为

$$K_{\mathrm{t}} = \max \left| \frac{(K_{t_i} - K_{t_0})/K_{t_0}}{t_i - t_0} \right| \qquad (2.1.66)$$

式中：K_{t} 为标度因数灵敏度；t_0 为常温的温度值；t_i 为第 i 个温度测试点的温度值；K_{t_i} 为第 i 个温度测试点的标度因数。

如果标度因数非线性度、标度因数重复性、标度因数温度灵敏度都能满足一定的指标要求，则表明测试数据能够反映光学陀螺仪标度因数的真实特性。

2. 零偏系列值测试

1）零偏系列值测试的过程

零偏系列值测试的过程如下：

（1）常温下，测试转台工作于静止状态，启动陀螺仪进入稳定工作后，以一定的频率采集陀螺仪输出脉冲数。

（2）为了验证测试数据的重复性并保证数据的可靠性，按照（1）中的方法，重复进行 p 次测试。

（3）选定与标度因数测试相同的温度测试点，在每个温度测试点，恒温保持一定时间，使陀螺仪温度达到稳定状态后，进行（2）中的测试。

2）零偏系列值的计算

（1）零偏的计算。在某一温度测试点，零偏的计算公式为

$$B_0 = \sum_{i=1}^{p} B_{0i}/p \tag{2.1.67}$$

$$B_{0i} = \frac{[N]_i}{K\tau} - \Omega_e \tag{2.1.68}$$

$$[N]_i = \frac{1}{n} \sum_{j=1}^{n} N_{ij} \tag{2.1.69}$$

式中：B_0 为零偏，其单位为（°）/h；B_{0i} 为第 i 次测试得到的零偏；$[N]_i$ 为第 i 次测试陀螺仪输出脉冲数的平均值；K 为标度因数；τ 为采样时间；Ω_e 为对应的地球自转角速率分量，其单位为（°）/h；N_{ij} 为第 i 次测试中第 j 个采样点的输出脉冲数；n 为采样点数。

（2）零偏稳定性的计算。在输出角速率为零时，零偏稳定性用于衡量光学陀螺仪输出量围绕其均值的离散程度。零偏稳定性以规定时间内输出量的标准偏差相应的等效输入角速率表示，其单位为（°）/h。

零偏稳定性的计算公式为

$$B_s = \frac{\sum_{i=1}^{p} B_{si}}{p} \tag{2.1.70}$$

$$B_{si} = \frac{\sqrt{\dfrac{\sum_{j=1}^{n} \left(N_{ij} - [N]_i\right)^2}{n-1}}}{K_N} \tag{2.1.71}$$

式中：B_s 为陀螺仪零偏稳定性；B_{si} 为第 i 次测试时的零偏稳定性；K_N 为标度因数标称值。

（3）零偏重复性的计算。零偏重复性是指在同样条件下及规定间隔时间内，重复测量陀螺仪零偏之间的一致程度。零偏重复性以各次测试时所得零偏的标准差表示，其单位为（°）/h。

零偏重复性的计算公式为

$$B_r = \sqrt{\frac{\sum_{j=1}^{p} \left(B_{0i} - \dfrac{1}{m}\sum_{i=1}^{p} B_{0i}\right)^2}{m-1}} \tag{2.1.72}$$

式中：B_r 为零偏重复性。

（4）零偏温度灵敏度的计算。零偏温度变化率是指相对于常温零偏，由温度变化引起的陀螺仪零偏变化量与温度变化量之比，一般取大值，其单位为（°）/（h·℃）。

零偏温度变化率的计算公式为

$$B_{t_i} = \left| \frac{B_{0,t_i} - B_{0,t_0}}{t_i - t_0} \right| \tag{2.1.73}$$

式中：B_{t_i}为零偏变化率；t_0为常温的温度值；t_i为第 i 个温度测试点的温度值；B_{0,t_i}为第 i 个温度测试点的零偏。

零偏温度灵敏度 B_t 取各零偏温度变化率中的最大值，即

$$B_t = \max B_{t_i} \tag{2.1.74}$$

如果零偏稳定性、零偏重复性和零偏温度灵敏度都能满足一定的指标要求，则表明测试数据能够反映光学陀螺仪零偏的真实特性。

3. 随机误差测试

光学陀螺仪的随机误差通常采用 Allen 方差法进行分析。光学陀螺仪随机误差的 Allen 方差与功率谱密度之间存在定量的关系，利用这一关系，通过在整个光学陀螺仪输出数据的样本长度上进行一些处理，可以得到陀螺数据中各种随机误差项的特征。

Allen 方差法的主要特点是易于对光学陀螺仪的各种误差源及其对整个噪声统计特性的贡献进行细致的表征和辨识，而且具有便于计算、易于分离等优点。

第二节　加速度计及其测试

一、加速度计概述

加速度计是惯性导航系统的基本测量元件之一，它安装在仪器舱中，用于测量导弹运动的视加速度，并通过对加速度的积分，求得导弹运动的速度和位置。加速度计和陀螺仪都是惯性导航系统的核心器件，其性能优劣在很大程度上决定了惯性导航系统的精度。

（一）加速度计的基本测量原理

加速度计是依据牛顿力学定律工作的，它通过测量检测质量块所感受的惯性力来间接测量导弹运动的加速度。

假定导弹飞行的绝对加速度为 a，则安装在导弹上的加速度计的检测质量块加速度也是 a。对检测质量块应用力学中隔离体方法分析其受力情况。已知检测质量块有一个加速度分量为地球引力加速度 g，它的总加速度为 a，因而必然存在一个非引力加速度分量 $\dot{W}$，则

$$a = \dot{W} + g \tag{2.2.1}$$

式（2.2.1）表明，若检测质量 m 在地球引力场中运动的合成加速度为 a，则它必然受到大小为 $m\dot{W}$ 的作用力，该作用力正是加速度计所感受到的力。由于质量 m 是已知的常量，所以加速度计感受到的是非引力加速度 $\dot{W}$，$\dot{W}$ 是加速度计读出的视在加速度，简称为视加速度。视加速度是除地球引力之外所有作用在导弹上的外力引起的加速度，惯性力 $m\dot{W}$ 是作用在加速度计和陀螺仪等惯性仪器上的主要作用力，因此加速度计的静态误差主要与 $\dot{W}$ 有关。

（二）加速度计的分类

（1）按检测质量块的位移方式不同，可将加速度计分为线性加速度计和摆式加速度计

两种。

　　线性加速度计的检测质量块在加速度的作用下沿输入轴做直线运动。弹簧质量加速度计、气浮线性加速度计、振弦式加速度计等都属于线性加速度计。

　　摆式加速度计由检测质量块构成单摆,在加速度的作用下绕输出轴做角位移。宝石支承加速度计、液浮摆式加速度计、挠性摆式加速度计等都是常见的摆式加速度计。

　　(2)按检测质量块的支承方式不同,可将加速度计分为宝石支承加速度计、静压气浮支承加速度计、液浮加速度计、挠性支承加速度计和静电支承加速度计等。

二、加速度计的基本原理与动力学分析

目前,摆式加速度计在惯性导航系统中占有重要地位。本节主要介绍摆式加速度计。

(一)摆式加速度计的基本原理

典型的摆式加速度计由摆组件、信号传感器、永磁力矩器和挠性杆组成,如图2.2.1所示。

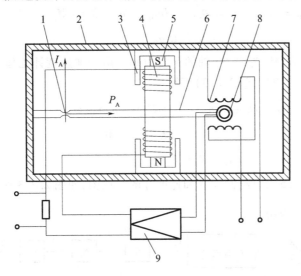

图 2.2.1　摆式加速度计结构示意图

1—挠性杆;2—壳体;3—轭铁;4—力矩器动圈;5—永磁铁;
6—摆组件;7—信号器激磁线圈;8—信号器线圈;9—放大器。

　　加速度计内充有硅油作为阻尼液体。挠性杆一端固定在基座上;另一端粘贴有信号器线圈,形成悬臂梁,在摆片上固定有力矩器动圈。永磁铁一端固定在表壳上;另一端套在力矩器动圈内。当基座具有沿输入轴方向的加速度 a 时,挠性杆在惯性力矩的作用下绕挠性接头中心位置旋转,产生输出角 θ_0,信号器检测出 θ_0 并将其转换为电压信号,经放大后加入力矩器动圈,产生相应的推挽力矩以抵消惯性力矩,使 θ_0 归零。在平衡回路中电流经采样电阻变换为输出电压,根据此电压可以提取出载体运动的加速度 a。为分析方便,常将加速度计的输入轴(敏感轴)记为 I_A,输出轴记为 O_A,摆轴记为 P_A。

(二)摆式加速度计的动力学分析

　　为简便起见,假设加速度计的敏感轴 I_A 处于水平位置,重力加速度沿加速度计的输出轴 O_A 方向,如图2.2.2所示。图中,输出轴 O_A 指向纸面里面。

　　设基座沿 I_A 轴存在加速度 a_I、沿 P_A 轴存在加速度 a_P,这种情况下,摆组件绕 O_A 轴的转动

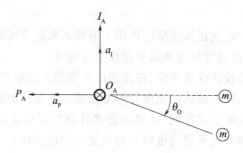

图 2.2.2　加速度计摆组件的受力情况

惯性为 I_0，挠性杆的弹性系数为 C，浮液的阻尼系数为 D，信号器的传递系数为 K_s，伺服放大器增益为 K_a，负载系数为 $K_R(K_R = 1/(R_0 + R_T)$，R_0 为采样电阻，R_T 为力矩器内阻)，力矩器标度因数为 K_T，则根据动量矩定理，有

$$I_0 \ddot{\theta}_0 = mLa_I - mL\sin\theta_0 a_P - D\dot{\theta}_0 - C\theta_0 - K_T i + M_d \qquad (2.2.2)$$

$$i = K_R K_a K_s \theta_0 \qquad (2.2.3)$$

式中：i 为力矩器中的反馈电流；M_d 为沿 O_A 轴的干扰力矩。由于加速度计工作于闭环状态，控制 θ_0 角约等于 $0°$，因此式(2.2.2)、式(2.2.3)可写为

$$(I_0 s^2 + Ds + C)\theta_0(s) = mL[a_I - \theta_0 a_P(s)] - \qquad (2.2.4)$$
$$K_T i(s) + M_d(s)$$

$$i(s) = K_R K_a K_s \theta_0(s) \qquad (2.2.5)$$

根据式(2.2.4)和式(2.2.5)，可绘制摆式加速度计的方框图，如图 2.2.3 所示。

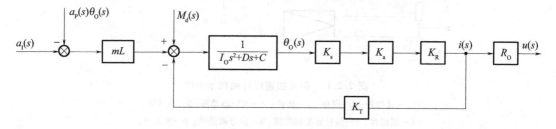

图 2.2.3　摆式加速度计方框图

根据图 2.2.3，可得

$$i(s) = \frac{mLK_s K_a K_R}{I_0 s^2 + Ds + C + K_s K_a K_R K_T}[a_I(s) - a_P(s)\theta_0(s)] +$$
$$\frac{K_s K_a K_R}{I_0 s^2 + Ds + C + K_s K_a K_R K_T}M_d(s) \qquad (2.2.6)$$

对于常值加速度输入和常值干扰力矩，即 $a_I(s) = a_I/s$，$M_d(s) = M_d/s$，在平衡回路的电流输出稳态值为

$$i_{ss} = \frac{mLK_s K_a K_R}{C + K_s K_a K_R K_T}(a_I - a_P\theta_0) + \frac{K_s K_a K_R}{C + K_s K_a K_R K_T}M_d \qquad (2.2.7)$$

式中：K_I 称为加速度计的标度因数，$K_I = mLK_s K_a K_R/(C + K_s K_a K_R K_T)$。

通常情况下，$C \ll K_s K_a K_R K_T$，因此有

$$K_I \approx \frac{mL}{K_T}$$

(2.2.8)

对式(2.2.6)两边同乘以采样电阻 R_0，可得采样电压的稳态值，即

$$u_{ss} = K_I R_0 i_{ss}$$

(2.2.9)

将式(2.2.9)两边同除以 $K_I R_0$，可得到加速度计的指示值，即

$$a_{id} = \alpha_I - a_P \theta_0 + \frac{M_d}{mL}$$

(2.2.10)

式中：等号右边第一项为测得的输入加速度；第二项为交叉耦合误差；第三项为偏值误差。

由于摆性组件工作时的转角造成的交叉耦合误差为

$$\delta_{a_\theta} = - a_P \theta_0$$

(2.2.11)

由式(2.2.11)可知，使加速度计工作于力矩平衡状态，有利于降低交叉耦合误差。

由干扰力矩 M_d 引起的偏值误差为

$$\delta_{a_d} = \frac{M_d}{mL}$$

(2.2.12)

从式(2.2.12)可以看出，增大加速度计的摆性（$P = mL$）有利于降低干扰力矩的影响。

三、加速度计的误差数学模型

（一）加速度计的静态数学模型

在线运动条件下加速度计的稳态输出与比力之间的数学表达式，称为加速度计的静态数学模型。对于一个理想的加速度计，其输出应当与沿输入轴的比力成正比。但是，由于各种干扰的影响，实际加速度计的输出中，不仅包含沿输入轴比力的线性项，而且还包含比力测量误差。

加速度计静态数学模型的一般表达式为

$$U = K_0 + K_I a_I + K_0 a_0 + K_P a_P + K_{IO} a_I a_0 + K_{IP} a_I a_P +$$
$$K_{OP} a_0 a_P + K_{II} a_I^2 + K_{OO} a_0^2 + K_{PP} a_P^2$$

(2.2.13)

式中：U 为加速度计的静态输出，单位常用 mV 或 V，有时也采用脉冲数/s 表示；a_I、a_0 和 a_P 分别为沿输入轴、输出轴和摆轴输入的加速度；K_0 为加速度计的零偏，是与输入加速度无关的模型方程系数；K_I 为与 a_I 相关的一次项系数，又称加速度计的标度因数；K_0、K_P 分别为与 a_0、a_P 相关的一次项系数；K_{IO}、K_{OP} 和 K_{IP} 分别为交叉轴耦合误差系数；K_{II} 为二阶非线性误差系数；K_{OO} 和 K_{PP} 分别为输出轴和摆轴的二阶非线性误差系数。

在大过载条件下，有时需要增加输入轴比力三阶非线性项 $K_{III} a_I^3$，以便能够精确表述在大比力条件下加速度计的静态特性。

（二）加速度计的动态误差模型

在角运动条件下加速度计的测量误差与角速度、角加速度之间关系的数学表达式，称为加速度计的动态误差数学模型。在捷联惯导系统中，加速度计直接与载体固连，载体的角运动将直接作用于加速度计。这样，除了载体线运动所引起的干扰力矩之外，还将出现由载体角运动所引起的干扰力矩，从而导致比力测量的附加误差。因此，当加速度计应用于捷联惯导系统中

时，除了需要建立其静态数学模型之外，还需要建立其动态误差数学模型。

加速度计的动态误差模型的一般表达式为

$$\delta_a = D_\mathrm{I}\dot{\omega}_\mathrm{I} + D_\mathrm{O}\dot{\omega}_\mathrm{O} + D_\mathrm{P}\dot{\omega}_\mathrm{P} + D_\mathrm{IO}\omega_\mathrm{I}\omega_\mathrm{O} + D_\mathrm{OP}\omega_\mathrm{O}\omega_\mathrm{P} +$$

$$D_\mathrm{PI}\omega_\mathrm{P}\omega_\mathrm{I} + D_\mathrm{II}\omega_\mathrm{I}^2 + D_\mathrm{PP}\omega_\mathrm{P}^2 \tag{2.2.14}$$

式中：δ_a 为加速度计的动态误差；$\dot{\omega}_\mathrm{I}$、$\dot{\omega}_\mathrm{O}$ 和 $\dot{\omega}_\mathrm{P}$ 分别为绕加速度计输入轴、输出轴和摆轴的角加速度；ω_I、ω_O 和 ω_P 分别为绕加速度计输入轴、输出轴和摆轴的角速度；D_I、D_O 和 D_P 为对角加速度敏感的误差系数；D_IO、D_OP、D_PI、D_II 和 D_PP 为对角速度二次方或乘积项敏感的误差系数。

四、加速度计测试

加速度计测试的主要目的：一是评价加速度计的性能是否合格；二是标定加速度计数学模型中的误差系数，通过射前装定补偿和飞行过程中实时补偿等方式，提高其实际使用精度；三是建立加速度计精确的数学模型，通过分析各个模型系数的大小及其稳定性，为改进加速度计的设计和制造提供指导。

加速度计测试的主要方法有重力场测试、离心测试和线振动测试等。

（一）加速度计重力场测试

加速度计的重力场测试是通过将重力加速度在加速度计输入轴方向的分量作为输入，测量加速度计各项性能参数的测试。通常采用等角度分割的多点翻转程序或加速度增量线性程序来标定加速度计的静态性能参数。

加速度计重力场测试的主要测试项目包括加速度计的刻度因数、零偏、对加速度输入平方敏感的二阶系数、各漂移系数的稳定性、横向灵敏度等。

加速度计重力场测试的范围限制在当地重力加速度正、负值（$\pm 1g$）之间。由于重力加速度容易获得，并能精确测定其大小和方向，因此，加速度计重力场测试具有试验方便和结果精确的特点，是各种输入量程加速度计的主要测试方法。

在进行加速度计地球重力场翻滚测试时，加速度计的输入加速度按正弦规律变化，其输出值也相应地按正弦规律变化。由于各种原因，实际上加速度计的输出值是周期函数，但并不完全按正弦规律变化。如果将实际输出的周期函数按照傅里叶级数分解，可以得到常值项、正弦基波项、余弦基波项和其他高次谐波项。通过傅里叶级数的各项系数，可以换算出加速度计模型方程式的各项系数。

通常，加速度计的重力场测试适用于如下简化的数学模型：

$$U = K_0 + K_\mathrm{I}g_\mathrm{I} + K_\mathrm{II}g_\mathrm{I}^2 + K_\mathrm{III}g_\mathrm{I}^3 + K_\mathrm{IO}g_\mathrm{I}g_\mathrm{O} + K_\mathrm{IP}g_\mathrm{I}g_\mathrm{P} \tag{2.2.15}$$

式中：U 为加速度计的输出；g_I、g_O、g_P 分别为沿加速度计输入轴、输出轴和摆轴的重力加速度分量；K_I 为加速度计的刻度因数；K_II 和 K_III 分别为加速度计的二阶和三阶非线性系数；K_IO 为输入轴与输出轴的交叉耦合系数；K_IP 为输入轴与摆轴的交叉耦合系数。

加速度计 $1g$ 重力场测试的主要设备包括带有夹具的精密旋转分度头、数据采集与处理装置、电源和电缆等。

在进行加速度计重力场测试时，一般是将加速度计安装在光学分度头上，光学分度头绕水平轴方向可以旋转 360°。令加速度计的输入轴在铅垂平面内相对于重力加速度回转，就可以使加速度计敏感轴上所受的重力加速度呈正弦关系变化。

为了确定加速度计模型方程中的全部系数,将加速度计的安装分别按侧摆状态和水平摆状态进行测试。加速度计的摆轴平行于分度头转轴的安装状态,称为侧摆安装状态,如图 2.2.4(a)所示。加速度计的输出轴平行于分度头转轴的安装状态,称为水平摆安装状态,如图 2.2.4(b)所示。

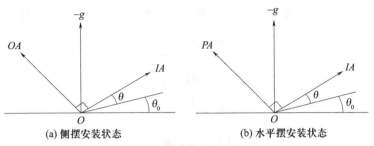

(a) 侧摆安装状态　　　　　　(b) 水平摆安装状态

图 2.2.4　加速度计的安装方位

加速度计在侧摆状态下,摆轴 PA 处于水平位置,输入轴 IA 和输出轴 OA 可以绕分度头的水平轴在当地铅垂面内旋转 360°。在此状态下,加速度计的输入形式为

$$\begin{bmatrix} g_I \\ g_O \\ g_P \end{bmatrix} = \begin{bmatrix} \sin(\theta+\theta_0) \\ \cos(\theta+\theta_0) \\ 0 \end{bmatrix} g \qquad (2.2.16)$$

式中:θ 为输入轴与当地水平面的夹角;θ_0 为初始失准角。

当 $g_P = 0$ 时,加速度计的数学模型简化为

$$U = K_0 + K_I g_I + K_{II} g_I^2 + K_{III} g_I^3 + K_{IO} g_I g_O \qquad (2.2.17)$$

加速度计在水平摆状态下,其输出轴 OA 处于水平位置,输入轴 IA 和摆轴 PA 可以绕分度头在当地铅垂面内旋转 360°。在此状态下,加速度计的输入形式为

$$\begin{bmatrix} g_I \\ g_O \\ g_P \end{bmatrix} = \begin{bmatrix} \sin(\theta+\theta_0) \\ 0 \\ \cos(\theta+\theta_0) \end{bmatrix} g \qquad (2.2.18)$$

当 $g_O = 0$ 时,加速度计的数学模型简化为

$$U = K_0 + K_I g_I + K_{II} g_I^2 + K_{III} g_I^3 + K_{IP} g_I g_P \qquad (2.2.19)$$

在侧摆状态下,将式(2.2.16)代入式(2.2.17),有

$$U = K_0 + K_I \sin(\theta+\theta_0) + K_{II}\sin^2(\theta+\theta_0) + K_{III}\sin^3(\theta+\theta_0) + \\ K_{IO}\sin(\theta+\theta_0)\cos(\theta+\theta_0) \qquad (2.2.20)$$

考虑到 θ_0、K_{II}、K_{III}、K_{IO} 均为小量,若忽略二阶及其以上小量,则有

$$U = K_0 + K_I\sin\theta + K_I\theta_0\cos\theta + K_{II}\sin^2\theta + K_{III}\sin^3\theta + \frac{1}{2}K_{IO}\sin2\theta \qquad (2.2.21)$$

经简单的数学推导,可得加速度计输出 U 的傅里叶级数表达式:

$$U = \left(K_0 + \frac{1}{2}K_{II}\right) + \left(K_I + \frac{3}{4}K_{III}\right)\sin\theta + \frac{1}{2}K_{IO}\sin2\theta -$$

$$\frac{1}{4}K_{\text{III}}\sin3\theta + K_{\text{I}}\theta_0\cos\theta - \frac{1}{2}K_{\text{II}}\cos2\theta \tag{2.2.22}$$

若将加速度计输出 U 表示为如下形式：

$$U = B_0 + S_1\sin\theta + S_2\sin2\theta + S_3\sin3\theta + C_1\cos\theta + C_2\cos2\theta \tag{2.2.23}$$

通过比较式（2.2.22）和式（2.2.23）可知，各次谐波系数与模型方程系数之间的关系为

$$
\begin{cases}
B_0 = K_0 + \dfrac{1}{2}K_{\text{II}} \\[2mm]
S_1 = K_{\text{I}} + \dfrac{3}{4}K_{\text{III}} \\[2mm]
S_2 = \dfrac{1}{2}K_{\text{IP}} \\[2mm]
S_3 = -\dfrac{1}{4}K_{\text{III}} \\[2mm]
C_1 = K_{\text{I}}\theta_0 \\[2mm]
C_2 = -\dfrac{1}{2}K_{\text{II}}
\end{cases} \tag{2.2.24}
$$

显然，由式（2.2.24）可得到用谐波系数表示的模型方程系数和初始失调角，即

$$
\begin{cases}
K_0 = B_0 + C_2 \\[2mm]
K_{\text{I}} = S_1 + 3S_3 \\[2mm]
K_{\text{II}} = -2C_2 \\[2mm]
K_{\text{III}} = -4S_4 \\[2mm]
K_{\text{IO}} = 2S_2（PA\ 水平） \\[2mm]
K_{\text{IP}} = 2S_2（OA\ 水平） \\[2mm]
\theta_0 = \dfrac{C_1}{S_1 + 3S_3}
\end{cases} \tag{2.2.25}
$$

　　一般情况下，通过对足够多的测试数据进行标准的傅里叶分析，利用最小二乘法等数据处理方法，就可以确定出各次谐波系数，进而确定出模型方程的各个系数。在工程上：一般是首先通过改变加速度计的输入轴相对于重力加速度的转角位置取得不同的测量值；然后通过对测试数据的处理与分析，实现对式（2.2.15）中各个系数的估计。最常用的测试方法是四点测试和八点测试。

　　1. 四点测试

　　加速度计选取侧摆安装状态（PA 轴水平）或水平摆安装状态（OA 轴水平）的任一状态，分别取四个测试位置，即 $0°$、$90°$、$180°$、$270°$，并代入加速度计输出电压 U 的傅里叶表达式（2.2.22），可得到如下方程组：

$$
\begin{cases}
U(0°) = K_0 + K_{\text{I}}\theta_0 \\[2mm]
U(90°) = K_0 + K_{\text{I}} + K_{\text{II}} + K_{\text{III}} \\[2mm]
U(180°) = K_0 - K_{\text{I}}\theta_0 \\[2mm]
U(270°) = K_0 - K_{\text{I}} + K_{\text{II}} - K_{\text{III}}
\end{cases} \tag{2.2.26}
$$

由式(2.2.26)可得

$$K_0 = [U(0°) + U(180°)]/2 \tag{2.2.27}$$

$$K_{\mathrm{II}} = [U(90°) + U(270°) - U(0°) - U(180°)]/2 \tag{2.2.28}$$

若考虑到 $K_{\mathrm{III}} \ll K_1$,则有

$$K_{\mathrm{I}} \approx [U(90°) - U(270°)]/2 \tag{2.2.29}$$

$$\theta_0 \approx \frac{U(0°) - U(180°)}{U(90°) - U(270°)} \tag{2.2.30}$$

加速度计四点测试法具有如下特点。

(1)可以估计出加速度计误差模型中的零偏 K_0,以及二阶非线性系数 K_{II}。

(2)由于无法分离 K_1 和 K_{III},不能求出三阶非线性系数 K_{III}。在不考虑 K_{III} 的条件下,可以得到标度因数 K_1 和输入轴失准角 θ_0 的近似值。

(3)不能确定加速度计误差模型中的交叉耦合系数 K_{IO} 和 K_{IP}。

为了准确标定加速度计的标度因数和输入轴失准角,并且确定交叉耦合系数,需要对加速度计进行重力场八点测试。

2. 八点测试

在重力场八点测试中,加速度计采用水平摆安装状态或侧摆安装状态,按等分的八个位置,分别取 0°、45°、90°、135°、180°、225°、270°、315°,测出每个位置的输出值,并代入有关方程式进行数据处理,可得到加速度计误差模型方程中的各个系数值。

若加速度计采用侧摆状态,依次将 θ_i 代入式(2.2.22),可得到如下方程组:

$$
\begin{cases}
U_1 = U(0°) = K_0 + K_{\mathrm{I}}\theta_0 \\[2mm]
U_2 = U(45°) = K_0 + \dfrac{\sqrt{2}}{2}K_{\mathrm{I}} + \dfrac{1}{2}K_{\mathrm{II}} + \dfrac{\sqrt{2}}{4}K_{\mathrm{III}} + \dfrac{1}{2}K_{\mathrm{IO}} + \dfrac{\sqrt{2}}{2}K_{\mathrm{I}}\theta_0 \\[2mm]
U_3 = U(90°) = K_0 + K_{\mathrm{I}} + K_{\mathrm{II}} + K_{\mathrm{III}} \\[2mm]
U_4 = U(135°) = K_0 + \dfrac{\sqrt{2}}{2}K_{\mathrm{I}} + \dfrac{1}{2}K_{\mathrm{II}} + \dfrac{\sqrt{2}}{4}K_{\mathrm{III}} - \dfrac{1}{2}K_{\mathrm{IO}} - \dfrac{\sqrt{2}}{2}K_{\mathrm{I}}\theta_0 \\[2mm]
U_5 = U(180°) = K_0 - K_{\mathrm{I}}\theta_0 \\[2mm]
U_6 = U(225°) = K_0 - \dfrac{\sqrt{2}}{2}K_{\mathrm{I}} + \dfrac{1}{2}K_{\mathrm{II}} - \dfrac{\sqrt{2}}{4}K_{\mathrm{III}} + \dfrac{1}{2}K_{\mathrm{IO}} - \dfrac{\sqrt{2}}{2}K_{\mathrm{I}}\theta_0 \\[2mm]
U_7 = U(270°) = K_0 - K_{\mathrm{I}} + K_{\mathrm{II}} - K_{\mathrm{III}} \\[2mm]
U_8 = U(315°) = K_0 - \dfrac{\sqrt{2}}{2}K_{\mathrm{I}} + \dfrac{1}{2}K_{\mathrm{II}} - \dfrac{\sqrt{2}}{4}K_{\mathrm{III}} - \dfrac{1}{2}K_{\mathrm{IO}} + \dfrac{\sqrt{2}}{2}K_{\mathrm{I}}\theta_0
\end{cases}
\tag{2.2.31}
$$

根据式(2.2.31),通过简单的数学运算,可得加速度计误差模型方程式(2.2.15)中的系数如下:

$$\begin{cases} K_0 = \dfrac{1}{2}\left[\, U_1 + U_5 \,\right] \\[2mm] K_{\mathrm{I}} = \dfrac{\sqrt{2}}{2}\left[\, U_2 + U_4 - U_6 - U_8 \,\right] - \dfrac{1}{2}\left[\, U_3 - U_7 \,\right] \\[2mm] K_{\mathrm{II}} = \left[\, U_3 + U_7 \,\right] - \dfrac{1}{2}\left[\, U_2 + U_4 + U_6 + U_8 \,\right] \\[2mm] K_{\mathrm{III}} = \left[\, U_3 - U_7 \,\right] - \dfrac{\sqrt{2}}{2}\left[\, U_2 + U_4 - U_6 - U_8 \,\right] \\[2mm] K_{\mathrm{IO}} = \dfrac{1}{2}\left[\, U_2 - U_4 + U_6 - U_8 \,\right] \\[2mm] \theta_0 = \dfrac{U_1 - U_5}{\sqrt{2}\left[\, U_2 + U_4 - U_6 - U_8 \,\right] - \left[\, U_3 - U_7 \,\right]} \end{cases} \qquad (2.2.32)$$

对于加速度计的水平摆安装状态，可得到一组类似的八位置方程，通过求解相应的方程组，可得

$$K_{\mathrm{IP}} = \dfrac{1}{2}\left[\, U_2 - U_4 + U_6 - U_8 \,\right] \qquad (2.2.33)$$

由以上分析可知，在地球重力场测试中，利用八位置测试法可以确定加速度计静态误差数学模型方程式（2.2.15）中的各项系数。

（二）加速度计离心测试

加速度计离心测试是利用精密离心机产生高于 $1g$ 的向心加速度作为加速度计的输入，用于判定其性能和参数的测试方法。

加速度计的离心测试可用于准确测定加速度计的非线性参数。精密加速度计的二阶非线性系数通常小于 $5 \times 10^{-6}/g$ 的量级，一般 $\pm 1g$ 重力加速度测试很难对其进行测定；另外，离心机能够提高加速度的输入，可用于考察恶劣环境中加速度计的适用性。

常用的加速度计离心测试方法有等加速度增量法和等角度增量法。

1. 等加速度增量法

测试时，加速度计安装在离心机旋臂的某个确定位置上，它的输入轴沿着离心机半径方向。通过调节离心机的转速来连续提供 $0.1g \sim 10g$ 以上的向心加速度，每次可取加速度的增量为 $0.5g$。每次测试时都要将加速度计的输入轴沿向心加速度的正向与反向各进行一次。等加速度增量法的缺点是无法标定加速度计误差模型中的交叉项系数。

2. 等角度增量法

等角度增量法又称为多点转角测试法。离心机提供的加速度范围及增量的大小和等加速度增量法基本一致。测试时，在每一个加速度下，将加速度计的输入轴相对于离心机旋臂转到间隔为 $90°$ 的 4 个位置或者间隔为 $45°$ 的 8 个位置。等角度增量法测试的实质，是将加速度计在离心机产生的加速度场中进行翻滚，因而可以用来分离加速度计误差模型中的全部系数。

（三）加速度计线振动测试

加速度计线振动测试将精密线振动台产生的线振动加速度作为输入，以测定加速度计的各项性能。它主要用于标定加速度计的二阶非线性系数（与输入加速度的平方成比例的系数），同时，还可用于校验加速度计标度因数和偏差的长期稳定性等。

第三节　陀螺稳定平台系统及其测试

一、陀螺稳定平台系统

陀螺稳定平台,是指利用陀螺特性使平台台体相对于地球或惯性空间保持给定位置或按给定规律改变起始位置的一种装置。它建立了与载体角运动无关的导航坐标系,为平台台体上的加速度计提供测量基准,也为载体姿态角的测量提供测量基准,并且在载体上稳定其他设备。因此,陀螺稳定平台广泛应用在飞行器惯性制导系统及姿态控制系统中,它是卫星、导弹、飞机和舰船惯性制导系统的主要设备。

（一）陀螺稳定平台系统的功用

作为控制系统的核心部件,三轴陀螺稳定平台系统具有以下功用。

（1）建立惯性坐标系,为测量导弹在飞行中的加速度和姿态角提供惯性基准。

（2）测量导弹在飞行过程中沿惯性坐标系三个轴方向的视加速度。

（3）测量导弹相对于惯性坐标系的姿态角信号。

（二）陀螺稳定平台系统的组成

陀螺稳定平台一般为内装式三框架平台结构,其结构组成包括台体组件、内框架组件、外框架组件、平台基座等。三轴液浮陀螺稳定平台的结构示意图如图 2.3.1 所示。

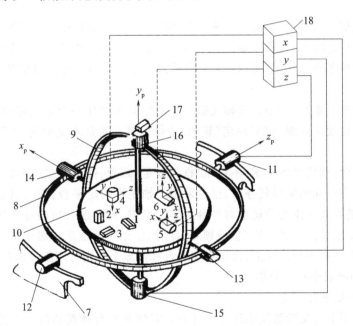

图 2.3.1　三轴液浮陀螺稳定平台结构

1—x 方向加速度表；2—y 方向加速度表；3—z 方向加速度表；4—x 方向陀螺仪；
5—y 方向陀螺仪；6—z 方向陀螺仪；7—基座；8—外框；9—内框；10—平台台体；
11—外框轴力矩电机；12—框架角传感器；13—内框轴力矩电机；14—框架角传感器；
15—台体轴力矩电机；16—框架角传感器；17—棱镜；18—稳定放大器。

稳定系统由陀螺仪、平台台体、框架系统和稳定回路组成,可实现平台台体在惯性空间的稳定。安装在台体上的陀螺仪测量台体相对于惯性空间的角位移或角速度,并通过由机电元件组成的稳定回路控制平台系统,使平台台体稳定在惯性空间。安装在平台台体上的加速度计,其敏感轴一般与台体坐标轴相重合,用以测量平台三个轴的视加速度分量。框架系统将台体与载体的角运动隔离,为台体上的加速度计提供稳定的工作条件,框架轴上安装有框架角传感器,其输出信号经适当的坐标变换即为载体相对于惯性空间的姿态角信号。

1. 台体组件

台体组件是平台的核心,装有三个单自由度陀螺仪、三块加速度计、一个棱镜组件、一个热敏继电器;台体组件两端装有台体轴,轴的一端装有力矩电机,另一端装有框架角传感器和安全接点电刷组件。其中:正交安装的三个单自由度陀螺仪作为平台稳定系统的敏感元件,将台体稳定在惯性空间;三块正交安装的加速度计用来测量导弹的视加速度。

2. 内、外框架组件

在内、外框架组件的两端,分别装有内框架轴和外框架轴。框架轴的一端装有力矩电机,另一端装有框架角传感器和安全接点电刷组件。

（三）陀螺稳定平台的分类

从不同的角度进行分类,陀螺稳定平台可以分为以下类型。

1. 按照平台台体被稳定的轴数分类

（1）单轴陀螺平台系统:仅能使平台台体绕其一个轴相对于惯性空间或当地地垂线稳定的系统。

（2）双轴陀螺平台系统:它可以把平台台体绕其两个正交轴相对于惯性空间或当地地垂线稳定在一个平面内,实际上这种双轴陀螺平台系统是由两套单轴陀螺平台系统组成的。

（3）三轴陀螺平台系统:它可以使平台台体绕三个相互垂直的转轴相对于惯性空间或某一参考坐标系稳定。

（4）全姿态平台系统:它是在三轴陀螺平台的外面再增加一个附加环和一套伺服系统,可以利用其冗余自由度来克服"框架锁定"现象,绕每个轴的转角不受限制,因而适用于载体作机动大姿态的飞行。

（5）浮球平台:利用球体支承,不存在"框架锁定"现象,适用于载体作大姿态机动飞行。

在完成载体在空间的制导任务时,至少采用三轴陀螺稳定平台,因为只有具备三个转动自由度的平台,才能隔离载体的角运动对平台台体的影响,满足建立精确导航坐标系的条件。但是,为了避免三轴陀螺稳定平台的"框架锁定"问题,使用时外框架相对于内框架的转角不能太大,因此只能用于一般飞行任务上,而全姿态平台和浮球平台则可用于载体的大姿态飞行。

2. 按选用的导航坐标系分类

1）地理坐标系平台

这种平台是用平台坐标系模拟地理坐标系。它使平台台体按照所要求的导航规律相对于惯性空间运动,使台体相对于当地地垂线不断保持稳定,以提供地理坐标系或地平坐标系的导航方位基准。这种平台的导航坐标系是地理坐标系。

属于这类平台的系统称为半解析式惯导系统(半解析式陀螺平台与相应的电子线路组成的系统),它的平台台体平面始终平行于当地水平面,方位可以指地理北,也可以指给定的某一方位。陀螺仪和加速度计均设置在台体上,两个加速度计相互垂直,不测量重力加速度 g。加速度计测出的是相对于惯性空间且沿水平面的分量,它要消除由于地球自转载体速度等引起的有害加速度之后,才能得到载体经解算后而相对于地理坐标的速度和位置。这种系统用于舰船、飞机和飞航式导弹。

此类惯导系统又分为指北方位惯导系统、自由方位惯导系统、游动方位惯导系统和自由方位旋转惯导系统。这些系统中都有一个水平平台,只是方位指向不同。

2)惯性坐标系平台

这种平台用平台坐标系模拟惯性坐标系,即用平台台体的实体实现惯性坐标系。平台坐标系相对于惯性坐标系无转动。由惯性坐标系平台与相应的电子线路组成的系统,称为空间稳定惯导系统,又称解析式惯导系统。

解析式惯导系统的陀螺稳定平台组成形式和半解析式惯导系统的陀螺稳定平台相同。只是在工作时,它相对于惯性空间稳定。因此,稳定平台只需要三个稳定回路即可。在平台台体上安装三个加速度计,它们的敏感轴组成三维正交坐标系。由于平台相对于惯性空间没有旋转角速度,因此,加速度计的输出信号中不含哥式加速度和向心加速度项,使计算简化。经过制导计算机给出的速度和位置均是相对于惯性坐标系得出的,如果要求给出载体相对于地球的速度和地理坐标位置,则必须进行适当的坐标变换。由于平台是相对于惯性空间稳定的,当载体运动后,平台坐标系相对于重力加速度 g 的方向是在不断变化的。因此,三个加速度计中的 g 的分量也在不断变化,必须通过计算机对 g 分量的计算,从信号中消除相应的分量,然后进行积分才能得到相对惯性坐标系的速度和位置分量。

3. 按陀螺平台的工作状态分类

陀螺平台系统有两种工作状态,即几何稳定状态和空间积分状态。几何稳定状态(又称稳定工作状态),是指平台不受基座运动和干扰力矩的影响而能相对于惯性空间保持方位稳定的工作状态;空间积分状态(又称指令跟踪状态),是指在指令电流的控制下平台相对于惯性空间以给定规律转动的工作状态。

4. 按陀螺仪的类型分类

1)由单自由度陀螺仪构成的陀螺稳定平台

可用作陀螺稳定平台敏感元件的单自由度陀螺仪有速率陀螺仪、液浮积分陀螺仪、静压气浮陀螺仪等。这些陀螺仪测量台体的角运动,以进动性为工作基础,分别输出与台体角速度、台体转角和台体角度积分值成比例的控制信号。将这些信号分别进行处理后,输出至平台相应框架轴的力矩电机使台体在惯性空间保持稳定。每一个单自由度陀螺仪只有一个敏感轴,一个在空间稳定的三轴陀螺稳定平台需要有三个单自由度陀螺仪。

2)由二自由度陀螺仪构成的陀螺稳定平台

位置陀螺仪、动力调谐陀螺仪、静电自由转子陀螺仪等均可作为平台的敏感元件。二自由度陀螺仪有两个敏感轴,以陀螺仪的定轴性原理工作,每个陀螺仪能稳定两个平台框架轴。三轴平台采用两个二自由度陀螺仪时,仅利用其三个敏感轴。剩余的一个敏感轴可作为冗余信息来提高平台的可靠性,也可以将该轴锁定,以提高另一敏感轴的稳定精度。

(四)常用坐标系定义

在研究陀螺仪、平台或运载体的运动时,通常通过两套适当的坐标系之间的关系来实现。其中一套坐标系与被研究的对象相连接;另一套坐标系与所选定的参考空间相连接,后者构成了前者运动的参考坐标系。因此,有必要对常用的一些坐标系进行定义和介绍。

当地地理坐标系 $Ox_ty_tz_t$ ——坐标原点为发射点,Ox_t 轴指向东,Oy_t 轴指向北,Oz_t 轴垂直向天,由此构成右手坐标系。其中,Ox_t轴与Oy_t轴构成的平面即为当地水平面,Oy_t轴与Oz_t轴构成的平面即为当地子午面,如图 2.3.2 所示。

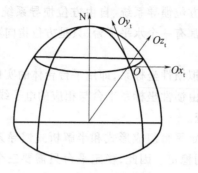

图 2.3.2　当地地理坐标系 $Ox_ty_tz_t$

发射坐标系 $Ox_gy_gz_g$——与弹体固连,坐标原点与发射点重合,Ox_g轴位于水平面内,且与射向重合,发射时 Ox_g轴与当地地理坐标系的 Oy_g轴相差一个导弹发射方位角 λ,Oy_g轴垂直向上,与地理坐标系的 Oz_t轴重合,Oz_g轴按右手定则确定,如图 2.3.3 所示。

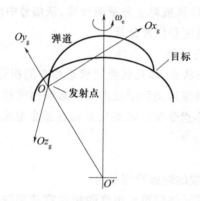

图 2.3.3　发射坐标系 $Ox_gy_gz_g$

发射点惯性坐标系 $Ox_sy_sz_s$——与导弹起飞瞬间的发射坐标系 $Ox_gy_gz_g$ 三轴对应重合。惯性坐标系又称作制导坐标系。

平台坐标系 $Ox_py_pz_p$——与平台台体固连,坐标原点在平台三个轴的交点。在平台三轴正交时,x_p、y_p、z_p轴分别与内框架轴、台体轴、外框架轴重合,如图 2.3.1 所示。平台在弹体上的定向可以有多种方案,例如以外框架轴作为俯仰轴,内框架轴作为偏航轴,台体轴作为滚动轴。

（五）三轴陀螺稳定平台的工作原理

1. 平台稳定系统工作原理

平台稳定回路的任务是控制平台台体不受基座干扰,而能在惯性空间保持方向稳定。如图 2.3.4所示,假设基座处于静止状态,基座的 Oz_p 轴处于水平位置。设在初始状态下,台体坐标系的 x_p、y_p、z_p轴分别与框架轴内环轴、台体轴和外环轴对应重合,即三个框架角传感器均处于零位。当 Oz_p轴上有干扰力矩 M_{fz}作用时,外框架将带动内框架和台体一起绕该轴转动,使台体产生一相对于惯性坐标系的角速度 $\dot{\alpha}_z$。z 向陀螺仪感应到这一角速度时,其浮子将绕输出轴进动,产生进动角速度 $\dot{\beta}^{(z)}$。这样:一方面按进动原理,陀螺仪将有一个陀螺力矩 $H\dot{\beta}^{(z)}$作用到

Oz_p 轴上，指向 Oz_p 轴负端，平衡掉一部分干扰力矩；另一方面，随着浮子相对于陀螺仪壳体的 $\beta^{(z)}$ 角的增长，陀螺仪的信号传感器产生与 $\beta^{(z)}$ 角成比例的电压信号，经过放大和变换，加到力矩电机 T_z 上。力矩电机输出力矩 M_{dz}，其方向也与 M_{fz} 相反，最终达到稳定状态。当稳态时，有

$$M_{dz} = K_{oz}\beta^{(z)} = M_{fz} \tag{2.3.1}$$

$$\beta^{(z)}(0) = \frac{M_{fz}}{K_{oz}}, \quad \dot{\beta}^{(z)} = 0 \text{（设网络无纯积分环节）}$$

式中：K_{oz} 为 z 回路的增益。

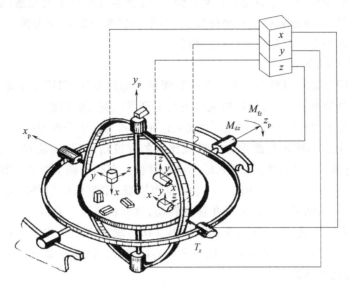

图 2.3.4　平台稳定系统工作原理示意图

当平台台体受到稳定轴的干扰力矩作用时，由于反馈力矩的平衡作用，台体不会绕稳定轴转动，但陀螺仪转子需付出绕输出轴转过 $\beta^{(z)}$ 的代价。当干扰力矩 M_{fz} 消失后，平台处在电机力矩 M_{dz} 的作用下，陀螺转子将绕输出轴向相反方向进动，使 $\beta^{(z)}$ 角逐渐减小。因此，力矩电机 M_{dz} 也逐渐减小直至归零。

同理，在 y 回路和 x 回路的作用下，可消除 Oy_p 轴和 Ox_p 轴上干扰力矩对平台的影响，从而使平台保持绕 Oy_p 轴和 Ox_p 轴的稳定。

这样，就实现了在三条稳定回路的作用下，平台在惯性空间的稳定。三条稳定回路的电路连接是彼此独立的，但由于它们装在同一台体上，在力学上不可避免地产生相互影响。因此，在平台三个轴上同时有干扰力矩作用时，三条回路之间将产生耦合，使各轴的运动相互影响。

2. 视加速度测量系统工作原理

视加速度测量系统用于测量导弹沿惯性坐标系三个轴向运动的视加速度，并以数字脉冲的形式输入到弹载计算机。视加速度测量系统由完全相同的 x、y 和 z 三个加速度测量回路组成。每个加速度测量回路包括两个部分：一部分是加速度计；另一部分是模/数（A/D）转换器。

加速度计用于测量导弹运动的加速度，并将测量结果转换为直流电流输出。当沿加速度计的输入轴有加速度 a_1 输入作用时，加速度计的摆组件在惯性力作用下发生偏转，使得差动电容传感器的电容值发生变化，内部伺服电路检测这一变化，将其变换为相应的输出电流 I，并反馈

给力矩器。输出电流 I 的大小与输入加速度 a_1 成正比。

A/D 转换器用于将加速度计输出的模拟电流信号，变换为弹载计算机可以处理的数字脉冲信号。

3. 弹体姿态角测量原理

在飞行过程中，由于干扰力矩的作用，导弹绕弹体坐标系三个轴转动，可能出现姿态角偏差。为了使导弹稳定飞行，由姿态角测量回路测出姿态偏差角，然后经综合放大器进行变换放大，驱动伺服机构消除姿态角偏差。

平台的三个框架角传感器输出的框架角信号，经弹载计算机中的角度/数值转换（RDC）电路转换成数字信号，再由计算机进行坐标转换，将平台框架角信号变为弹体姿态角信号。弹体姿态角信号被送入姿态控制系统，控制导弹稳定飞行。

4. 调平回路工作原理

平台系统的调平是利用平台水平方向的陀螺仪和加速度计，即用 x 陀螺仪与 z 加速度计组合、z 陀螺仪与 x 加速度计组合，分别构成两条自主调平回路，实现调平功能。

如图 2.3.5 所示，当平台台体坐标系的 Ox_pz_p 平面和当地水平面 Oxz 不平行时，$x(z)$ 加速度计将感受到重力分量 a，输出与此重力分量成比例的直流信号，该电流经电子积分器积分变为直流电压，经过电压频率变换电路，送入标调瞄计算机。在初始调平时，标调瞄计算机控制调宽脉冲加矩电路采用大加矩电流施加于 $z(x)$ 陀螺力矩器，使陀螺仪组件绕输出轴快速运动，使 $z(x)$ 稳定回路工作，驱动平台以最大的角速度转动，达到快速调平的目的。当接近水平时，转换到小加矩的脉冲调制方式，进行精调平，直到 $Ox_p(Oz_p)$ 轴进入当地水平面内，两路通道共同作用使平台台体坐标系的 Ox_pz_p 平面和当地水平面 Oxz 平行。该调平系统，可以实现通过平台 x、y、z 三个轴中任意两轴的调平。

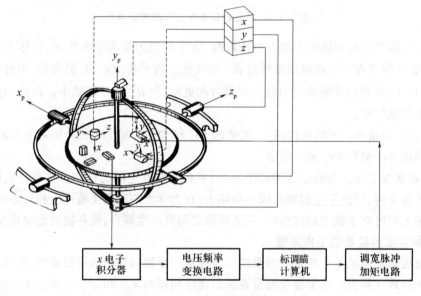

图 2.3.5 调平回路原理框图

5. 平台框架归零回路工作原理

平台框架归零回路共有三条组成和原理均相同的通道（x、y 和 z），分别用于平台三个框架角的归零。在启动稳定回路之前，平台框架归零回路使平台的三个框架角都处于一个较小的范围内,从而为平台稳定回路的启动创造良好条件。

在地面对平台系统进行测试时,框架归零由模拟归零系统来实现。模拟归零系统由框架角传感器、归零放大器及校正网络、稳定功率放大器、平台力矩电机等组成,如图2.3.6所示。当平台框架角不为零时,框架角传感器输出交流信号,该信号通过归零放大器的相敏解调转变为直流电压信号,输入到归零校正网络中,校正后的电压信号送到校正网络综合端,供给稳定功率放大器,稳定功率放大器输出电流到力矩电机,产生反馈力矩,带动相应的框架转动,使框架角传感器输出为零。三路的共同作用可使台体、内框架、外框架归于零位。

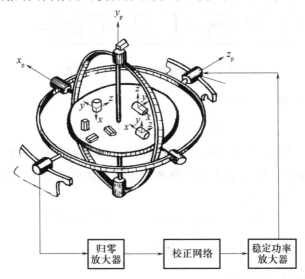

图2.3.6　平台框架归零回路原理框图

6. 平台系统的温度控制

平台系统的温度控制包括平台台体、仪表和加速度计A/D转换器温度控制。对平台台体的温度控制是为了使台体受热均匀,并缩短陀螺仪和加速度计的加温时间。对仪表的温度控制是指对三个加速度计和三个陀螺仪进行加温和温度控制,使仪表工作在最佳工作温度。对加速度计A/D转换器的温度控制,是为了保证A/D转换具有较高的精度。

7. 姿态安全自毁

当导弹在飞行过程中,由于外部干扰或弹体本身的故障可能导致导弹飞行失败时,安全自毁系统能够及时发出安全自毁指令,炸毁导弹,保证发射场区和航区的安全。

平台安全接点电刷组件负责根据弹体的姿态角大小,在不同飞行阶段适时发出姿态安全自毁信号。

(六) 陀螺稳定平台的系统方框图及运动方程

1. 单轴陀螺稳定平台的系统方框图和传递函数

由于三轴稳定平台可以看成是由三个单轴陀螺稳定平台构成的,因此,首先研究单轴陀螺稳定平台的方框图和传递函数。

单轴陀螺稳定平台的稳定工作过程如图2.3.7所示,从而列出各环节的传递函数。

(1)平台台体的传递函数:当平台台体受到干扰力矩 ΔM 时,除了包括由于台体绕其惯性基准轴 Oz_p 的转动惯量引起的惯性力矩 $J_z\ddot{\alpha}_z$ 外,一般还包括有阻尼力矩 $K_d\dot{\alpha}_z$ 和等效弹性力矩

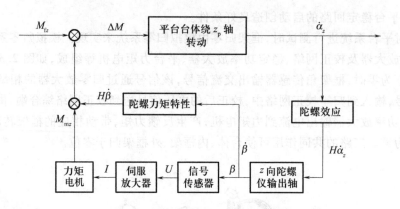

图 2.3.7　单轴陀螺稳定平台方框图

$K_s \alpha_z$,故此时台体轴的运动方程式为

$$\Delta M = J_z \ddot{\alpha}_z + K_d \dot{\alpha}_z + K_s \alpha_z \tag{2.3.2}$$

式中:ΔM 为输入干扰力矩;α_z 为台体相对于台体惯性基准轴的转角;$\dot{\alpha}_z$ 为台体绕平台轴的角速度;$\ddot{\alpha}_z$ 为台体绕平台轴的角加速度;J_z 为台体相对于平台轴的转动惯量;K_d 为台体相对于平台轴的阻尼系数;K_s 为等效弹性系数。

在实际使用中 K_d、K_s 较小,故可略去。于是,式(2.3.2)简化为

$$\Delta M = J_z \ddot{\alpha}_z \tag{2.3.3}$$

对式(2.3.3)进行拉普拉斯变换,有

$$\Delta M(s) = J_z s^2 \alpha_z(s) \tag{2.3.4}$$

由式(2.3.4)可得

$$\frac{\alpha_z(s)}{\Delta M(s)} = \frac{1}{J_z s^2} \tag{2.3.5}$$

（2）积分陀螺仪的传递函数为

$$H \dot{\alpha}_z = I_x \ddot{\beta} + K_d \dot{\beta} \tag{2.3.6}$$

式中:$\ddot{\beta}$ 为绕输出轴 Ox 的输出角加速度;$\dot{\beta}$ 为绕输出轴 Ox 的输出角速度;I_x 为绕输出轴 Ox 的转动惯量;K_d 为陀螺组件绕输出轴的阻尼系数。

对式(2.3.6)进行拉普拉斯变换,有

$$\frac{\beta(s)}{\alpha_z(s)} = \frac{Hs}{I_x s^2 + K_d s} = \frac{Hs}{s(I_x s + K_d)} = \frac{Hs}{K_d s(Ts+1)} = \frac{H}{K_d(Ts+1)} \tag{2.3.7}$$

式中:$T = I_x / K_d$。

（3）信号传感器的传递系数为

$$\frac{U(s)}{\beta(s)} = K_p \tag{2.3.8}$$

式中:K_p 为信号传感器的比例系数。

（4）稳定回路中伺服放大器的传递函数为

$$\frac{I(s)}{U(s)} = K_G \omega(s) \tag{2.3.9}$$

式中：K_G 为变换放大器本身的放大系数；$\omega(s)$ 为变换放大器中校正网络的传递系数。

（5）力矩电机的传递函数为

$$\frac{M(s)}{I_z(s)} = K_m \tag{2.3.10}$$

由式（2.3.2）～式（2.3.10），可得单轴陀螺稳定平台稳定系统方框图，如图 2.3.8 所示。

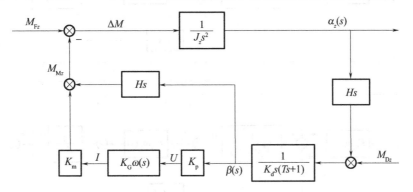

图 2.3.8　单轴陀螺稳定平台稳定系统方框图

由图 2.3.8 可得

$$J_z s^2 \alpha_z(s) = M_{Fz}(s) - Hs\beta(s) - K_p K_G \omega(s) K_m \beta(s) \tag{2.3.11}$$

$$K_d s(Ts + 1)\beta(s) = M_{Dz}(s) + Hs\alpha_z(s) \tag{2.3.12}$$

经整理，有

$$\begin{bmatrix} J_z s^2 & Hs + K_p K_G \omega(s) K_m \\ -Hs & K_d s(Ts + 1) \end{bmatrix} \begin{bmatrix} \alpha_z(s) \\ \beta(s) \end{bmatrix} = \begin{bmatrix} M_{Fz}(s) \\ M_{Dz}(s) \end{bmatrix} \tag{2.3.13}$$

进一步有

$$\begin{cases} \alpha_z(s) = \dfrac{K_d s(Ts + 1)M_{Fz}(s) - [Hs + K_p K_G \omega(s) K_m]M_{Dz}(s)}{J_z K_d s^3(Ts + 1) + Hs[Hs + K_p K_G \omega(s) K_m]} \\[4mm] \beta(s) = \dfrac{J_z s^2 M_{Dz}(s) + HsM_{Fz}(s)}{J_z K_d s^3(Ts + 1) + Hs[Hs + K_p K_G \omega(s) K_m]} \end{cases} \tag{2.3.14}$$

由式（2.3.14），求出系统的传递函数为

$$\begin{cases} \dfrac{\alpha_z(s)}{M_{Fz}(s)} = \dfrac{K_a(Ts + 1)}{J_z K_d s^2(Ts + 1) + H[Hs + K_p K_G K_m \omega(s)]} \\[4mm] \dfrac{\alpha_z(s)}{M_{Dz}(s)} = \dfrac{-[Hs + K_p K_G \omega(s) K_m]}{J_z K_d s^3(Ts + 1) + Hs[Hs + K_p K_G \omega(s) K_m]} \\[4mm] \dfrac{\beta_z(s)}{M_{Fz}(s)} = \dfrac{H}{J_z K_d s^2(Ts + 1) + H[Hs + K_p K_G K_m \omega(s)]} \\[4mm] \dfrac{\beta_z(s)}{M_{Dz}(s)} = \dfrac{J_z s}{J_z K_d s^2(Ts + 1) + H[Hs + K_p K_G K_m \omega(s)]} \end{cases} \tag{2.3.15}$$

2. 三轴陀螺稳定平台系统方框图

导弹在发射前，三轴陀螺稳定平台的两条水平初始对准系统和射面方位初始对准系统一直处于工作状态，仿照单轴平台初始对准系统的方框图，可以得到具有初始对准修正系统的三轴陀螺稳定平台系统方框图，如图2.3.9所示。

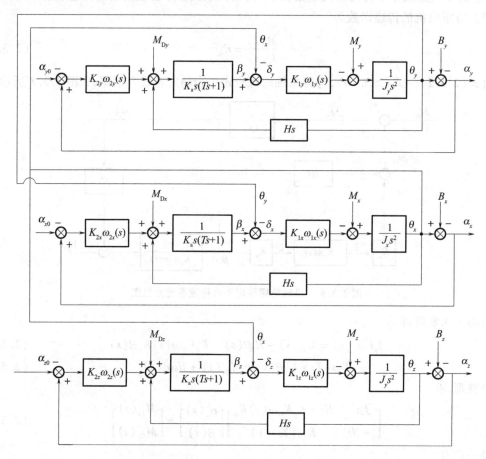

图 2.3.9　具有初始对准修正系统的三轴陀螺稳定平台方框图

图 2.3.9 中：M_x、M_y、M_z 分别为沿 Ox_p、Oy_p、Oz_p 轴向作用在内框架、台体、外框架上的干扰力矩；M_{Dx}、M_{Dy}、M_{Dz} 分别为作用在三个积分陀螺仪输出轴上的干扰力矩；α_{x0}、α_{y0}、α_{z0} 分别为摆式加速度计摆线相对于地垂线方位的偏差角以及棱镜法线相对于射面方位的偏差角；θ_x、θ_y、θ_z 分别为内框架、台体、外框架绕其轴向相对于惯性空间的转角；B_x、B_y、B_z 分别为由于地球自转角速度而引起的发射点水平基准与射面方位基准相对于惯性空间的转角在外框架坐标系各轴上的投影分量；α_x、α_y、α_z 分别为平台坐标系重现发射点坐标系的偏差角；β_x、β_y、β_z 分别为三个积分陀螺仪绕输出轴相对于惯性空间的转角；δ_x、δ_y、δ_z 分别为三个积分陀螺仪绕其输出轴相对于台体的转角；$K_{1x}\omega_{1x}(s)$、$K_{1y}\omega_{1y}(s)$、$K_{1z}\omega_{1z}(s)$ 分别为三条稳定回路的传递函数；$K_{2x}\omega_{2x}(s)$、$K_{2y}\omega_{2y(s)}$ 和 $K_{2z}\omega_{2z}(s)$ 分别为加速度计到陀螺力矩器之间的传递函数。

在导弹发射后，初始对准系统停止工作。在导弹飞行过程中，三轴陀螺稳定平台的系统方框图如图2.3.10所示。

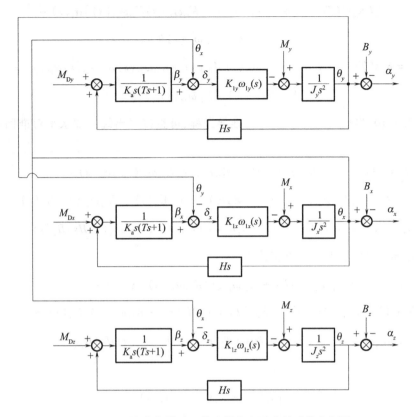

图 2.3.10 导弹发射后三轴陀螺稳定平台的系统方框图

图 2.3.10 中：B_x、B_y、B_z 分别为弹体绕平台的内框架轴、台体轴、外框架轴相对于惯性空间的转角；α_x、α_y、α_z 分别为内框架、台体及外框架绕其轴向相对于弹体的转角。

3. 三轴陀螺稳定平台的运动方程

由平台系统方框图，来求取具有初始对准修正系统的三轴陀螺稳定平台系统方程式。

对于绕 z_p 轴水平对准回路可得

$$\begin{cases} I_z s^2 \theta_z(s) = M_z(s) - K_{1z}\omega_{1z}(s)\delta_z(s) \\ K_d s(Ts+1)\beta_z(s) = M_{Dz}(s) + Hs\theta_z(s) - K_{2z}\omega_{2z}(s)\left[\alpha_{z0}(s) - \alpha_z(s)\right] \\ \theta_z(s) - B_z(s) = \alpha_z(s) \\ \beta_z(s) - \theta_x(s) = \delta_z(s) \end{cases} \quad (2.3.16)$$

由式(2.3.16)可得

$$\begin{cases} I_z s^2\left[\beta_z(s) + \alpha_z(s)\right] = M_z(s) - K_{1z}\omega_{1z}(s)\left[\beta_z(s) - \theta_x(s)\right] \\ K_d s(Ts+1)\beta_z(s) = M_{Dz}(s) + Hs\left[B_z(s) + \alpha_z(s)\right] - K_{2z}\omega_{2z}(s)\left[\alpha_{z0}(s) - \alpha_z(s)\right] \end{cases}$$

$$(2.3.17)$$

整理得

$$[I_z K_d s^3 (Ts+1) + K_{1z}\omega_{1z}(s)Hs + K_{1z}\omega_{1z}(s)K_{2z}\omega_{2z}(s)]\alpha_z(s) -$$

$$K_d s (Ts+1) K_{1z}\omega_{1z}(s)\theta_x(s)$$

$$= K_d s (Ts+1) M_z(s) - K_{1z}\omega_{1z}(s)M_{Dz}(s) + K_{1z}\omega_{1z}(s)K_{2z}\omega_{2z}(s)\alpha_{z0}(s) -$$

$$[I_z K_d s^3 (Ts+1) + K_{1z}\omega_{1z}(s)Hs]B_z(s) \tag{2.3.18}$$

根据图 2.3.10,将仿照式(2.3.18)的推导过程,可直接写出绕 x 轴水平对准回路的拉普拉斯方程式为

$$[I_x K_d s^3 (Ts+1) + K_{1x}\omega_{1x}(s)Hs + K_{1x}\omega_{1x}(s)K_{2x}\omega_{2x}(s)]\alpha_x(s) -$$

$$K_d s (Ts+1) K_{1x}\omega_{1x}(s)\theta_y(s) = K_d s (Ts+1) M_x(s) - K_{1x}\omega_{1x}(s)M_{Dx}(s) +$$

$$K_{1x}\omega_{1x}(s)K_{2x}\omega_{2x}(s)\alpha_{x0}(s) - [I_x K_d s^3 (Ts+1) + K_{1x}\omega_{1x}(s)Hs]B_x(s) \tag{2.3.19}$$

绕 y 轴对准回路的拉普拉斯方程式为

$$[I_y K_d s^3 (Ts+1) + K_{1y}\omega_{1y}(s)Hs + K_{1y}\omega_{1y}(s)K_{2y}\omega_{2y}(s)]\alpha_y(s) -$$

$$K_d s (Ts+1) K_{1y}\omega_{1y}(s)\theta_x(s) = K_d s (Ts+1) M_y(s) - K_{1y}\omega_{1y}(s)M_{Dy}(s) +$$

$$K_{1y}\omega_{1y}(s)K_{2y}\omega_{2y}(s)\alpha_{y0}(s) - [I_y K_d s^3 (Ts+1) + K_{1y}\omega_{1y}(s)Hs]B_y(s) \tag{2.3.20}$$

再由

$$\begin{cases} \theta_x(s) - B_x(s) = \alpha_x(s) \\ \theta_y(s) - B_y(s) = \alpha_y(s) \\ \theta_z(s) - B_z(s) = \alpha_z(s) \end{cases} \tag{2.3.21}$$

可求得初始对准系统失准角 α_x、α_y、α_z 的矩阵方程式为

$$\boldsymbol{PA} = \boldsymbol{F} \tag{2.3.22}$$

式中

$$\boldsymbol{P} = \begin{pmatrix} I_z K_d s^3 (Ts+1) + K_{1z}\omega_{1z}(s)Hs + K_{1z}\omega_{1z}(s)K_{2z}\omega_{2z}(s) & -K_d s (Ts+1) K_{1z}\omega_{1z}(s) & 0 \\ 0 & I_x K_d s^3 (Ts+1) + K_{1x}\omega_{1x}(s)Hs + K_{1x}\omega_{1x}(s)K_{2x}\omega_{2x}(s) & -K_d s (Ts+1) K_{1x}\omega_{1x}(s) \\ 0 & -K_d s (Ts+1) K_{1y}\omega_{1y}(s) & I_y K_d s^3 (Ts+1) + K_{1y}\omega_{1y}(s)Hs + K_{1y}\omega_{1y}(s)K_{2y}\omega_{2y}(s) \end{pmatrix}$$

$$
\begin{aligned}
\boldsymbol{A} = \begin{bmatrix} \alpha_z(s) \\ \alpha_x(s) \\ \alpha_y(s) \end{bmatrix} \quad
\boldsymbol{F} = \begin{bmatrix}
\begin{aligned}
&K_d s(Ts+1)M_z(s) - K_{1z}\omega_{1z}(s)M_{Dz}(s) + \\
&K_{1z}\omega_{1z}(s)K_{2z}\omega_{2z}(s)\alpha_{z0}(s) - \\
&[I_z K_d s^3(Ts+1) + K_{1z}\omega_{1z}(s)Hs]B_z(s) + \\
&K_d s(Ts+1)K_{1z}\omega_{1z}(s)B_x(s) \\
&K_d s(Ts+1)M_x(s) - K_{1x}\omega_{1x}(s)M_{Dx}(s) + \\
&K_{1x}\omega_{1x}(s)K_{2x}\omega_{2x}(s)\alpha_{y0}(s) - \\
&[I_x K_d s^3(Ts+1) + K_{1x}\omega_{1x}(s)Hs] \\
&B_x(s) + K_d s(Ts+1)K_{1x}\omega_{1x}(s)B_y(s) \\
&K_d s(Ts+1)M_y(s) - K_{1y}\omega_{1y}(s)M_{Dy}(s) + \\
&K_{1y}\omega_{1y}(s)K_{2y}\omega_{2y}(s)\alpha_{y0}(s) - \\
&[I_y K_d s^3(Ts+1) + K_{1y}\omega_{1y}(s)Hs] \\
&B_y(s) + K_d s(Ts+1)K_{1y}\omega_{1y}(s)B_x(s)
\end{aligned}
\end{bmatrix}
\end{aligned}
$$

比较图 2.3.9 和图 2.3.10 后可知,只要令式中 $K_{2x} = K_{2y} = K_{2z} = 0$,则可求得导弹发射后三轴陀螺稳定平台重现发射坐标系(惯性坐标系)的误差角 α_x、α_y、α_z 的矩阵方程式为

$$
\boldsymbol{P'A'} = \boldsymbol{F'} \tag{2.3.23}
$$

$$
\boldsymbol{P'} = \begin{pmatrix}
I_z K_d s^3(Ts+1) + K_{1z}\omega_{1z}(s)Hs & -K_d s(Ts+1)K_{1z}\omega_{1z}(s) & 0 \\
0 & I_x K_d s^3(Ts+1) + K_{1x}\omega_{1x}(s)Hs & -K_d s(Ts+1)K_{1x}\omega_{1x}(s) \\
0 & -K_d s(Ts+1)K_{1y}\omega_{1y}(s) & I_y K_d s^3(Ts+1) + K_{1y}\omega_{1y}(s)Hs
\end{pmatrix}
$$

$$
\boldsymbol{A'} = \begin{bmatrix} \alpha_z(s) \\ \alpha_x(s) \\ \alpha_y(s) \end{bmatrix} \quad
\boldsymbol{F'} = \begin{bmatrix}
\begin{aligned}
&K_d s(Ts+1)M_z(s) - K_{1z}\omega_{1z}(s)M_{Dz}(s) - [I_z K_d s^3(Ts+1) + \\
&K_{1z}\omega_{1z}(s)Hs]B_z(s) + K_d s(Ts+1)K_{1z}\omega_{1z}(s)B_x(s) \\
&K_d s(Ts+1)M_x(s) - K_{1x}\omega_{1x}(s)M_{Dx}(s) - [I_x K_d s^3(Ts+1) + \\
&K_{1x}\omega_{1x}(s)Hs]B_x(s) + K_d s(Ts+1)K_{1x}\omega_{1x}(s)B_y(s) \\
&K_d s(Ts+1)M_y(s) - K_{1y}\omega_{1y}(s)M_{Dy}(s) - [I_y K_d s^3(Ts+1) + \\
&K_{1y}\omega_{1y}(s)Hs]B_y(s) + K_d s(Ts+1)K_{1y}\omega_{1y}(s)B_x(s)
\end{aligned}
\end{bmatrix}
$$

根据方框图以及方程式,可以对导弹发射前和发射后的三轴陀螺稳定平台的性能进行分析。由于三轴陀螺稳定平台系统除了交链耦合之外,完全可以看成三套独立的单轴陀螺稳定平台系统,并且内框架及台体绕其轴向相对于惯性空间的转角 θ_x 和 θ_y 均为微量转角,因此由交链耦合引起的误差也是极微小量。

(七)陀螺稳定平台系统误差分析

由干扰力矩引起的平台系统的静态误差,以台体绕其稳定轴相对于惯性空间的偏差角表示。

平台系统静态误差的大小,取决于平台采用的陀螺仪的类型。采用二次积分陀螺仪时,平台系统是一阶无静差系统。采用液浮积分陀螺仪时,平台是一阶有静差系统。因此,平台系统的静态误差是可以消除的。即使是有差系统,也可通过选择适当的 K 值和 H 值,使其静差减小

到可以允许的程度。当平台基座做周期性角运动时，平台台体的角位置，由于稳定轴上的库仑摩擦力矩、基座角振荡和动态漂移的影响会产生动态误差。

二、陀螺稳定平台系统测试

（一）陀螺稳定平台系统的测试内容

平台系统是导弹控制系统的重要组成部分，其工作情况直接影响着导弹发射的成败。因此，平台系统在使用前必须进行比较全面的测试，判断其性能参数是否合格，以及能否装弹使用。根据平台系统的结构原理，平台系统的测试主要包括以下内容。

（1）通路和绝缘电阻测试：包括通路阻值测试和绝缘电阻测试。

（2）平台系统功能检查：包括平台系统供电电源检查、平台系统加温功能检查、加速度计模/数转换器输出功能检查、平台系统框架归零功能检查、平台系统测温电阻值检查、平台系统稳定回路闭路功能检查、平台三轴锁定功能检查、平台调平时间及框架零位测试、平台框架角输出特性测试等。

（3）平台系统精度检查：包括加速度计脉冲当量及偏值测试、静基座条件下平台漂移参数标定测试、动基座条件下平台摇摆附加漂移测试。

（4）特殊功能检查：主要包括姿态安全自毁信号以及平台系统遥测信号的功能检查。

（二）陀螺稳定平台系统的测试原理

在平台系统单元测试时，若进行通路及绝缘电阻检查，则采用平台系统绝缘通路电阻测试仪、专用工控机和数表测试，其余检查项目均采用平台自动化单元测试仪进行测试。

1. 通路及绝缘电阻测试

在对平台系统通电检查之前，必须按照通路及绝缘电阻测试项目及要求，检查平台系统中某些部件的通路阻值、各独立电路之间以及独立电路与壳体之间的绝缘阻值是否合格。

在测试时，采用平台系统绝缘通路电阻测试仪进行自动检查。若在自动检查过程中出现超差，则应进行手动检查。在手动检查时，可使用数字万用表检查通路电阻值，使用兆欧表检查绝缘电阻值。若手动检查合格，则表明产品合格；否则应查明原因。

2. 平台系统加温功能检查

对平台台体、平台上的三个加速度计和三个陀螺仪，以及加速度计模/数转换器进行加温，并记录加温时间。为了使台体受热均匀并缩短陀螺、加速度计的加温时间，保证仪表工作精度，台体上设有加温装置。利用热敏继电器控制贴在台体上的加热片，实现对台体的温度控制。

温度控制系统由两部分组成：一部分在仪表内，有内、外热敏丝，测温丝和加热片，内热敏丝和内测温丝测量浮油的温度，外热敏丝和外测温丝测量仪表壳体的温度；仪表温控的另一部分是电子线路，在开始加温时，利用较大的加温电流，从而缩短加温时间。在保温时，提供较小而稳定的保温电流，达到精密温控。

3. A/D转换器输出功能检查

A/D转换器输出功能检查的目的是检测加速度计A/D转换器的转换精度。

加速度计A/D转换器输出功能检查的原理：将平台单元测试仪提供的三路正向恒流源电流施加到A/D转换器输入端，并由平台单元测试仪的计数测频电路测量A/D转换器的输出脉冲数，同时测量正向恒流源电流的准确值。待正向检测完毕后，平台单元测试仪控制三路输入恒流源电流换向,进行负向检测,再测出输入电流换向后的加速度计 A/D 转换器的输出脉冲数,以及准确的输入电流值。

待两个方向都测试完毕后,根据平台各加速度计自重电流的数值及测得的脉冲数,计算出在标准重力加速度下,A/D 转换器输出的脉冲数,并与标准值进行比较,给出是否合格的结论。

4. 平台系统稳定回路闭路功能检查

在平台系统测温电阻值合格的情况下,可进行平台系统稳定回路闭路功能检查,为平台系统的后续测试做好准备。

检查时,将平台 y 轴方向朝上,待平台系统加温完成后(测温电阻测量值达到要求),由平台单元测试仪提供工作电源,并控制接通相应电路,启动三个单自由度液浮陀螺的电机,记录启动时间,经延时一定时间后,进行三轴稳定回路闭路,稳定回路三轴闭路功能应正常。

5. 平台三轴锁定功能检查

在稳定回路闭路功能正常的情况下,可以检查平台三轴锁定功能是否正常。

平台三轴锁定功能检查分两步进行:首先,平台单元测试仪向 x、y 和 z 陀螺力矩器施加一定量的电流,经过平台稳定系统使平台的内环、台体、外环开始偏转,待偏转一定角度后断开电流,平台停止偏转;然后,平台单元测试仪获取平台三个框架角传感器输出的实际偏转信息,并通过串口向标调瞄组合发出三轴锁定命令,控制标调瞄组合进行平台三轴锁定。

平台三轴锁定结束后,标调瞄组合前面板上的锁定灯亮。平台单元测试仪接到平台三轴锁定好的信号后,通过串口向标调瞄组合发送复位命令,三轴框架角应处于零位附近。平台三轴锁定功能检查完毕。

6. 加速度脉冲当量测试

加速度计脉冲当量,是指平台上的三个加速度计测量一个重力加速度 g_0 时,输出电流经模/数转换后输出的脉冲频率。例如,加速度测量通道 x、y、z 路脉冲当量测试值,均要求在一定范围内,零位误差绝对值应不大于规定值。

三路加速度测量通道的脉冲当量按如下公式计算:

$$N_i = \frac{|N_{\text{上}}^i| + |N_{\text{下}}^i|}{100} \cdot \frac{g_0}{g} \quad (i = x, y, z) \tag{2.3.24}$$

式中:g_0 为标准重力加速度,$g_0 = 9.80665 \text{m/s}^2$;$g$ 为测试点重力加速度;N_i 为加速度计 i 的脉冲当量,其单位为 Hz/g_0,即在标准重力加速度 g_0 的作用下加速度计在单位时间内输出的脉冲个数;$N_{\text{上}}^i$、$N_{\text{下}}^i$ 分别为加速度计 i 向上和向下时,50s 输出的脉冲个数。

加速度计 i 的零位误差 $S_{g_0}^{x(y,z)}$ 按如下公式计算:

$$S_{g_0}^i = \frac{|N_{\text{上}}^i| - |N_{\text{下}}^i|}{|N_{\text{上}}^i| + |N_{\text{下}}^i|} \cdot \frac{g}{g_0} \quad (i = x, y, z) \tag{2.3.25}$$

在稳定回路闭路正常以后,可以进行加速度脉冲当量和偏值测试,用以判断平台上三个加速度计的精度是否合格。由平台单元测试仪控制接通相应电路,使平台台体分别处于不同的 6 个位置(测试时平台翻转有 +y 轴向上、+y 轴向下、+x 轴向上、+x 轴向下、+z 轴向上、+z 轴向下 6 种状态),分别测量加速度计 A/D 转换器的输出脉冲。测试完毕后,按式(2.3.24)和式(2.3.25)进行计算和处理,并与标准值进行比较,给出合格与否的结论。

7. 静基座条件下平台漂移参数标定测试

平台静态漂移是指平台在不受外界干扰的情况下，其台体相对于惯性空间以一定角速度发生相对转动的现象，转动角速度称为平台的静态漂移速度。平台静态漂移测试一般在三轴摇摆台上进行，在动态漂移测试前检查。

1）平台静基座漂移

引起平台漂移的主要原因是陀螺仪输出轴上的干扰力矩所导致的陀螺仪漂移。陀螺仪漂移通过伺服回路的作用，使力矩电机产生不稳定力矩而导致平台台体相对于框架轴产生角运动。因此，对平台静基座条件下的漂移测试，实际上是确定陀螺仪的漂移系数。

平台台体沿某一框架轴的漂移角速度 ω_p 与陀螺仪输出轴上干扰力矩 M_T 间的关系为

$$\omega_p = M_T / H \tag{2.3.26}$$

式中：H 为陀螺仪的角动量。

在重力场中，若忽略二次项，则陀螺仪的误差模型可简化为

$$\omega_p = K_0 + K_{11} g_I + K_{12} g_S \tag{2.3.27}$$

式中：$K_0 = M_0 / H$ 为陀螺仪零次项漂移系数，单位为（°）/h；$K_{11} = M_{11}/H$、$K_{12} = M_{12}/H$ 分别为沿陀螺仪输入轴和自转轴的一次项漂移系数，单位为（°）/（h·g），M_{11} 表示当陀螺仪质心沿输入轴正向偏离 e_{11} 时所形成的绕输出轴的不平衡力矩，M_{12} 表示当陀螺仪质心沿自转轴正向偏离 e_{12} 时所形成的绕输出轴的不平衡力矩。

K_0、K_{11} 和 K_{12} 沿平台坐标系三个轴的分量为 K_{0x}、K_{0y}、K_{0z}、K_{11x}、K_{11y}、K_{11z}、K_{12x}、K_{12y}、K_{12z}。其中：K_{0x}、K_{0y}、K_{0z} 分别为陀螺仪 T_x、T_y 和 T_z 输出轴上的常值力矩引起的绕平台坐标系 x_p、y_p 和 z_p 轴的常值漂移系数；K_{12x}、K_{12y} 分别为陀螺仪 T_x 和 T_y 沿电机轴质量偏心引起的平台绕 x_p 和 y_p 轴的漂移系数；K_{11z} 为陀螺仪 T_z 沿输入轴质量偏心引起的平台绕 z_p 轴的漂移系数。

根据导弹战术技术指标的需要和陀螺在平台中的安装方位，在平台静态漂移测试中，只确定 K_{0x}、K_{0y}、K_{0z}、K_{12x}、K_{12y} 和 K_{11z} 6 个平台漂移系数，而忽略其他系数。因此，平台的三轴陀螺漂移误差模型可简化为

$$\omega_x = K_{0x} + K_{12x} g_{Sx} \tag{2.3.28}$$

$$\omega_y = K_{0y} + K_{12y} g_{Sy} \tag{2.3.29}$$

$$\omega_z = K_{0z} + K_{11z} g_{Iz} \tag{2.3.30}$$

2）平台静基座漂移测试原理

（1）平台静基座漂移角速度测试原理。平台的静态漂移是由平台稳定系统的陀螺仪漂移引起的，所以检查平台的静态漂移速度实际上是检查陀螺仪的漂移系数。因此，也可以用分离陀螺仪漂移系数的方法来鉴定稳定系统的这一技术指标。下面分别介绍力矩反馈法和光点反射法检查平台漂移角速度的原理。

① 力矩反馈法。平台力矩反馈法测试与陀螺仪进行的力矩反馈法测试原理相似，其不同在于平台力矩反馈法测试反馈回路采用的敏感元件是安装在平台框架轴上的框架角传感器，其测漂原理如图 2.3.11 所示。

将陀螺仪和平台简化为沿平台三轴漂移的角速率系统，在陀螺输出轴上的干扰力矩 m_G 作用下，平台产生相对于惯性空间的漂移速率 $\dot{\alpha}_{IP}$、对地球的相对漂移速率 $\dot{\alpha}_{EP}$ 和相对角位置 α_{EP}，

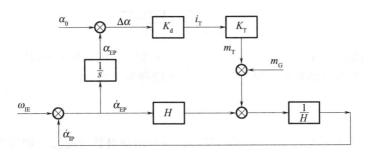

图 2.3.11 平台闭路测漂原理图

α_{EP} 与初始角 α_0 比较,误差角 $\Delta\alpha$ 经变换放大后,给陀螺仪加矩,当 $\Delta\dot{\alpha}=0$ 时,加矩电流 i_T 即表示平台对地球的漂移速率 $\dot{\alpha}_{EP}$,则平台相对于惯性空间的漂移速率为

$$\dot{\alpha}_{IP} = \dot{\alpha}_{EP} + \omega_{IE} = \frac{K_T i_T}{H} + \omega_{IE} \tag{2.3.31}$$

力矩反馈法无须人工操作即可实现对平台的自动测漂,测试速度比较快。但在测漂时,平台处于调平和锁定方式下的闭路工作状态。然而,导弹在实际飞行过程中,平台是处于惯性稳定的开路工作状态。平台这种工作状态的差异影响了力矩反馈试验标定出的误差参数的可信度。

② 光点反射法。光点反射法是运用光学反射原理测定物理转动角度的一种方法。其原理是使平台工作于惯性稳定的工作状态,当平台出现漂移时,带动台体上的棱镜转动,从而使棱镜的反射光偏转,以此作为观测量,再通过数学推导,计算出平台漂移角速度,如图 2.3.12 所示。

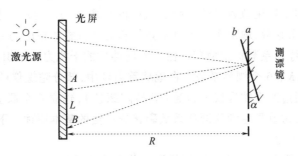

图 2.3.12 静态漂移计算原理图

平台上装有一个测漂镜,光屏距离测漂镜要求大于 2.5 m,光屏基本上与测漂镜平行。反射光和入射光应在同一水平面内,夹角小于 10°。光管发出的光束射到测漂镜上,从测漂镜再反射到光屏上,当平台工作在伺服状态,并有漂移时,测漂镜随平台一起运动,反射到光屏上的光点也在光屏上移动,记下光点的移动距离和移动这段距离所用的时间,就可以算出平台的漂移。

利用简单的三角知识很容易推导出平台漂移角的计算公式,即

$$\alpha = \frac{180 \times 60 L}{\pi \times 2R} \tag{2.3.32}$$

式中:α 为平台漂移角,单位为(′);L 为光屏上光点移动的距离;R 为测漂镜与光屏之间的距离。

为了计算方便,引入一个表示光点移动距离的比例系数 K,即光点在光屏上移动 1 mm 的距离对应的平台漂移角:

$$K = \frac{180 \times 60}{\pi \times 2R} = \frac{1718.87}{R} \qquad (2.3.33)$$

当计算平台漂移时,只要将比例系数乘以光点在光屏上移动的距离,就可得出平台漂移的角度 α,再将漂移角除以漂移所用的时间,就可算出漂移角速度,即

$$\omega = \frac{KL}{t} \qquad (2.3.34)$$

应当指出,由于光屏与地球一起绕地轴转动,在对地球自转分量无补偿情况下测出的平台漂移之中,包括了地球自转角度,因此,在进行数据处理时,需要扣除由于地球自转带来的这部分漂移。下面计算地球自转带来的漂移。在纬度 $\phi = 40°$,地球自转角速度 $\omega_z \approx 15(°)/h$ 时,则北向和垂直方向的地球自转角速度分量分别为

$$\omega_{zN} = \omega_z \cos 40° \approx 11.5(°)/h \qquad (2.3.35)$$

$$\omega_{zV} = \omega_z \sin 40° \approx 9.6(°)/h \qquad (2.3.36)$$

假设测试时平台放置方向为滚动轴南北、俯仰轴东西、航向轴垂直。显然,北向地球自转分量将作用在滚动轴上,垂直方向的地球自转分量将作用在航向轴上,因此要分别扣除地球自转角速度所产生的漂移。

同力矩反馈法相比,利用光点反射法进行测漂时,平台始终处于惯性稳定的工作状态,接近实际使用状态,因而提高了参数辨识的可信度。但是,其标定时间较长,需要人工操作计算,自动化程度较差。

平台漂移量测试的方法还有很多,如以框架角为敏感元件的框架角静漂法、以加速度计为敏感元件的连续自标定方法等。现有的方法均可归结为开环状态和闭环状态两类测漂方法,对于分离标定误差,则多是选用位置试验或翻滚试验的分离方法。选用何种测漂标定方法、标定出误差模型中的多少项系数,取决于平台自身条件和对平台整体精度的要求。

（2）平台静基座漂移系数标定原理。由于不同性质的干扰力矩交织在一起,很难一次测定 K_{0x}、K_{0y}、K_{0z}、K_{12x}、K_{12y}、K_{11z} 6 个漂移系数。在地球重力场中,部分陀螺仪的干扰力矩与重力加速度有关。因此,可以通过改变陀螺仪的位置（翻转陀螺仪）,建立 6 个联立方程组,从而确定陀螺仪的 6 个漂移系数,这就是陀螺仪漂移系数翻转分离法的基本原理。下面分别介绍平台陀螺仪各误差系数的标定方法。

① 对常值漂移系数 K_0 的分离。陀螺仪第一种安放位置如图 2.3.13 所示。

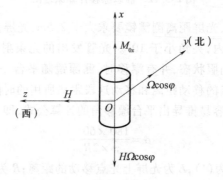

图 2.3.13　陀螺仪第一种安放位置

定向:x 轴垂直向上,y 轴水平指北,z 轴水平指西。此时,输出轴 x 上的力矩矢量之和为

$$M_{0x} - H\Omega\cos\varphi \qquad (2.3.37)$$

漂移角速度为

$$\omega_{x1} = \frac{M_{0x} - H\Omega\cos\varphi}{H} = K_{0x} - \Omega\cos\varphi \qquad (2.3.38)$$

要分离出 K_0,需要消去 $\Omega\cos\varphi$。为此,将陀螺仪改变成第二种安放位置,如图 2.3.14 所示。

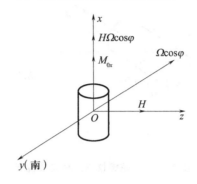

图 2.3.14　陀螺仪第二种安放位置

定向:x 轴垂直向上,y 轴水平指南,z 轴水平指东。此时,输出轴 x 上的力矩矢量之和为 $M_{0x} + H\Omega\cos\varphi$。

漂移角速度为

$$\omega_{x2} = K_{0x} + \Omega\cos\varphi \qquad (2.3.39)$$

将式(2.3.38)和式(2.3.39)相加可得

$$2K_{0x} = \omega_{x1} + \omega_{x2} \qquad (2.3.40)$$

因此,有

$$K_{0x} = \frac{\omega_{x1} + \omega_{x2}}{2} \qquad (2.3.41)$$

② 漂移系数 K_{11} 的分离。陀螺仪第三种安放位置如图 2.3.15 所示。

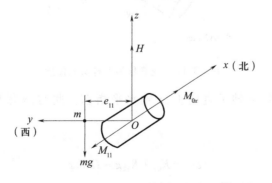

图 2.3.15　陀螺仪第三种安放位置

定向：x 轴水平指北，y 轴水平指西，z 轴垂直向上。此时，x 轴输出力矩之和为 $M_{0x} - M_{11}$。
漂移角速度为

$$\omega_{x1} = K_{0x} - K_{11}g \tag{2.3.42}$$

陀螺仪第四种安放位置如图 2.3.16 所示。

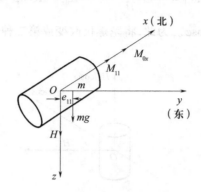

图 2.3.16　陀螺仪第四种安放位置

定向：x 轴水平指北，y 轴水平指东，z 轴垂直向下。此时，x 轴输出力矩之和为 $M_{0x} + M_{11}$，
于是

$$\omega_{x2} = K_{0x} + K_{11}g \tag{2.3.43}$$

将式（2.3.42）与式（2.3.43）相减可得

$$K_{11} = \frac{1}{2g}(\omega_{x2} - \omega_{x1}) \tag{2.3.44}$$

③ 漂移系数 K_{12} 的分离。陀螺仪第五种安放位置如图 2.3.17 所示。

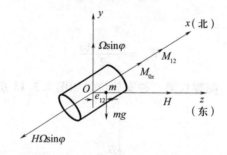

图 2.3.17　陀螺仪第五种安放位置

定向：x 轴水平指北，y 轴垂直向上，z 轴水平指东。此时，x 轴输出力矩之和为 $M_{0x} + M_{12} - H\Omega\sin\varphi$。

漂移角速度为

$$\omega_{x1} = K_{0x} + K_{12}g - \Omega\sin\varphi \tag{2.3.45}$$

陀螺仪第六种安放位置如图 2.3.18 所示。

定向：x 轴水平指北，y 轴垂直向下，z 轴水平指西。此时，力矩矢量之和为 $M_{0x} - M_{12} + H\Omega\cos\varphi$，即有

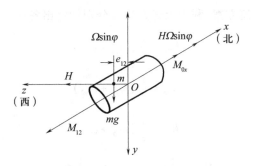

图 2.3.18　陀螺仪第六种安放位置

$$\omega_{x1} = K_{0x} - K_{12}g + \Omega\sin\varphi \qquad (2.3.46)$$

将式(2.3.45)与式(2.3.46)相减可得

$$K_{12} = \frac{1}{2g}(\omega_{x1} - \omega_{x2}) + \frac{1}{g}\Omega\sin\varphi \qquad (2.3.47)$$

从以上分析可以看出,根据不同系数的性质,可以通过改变陀螺仪不同的安放位置,从而分离出所需的系数。这就是漂移系数的翻转分离原理。

（3）六位置试验。假设平台上三个陀螺仪的安装方位如图 2.3.19 所示。

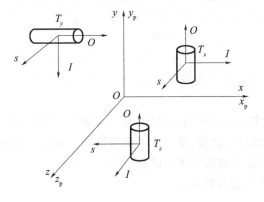

图 2.3.19　平台上三个陀螺仪的安装方位图

对漂移系数 K_{0x}、K_{0y}、K_{0z}、K_{12x}、K_{12y}、K_{11z},采用六位置翻转分离法来获得。位置试验是分离陀螺漂移系数的常用方法,平台静基座漂移测试所用的六位置固定方法见表2.3.1。

表 2.3.1　平台静基座漂移测试所用的 6 个位置

位置	平台坐标轴取向			测量值
	x_p	y_p	z_p	
一	东	天	南	ω_{y1}
二	西	地	南	ω_{y2}
三	天	西	南	ω_{x3}, ω_{z3}
四	地	东	南	ω_{x4}, ω_{z4}
五	南	东	天	ω_{z5}
六	北	东	地	ω_{z6}

通过此六位置翻转分离方案，利用上述方法可分别标定出各误差系数，即

$$K_{0x} = \frac{1}{2}(\omega_{x3} + \omega_{x4}) \tag{2.3.48}$$

$$K_{0y} = \frac{1}{2}(\omega_{y1} + \omega_{y2}) \tag{2.3.49}$$

$$K_{0z} = \frac{1}{2}(\omega_{z5} + \omega_{z6}) \tag{2.3.50}$$

$$K_{12x} = \frac{1}{2g}(\omega_{x4} - \omega_{x3}) + \frac{1}{g}\Omega\sin\varphi \tag{2.3.51}$$

$$K_{12y} = \frac{1}{2g}(\omega_{y2} - \omega_{y1}) + \frac{1}{g}\Omega\sin\varphi \tag{2.3.52}$$

$$K_{11z} = \frac{1}{2g}(\omega_{z4} - \omega_{z3}) \tag{2.3.53}$$

8. 静态力矩刚度的测试

为了提高导航精度，要求平台稳定回路有足够的稳定精度。稳定精度可以用力矩刚度来衡量，力矩刚度等于干扰力矩与其所产生的偏差角之比，它表示平台在干扰力矩作用下保持微小偏差角的能力。因此，力矩刚度是平台稳定回路重要的性能指标之一。力矩刚度又可分为静态力矩刚度和动态力矩刚度两种，前者表示平台在常值干扰力矩作用下保持微小偏差角的能力，后者则体现了平台在摇摆基座上的稳定精度。

通常采用在平台框架上挂砝码再突然剪断，给伺服回路加阶跃干扰的方法，测量平台伺服回路的静态力矩刚度。为此，需要准备滑轮、支架、丝线、剪刀、砝码、光管、光屏等测试工装及设备。

启动平台，使平台工作于导航状态，通过滑轮和支架将砝码挂在平衡环上。记下光点在光屏上的位置，突然剪断挂砝码的丝线，使整个平衡后的稳定系统受到阶跃干扰，光点将在光屏上跳动，达到稳态时，迅速记录光点在光屏上的新位置。

根据下式计算平台的静态力矩刚度：

$$K_M = \frac{M}{\Delta\alpha} \times \frac{180 \times 60}{\pi} \tag{2.3.54}$$

$$\Delta\alpha = KL \tag{2.3.55}$$

式中：M 为施加的力矩，单位为 $N \cdot m$；K 为光点在光屏上移动距离的比例系数，单位为 $(')/mm$；L 为光点在光屏上移动的距离，单位为 mm；$\Delta\alpha$ 为在力矩作用下平台的失调角，单位为 $(')$；K_M 为静态力矩刚度，单位为 $N \cdot m/rad$。

9. 动基座条件下的平台摇摆测试

导弹在飞行过程中，平台实际上是工作在一个摇摆基座上。因此，做摇摆试验具有实际意义，可以检验平台的动态力矩刚度，即稳定精度。

平台动态是指平台基座在一个重力加速度 g_0 作用下，以不同频率进行摇摆的工作状态。平台处于摇摆状态时，平台稳定轴将受交变的摩擦力矩和不平衡力矩的干扰，使平台稳定轴产生动态误差，动态漂移就是动态误差的变化率。平台摇摆测试的目的就是检查平台的动态误差是否在允许的范围内，即通过测试平台摇摆附加漂移，判断平台系统的精度是否合格。

在稳定回路闭路正常以后,可在动基座条件下进行平台摇摆测试,由平台单元测试仪配合三轴摇摆控制台完成。

平台摇摆测试采用光点法测试平台的附加漂移,因此平台单元测试仪只进行平台测试的控制(测试前 x、z 调平,y 轴锁定,在开始测试时,断开平台的调平和锁定)和数字量的测试。

平台摇摆测试的过程如下:

(1)摇摆台预摇,1Hz、±6°(1 周/s,幅度为 6°),运转 10min。

(2)安装平台,使摇摆台的内、中、外环轴分别与平台外、内、台体轴一致。

(3)在平台 + z 轴及 − x 轴测漂镜一方,分别放置光屏和光管,光屏距平台应大于 3m。

(4)用光点反射法测平台静漂,每分钟记录一次光点在光屏上的位置,共测 10min,记录 10 个光点。

(5)摇摆漂移测试:用三轴摇摆台在 1Hz、±6°的情况下,模拟导弹的飞行,测定平台动态漂移,采用光点法,每分钟记录一次光点在光屏上的位置,共测 10min,记录 10 个光点。

(6)每次测完后,控制平台重新调平和锁定,重复步骤(4)和(5)进行下一次测试。

平台三轴摇摆附加漂移的计算公式如下:

$$\Delta\omega = \frac{1}{N}\sum_{i=1}^{N}\Delta\omega_i \tag{2.3.56}$$

$$\Delta\omega_i = \frac{1}{10}\sum_{j=1}^{10}K \cdot \frac{\Delta S_j}{t_j} \tag{2.3.57}$$

式中:$\Delta\omega$ 为平台摇摆附加漂移值,单位为 $(')/h$;ΔS_j 为摇摆漂移测试过程中第 j 分钟时的动态漂移点与静态漂移点的位移差,$\Delta S_j = \Delta S_{j动} - \Delta S_{j静}$,单位为 mm;$K$ 为光点移动距离的比例系数。

根据技术指标的要求,平台摇摆附加漂移 $\Delta\omega$ 应不大于 0.10(°)/h。若两次测试中有一次测试数据超差,则超差数据不参加计算,但应补测一组。

10. 特殊功能检查

特殊功能检查必须在平台系统的其他测试项目进行结束之后单独进行,主要是检查姿态安全自毁信号和平台系统遥测信号能否正常发出。

1)姿态安全自毁信号功能检查

姿态安全自毁信号功能检查包括 x 轴检查、y 轴检查、z 轴检查。手动使平台分别绕 x 轴、y 轴和 z 轴转动一定角度,并观察平台单元测试仪中测控台上"大姿态""小姿态"指示灯现象。

2)平台系统遥测信号功能检查

平台系统遥测信号功能检查包括检查框架角信号(β_{xp}、β_{yp}、β_{zp})、加速度计 A/D 转换器输出信号、陀螺传感器信号(x、y、z 陀螺)、力矩电机信号,并观察示波器波形变化等。

第四节　捷联惯性测量组合及其测试

捷联惯性测量组合(Strapdown Inertial Measurement Unit,SIMU)是 20 世纪 60 年代发展起来的一种用于测量导弹运动参数的装置。"捷联"(Strapdown)的原意是"捆绑"。惯性敏感元件,包括陀螺仪和加速度计,直接与弹体固联,用于测量导弹在飞行过程中相对于弹体坐标系的运动参数。

根据测量弹体姿态角信息的不同,捷联惯性测量组合可分为位置捷联和速率捷联两种方式。位置捷联惯性测量组合采用的是二自由度位置陀螺仪，测量的是导弹绕弹体坐标系的俯仰角 φ、偏航角 ψ 和滚动角 γ；速率捷联惯性测量组合采用的是速率陀螺仪，测量的是导弹绕弹体坐标系的俯仰角速度 $\dot{\varphi}$、偏航角速度 $\dot{\psi}$ 和滚动角速度 $\dot{\gamma}$。

对于采用捷联惯性测量组合的导弹，其控制系统一般采用"捷联惯性测量组合＋弹载计算机"的制导方案。以速率捷联惯性测量组合系统为例，导弹在飞行过程中，惯性测量组合的敏感元件实时测量导弹运动的角速度和视加速度信号，经过 I/F（电流/频率）转换后输出至弹载计算机，弹载计算机运用相关算法将弹体运动的角速度和加速度信号进行相应的坐标变换，实时解算出导弹相对于导航坐标系的速度、位置和姿态角，从而在弹载计算机内部建立起一个"数学平台"以代替机械平台，完成导航计算任务。

目前，常规地地战术导弹的控制系统大多采用速率捷联制导方式。本节重点介绍速率捷联惯性测量组合及其测试。

一、惯性测量组合

（一）速率捷联惯性测量组合的功用
作为导弹控制系统的核心部件，速率捷联惯性测量组合的主要功能如下：
（1）建立测量基准坐标系，即惯性测量组合坐标系 $Ox_sy_sz_s$。
（2）测量导弹绕弹体坐标系三个正交轴转动的角速度。
（3）测量导弹质心沿弹体坐标系三个正交轴轴向运动的视加速度。
（4）为导弹的初始对准提供弹体平面相对于发射平面的初始姿态信息。

以速率捷联惯性测量组合为基础，结合弹载计算机，构成速率捷联惯性测量系统，其功能框图如图2.4.1所示。

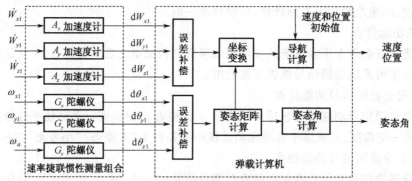

图 2.4.1　速率捷联惯性测量系统的功能框图

导弹在飞行过程中，三个速率陀螺仪 G_x、G_y 和 G_z 分别测量导弹绕弹体坐标系三个正交轴转动的角速度 ω_{x1}、ω_{y1} 和 ω_{z1}。三个加速度计 A_x、A_y 和 A_z 分别测量导弹沿弹体坐标系三个坐标轴轴向的视加速度 $\dot{W}_{x1}$、$\dot{W}_{y1}$ 和 $\dot{W}_{z1}$。弹载计算机每隔一定时间（通常为10ms），对导弹运动的角速度和视加速度信息进行采样，经误差补偿后进行姿态矩阵计算。姿态矩阵一方面用于坐标变换，即根据沿弹体坐标系三个坐标轴轴向的视加速度信息，经过坐标变换计算，得到沿导航坐标系三个坐标轴轴向的视加速度信息。在此基础上，结合引力加速度信息进行导航计算，经过两次积分，分别得到导弹在导航坐标系中的速度 V_{xN}、V_{yN}、V_{zN} 和位置 x_N、y_N、z_N 等导航状态参数。

另一方面,基于姿态矩阵中的元素,可以进行姿态角计算,得到导弹飞行的姿态角 φ、ψ、γ。

由此可见,在捷联惯性测量系统中,弹载计算机具有姿态矩阵计算、视加速度信息的坐标变换、姿态角解算等功能,即在弹载计算机内部建立起所谓的"数学平台",代替机械平台完成导航任务。

(二) 速率捷联惯性测量组合的组成

速率捷联惯性测量组合主要由惯性测量组合本体、电子箱和电源变换器组成,如图 2.4.2 所示。

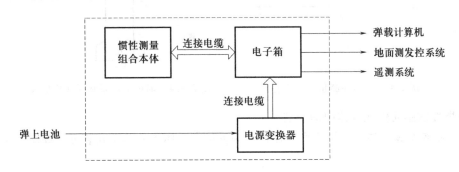

图 2.4.2　速率捷联惯性测量组合的组成框图

1. 惯性测量组合本体

惯性测量组合本体是安装速率陀螺仪和加速度计的组合体,通常简称为本体。在本体内,装有三个速率陀螺仪和三个加速度计,可以测量导弹绕弹体坐标系各轴转动的角速度和沿弹体坐标系各轴向输入的视加速度。

2. 电子箱

电子箱是捷联惯性测量组合伺服电路的组合。电子箱可以完成对本体的温度控制,配合本体完成导弹绕弹体坐标系各轴转动的角速度和沿弹体坐标系各轴向的视加速度信号的测量任务,并且将本体中三个加速度计和三个速率陀螺仪输出的六路模拟电流信号,转换为相应的脉冲数字量输出。电子箱中的高精度 I/F 转换电路将输入的模拟电流信号,转换为与之对应的脉冲数字信号。脉冲的正负,反映了电流的极性;脉冲数的多少,反映了电流信号的大小。

3. 电源变换器

电源变换器是一种惯性测量组合专用的变换型稳压电源。它将弹上电池提供的直流 28 V 电源,变换为组合本体和电子箱工作所需要的各种交、直流电压,因此又称为二次电源。

(三) 惯性测量组合的安装坐标系

1. 惯性测量组合坐标系 $Ox_sy_sz_s$

惯性测量组合安装在仪器舱中。惯性测量组合坐标系(简称惯组坐标系)$Ox_sy_sz_s$ 是惯性测量组合的安装与测量基准。为了建立惯组坐标系 $Ox_sy_sz_s$,在本体上安装一个正六面体反光镜,镜面法线就是 Ox_s 轴、Oy_s 轴和 Oz_s 轴的基准轴线。Oz_s 轴与 Ox_s 轴和 Oy_s 轴构成右手笛卡儿坐标系,如图 2.4.3 所示。

按如下规定建立弹体坐标系 $Ox_1y_1z_1$:穿过导弹轴心并指向弹头的方向规定为 Ox_1 轴的正方向,Oy_1 轴在弹体纵平面内,沿弹体法向方向向上,Oz_1 轴与 Ox_1 轴和 Oy_1 轴构成右手笛卡儿坐标系。惯性测量组合的安装基准面与仪器舱中对应的基准面可靠接触后紧固。在规定的误差范围内,惯组坐标系 $Ox_sy_sz_s$ 与弹体坐标系 $Ox_1y_1z_1$ 重合或平行,如图 2.4.4 所示。

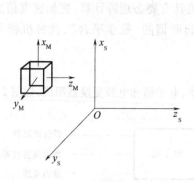

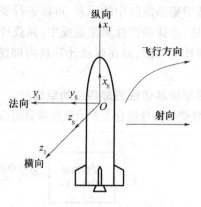

图 2.4.3　惯性测量组合坐标系　　图 2.4.4　惯组坐标系和弹体坐标系

2. 惯性敏感元件在本体中的安装

三个速率陀螺仪和三个加速度计在惯性测量组合本体中的典型安装方式如图 2.4.5 所示。

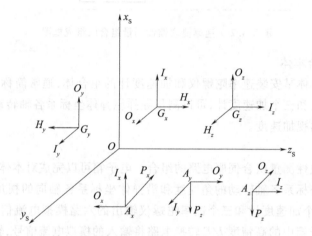

图 2.4.5　惯性敏感元件在本体上的安装方位

由图 2.4.5 可知,三个速率陀螺仪 G_x、G_y 和 G_z 分别测量绕惯组坐标系 $Ox_sy_sz_s$ 三个轴转动的角速度,三个加速度计 J_x、J_y 和 J_z,分别测量沿惯组坐标系 $Ox_sy_sz_s$ 三个轴方向的视加速度输入。由于惯组坐标系 $Ox_sy_sz_s$ 与弹体坐标系 $Ox_1y_1z_1$ 重合或平行,因此,惯性测量组合所测得的导弹绕惯组坐标系 $Ox_sy_sz_s$ 各轴转动的角速度和沿各轴向运动的视加速度,可认为是导弹绕弹体坐标系 $Ox_1y_1z_1$ 各轴转动的角速度和沿各轴向运动的视加速度。

3. 惯性测量组合的测量输出极性

若导弹质心绕弹体坐标系 $Ox_1y_1z_1$ 各轴转动的角速度方向与坐标系 $Ox_1y_1z_1$ 各轴的正方向一致,则定义陀螺仪的输出为正,否则输出为负。

若导弹沿弹体坐标系 $Ox_1y_1z_1$ 各轴输入的视加速度方向与相应轴的正方向一致,则定义加速度计的输出为正,否则输出为负。

（四）速率捷联惯性测量组合的工作原理

1. 惯性测量组合的工作过程

导弹发射前,由车载地面测试与发射控制(测发控)系统向弹上供电,惯性测量系统开始工作。惯性测量组合中的 A_y 和 A_z 加速度计,为导弹的初始对准提供弹体平面相对于发射平面的初始姿态信息。

导弹起飞前,由地面测发控系统供电转为弹上电池供电。起飞后,导弹质心绕弹体坐标系 $Ox_1y_1z_1$ 三个轴转动的角速度由惯性测量组合中的三个速率陀螺仪测出,导弹质心沿弹体坐标系 $Ox_1y_1z_1$ 三个轴输入的视加速度由三个加速度计测出。所测得的六路模拟电流信号经专用的 I/F 转换电路,转换为与之对应的脉冲数字信号。弹载计算机每隔一定时间对转换后的六路脉冲信号进行采集,并进行导航计算和姿态控制,控制和导引导弹飞向预定目标。

2. 角速度测量

在捷联惯性测量系统中,三个速率陀螺仪 G_x、G_y 和 G_z 分别用于测量导弹质心绕弹体坐标系 $Ox_1y_1z_1$ 三个轴转动的角速度,即俯仰角速度 ω_{z1}、偏航角速度 ω_{y1} 和滚动角速度 ω_{x1}。

三个速率陀螺仪的输入输出方程如下:

$$I_x = \frac{H}{K_G}\omega_{x1} \qquad (2.4.1)$$

$$I_y = \frac{H}{K_G}\omega_{y1} \qquad (2.4.2)$$

$$I_z = \frac{H}{K_G}\omega_{z1} \qquad (2.4.3)$$

式中:I_x、I_y、I_z 为陀螺力矩器的输出电流信号;K_G 为陀螺仪力矩器系数;H 为陀螺仪转子角动量;ω_{x1}、ω_{y1}、ω_{z1} 为输入角速度。

由式(2.4.1)~式(2.4.3)可知,给定 H 和 K_G,则陀螺仪的输出电流信号 I_x、I_y 和 I_z 与相应的输入角速度 ω_{x1}、ω_{y1}、ω_{z1} 成正比。

3. 加速度测量

惯性测量组合中的三个加速度计分别用于测量沿弹体坐标系 $Ox_1y_1z_1$ 各轴向输入的视加速度,其输入/输出关系为

$$I_{Ax} = \frac{K_m}{K_t}W_{x1} \qquad (2.4.4)$$

$$I_{Ay} = \frac{K_m}{K_t}W_{y1} \qquad (2.4.5)$$

$$I_{Az} = \frac{K_m}{K_t}W_{z1} \qquad (2.4.6)$$

式中:K_m 为加速度计的摆性系数,$K_m = ml$;K_t 为力矩器系数;W_{x1}、W_{y1} 和 W_{z1} 为视加速度输入;I_{Ax}、I_{Ay} 和 I_{Az} 为加速度计力矩器的输出电流信号。

由式(2.4.4)~式(2.4.6)可知,给定 K_m 和 K_t,则三个加速度计的输出电流信号 I_{Ax}、I_{Ay} 和 I_{Az} 与相应的输入视加速度 W_{x1}、W_{y1} 和 W_{z1} 成正比。

4. 陀螺仪与加速度计的数字化输出

为便于运算和使用,惯性测量组合采用高精度 I/F 转换电路,将三个速率陀螺仪和三个加速度计测量输出的六路模拟电流信号转换为相应的 TTL 电平的脉冲信号,再用高速光电耦合

器将脉冲信号进行有效隔离,然后通过开关三极管放大为 8～12V 的脉冲信号,分别输出至弹载计算机、地面测发控系统和遥测系统。

对于陀螺仪输出的关于导弹姿态角速度的模拟电流信号,经 I/F 电路转换后,弹载计算机每隔一定时间对其进行采样,得到导弹姿态角速度在一定时间内的积分,即姿态角增量,结合导弹在上一时刻的姿态角,可计算出导弹在当前时刻的姿态角。

对于加速度计输出的关于导弹沿弹体轴三个方向视加速度的模拟电流信号,经 I/F 电路转换后,弹载计算机每隔一定时间对其进行采样,可计算出导弹运动的视加速度增量,结合导弹上一时刻的视加速度,可得到导弹在当前时刻的视加速度。

根据弹体坐标系与惯性坐标系之间的角度关系,沿弹体轴三个方向的视加速度可换算到沿惯性轴三个方向的视加速度。进一步地,沿惯性轴三个方向的视加速度加上导弹当前所受引力加速度 g 在惯性坐标系三个轴方向上输入的分量 g_x、g_y 和 g_z,可计算出导弹沿惯性坐标系三个轴方向运动的实际加速度;结合导弹在上一时刻的速度和位置,对加速度进行两次积分运算,即可得到导弹在当前时刻的速度和位置信息。

5. 温度控制

为保证惯性组合测量的精度和稳定性,在电子箱中设有温控电路,主要用于对本体内加速度计和陀螺仪的工作环境、电子箱内陀螺仪和加速度计的 A/D 转换电路等关键部件进行温度控制。

（五）惯性测量组合的误差模型

1. 陀螺仪的误差模型

当有角速度输入时,陀螺仪的输出应为输入角速度的正确反映。但由于陀螺仪在制造和安装过程中的误差以及视加速度等因素的影响,陀螺仪的输出并不与相应的角速度输入信号严格成正比关系,而是存在一定的误差。陀螺仪三个通道的误差模型方程为

$$\frac{N_{Gx}}{E_{1x} \cdot T} = \omega_x + E_{yx}\omega_y + E_{zx}\omega_z + K_{0x} + K_{1x}a_x + K_{2x}a_y + K_{3x}a_z + \xi \qquad (2.4.7)$$

$$\frac{N_{Gy}}{E_{1y} \cdot T} = E_{xy}\omega_x + \omega_y + E_{zy}\omega_z + K_{0y} + K_{1y}a_x + K_{2y}a_y + K_{3y}a_z + \xi \qquad (2.4.8)$$

$$\frac{N_{Gz}}{E_{1z} \cdot T} = E_{xz}\omega_x + E_{yz}\omega_y + \omega_z + K_{0z} + K_{1z}a_x + K_{2z}a_y + K_{3z}a_z + \xi \qquad (2.4.9)$$

式中:N_{Gx}、N_{Gy} 和 N_{Gz} 分别为陀螺仪三个通道输出的脉冲数;E_{1x}、E_{1y} 和 E_{1z} 分别为陀螺仪三个通道的标定因数;T 为采样时间;ω_x、ω_y 和 ω_z 分别为导弹绕弹体坐标系三个轴转动的角速度;E_{yx}、E_{zx} 为由于 x 陀螺仪输入轴相对于惯组的 y 轴和 z 轴的不垂直而引起的安装误差系数;E_{xy} 和 E_{zy} 为由于 y 陀螺仪输入轴相对于惯组的 x 轴和 z 轴的不垂直而引起的安装误差系数;E_{xz} 和 E_{yz} 为由于 z 陀螺仪输入轴相对于惯组的 x 轴和 y 轴的不垂直而引起的安装误差系数;K_{0x}、K_{0y} 和 K_{0z} 为与加速度无关的零位漂移;K_{1x}、K_{1y} 和 K_{1z} 分别为陀螺仪三个通道受 x 轴向的视加速度的影响而产生的漂移系数;K_{2x}、K_{2y} 和 K_{2z} 分别为陀螺仪三个通道受 y 轴向的视加速度影响而产生的漂移系数;K_{3x}、K_{3y} 和 K_{3z} 分别为陀螺仪三个通道受 z 轴向的视加速度影响而产生的漂移系数;a_x、a_y 和 a_z 分别为导弹沿弹体坐标系三个轴向的视加速度;ξ 为由于各种不可知因素而造成的随机漂移误差。

2. 加速度计的误差模型

三个加速度计 A_x、A_y 和 A_z 的误差模型方程为

$$\frac{N_{Ax}}{K_{1x} \cdot T} = K_{0x} + A_x + K_{yx}A_y + K_{zx}A_z + K_{2x}A_x^2 + \xi \qquad (2.4.10)$$

$$\frac{N_{Ay}}{K_{1y} \cdot T} = K_{0y} + K_{xy}A_x + A_y + K_{zy}A_z + K_{2y}A_y^2 + \xi \qquad (2.4.11)$$

$$\frac{N_{Az}}{K_{1z} \cdot T} = K_{0z} + K_{xz}A_x + K_{yz}A_y + A_z + K_{2z}A_z^2 + \xi \qquad (2.4.12)$$

式中：N_{Ax}、N_{Ay} 和 N_{Az} 分别为加速度计 A_x、A_y 和 A_z 在采样时间 T 内输出的脉冲数；K_{1x}、K_{1y} 和 K_{1z} 分别为加速度计 A_x、A_y 和 A_z 的标度因数；K_{0x}、K_{0y} 和 K_{0z} 分别为加速度计 A_x、A_y 和 A_z 的零位漂移；K_{yx}、K_{zx} 为由于 x 轴对 y 和 z 这两个轴的不垂直而引起的安装误差系数；K_{xy}、K_{zy} 分别为由于 y 轴对 x、z 这两个轴的不垂直而引起的安装误差系数；K_{xz}、K_{yz} 分别为由于 z 轴对 x、y 这两个轴的不垂直而引起的安装误差系数；K_{2x}、K_{2y}、K_{2z} 分别为三个轴向加速度计的交叉耦合系数，即二次项系数；ξ 为随机漂移误差。

3. 惯性测量组合的误差模型系数

由陀螺仪和加速度计的误差模型可知，惯性测量组合的误差系数共 36 个，包括：陀螺仪的三个标定因数、安装误差系数、与加速度无关的零位漂移及与加速度有关的各个漂移系数；三个加速度计的标定因数、零位漂移和安装误差系数以及加速度计的二次项系数。惯性测量组合的误差系数可通过对惯性测量组合的速率标定和位置标定得到，如表 2.4.1 所列。

表 2.4.1　惯性测量组合的误差模型系数

器件	项　目	x 轴方向	y 轴方向	z 轴方向
加速度计	零次项系数	K_{0x}	K_{0y}	K_{0z}
	标定因数	K_{1x}	K_{1y}	K_{1z}
	安装误差	K_{yx}	K_{xy}	K_{xz}
		K_{zx}	K_{zy}	K_{yz}
	二次项系数	K_{2x}	K_{2y}	K_{2z}
陀螺仪	标定因数	E_{1x}	E_{1y}	E_{1z}
	安装误差	E_{yx}	E_{xy}	E_{xz}
		E_{zx}	E_{zy}	E_{yz}
	与加速度无关的漂移系数	K_{0x}	K_{0y}	K_{0z}
	与纵向加速度有关的漂移系数	K_{1x}	K_{1y}	K_{1z}
	与法向加速度有关的漂移系数	K_{2x}	K_{2y}	K_{2z}
	与横向加速度有关的漂移系数	K_{3x}	K_{3y}	K_{3z}

二、惯性测量组合测试

（一）惯性测量组合测试的目的和内容

惯性测量组合是导弹控制系统的关键部件，其性能对导弹的命中精度有决定性的影响。通过对惯性测量组合的测试，可以准确评价其技术性能，确定陀螺仪和加速度计误差模型中的各

项系数,并在导弹发射前,将这些误差系数装入弹载计算机。这样,在导弹飞行过程中,弹载计算机根据这些误差系数,对惯性测量组合的输出实时进行工具误差补偿计算,为导弹的姿态控制和导航计算提供原始参数。

1. 惯性测量组合测试的目的

惯性测量组合测试的主要目的包括以下几点。

（1）评价惯性测量组合的性能和精度,判断其是否能够满足导弹作战使用的需要。

（2）基于惯性测量组合在测试过程中出现的各种问题,分析、研究和探索进一步改进惯性测量组合性能的途径。

（3）建立惯性测量组合的误差模型,以便在导弹飞行过程中,弹载计算机对惯性测量组合的规律性误差实时进行补偿。

（4）确定陀螺仪和加速度计规律性误差的随机分布规律,分析仪表误差对导弹射击精度的影响程度,为制定导弹作战使用规范提供依据。

2. 惯性测量组合测试的内容

惯性测量组合的测试在技术阵地进行,主要测试项目如下:

（1）速率标定。目的在于确定陀螺仪的标定因数和安装误差系数。

（2）位置标定。目的在于确定陀螺仪误差模型方程中的各项漂移系数,以及加速度计误差模型方程中的各项误差系数。

（二）惯性测量组合测试系统

捷联惯性测量组合测试系统的原理图如图 2.4.6 所示。

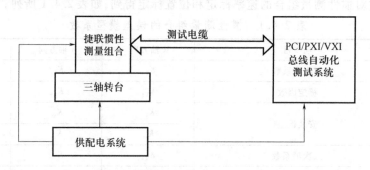

图 2.4.6　捷联惯性测量组合测试系统

图 2.4.6 中的三轴转台可以是手动控制,也可以是程序控制。从成本上看,手动转台的价格远低于程控转台。但从测试的效率和用户使用的方便程度看,程控转台的性能要远远优于手动转台。

（三）惯性测量组合测试原理

速率标定的原理是利用转台给惯性测量组合输入恒定的角速度,读取惯性测量组合的输出,并结合惯性测量组合的误差模型,确定出惯性测量组合角速度通道的标度因数和安装误差系数。

位置标定的基本原理是:将捷联惯性测量组合置于转台上,手动或程控转台翻转,当转台转动到不同位置时,地球自转角速度和重力加速度在惯性测量组合中三个速率陀螺仪和三个加速度计敏感轴方向分别有不同的作用分量;结合惯性测量组合的误差模型,可以建立转台处于不同位置时惯组对应的误差模型;通过联立求解不同位置时惯组的误差方程组,可以得到惯性测量组合中陀螺仪误差模型方程中的各项漂移系数,以及加速度计误差模型方程中的各项误差系数。

惯性测量组合速率标定和位置标定的具体过程如下:

1. 陀螺仪的速率标定

由于安装误差等因素的影响,陀螺仪输出的电流经 I/F 转换后的脉冲频率,与相应输入轴的角速度大小并不严格成正比例关系。速率标定的目的是在已知精确的角速度输入情况下,通过测量陀螺仪相应通道的输出,确定陀螺仪的标定因数和安装误差系数。

在进行速率标定时,由于地球自转角速度的值太小,因此难以考查惯性测量组合在大角速度输入时的特性。而速率转台可以提供不同大小的均匀角速率信号,为此采用三轴速率转台为速率标定提供精确的角速度输入信号。

1) 陀螺仪标定因数的确定

在速率标定时,各标定轴所处的位置均垂直向上,输入的加速度和角速度如表 2.4.2 所列。

表 2.4.2　陀螺仪各轴的输入加速度和角速度

标定轴	加速度矩阵	角速度矩阵
x 轴	$\boldsymbol{A} = \begin{bmatrix} -g & 0 & 0 \end{bmatrix}$	$\boldsymbol{\omega} = \begin{bmatrix} \omega_i + \Omega\sin\Phi & 0 & 0 \end{bmatrix}$
y 轴	$\boldsymbol{A} = \begin{bmatrix} 0 & -g & 0 \end{bmatrix}$	$\boldsymbol{\omega} = \begin{bmatrix} 0 & \omega_i + \Omega\sin\Phi & 0 \end{bmatrix}$
z 轴	$\boldsymbol{A} = \begin{bmatrix} 0 & 0 & -g \end{bmatrix}$	$\boldsymbol{\omega} = \begin{bmatrix} 0 & 0 & \omega_i + \Omega\sin\Phi \end{bmatrix}$

在对陀螺仪进行速率标定时,可以将标定时的加速度矩阵和角速度矩阵代入陀螺仪的误差模型方程进行计算,计算过程如下:

规定在进行正转标定时,陀螺仪通道的输出分别为 $N_{Gi+}(i=x,y,z)$;负转标定时,陀螺仪通道的输出分别为 $N_{Gi-}(i=x,y,z)$。

以陀螺仪的 x 通道标定为例,将 x 通道标定时的加速度矩阵和角速度矩阵代入陀螺仪 x 通道误差模型方程式(2.4.7),可得

$$\frac{N_{Gi+}}{E_{1x} \cdot T} = \omega_{x+} + \Omega\sin\phi + K_{0x} - K_{1x} \cdot g + \xi \tag{2.4.13}$$

$$\frac{N_{Gi-}}{E_{1x} \cdot T} = \omega_{x-} + \Omega\sin\phi + K_{0x} - K_{1x} \cdot g + \xi \tag{2.4.14}$$

式(2.4.13)减去式(2.4.14),经整理可得陀螺仪 x 通道的标定因数为

$$E_{1x} = \frac{N_{Gx+} - N_{Gx-}}{(\omega_{x+} - \omega_{x-}) \cdot T} \tag{2.4.15}$$

由于 $\omega_{x+} - \omega_{x-} = 2\omega_x, \omega_x \cdot T = 360° = 1296000''$,于是,陀螺仪 x 通道的标定因数的计算公式为

$$E_{1x} = \frac{N_{Gx+} - N_{Gx-}}{2M} \tag{2.4.16}$$

式中: $M = 1296000$。

同理,将 y 通道和 z 通道标定时的加速度矩阵和角速度矩阵代入 y 通道和 z 通道误差模型方程,可得陀螺仪 y 通道和 z 通道的标定因数,即

$$E_{1y} = \frac{N_{Gy+} - N_{Gy-}}{2M} \qquad (2.4.17)$$

$$E_{1z} = \frac{N_{Gz+} - N_{Gz-}}{2M} \qquad (2.4.18)$$

2）陀螺仪安装误差系数的标定

由于陀螺仪存在安装误差，在对某一通道进行速率标定时，另外的两个通道也会有输出。为标定陀螺仪的安装误差系数，将惯性测量组合放在速率转台上，分别以某一恒定速率绕标定轴转动，通过测量陀螺仪另外两个非标定通道的脉冲输出数，并将其代入误差模型方程，即可计算出陀螺仪的安装误差系数。

以 x 通道安装误差系数 E_{xy} 和 E_{xz} 的标定为例，说明陀螺仪安装误差系数的标定过程。

将 x 通道速率标定时的加速度矩阵和角速度矩阵分别代入陀螺仪的误差模型方程式（2.4.8）和式（2.4.9），忽略 ξ 的影响，经整理可得

$$\frac{N_{Gy}}{E_{1y} \cdot T} = E_{xy} \cdot (\omega_x + \Omega\sin\phi) + K_{0y} - K_{1y} \cdot g \qquad (2.4.19)$$

$$\frac{N_{Gz}}{E_{1z} \cdot T} = E_{xz} \cdot \omega_x + K_{0z} - K_{1z} \cdot g \qquad (2.4.20)$$

规定转台正转时输出的脉冲为 N_{Gy+}，逆转时输出的负脉冲为 N_{Gy-}。根据式（2.4.19），采用类似于式（2.4.17）的推导方法，可得陀螺仪的安装误差系数为

$$E_{xy} = \frac{N_{Gy+} - N_{Gy-}}{2E_{1y} \cdot M} \qquad (2.4.21)$$

类似地，可得陀螺仪的安装误差系数为

$$E_{xz} = \frac{N_{Gz+} - N_{Gz-}}{2E_{1z} \cdot M} \qquad (2.4.22)$$

式中：N_{Gz+} 和 N_{Gz-} 的意义与 N_{Gy+} 和 N_{Gy-} 类似。

同理，可对陀螺仪的 y 轴和 z 轴的安装误差系数 E_{yx}、E_{yz}、E_{zx} 和 E_{zy} 进行标定，具体如下：

$$E_{yx} = \frac{N_{Gx+} - N_{Gx-}}{2E_{1x} \cdot M} \qquad (2.4.23)$$

$$E_{yz} = \frac{N_{Gz+} - N_{Gz-}}{2E_{1z} \cdot M} \qquad (2.4.24)$$

$$E_{zx} = \frac{N_{Gx+} - N_{Gx-}}{2E_{1x} \cdot M} \qquad (2.4.25)$$

$$E_{zy} = \frac{N_{Gy+} - N_{Gy-}}{2E_{1y} \cdot M} \qquad (2.4.26)$$

2. 位置标定

惯性测量组合位置标定的基本原理是：将惯性测量组合放在转台上，通过改变组合的取向，使得惯性测量组合坐标系相对于地球坐标系分别处于多个不同的选定位置，对输出进行定时采样，列出输出方程，经简单的数学运算，可求得陀螺仪的各项漂移系数和加速度计的各项误差系数。

1）位置选定

在对惯性测量组合进行位置标定时,共选定 20 个不同位置。惯性测量组合的具体位置与相应的加速度和角速度输入矩阵如表 2.4.3 所列。

表 2.4.3　惯性测量组合的选定位置

位置	组合轴向 ($x_S y_S z_S$)	加速度输入矩阵	角速度输入矩阵
1	南东上	$[\ 0\quad 0\quad -g\ ]$	$[\ -\Omega\cos\phi\quad 0\quad \Omega\sin\phi\ ]$
2	南上西	$[\ 0\quad -g\quad 0\ ]$	$[\ -\Omega\cos\phi\quad \Omega\sin\phi\quad 0\ ]$
3	南西下	$[\ 0\quad 0\quad g\ ]$	$[\ -\Omega\cos\phi\quad 0\quad -\Omega\sin\phi\ ]$
4	南下东	$[\ 0\quad g\quad 0\ ]$	$[\ -\Omega\cos\phi\quad -\Omega\sin\phi\quad 0\ ]$
5	北上东	$[\ 0\quad -g\quad 0\ ]$	$[\ \Omega\cos\phi\quad \Omega\sin\phi\quad 0\ ]$
6	东上南	$[\ 0\quad -g\quad 0\ ]$	$[\ 0\quad \Omega\sin\phi\quad -\Omega\cos\phi\ ]$
7	南上西	$[\ 0\quad -g\quad 0\ ]$	$[\ -\Omega\cos\phi\quad \Omega\sin\phi\quad 0\ ]$
8	西上北	$[\ 0\quad -g\quad 0\ ]$	$[\ 0\quad \Omega\sin\phi\quad \Omega\cos\phi\ ]$
9	西南上	$[\ 0\quad 0\quad -g\ ]$	$[\ 0\quad -\Omega\cos\phi\quad \Omega\sin\phi\ ]$
10	上南东	$[\ -g\quad 0\quad 0\ ]$	$[\ \Omega\sin\phi\quad -\Omega\cos\phi\quad 0\ ]$
11	东南下	$[\ 0\quad 0\quad g\ ]$	$[\ 0\quad -\Omega\cos\phi\quad -\Omega\sin\phi\ ]$
12	下南西	$[\ g\quad 0\quad 0\ ]$	$[\ -\Omega\sin\phi\quad -\Omega\cos\phi\quad 0\ ]$
13	下西北	$[\ g\quad 0\quad 0\ ]$	$[\ -\Omega\sin\phi\quad 0\quad -\Omega\cos\phi\ ]$
14	东下北	$[\ 0\quad g\quad 0\ ]$	$[\ 0\quad -\Omega\sin\phi\quad \Omega\cos\phi\ ]$
15	上东北	$[\ -g\quad 0\quad 0\ ]$	$[\ \Omega\sin\phi\quad 0\quad \Omega\cos\phi\ ]$
16	西上北	$[\ 0\quad -g\quad 0\ ]$	$[\ 0\quad \Omega\sin\phi\quad \Omega\cos\phi\ ]$
17	西北下	$[\ 0\quad 0\quad g\ ]$	$[\ 0\quad \Omega\cos\phi\quad -\Omega\sin\phi\ ]$
18	北东下	$[\ 0\quad 0\quad g\ ]$	$[\ \Omega\cos\phi\quad 0\quad -\Omega\sin\phi\ ]$
19	东南下	$[\ 0\quad 0\quad g\ ]$	$[\ 0\quad -\Omega\cos\phi\quad -\Omega\sin\phi\ ]$
20	南西下	$[\ 0\quad 0\quad g\ ]$	$[\ -\Omega\cos\phi\quad 0\quad -\Omega\sin\phi\ ]$

2）陀螺仪的位置标定

陀螺仪的标定因数和安装误差可以通过速率标定得到。为了进一步确定陀螺仪误差模型方程中的各项漂移系数,需要对其进行位置标定。

下面以陀螺仪 x 通道的位置标定为例,阐述陀螺仪位置标定的基本原理。

选取表 2.4.3 中 13 ~ 20 共 8 个测试位置,将相应位置的加速度和角速度输入矩阵代入陀螺仪 x 通道的误差模型(式(2.4.7)),忽略随机干扰的影响,设陀螺仪 x 通道输出的脉冲数分别为 $N_{Gxi}(i=13\sim20)$,则有

$$\frac{N_{Gx13}}{E_{1x}\cdot T} = -\Omega\sin\phi + E_{zx}\cdot\Omega\cos\phi + K_{0x} + K_{1x}\cdot g \qquad (2.4.27)$$

$$\frac{N_{Gx14}}{E_{1x}\cdot T} = -E_{yx}\cdot\Omega\sin\phi + E_{zx}\cdot\Omega\cos\phi + K_{0x} + K_{2x}\cdot g \qquad (2.4.28)$$

$$\frac{N_{Gx15}}{E_{1x}\cdot T} = \Omega\sin\phi + E_{zx}\cdot\Omega\cos\phi + K_{0x} - K_{1x}\cdot g \qquad (2.4.29)$$

$$\frac{N_{Gx16}}{E_{1x} \cdot T} = E_{yx} \cdot \varOmega\sin\phi + E_{zx} \cdot \varOmega\cos\phi + K_{0x} - K_{2x} \cdot g \tag{2.4.30}$$

$$\frac{N_{Gx17}}{E_{1x} \cdot T} = E_{yx} \cdot \varOmega\cos\phi - E_{zx} \cdot \varOmega\cos\phi + K_{0x} + K_{3x} \cdot g \tag{2.4.31}$$

$$\frac{N_{Gx18}}{E_{1x} \cdot T} = \varOmega\cos\phi - E_{zx} \cdot \varOmega\sin\phi + K_{0x} + K_{3x} \cdot g \tag{2.4.32}$$

$$\frac{N_{Gx19}}{E_{1x} \cdot T} = -E_{yx} \cdot \varOmega\cos\phi - E_{zx} \cdot \varOmega\sin\phi + K_{0x} + K_{3x} \cdot g \tag{2.4.33}$$

$$\frac{N_{Gx20}}{E_{1x} \cdot T} = -\varOmega\cos\phi - E_{zx} \cdot \varOmega\sin\phi + K_{0x} + K_{3x} \cdot g \tag{2.4.34}$$

通过求解方程组（式(2.4.27)~式(2.4.34)），可计算出陀螺仪 x 通道的各项漂移系数。具体结果如下：

$$K_{0x} = \frac{N_{Gx13} + N_{Gx14} + N_{Gx15} + N_{Gx16}}{4E_{1x} \cdot T} - E_{zx} \cdot \varOmega\cos\phi \tag{2.4.35}$$

$$K_{1x} = \frac{N_{Gx13} - N_{Gx15}}{2E_{1x} \cdot T \cdot g} + \frac{\varOmega\cos\phi}{g} \tag{2.4.36}$$

$$K_{2x} = \frac{N_{Gx14} - N_{Gx16}}{2E_{1x} \cdot T \cdot g} + \frac{E_{yx} \cdot \varOmega\sin\phi}{g} \tag{2.4.37}$$

$$K_{3x} = \frac{N_{Gx17} + N_{Gx18} + N_{Gx19} + N_{Gx20} - N_{Gx13} - N_{Gx14} - N_{Gx15} - N_{Gx16}}{4E_{1x} \cdot T \cdot g} + \frac{E_{zx} \cdot \varOmega\sin\phi}{g} \tag{2.4.38}$$

类似地，选取表2.4.3中的13~20共8个位置，将相应位置的加速度和角速度输入矩阵代入陀螺仪 y 通道的误差模型（式(2.4.8)），忽略随机干扰的影响，设陀螺仪 y 通道输出的脉冲数分别为 $N_{Gyi}(i = 13 \sim 20)$，则经过简单的数学运算，可计算出陀螺仪 y 通道的各项漂移系数，具体结果如下：

$$K_{0y} = \frac{N_{Gy13} + N_{Gy14} + N_{Gy15} + N_{Gy16}}{4E_{1y} \cdot T} - E_{zy} \cdot \varOmega\cos\phi \tag{2.4.39}$$

$$K_{1y} = \frac{N_{Gy13} - N_{Gy15}}{2E_{1y} \cdot T \cdot g} + \frac{E_{xy} \cdot \varOmega\cos\phi}{g} \tag{2.4.40}$$

$$K_{2y} = \frac{N_{Gy14} - N_{Gy16}}{2E_{1y} \cdot T \cdot g} + \frac{\varOmega\sin\phi}{g} \tag{2.4.41}$$

$$K_{3y} = \frac{N_{Gy17} + N_{Gy18} + N_{Gy19} + N_{Gy20} - N_{Gy13} - N_{Gy14} - N_{Gy15} - N_{Gy16}}{4E_{1y} \cdot T \cdot g} + \frac{E_{zy} \cdot \varOmega\sin\phi}{g} \tag{2.4.42}$$

同理，选取表2.4.3中的5~12共8个位置，将相应位置的加速度和角速度输入矩阵代入陀螺仪 z 通道的误差模型（式(2.4.9)），忽略随机干扰的影响，并定义相应的输出分别为 $N_{Gzi}(i = 5 \sim 12)$。经简单的数学运算，可计算出陀螺仪 z 通道的各项漂移系数，具体结果如下：

$$K_{0z} = \frac{N_{Gz9} + N_{Gz10} + N_{Gz11} + N_{Gz12}}{4E_{1z} \cdot T} + E_{yz} \cdot \varOmega\cos\phi \tag{2.4.43}$$

$$K_{1z} = \frac{N_{Gz12} - N_{Gz10}}{2E_{1z} \cdot T \cdot g} + \frac{E_{xz} \cdot \Omega\sin\phi}{g} \tag{2.4.44}$$

$$K_{2z} = \frac{N_{Gz9} + N_{Gz10} + N_{Gz11} + N_{Gz12} - N_{Gz5} - N_{Gz6} - N_{Gz7} - N_{Gz8}}{4E_{1z} \cdot T \cdot g} + \frac{E_{yz} \cdot \Omega\sin\phi}{g} \tag{2.4.45}$$

$$K_{3z} = \frac{N_{Gz11} - N_{Gz9}}{2E_{1z} \cdot T \cdot g} + \frac{\Omega\sin\phi}{g} \tag{2.4.46}$$

3）加速度计的位置标定

加速度计的位置标定与陀螺仪位置标定原理基本类似。在 20 个测试位置中,取 8 个位置的数据代入加速度计的误差模型方程式中,依次计算后得到。

下面以 A_x 加速度计的位置标定为例,阐述加速度计位置标定的基本原理。

对于表 2.4.3 所列的 20 个测试位置,选取 9 ~ 16 共 8 个测试位置,将相应测试位置的加速度和角速度输入矩阵代入 A_x 加速度计的误差模型(式(2.4.10)),忽略随机干扰 ξ 的影响,并定义相应的输出分别为 $N_{Axi}(i = 9 \sim 16)$,可得如下 8 个方程式:

$$\frac{N_{Ax9}}{K_{1x} \cdot T} = K_{0x} - K_{zx} \cdot g \tag{2.4.47}$$

$$\frac{N_{Ax10}}{K_{1x} \cdot T} = K_{0x} - g + K_{2x} \cdot g^2 \tag{2.4.48}$$

$$\frac{N_{Ax11}}{K_{1x} \cdot T} = K_{0x} + K_{zx} \cdot g \tag{2.4.49}$$

$$\frac{N_{Ax12}}{K_{1x} \cdot T} = K_{0x} + g + K_{2x} \cdot g^2 \tag{2.4.50}$$

$$\frac{N_{Ax13}}{K_{1x} \cdot T} = K_{0x} + g + K_{2x} \cdot g^2 \tag{2.4.51}$$

$$\frac{N_{Ax14}}{K_{1x} \cdot T} = K_{0x} + K_{yx} \cdot g \tag{2.4.52}$$

$$\frac{N_{Ax15}}{K_{1x} \cdot T} = K_{0x} - g + K_{2x} \cdot g^2 \tag{2.4.53}$$

$$\frac{N_{Ax16}}{K_{1x} \cdot T} = K_{0x} - K_{yx} \cdot g \tag{2.4.54}$$

通过求解方程组(式(2.4.47) ~ 式(2.4.54)),可计算出 A_x 加速度计误差模型中的各个系数,具体如下:

$$K_{1x} = \frac{N_{Ax12} - N_{Ax10} + N_{Ax13} - N_{Ax15}}{4T \cdot g} \tag{2.4.55}$$

$$K_{0x} = \frac{N_{Ax9} + N_{Ax11} + N_{Ax14} + N_{Ax16}}{4K_{1x} \cdot T} \tag{2.4.56}$$

$$K_{2x} = \frac{N_{Ax10} + N_{Ax12} + N_{Ax13} + N_{Ax15} - N_{Ax9} - N_{Ax11} - N_{Ax14} - N_{Ax16}}{4K_{1x} \cdot T \cdot g^2} \tag{2.4.57}$$

$$K_{yx} = \frac{N_{Ax14} - N_{Ax16}}{2K_{1x} \cdot T \cdot g} \tag{2.4.58}$$

$$K_{zx} = \frac{N_{Ax11} - N_{Ax9}}{2K_{1x} \cdot T \cdot g} \tag{2.4.59}$$

类似地，选取表 2.4.3 中的 1~4、13~16 共 8 个测试位置，将相应测试位置的加速度和角速度输入矩阵代入 A_y 加速度计的误差模型（式（2.4.11）），忽略随机干扰 ξ 的影响，并定义相应的输出分别为 $N_{Ayi}(i=1~4,13~16)$，经简单的数学运算，可以计算出 A_y 加速度计误差模型的各个系数，具体结果如下：

$$K_{1y} = \frac{N_{Ay4} - N_{Ay10} + N_{Ay14} - N_{Ay16}}{4T \cdot g} \tag{2.4.60}$$

$$K_{0y} = \frac{N_{Ay1} + N_{Ay3} + N_{Ay13} + N_{Ay15}}{4K_{1y} \cdot T} \tag{2.4.61}$$

$$K_{2y} = \frac{N_{Ay2} + N_{Ay4} + N_{Ay4} + N_{Ay16} - N_{Ay1} - N_{Ay3} - N_{Ay13} - N_{Ay15}}{4K_{1y} \cdot g^2} \tag{2.4.62}$$

$$K_{xy} = \frac{N_{Ay13} - N_{Ay15}}{2K_{1y} \cdot T \cdot g} \tag{2.4.63}$$

$$K_{zy} = \frac{N_{Ay3} - N_{Ay1}}{2K_{1y} \cdot T \cdot g} \tag{2.4.64}$$

同理，选取表 2.4.3 中的 1~4、9~12 共 8 个测试位置，将相应测试位置的加速度和角速度输入矩阵代入 A_z 加速度计的误差模型（式（2.4.12）），忽略随机干扰 ξ 的影响，并定义相应的输出分别为 $N_{Ayi}(i=1~4,9~12)$，经简单的数学运算，可以计算出 A_z 加速度计误差模型的各个系数，具体结果如下：

$$K_{1z} = \frac{N_{Az3} - N_{Az1} + N_{Az11} - N_{Az9}}{4T \cdot g} \tag{2.4.65}$$

$$K_{0z} = \frac{N_{Az2} + N_{Az4} + N_{Az10} + N_{Az12}}{4K_{1z} \cdot T} \tag{2.4.66}$$

$$K_{2z} = \frac{N_{Az1} + N_{Az3} + N_{Az9} + N_{Az1} - N_{Az2} - N_{Az4} - N_{Az10} - N_{Az12}}{4K_{1z} \cdot T \cdot g^2} \tag{2.4.67}$$

$$K_{xz} = \frac{N_{Az12} - N_{Az10}}{2K_{1z} \cdot T \cdot g} \tag{2.4.68}$$

$$K_{yz} = \frac{N_{Az4} - N_{Az2}}{2K_{1z} \cdot T \cdot g} \tag{2.4.69}$$

第五节　惯性系统的"三自"技术

惯性平台在进入工作程序之前有三项重要的准备工作要做：功能检测，误差标定，初始对准。功能检测是为了确认平台系统的功能正常与否，可否转入下一步工作状态；误差标定是为了获得平台及其各惯性仪表的误差系数值，以便实际飞行中对它们进行补偿；初始对准是为了建立平台的初始基准坐标系。这些工作以前采用人工手控或地面设备自控的方法来完成,需要配备一些复杂的地面设备和高素质的操作人员,而且要占用相当长的准备时间,使用性不佳且耗资巨大。在民用领域,其高成本影响了惯导系统的推广应用。在军用领域,笨重的地面设备和复杂的操作限制了武器的机动性、快速性,制约了武器性能的提高。因此,多年来人们把惯性平台检测、标定及对准的自动化和自主化作为平台技术的重要研究课题不断进行改进和完善。

惯性系统的"三自"技术通常是指自检测技术、自标定技术和自对准技术。近二三十年间,惯性平台的功能检测、误差标定和初始对准经历了从手控到自控、从自动到自主的发展历程。目前最新型的惯性平台已发展到"三自主"阶段,即功能检测、误差标定、初始对准全部由平台系统自主完成,简称"三自"平台。这种平台甩掉了各种地面设备和设施,摆脱了人工操作,使平台可以长期装在弹上。启动后,一切发射准备工作由平台自身的硬件、软件自主完成,如无故障,无需人工干预。这不仅大大提高了武器的机动性、快速性,显著降低了成本,而且还带来一个重要的好处,就是检测和标定的实时性和准确性。因为"三自"平台允许在装弹状态和临近飞行前的短暂时间内进行功能检测和误差标定,因而其结果更真实、更准确。

一、陀螺稳定平台系统的自标定

在平台系统中,陀螺仪和加速度计的误差是制导工具误差的主要误差源。实践表明,与一次启动时的随机量相比,陀螺仪长期稳定性测试中(多次启动)的随机量相差较大。而加速度计的标度系数及零次项,逐次启动之间也有差异。显然,对陀螺仪漂移均值进行补偿后,利用陀螺仪一次启动随机量较小的特性和射前装定加速度计标度系数的实测值,将会提高导弹的命中精度。为此,提出平台系统射前自标定技术。

陀螺稳定平台的射前自标定,就是对陀螺仪和加速度计进行射前测试。典型的陀螺稳定平台自标定方案采用多位置翻滚分离系数原理,使用自然基准信息,即重力加速度和地球自转角速度,自动测量平台在各位置的漂移角速率和加速度计的输出,再利用数据处理方法,分离出陀螺仪的各项漂移系数和加速度计的零次项和标度系数(脉冲当量),将其送入弹载计算机进行装定补偿。

利用平台的自翻转功能和平台的内部信息,对陀螺仪漂移进行测定,标定出漂移系数,称为自标定或自校准。自标定的最大特点是靠自身的翻转实现位置变换,而不再依靠转台。下面介绍一种小角度射前自标定方法。

对于结构受限的非全姿态惯性平台,要实现射前自标定,可以采用小角度转动的方法,将平台锁定在不同位置,每个陀螺仪三个轴上重力加速度的投影及地球自转角速度分量不同,以此作为误差系数的激励信号,然后利用力矩反馈法通过测漂回路进行测漂,最后将测得的陀螺仪输出值代入误差模型,分离出待标定系数。

平台绕外环轴(z 轴)旋转一小角度后处于倾斜状态,此时各陀螺漂移符合式(2.3.28)、式(2.3.29)、式(2.3.30)的简化模型,经变换可得

$$K_{Tx}I_x = K_{0x} + K_{12x}g_{1x} + \omega_{ex} \tag{2.5.1}$$

$$K_{Ty}I_y = K_{0y} + K_{12y}g_{1y} + \omega_{ey} \tag{2.5.2}$$

$$K_{Tz}I_z = K_{0z} + K_{11z}g_{Sz} + \omega_{ez} \tag{2.5.3}$$

式中：$K_{\mathrm{T}i}(i=x,y,z)$ 为陀螺漂移比例系数；$I_i(i=x,y,z)$ 为陀螺力矩器上的反馈电流；$\omega_{ei}(i=x,y,z)$ 为地球自转角速度在相应陀螺仪上的输入分量。小角度自标定只需选定两个位置即可标定出对平台精度影响最大的 6 项误差系数，即 K_{0x}、K_{0y}、K_{0z}、K_{12x}、K_{12y} 和 K_{11z}，且标定时间短。假定三个陀螺仪在平台上的安装方位如图 2.5.1 所示。

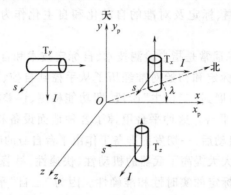

图 2.5.1　陀螺仪在平台上的安装方位

位置 1：在初始位置，发射点处的平台坐标系与惯性发射坐标系重合，重力加速度在平台三轴上的投影为

$$
\begin{bmatrix} g_x \\ g_y \\ g_z \end{bmatrix} = \begin{bmatrix} 0 \\ -g \\ 0 \end{bmatrix}
\tag{2.5.4}
$$

式中：g 为当地重力加速度。

地球自转角速度在平台三轴上的投影为

$$
\begin{bmatrix} \Omega_{xp} \\ \Omega_{yp} \\ \Omega_{zp} \end{bmatrix} = \begin{bmatrix} \cos(-\lambda) & 0 & -\sin(-\lambda) \\ 0 & 1 & 0 \\ \sin(-\lambda) & 0 & \cos(-\lambda) \end{bmatrix} \begin{bmatrix} \omega_e\cos\varphi \\ \omega_e\sin\varphi \\ 0 \end{bmatrix} = \begin{bmatrix} \omega_e\cos\lambda\cos\varphi \\ \omega_e\sin\varphi \\ -\omega_e\sin\lambda\cos\varphi \end{bmatrix}
\tag{2.5.5}
$$

将式（2.5.4）、式（2.5.5）相应代入式（2.5.1）、式（2.5.2）、式（2.5.3）可得平台在初始位置时三个陀螺仪的误差模型：

$$
K_{\mathrm{T}x}I_{0x} = K_{0x} + \omega_e\cos\lambda\cos\varphi
\tag{2.5.6}
$$

$$
K_{\mathrm{T}y}I_{0y} = K_{0y} + K_{12y}g + \omega_e\sin\varphi
\tag{2.5.7}
$$

$$
K_{\mathrm{T}z}I_{0z} = K_{0z} - \omega_e\sin\lambda\cos\varphi
\tag{2.5.8}
$$

式中：ω_e 为地球自转角速度；λ 为 x_p 轴与北向夹角；φ 为当地地理纬度。

位置 2：如图 2.5.2 所示，平台绕 $-z_p$ 轴转过 θ 角（也可反向转过 θ 角），此时平台坐标系与初始位置惯性坐标系绕 z 轴相差 θ 角。

此时重力加速度在平台三轴上的投影为

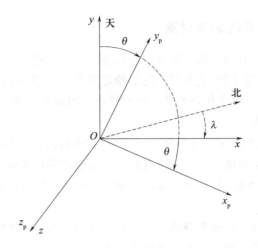

图 2.5.2 平台倾角位置

$$\begin{bmatrix} g_{x\theta} \\ g_{y\theta} \\ g_{z\theta} \end{bmatrix} = \begin{bmatrix} \cos(-\theta) & \sin(-\theta) & 0 \\ -\sin(-\theta) & \cos(-\theta) & 0 \\ 0 & 0 & 1 \end{bmatrix} \begin{bmatrix} g_x \\ g_y \\ g_z \end{bmatrix} = \begin{bmatrix} g\sin\theta \\ -g\cos\theta \\ 0 \end{bmatrix} \tag{2.5.9}$$

地球自转角速度在平台三轴上的投影角速度为

$$\begin{bmatrix} \Omega_{x\theta} \\ \Omega_{y\theta} \\ \Omega_{z\theta} \end{bmatrix} = \begin{bmatrix} \omega_e \cos\lambda \cos\varphi \cos\theta - \omega_e \sin\varphi \sin\theta \\ \omega_e \cos\lambda \cos\varphi \sin\theta + \omega_e \sin\varphi \cos\theta \\ -\omega_e \sin\lambda \cos\varphi \end{bmatrix} \tag{2.5.10}$$

将式(2.5.9)、式(2.5.10)分别代入式(2.5.1)、式(2.5.2)和式(2.5.3),可得平台倾斜状态下三个陀螺仪的误差模型为

$$K_{Tx} I_{\theta x} = K_{0x} + K_{12x} g\sin\theta + \Omega_{x\theta} \tag{2.5.11}$$

$$K_{Ty} I_{\theta y} = K_{0y} + K_{12y} g\cos\theta + \Omega_{y\theta} \tag{2.5.12}$$

$$K_{Tz} I_{\theta z} = K_{0z} - K_{11z} g\sin\theta + \Omega_{z\theta} \tag{2.5.13}$$

在测量得到陀螺仪输出 I_{0x}、I_{0y}、I_{0z}、$I_{\theta x}$、$I_{\theta y}$、$I_{\theta z}$ 后,根据两个位置误差模型可分离出 6 个待标定系数,具体如下:

$$K_{0x} = K_{Tx} I_{0x} - \omega_e \cos\lambda \cos\varphi \tag{2.5.14}$$

$$K_{0y} = \frac{K_{Ty}(I_{\theta y} - I_{0y}\cos\theta) - \omega_e \cos\lambda \cos\varphi \sin\theta}{1 - \cos\theta} \tag{2.5.15}$$

$$K_{0z} = K_{Tz} I_{0z} + \omega_e \sin\lambda \cos\varphi \tag{2.5.16}$$

$$K_{12x} = \frac{K_{Ty}(I_{\theta x} - I_{0x}) + \omega_e [\sin\varphi \sin\theta + \cos\lambda \cos\varphi (1 - \cos\theta)]}{g\sin\theta} \tag{2.5.17}$$

$$K_{12y} = \frac{K_{Ty}(I_{\theta y} - I_{0y}) - \omega_e [\sin\varphi (\cos\theta - 1) + \cos\lambda \cos\varphi \sin\theta]}{g(\cos\theta - 1)} \tag{2.5.18}$$

$$K_{11z} = \frac{K_{Tz}(I_{0z} - I_{\theta z})}{g\sin\theta} \tag{2.5.19}$$

二、陀螺稳定平台系统的自对准

为了确定载体的速度和位置,惯导系统在进入导航状态之前,必须引入积分的初始条件,即确定载体的初始速度和位置;同时还必须对陀螺稳定平台进行姿态校准,使平台坐标系对准所要求的导航坐标系。完成上述工作是惯导系统初始对准的基本任务。

（一）初始对准的分类

（1）按平台对准的任务要求可分为两类:一类是物理对准,即以某种方式建立一个方位基准,让平台坐标系与该方位对准;另一类是解析对准,即确定平台坐标系与导航坐标系之间的失调角。采用物理对准还是解析对准,主要取决于导弹制导系统所采用的惯性仪表方案和姿态控制系统所采用的方案。

（2）按对准的技术分类,可分为静基座对准和动基座对准。动基座上的初始对准涉及载体的移动速度和加速度,给对准技术带来许多困难。本节主要讨论静基座上的对准。

（3）按对准方法分类,可分为自对准、传递对准和组合式对准。自对准不需要外部仪器和设备提供信息,称为自主式初始对准系统;传递对准是依靠外部仪器和设备提供必要的参数和信息而完成的,称为引入式初始对准系统;组合式对准,它的方位对准借助于外部信息进行,而调平对准则是依靠平台自身的调平回路自动进行对准。

（4）按照导弹制导系统采用平台系统还是捷联系统,相应的初始对准系统可分为平台式初始对准系统和捷联式初始对准系统。

（5）按初始对准过程可分为粗对准系统和精对准系统。在导弹对准过程中,使弹体和平台在一起绕导弹纵轴转动,即使弹体坐标系对准发射坐标系,便是粗对准过程。再控制平台使之对准射击平面,即使平台坐标系对准发射坐标系,此过程为精对准。

（6）若按对准坐标系,可分为指北方位自对准与全方位自对准。

初始对准系统最终提供的是调平基准和方位基准。无论哪种方案都离不开两个矢量的利用:一是地球的重力加速度矢量;二是地球自转角速度矢量。利用重力加速度矢量可以把平台调整至水平面内与地理坐标系的水平面重合,这个过程称为调平,即调平是以重力矢量为基准。利用地球自转角速度矢量的水平分量来确定平台台体与地理坐标系北向之间的夹角,或使平台方位轴转动,最后使平台的方位轴与地理坐标的北向重合,这个过程称为方位自对准。因此,从对准的内容分,就有调平系统和方位对准系统,并由这两个子系统构成初始对准系统。

（二）初始对准的性能指标

无论以发射坐标系还是地理坐标系作为初始对准系统的基准坐标系,它们都是确定载体导航的初始条件。初始对准系统的特性是用对准精度和对准时间两大指标来衡量。对于前者,由于是静基座对准,初始条件为初始速度为零、初始位置是当地地理经纬度,对其初始姿态校准则有调平对准和方位对准,因而,对准精度包括调平精度和瞄准以后的方位锁定精度。对于后者（指以地理坐标系为基准坐标系）,对准精度除上述以外,还包括实时跟踪精度。

（三）水平自对准

平台在启动之前,台体处于任意位置,首先启动平台,把台体调整到大致水平。导弹在发射前,可以利用框架角传感器的输出与伺服回路构成一闭环系统,使台体处在姿态角为零的状态,这样台体就大致水平了。之后启动陀螺仪,使平台转入伺服状态,弹体的角运动被隔离。精调平,是利用加速度计的输出,经过调平放大器给陀螺力矩器施加力矩电流,使陀螺仪进动,通过伺服回路控制台体转动以消除台体的倾斜角。精调平可以采用模拟技术,也可以采用数字控制技术,即利用计算机进行控制,也可以两者都采用,先用模拟调平使误差达到数角分,然后再采用数字调平使精度进一步提高。

(四) 方位自对准

自主式方位对准主要分为两类。

一类称为"一位置开环法平台自对准",其基本思想是先把平台调平,然后同时断开平台回路和方位锁定回路,同时由计算机采集加速度计的输出脉冲个数。由于平台稳定在惯性空间而台体相对于地理坐标系做三轴翻滚运动,因此,两个水平加速度计的输出会发生变化。加速度计输出的变化反映了平台的倾斜角,根据这些角的数值可以估算出方位。

另一类是以陀螺罗盘原理为基础的方位自对准,其方法很多,下面介绍其基本原理。

在指北方位系统中,如果北向陀螺仪敏感轴与真北方向有一个夹角 α,那么东向陀螺仪就会敏感一个量 $\Omega\cos\phi \cdot \sin\alpha$,当 α 比较小时,有

$$\Omega\cos\phi \cdot \sin\alpha \approx \alpha\Omega\cos\phi \tag{2.5.20}$$

$\alpha\Omega\cos\phi$ 将会使平台台体绕东向轴转动,从而使北向加速度计有输出,这个量就反映了平台指北轴与北向之间的误差角。把这一输出量经过处理后向方位陀螺力矩器施加力矩,平台台体就会向减小偏差角 α 的方向进动,使 α 小到允许的范围内,完成了方位自对准。在自由方位系统中,平台方位轴与北向之间保持一固定夹角。初始对准的目的就是确定这个角度,可以先进行调平,调平结束后,水平陀螺仪的两个力矩器中的电流分别代表 $\Omega\cos\phi \cdot \sin\alpha - \varepsilon_x$ 和 $\Omega\cos\phi \cdot \cos\alpha - \varepsilon_z$,其中 ε_x 和 ε_z 分别代表陀螺仪的漂移。由于该电流是通过计算机输出的,这两个量在计算机中已经以数字量的形式存在了。如 ε_x 和 ε_z 较小,则

$$\alpha \approx \arctan\frac{\Omega\cos\phi \cdot \sin\alpha - \varepsilon_x}{\Omega\cos\phi \cdot \cos\alpha - \varepsilon_z} \tag{2.5.21}$$

由于陀螺仪存在逐次漂移,即每次启动陀螺仪的常值漂移是变化的,因此为了提高导航精度,应在导弹发射前检测陀螺仪的漂移并进行补偿。

三、陀螺稳定平台系统的自检测

陀螺稳定平台系统的自检测,主要是对陀螺仪、加速度计、平台稳定回路及辅助陀螺罗盘的状态良好性检测。

实现陀螺稳定平台系统自检测一般有两种方法:一是以硬件为主,在系统设计中设置一系列测量点和相应电路,通过硬件电路直接、全面地测量系统状态;二是以软件为主,通过有限的测量值,按照其内在联系和规律,构成信息组合及表征函数,并以它们作为系统状态完好的判据。

以上两种自检测方法各有其优点与缺点,在具体的系统中应当寻求两种方法合理的折中。另外,自检测设备自身应准确、高效、可靠地工作,且能快速准确地检测、定位故障。

四、"三自"技术的发展趋势

"三自"技术是惯性平台向自主化、智能化迈出的重要一步,在计算机及微电子技术发展浪潮的推动下,惯性平台系统的发展大方向必然是数字化、自主化、智能化。

惯性系统"三自"技术发展的趋势主要有以下几种。

（1）自检测的进一步发展将是自主在线故障隔离与容错。即在出现故障后，利用系统的冗余通道或冗余信息判断出故障部位并将其信息屏蔽，利用正常通道及信息进行制导与导航。若不具备冗余通道或信息，则采用预置规律对信息进行补偿，以保持系统正常运行。

（2）自标定的进一步发展将是自主在线误差跟踪与自适应误差补偿。即在制导、导航系统工作的同时，平台数控系统对平台及其仪表的各项误差通过递推滤波进行同步跟踪估计，并进行在线实时补偿。

（3）自对准的进一步发展将是动基座自主连续定位定向。即在具有线运动和角运动的移动载体内，进行平台自主连续导航定位及坐标对准，不需要专门的静止对准环境和对准时间。

▶ **思考题** ▶

1. 简述运用力矩反馈法进行陀螺仪漂移测试的原理。
2. 对比力矩反馈法与伺服转台法陀螺仪漂移测试的优缺点。
3. 简述惯性测量组合的位置标定和速率标定的基本原理。
4. 光学陀螺仪的测试项目主要有哪些？
5. 简述惯性测量组合的位置标定基本原理。
6. 简述平台静基座漂移测试原理。

第三章

弹载计算机和变换放大器测试

>>>

第二章重点介绍了惯性测量系统及其测试方法,从控制系统的构成来看,第二章涉及的部件都属于导弹控制系统的测量元件。导弹控制系统的测量元件包括惯性测量元件、地形/景象匹配制导系统、卫星导航定位系统、雷达制导系统(主/被动雷达制导系统、激光制导系统、红外制导系统)。弹载计算机和变换放大器相当于导弹控制系统的控制器,它接收导弹控制系统测量元件得到的量测信息,据此进行制导、控制律计算,推动执行机构,实现导弹导航、制导、导引和姿态控制。

下面从分析弹载计算机和变换放大器的功用和工作原理出发,探讨弹载计算机和变换放大器测试原理和测试方法。

第一节 弹载计算机及其测试

一、弹载计算机的工作原理

弹载计算机的工作原理如图 3.1.1 所示。

由弹载计算机工作原理框图可知,弹载计算机在导弹控制系统中的功能如下:

(1) 接收导弹测量系统输出的测量信号,并进行 A/D 转换,转换成数字信号。

(2) 姿态控制律计算。

(3) 制导律计算。

(4) 飞行时序控制。

(5) 接收组合导航信息,完成惯性导航系统与辅助导航系统的信息交换,并进行复合制导律和姿态控制律计算。

(6) 根据与遥测系统的约定,给出遥测信息和数据。

(7) 与地面测试与发射控制计算机配合,完成调平、瞄准、装定以及制导系统、姿态控制系统的测试。

(8) 进行安全自毁条件判断,在条件满足时给出安全自毁信号。

(9) 通信功能,包括与地面测试与发射控制计算机的通信、与地形匹配制导系统之间的通信、与卫星导航系统之间的通信等。

弹载计算机的简要工作原理如下:

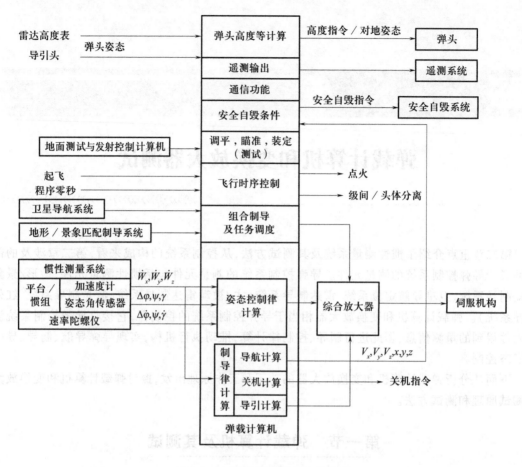

图 3.1.1　弹载计算机的工作原理

（一）A/D 转换

平台或惯组输出的信号是一个交流调制模拟信号，需要经过交流放大、相敏整流、I/F 变换或 A/D 转换，变成数字信号，供弹载计算机或变换放大器使用。以某导弹控制系统为例，平台框架角信号 β_{xp}、β_{yp} 和 β_{zp} 由惯性平台三个轴上安装的多极旋转变压器测量，经弹载计算机的角度/数值转换（RDC）电路转换为数字信号，再由弹载计算机按如下公式进行坐标变换：

$$\begin{cases} \varphi = \beta_{zp} \\ \psi = \beta_{yp}\cos\beta_{zp} - \beta_{xp}\sin\beta_{zp} \\ \gamma = \beta_{xp}\cos\beta_{zp} + \beta_{yp}\sin\beta_{zp} \end{cases} \qquad (3.1.1)$$

从而得到弹体的姿态角 φ、ψ 和 γ。

导弹沿弹体坐标系三个轴转动的角速率由速度陀螺仪测量，经相敏整流变换为直流信号后，送入弹载计算机进行 A/D 转换。数字化姿态角信号与姿态角速率信号，经过数字校正网络计算后，所得到的数字控制量经弹载计算机的 D/A 电路，转换为模拟控制量 U_φ、U_ψ、U_γ。这些姿态控制模拟量经综合放大器进行综合、放大后输出给伺服机构，伺服机构带动相应发动机喷管摆动，改变导弹的飞行姿态，从而实现姿态控制。

（二）姿态控制律计算

将弹载计算机接收到的平台姿态角/姿态角速率信号,与设定值进行比较,按误差调节控制的原理,采用模拟或数字校正网络,实现姿态控制律计算,输出俯仰、偏航和滚动三个通道的控制指令。

（三）制导律计算

1. 导航计算

在发射惯性坐标系中导航方程为

$$\begin{cases} \boldsymbol{v}_I = \boldsymbol{v}_{I_0} + \int_0^t \left[\dot{\boldsymbol{W}} + \boldsymbol{g}(r_I) \right] \mathrm{d}t \\ \boldsymbol{p}_I = \boldsymbol{p}_{I_0} + \int_0^t \boldsymbol{v}_I \mathrm{d}t \\ \boldsymbol{r}_I = \boldsymbol{R}_I + \boldsymbol{p}_I \end{cases} \tag{3.1.2}$$

式中:$\boldsymbol{p}_I$ 为发射惯性坐标系下原点至导弹的位置矢量;$\boldsymbol{v}_I$ 为发射惯性坐标系下导弹的绝对速度矢量;$\boldsymbol{R}_I$ 为发射惯性坐标系下地心至原点的位置矢量。当 $t=0$ 时,初始值 $\boldsymbol{p}_{I_0}=0$,$\boldsymbol{v}_{I_0}=\boldsymbol{\Omega} \times \boldsymbol{R}_I + \boldsymbol{v}_{g_0}$,其中,$\boldsymbol{v}_{g_0}$ 为发射瞬间导弹载体相对于地面的速度矢量。

2. 制导计算（关机控制）

导弹的射程是飞行弹道参数和时间的函数。在标准关机情况下,导弹的标准射程为

$$\overline{L} = f[\overline{V}_x(\bar{t}_k), \overline{V}_y(\bar{t}_k), \overline{V}_z(\bar{t}_k), \overline{X}(\bar{t}_k), \overline{Y}(\bar{t}_k), \overline{Z}(\bar{t}_k), \bar{t}_k] \tag{3.1.3}$$

式中:$\bar{t}_k$ 为预定的关机时间;$\overline{V}_x$、$\overline{V}_y$、$\overline{V}_z$ 为预定的惯性速度在笛卡儿坐标系中的三个分量;$\overline{X}$、$\overline{Y}$、$\overline{Z}$ 为用笛卡儿坐标系表示的预定位置量。

在各种干扰的作用下,导弹的实际飞行弹道会偏离预定的标准弹道,因而导弹的实际射程为

$$L = f[V_x(t_k), V_y(t_k), V_z(t_k), X(t_k), Y(t_k), Z(t_k), t_k] \tag{3.1.4}$$

则射程偏差为

$$\Delta L = L - \overline{L} \tag{3.1.5}$$

在预定的关机点时刻附近,将射程偏差 ΔL 对预定的关机点参数 $\overline{V}_x(\bar{t}_k)$、$\overline{V}_y(\bar{t}_k)$、$\overline{V}_z(\bar{t}_k)$、$\overline{X}(\bar{t}_k)$、$\overline{Y}(\bar{t}_k)$、$\overline{Z}(\bar{t}_k)$ 和 $\bar{t}_k$ 作泰勒级数展开,取一阶近似,则射程偏差展开式为

$$\Delta L = \frac{\partial L}{\partial V_x}[V_x(t_k) - \overline{V}_x(\bar{t}_k)] + \frac{\partial L}{\partial V_y}[V_y(t_k) - \overline{V}_y(\bar{t}_k)] + \frac{\partial L}{\partial V_z}[V_z(t_k) - \overline{V}_z(\bar{t}_k)] +$$

$$\frac{\partial L}{\partial X}[X(t_k) - \overline{X}(\bar{t}_k)] + \frac{\partial L}{\partial Y}[Y(t_k) - \overline{Y}(\bar{t}_k)] + \frac{\partial L}{\partial Z}[Z(t_k) - \overline{Z}(\bar{t}_k)] + \frac{\partial L}{\partial t}(t_k - \bar{t}_k) \tag{3.1.6}$$

式(3.1.6)可简记为

$$\Delta L = J(t_k) - \bar{J}(\bar{t}_k) \tag{3.1.7}$$

式中:$J(t_k)$ 为实际关机控制函数,即关机特征量;$\bar{J}(\bar{t}_k)$ 为预定的关机特征量。

3. 导引计算

1）横向导引

横向导引的任务是保证导弹在射面内飞行,以消除弹头落点的横向偏差。

横向导引要求按反馈原理构成闭路导引系统。弹载计算机从惯性平台获得导弹的运动参数，并按横向导引方程输出横向导引信号，连续送入偏航姿态控制回路，通过改变偏航角来实现对导弹质心的横向控制，使导弹保持在射面内飞行。

考虑横向导引的偏航姿态控制方程为

$$\delta_\psi = \alpha_\psi \cdot \psi + K_\psi \cdot U_\psi \tag{3.1.8}$$

式中：δ_ψ 为喷管摆角；α_ψ 为偏航角的开环传递函数；K_ψ 为时变的横向导引系数；U_ψ 为实际飞行中计算的横向导引量与标准横向导引量的差值。

2）法向导引

法向导引的目的是控制关机点弹道倾角的偏差 $\Delta\theta(t_k)$ 小于容许值，使导弹接近标准弹道飞行，以减少纵向射程偏差。

法向导引的实现与横向导引类似，区别仅在于法向导引信号要送到俯仰姿态控制回路，通过对俯仰角的控制达到法向导引的目的。

考虑法向导引的俯仰姿态控制方程为

$$\delta_\varphi = \alpha_\varphi \cdot \Delta\varphi + K_\varphi \cdot U_\varphi \tag{3.1.9}$$

式中：δ_φ 为喷管摆角；α_φ 为俯仰角的开环传递函数；K_φ 为时变的法向导引系数；U_φ 为实际飞行中计算的法向导引量与标准法向导引量的差值。

（四）飞行时序控制

在导弹飞行过程中，弹载计算机通常需要响应起飞、程序零秒等开关量输入信号，根据时序要求或通过软件发出时序控制信号，如发动机点火、关机、头舱分离等时序指令，并通过时序控制执行电路实现飞行时序控制。

如果导弹由弹载计算机给出Ⅰ级发动机点火指令和Ⅱ级发动机补充点火指令，具体实现方式如下：

1. Ⅰ级发动机点火

对于冷发射导弹，导弹首先借助于燃气发生器之类的弹射装置将导弹弹射出筒，弹载计算机计算弹体弹出的高度，在达到预定高度时，给出发动机点火指令。具体做法为：导弹起飞前，将预定的点火高度 Y_0 装入弹载计算机。在导弹起飞后，加速度计 A_y 测量导弹沿纵向运动的视加速度 $\dot{W}_y$，经 A/D 转换后，输出与 $\dot{W}_y$ 成正比的脉冲给弹载计算机；弹载计算机对该量进行两次积分得到导弹飞行的高度值 Y，并实时将 Y 与 Y_0 进行比较；当导弹达到预定高度时给出发动机点火指令，点火继电器工作，电爆管通电启爆，实现发动机点火。

发动机点火方程为

$$\Delta Y = Y - Y_0 = \int_0^t V_y(t)\,\mathrm{d}t - Y_0 \tag{3.1.10}$$

式中：t 为从起飞接点算起的飞行时间；$V_y(t)$ 为导弹飞行速度，即

$$V_y(t) = \int_0^t a_y(t)\,\mathrm{d}t = \int_0^t [\dot{W}_y(t)\,\mathrm{d}t + g_y(t)]\,\mathrm{d}t \tag{3.1.11}$$

其中：Y_0 为给定的点火高度。

当 $\Delta Y = Y - Y_0 \leq 0$ 时，弹载计算机给出发动机点火指令。

2. Ⅱ级发动机点火

对于二级以上固体弹道导弹武器系统,通常采用一级耗尽时二级点火。当一级接近耗尽、二级点火前,发动机推力逐步减小,产生的加速度也在减小,当推力产生的加速度降低到一定程度时,弹载计算机给出Ⅱ级发动机点火指令。Ⅱ级发动机点火方程为

$$\sum_{i=1}^{N} \left[\Delta W_x^2(t_i) + \Delta W_y^2(t_i) \right] \leqslant \Delta W_{xy}^2 \tag{3.1.12}$$

式中:ΔW_{xy} 为装定的点火参数;$\Delta W_x(t_i)$、$\Delta W_y(t_i)$ 分别为 t_i 时刻 x 轴和 y 轴方向上的视速度增量。

当满足式(3.1.12)时,弹载计算机给出Ⅱ级发动机点火指令。

(五)复合制导与控制律解算

在组合导航与制导系统中,通常是以惯导系统为主导航系统,将其他导航定位误差不随时间积累的导航系统,如卫星导航、天文导航、地形及景象匹配导航系统等作为辅助导航系统。弹载计算机利用卡尔曼滤波和信息融合理论进行组合导航信息处理,利用辅助信息观测量对组合系统的状态变量进行最优估计,以获得高精度的导航信息。在此基础上,弹载计算机利用所获得的导航信息进一步执行制导、导引和姿态控制律计算。

(六)向遥测系统发送遥测信号

遥测是利用导弹内部的遥测设备,将预先设计的关键数据和关键监视点实时地发送至地面。在导弹飞行过程中,遥测设备按照一定的频率向弹载计算机发出遥测请求信号,弹载计算机根据请求信号,按照事先排定好的次序将数据逐个发送出去。例如,弹载计算机将控制计算的中间结果(关机余量、速度、距离等关键量)实时地发送到地面,以便地面对导弹飞行情况做出精确分析。

(七)调平、瞄准、装定

弹载计算机与地面测试和发射控制系统配合,通过弹地计算机接口实现弹地通信,完成导弹发射前的发射诸元装定,协助完成平台的调平,完成初始零位的标定和诸元计算,并参与导弹发射前的瞄准。

(八)安全自毁条件判断

导弹的预定弹道程序由弹载计算机按程序角计算产生,当导弹因故障而偏离预定弹道时,需要弹载计算机根据安全自毁的设置条件进行判别,决策自毁指令的实施。例如,在导弹飞行过程中,俯仰通道的姿态失稳信号(俯仰偏差角)由弹载计算机根据平台提供的俯仰姿态角信息和预先存储在弹上的飞行程序角计算得到。当俯仰偏差角超出规定的安全自毁角范围时,弹载计算机经判断确认后,发出姿态失稳信号。

若导弹未按预定的飞行程序转弯而一直垂直飞行,由弹载计算机在故障弹飞行的某一时间区间内,判断实际飞行程序角是否始终为90°,根据判断结果发出"飞行程序故障"信号,并且在安全程序控制器的控制下,使故障弹自毁。

(九)通信

为了实现弹载计算机与其他相关设备的信息传输,在弹载计算机中设置了弹地通信接口、卫星导航通信接口、标调瞄接口、遥测通信接口等。

二、弹载计算机测试

弹载计算机测试包括代码测试、硬件测试和仿真测试。

（一）代码测试原理

代码测试的目的是检查弹载计算机存储器的固化程序代码是否正确。

代码测试分偶片代码测试和奇片代码测试。其中：偶片代码的地址为偶地址；奇片代码的地址为奇地址。

代码测试的原理是：首先，弹载计算机通过串行通信，将其存储器中的奇片代码、偶片代码分别传给弹载计算机测试仪；然后，弹载计算机测试仪分别对奇、偶片代码进行累加（累加时取低 8 位数据），得到奇片代码和与偶片代码和，并将奇片代码和与偶片代码和相加（取 2 个字节），得到奇偶片代码和；最后，弹载计算机测试仪分别将奇片代码和、偶片代码和、奇偶片代码和与规定值进行比较，即可判定弹载计算机中的程序代码是否正确。

例如，某弹载计算机程序代码的奇片代码和、偶片代码和、奇偶片代码和分别为：

奇片代码和：63H。

偶片代码和：BDH。

奇偶片代码和：120H。

如果代码测试结果与上面的数值相同，则表明弹载计算机存储器中的程序代码正确，否则为不正确。

在运用弹载计算机测试仪进行代码测试时，应首先选择测试代码的类型；随后弹载计算机测试仪会自动开始代码检查，并在检查结束后，自动给出比较的结果。在检查过程中，若出现异常，则会明确指出错误的位置。

（二）硬件测试

在确保程序代码的正确性后，必须对弹载计算机按功能模块进行测试，以确保弹载计算机的各项功能正常，参数合格。

弹载计算机的硬件测试包括微处理器（CPU）模块测试、D/A 转换器（DAC）模块测试、A/D 转换器（ADC）模块测试、RDC 模块测试、开关量输入模块测试、开关量输出模块测试、电源测试等。

1. CPU 模块测试

CPU 模块测试包括随机存取存储器（RAM）测试和可擦除可编程只读存储器（EPROM）代码校验等。

RAM 测试是将弹载计算机存储器各充"0"或"1"，并依次读出，以测试弹载计算机存储器读写及其外围译码电路的正确性。

2. DAC 模块测试

DAC 模块测试是为了测试弹载计算机 D/A 输出模块的 D/A 转换精度。

在测试过程中，弹载计算机测试仪向弹载计算机送出一个固定的数字量，并命令弹载计算机的 D/A 口将其转换为模拟量，弹载计算机测试仪通过其 A/D 口采样弹载计算机的 D/A 输出信号，并与标准值进行比较，如精度满足要求，则测试合格。

3. ADC 模块测试

ADC 模块的测试原理与 DAC 模块类似。

4. RDC 模块测试

RDC 模块测试是为了检测弹载计算机对平台框架角的角度/数值转换精度。

在 RDC 模块测试过程中,弹载计算机测试仪通过 DRC 板模拟输出一定量的平台框架角信号,并将其提供给弹载计算机,弹载计算机的 RDC 板将其转换为数字量输出。如果 RDC 板输出的数字量与输入的测试角度大小相对应,则表明 RDC 模块功能正常。

5. 开关量输入模块测试

开关量输入模块测试是为了检查弹载计算机能否正常接收并响应开关量输入信号。

测试时,由弹载计算机测试仪向弹载计算机输入转电、点火起飞、出筒等开关量信号,弹载计算机接收后执行中断服务程序,并按一定顺序向测试仪发送时序信号,表示弹载计算机已接收到开关量输入信号,并能够正常响应。

6. 开关量输出模块测试

开关量输出模块测试原理与开关量输入模块类似。

7. 电源测试

电源测试主要测试弹载计算机专用二次电源的输出电压是否在合格范围内。

电源测试的具体方法是:弹载计算机测试仪通过 A/D 转换先采样其本身的零位电压,再每隔 5ms 分别采样各路电源电压,减去零位电压后,即得到二次电源的各电压值。

(三)仿真测试

所谓仿真测试,就是使弹载计算机模拟实际飞行或发射时的工作状态,并对其工作情况进行检查的测试。

弹载计算机仿真测试的项目包括通信检查、弹载计算机自检、小匹配测试、Σ 测试、综合测试、模拟飞行测试、模拟发射测试。

1. 通信检查

通过模拟导弹发射前地面与弹载计算机的通信,对弹载计算机的通信功能进行检查。

在进行通信检查时,弹载计算机测试仪通过串行通信口向弹载计算机传送数据,弹载计算机收到数据后与弹载计算机测试仪进行通信。通过检查弹载计算机测试仪是否接收到预定的数据,判断弹载计算机的通信功能是否正常。

2. 弹载计算机自检

弹载计算机自检实际上是检查弹载计算机的指令系统的正确性。具体方法是通过测试仪向弹载计算机提供一组特定数据,弹载计算机逐条执行各指令,将所得结果与预置的标准结果相比较。如果结果不正确,则给出相应的出错信号和出错内容。

3. 小匹配测试

小匹配测试是在地面测试与发射控制系统的配合下,对弹载计算机整机的工作过程进行检查。

由弹载计算机测试仪控制启动弹载计算机,并运行飞行程序。在运行过程中,弹载计算机测试仪模拟遥测系统向弹载计算机发送遥测请求指令,并接收飞行遥测数据。当弹载计算机运行到发动机点火条件时,输出发动机点火指令;当满足关机条件时,输出关机指令,小匹配检查结束。

弹载计算机测试仪将接收到的遥测数据与硬盘中的小匹配标准遥测数据进行比较,可以判断弹载计算机的整机性能是否正常。

4. Σ测试

Σ测试的目的是检查 x、y、z 三个方向加速度脉冲计数的精度。

Σ测试的原理是：给弹载计算机装定一定的关机时间，然后由弹载计算机测试仪控制启动弹载计算机，按某标准飞行弹道执行一次模拟飞行；在运行过程中，测试仪向弹载计算机提供 x、y、z 轴三个方向的模拟加速度信号；弹载计算机运行一定时间后，输出关机信号。此时，x、y、z 轴三个方向的加速度脉冲累加之和应在规定的范围内，否则表明加速度脉冲计数精度不符合要求。

5. 综合测试

弹载计算机综合测试的目的是检查其整机性能和精度。

弹载计算机综合测试的原理是：弹载计算机测试仪向弹载计算机装定一组综合测试数据，并启动弹载计算机。弹载计算机根据所装定的数据和 x、y、z 轴三个方向的模拟加速度信号，进行制导方程的解算。当满足发动机点火条件时，给出发动机点火指令；当满足发动机关机指令时，给出发动机关机指令。在制导方程解算的过程中，当弹载计算机接收到程序脉冲起始信号时，分段输出程序脉冲。同时，测试仪模拟弹上遥测系统向弹载计算机发送遥测请求信号，弹载计算机每接到一个遥测请求信号，就按顺序输出一个遥测数据到测试仪。根据所接收到的遥测数据，弹载计算机测试仪可以判断弹载计算机的工作是否正常。

6. 模拟飞行测试

在进行弹载计算机模拟飞行测试时，由弹载计算机测试仪给弹载计算机装定模拟飞行诸元数据，并启动弹载计算机模拟飞行工作过程。弹载计算机模拟飞行测试的原理与综合测试基本相同，区别在于模拟飞行测试要求测量横向导引和法向导引的输出信号，并要求其输出在一定范围内。

7. 模拟发射测试

弹载计算机模拟发射测试原理与模拟飞行测试基本相同，区别在于模拟发射测试采用模拟发射诸元数据进行运算，且测试结果的判断是根据遥测数据自动进行的。

第二节　变换放大器及其测试

一、变换放大器

（一）变换放大器的功能

变换放大器是导弹姿态控制系统设置在敏感元件与伺服机构之间的中间装置。它接收来自惯性平台的俯仰（$\Delta\varphi$）、偏航（ψ）、滚动（γ）姿态角误差信号，来自速率陀螺仪的俯仰角速度（$\dot{\varphi}$）、偏航角速度（$\dot{\psi}$）、滚动角速度（$\dot{\gamma}$）信号，来自横法向稳定仪的横向加速度信号（$\dot{W}_{z1A}$）和法向加速度信号（$\dot{W}_{y1A}$），来自弹载计算机的横向导引信号（U_{ψ}^*）、法向导引信号（U_{φ}^*），以及伺服机构反馈电位器的反馈信号（$\eta_I \sim \eta_{IV}$），并将这些信号分别进行相敏整流、校正变换、综合放大后，输出一定的指令电流至伺服机构，控制发动机喷管摆动，并按飞行程序改变放大倍数和网络特性，实现对导弹的稳定控制。

（二）变换放大器的组成

变换放大器主要由相敏整流器、校正网络和综合放大器组成，如图3.2.1所示。

变换放大器一般有8个通道，接收11种输入信号；4个输出通道用于输出指令信号，控制

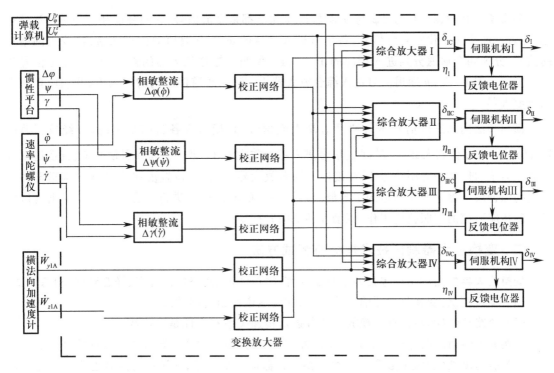

图 3.2.1 变换放大器的组成框图

相应的伺服机构工作。

(1) 俯仰 φ 通道:由平台输出的俯仰角偏差信号 $\Delta\varphi$ 与俯仰速率陀螺仪输出的俯仰角速率信号 $\dot{\varphi}$,在变换放大器的 φ 通道相敏整流器中进行整流、综合,得到反映俯仰角偏差 $\Delta\varphi$ 和俯仰角速率 $\dot{\varphi}$ 变化的直流综合信号。

(2) 偏航 ψ 通道:由平台输出的偏航角信号 ψ 与偏航速率陀螺仪输出的偏航角速率信号 $\dot{\psi}$,在 ψ 通道经相敏整流器整流、综合,得到反映偏航角 ψ 和偏航角速率 $\dot{\psi}$ 变化的直流综合信号。

(3) 滚动 γ 通道:由平台输出的滚动角信号 γ 与滚动速率陀螺仪输出的滚动角速率信号 $\dot{\gamma}$,在 γ 通道经相敏整流器整流、综合,得到反映滚动角信号 γ 和滚动速率 $\dot{\gamma}$ 变化的直流综合信号。

(4) 横向 $\dot{W}_{z1A}$ 通道:由横向加速度计输出的横向加速度信号 $\dot{W}_{z1A}$,进入 $\dot{W}_{z1A}$ 通道直接经校正网络变换后,输出到综合放大器 I、III。

(5) 法向 $\dot{W}_{y1A}$ 通道:由法向加速度计输出的法向加速度信号 $\dot{W}_{y1A}$,进入 $\dot{W}_{y1A}$ 通道,直接经校正网络变换后,输出到综合放大器 II、IV。

(6) 横向导引 U^z_{ψ} 通道:由弹载计算机输出的横向导引信号 U^z_{ψ} 直接进入变换放大器的综合放大器 I、III,实现对导弹质心的横向导引,以消除导弹的横向误差。

(7) 法向导引 U^y_{φ} 通道:由弹载计算机发出的法向导引信号 U^y_{φ} 直接进入变换放大器的综合放大器 II、IV,以实现对导弹质心的法向导引,消除导弹的纵向偏差。

(8) 反馈 η 通道:由伺服机构位移传感器输出的舵反馈信号 η_I、η_{II}、η_{III}、η_{IV} 直接进入相应的综合放大器。

姿态角及其角速率信号 $\Delta\varphi$ 与 $\dot{\varphi}$、ψ 与 $\dot{\psi}$、γ 与 $\dot{\gamma}$ 都是交流信号，它们分别经由相敏整流器整流、综合变成缓慢变化的直流信号，各信号进入相应的 φ、ψ、γ 通道的校正网络，经校正网络后的信号，分为四个通道分别进入相应的 Ⅰ、Ⅱ、Ⅲ、Ⅳ 四个综合放大器的输入端。φ 通道信号进入综合放大器 Ⅱ、Ⅳ，ψ 通道信号进入综合放大器 Ⅰ、Ⅲ，γ 通道信号同时进入 Ⅰ、Ⅱ、Ⅲ、Ⅳ 四个综合放大器。

横向和法向加速度信号 $\dot{W}_{z1A}$ 和 $\dot{W}_{y1A}$ 是直流信号，直接送入各自的校正网络，经校正后的 $\dot{W}_{y1A}$ 信号进入综合放大器 Ⅱ、Ⅳ，$\dot{W}_{z1A}$ 信号进入综合放大器 Ⅰ、Ⅲ。横向导引信号 U_ψ^e 直接进入综合放大器 Ⅰ、Ⅲ，法向导引信号 U_φ^e 直接进入综合放大器 Ⅱ、Ⅳ。位置反馈信号 η 分别送至各自通道的综合放大器。四个通道的综合放大器对各自的输入信号进行综合、放大后，输出直流信号控制相应通道的伺服机构工作，驱动发动机喷管摆动。

二、变换放大器测试技术指标与测试方法

变换放大器的测试主要包括四个测试内容：零位测试、通路极性检查、静态测试、动态测试。

（1）零位测试：变换放大器输入为零时，被测通道输出的测试值。

（2）通路极性检查：检查变换放大器各通道传递关系和极性是否正常。

变换放大器通路极性检查的方法有两种：指令通路极性检查和转台通路极性检查。

（3）静态测试（放大倍数测试）：给变换放大器加指令信号，测试在稳定状态下对应通道的输出值，看输入/输出之间的传递关系（放大倍数）是否正常。

变换放大器的静态测试本质上是通道放大倍数测试。

（4）动态测试（幅相特性测试）。变换放大器本质上是导弹控制系统的控制器。衡量控制系统的动态性能指标在时域和频域有所不同。在时域中通常用超调量 $\delta(\%)$、调节时间 t_s、峰值时间 t_p、上升时间 t_r 和稳态误差 e_{ss} 5 个性能指标来衡量控制系统的动态性能。在频域中用幅频特性和相频特性衡量控制系统的动态性能。

导弹测试中通常采用幅相特性作为衡量动态平衡性能的性能指标。导弹控制系统幅相特性的测试通常采用正弦相关分析法，相关内容在后续章节伺服机构测试中再详细论述。

▶ 思考题 ▶

1. 简述弹载计算机的功能和组成。
2. 简述弹载计算机代码测试的目的和原理。
3. 简述弹载计算机 DAC 模块的测试原理。
4. 简述弹载计算机综合测试的目的和原理。
5. 弹载计算机 Σ 测试的目的和原理是什么？
6. 简述变换放大器静态参数测试方法。

第四章

伺服机构及其测试

》》》》》》》》》》》》》》》》》》》》》》》》》》》》》

　　伺服机构(Servomechanism,简称 Servo)是导弹控制系统中的执行机构。它接收控制系统的指令,控制发动机喷管的摆角,改变发动机的推力方向,产生控制力矩,从而改变导弹的飞行姿态,使之按预定轨道稳定飞行。

　　伺服机构是导弹控制、动力和弹体三大系统的关键结合部件,是弹上除了发动机之外功率最大、工作温度最高、温升最高的设备,也是机械、电气、电子、液压、气动、燃气等技术相集成的结果。

　　根据伺服机构中信号和能量传递介质形式的不同,可将导弹伺服机构划分为导弹电液伺服机构、燃气伺服机构和电动伺服机构。其中,导弹电液伺服机构是国内外发展较早且应用最广泛的一种导弹推力矢量控制伺服机构。

第一节　导弹伺服机构概述

一、导弹伺服机构的功用

　　导弹在沿预定弹道飞行的过程中,不可避免地要受到各种内部干扰(弹体结构误差、控制仪器误差、发动机推力误差等)和外部干扰(气流、风等气象条件的变化)的影响,使导弹的飞行姿态发生变化而偏离预定弹道。

　　作为执行元件,伺服机构在导弹控制系统中的作用如图 4.1.1 所示。

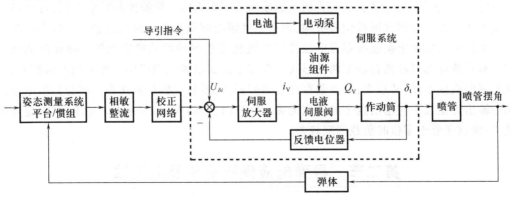

图 4.1.1　电液伺服系统在导弹控制系统中的位置和作用

当导弹由于干扰作用产生姿态偏差时，控制系统中的姿态测量系统（如平台或惯组）便有相应的信号输出，这些信号经过变换、放大和综合后，成为伺服机构的输入指令信号。伺服机构根据指令信号的大小和方向调整发动机喷管的角度，以改变发动机推力的方向，从而使导弹改变飞行姿态或克服干扰稳定飞行。

二、导弹伺服机构的分类

为满足不同导弹对推力矢量控制的要求，先后研制出不同类型的导弹伺服机构。

根据伺服机构输出量的特性不同，可将伺服机构分为位置控制伺服机构、速度控制伺服机构、加速度控制伺服机构和力控制伺服机构。目前，用于导弹推力矢量控制的伺服机构一般为位置控制伺服机构。

根据伺服机构输出量是否进行反馈，可将伺服机构分为闭环伺服机构和开环伺服机构。与开环伺服机构相比，闭环伺服机构的控制精度更高。用于导弹推力矢量控制的伺服机构大多为闭环伺服机构。在开环伺服机构中一般没有位置检测信号，不将被控量的实际值与指令值进行比较。用于滚动控制的燃气伺服机构是一种典型的开环伺服机构。

根据伺服机构信号和能量传递介质形式的不同，可将导弹伺服机构分为电液伺服机构、燃气伺服机构和电动伺服机构，如图 4.1.2 所示。

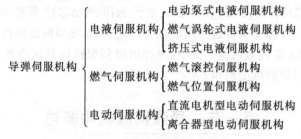

图 4.1.2　导弹伺服机构的分类

导弹电液伺服机构，是指系统的低功率部分（系统信号的综合和处理，如指令、反馈、校正等信号的传感、综合、变换和放大）采用电子元件来承担，而高功率部分（控制功率放大、传递和输出）则采用液压元件来完成的一种伺服机构。根据动力装置形式和被控对象的不同，可将导弹电液伺服机构分为电动泵式电液伺服机构、燃气涡轮式电液伺服机构和挤压式电液伺服机构。

燃气伺服机构是指用高温、高压的固体火药燃气作为工质，通过某种装置，如推力喷管、涡轮、叶片电机等，将燃气的能量直接转变为机械能输出的伺服机构。根据控制对象不同，可将燃气伺服机构大致分为弹体燃气滚控伺服机构、弹头燃气滚控伺服机构和燃气位置控制伺服机构等。

电动伺服机构由电机或电器将电能转换为机械能来驱动发动机的喷管。导弹电动伺服机构主要有直流电机型和离合器型两种形式。直流电机型电机伺服机构一般采用电枢控制，其优点是直流电机效率高、转矩大；缺点是存在磁滞回环，需要较大的控制功率。离合器型电动伺服机构的输出力矩几乎与输出速度的变化无关，且具有控制功率小、传递力矩范围宽、响应速度快等优点；缺点是处于零位时负载刚度较差。

第二节　导弹电液伺服机构及其测试

导弹电液伺服机构是目前使用最广泛的伺服机构。电子系统具有快速灵活、适应性强的优点,而液压系统具有很好的动力操纵能力,导弹电液伺服机构综合了电子系统和液压系统的优点,具有输出力矩大、力矩惯性比大、体积小、刚度大、精度高、响应快、低速稳定、调速范围宽以及不需要中间变速机构等特点,适合于导弹喷管负载大、惯性大、定位精度要求高、响应速度要求快、速度范围变化大以及结构要求紧凑等需要。

一、导弹电液伺服机构的结构原理

导弹电液伺服机构的组成框图如图 4.2.1 所示。

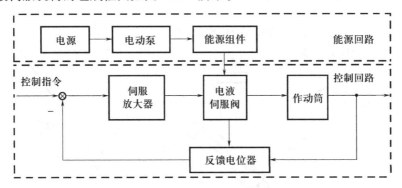

图 4.2.1　导弹电液伺服机构组成框图

导弹电液伺服机构的结构原理图如图 4.2.2 所示。

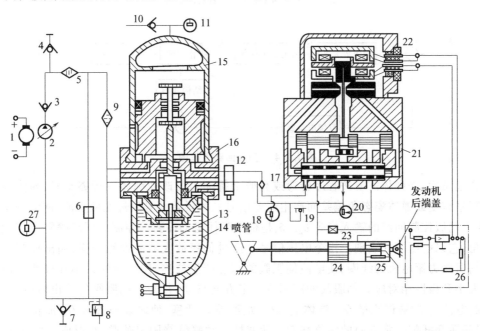

图 4.2.2　导弹电液伺服机构结构原理图

1—直流电机;2—油泵;3—单向阀;4—高压进出油嘴;5—过滤器;6—高压安全阀;7—低压进出油嘴;
8—低压安全阀;9—磁性油滤;10—充气嘴;11—高压传感器;12—清洗阀;13—油面指示器;14—油箱;
15—蓄能器;16—大壳体;17—过滤器;18—高压传感器;19—放气活门;20—压差传感器;21—伺服阀;
22—力矩电机;23—旁通阀;24—作动筒;25—反馈电位器;26—伺服放大器;27—低压传感器。

导弹电液伺服机构按工作性质可分为能源回路和控制回路两部分。能源回路由直流电机、油泵、蓄能器、油箱及各种阀、传感器、过滤器等组成。控制回路由伺服放大器、伺服阀、作动筒、反馈电位器等组成。

伺服机构启动后，能源回路开始工作，高速转动的电机带动油泵自油箱吸油，并将其打入高压管路，经蓄能器滤波后到达伺服阀的供油口，随着高压管路油量的增加，油压不断上升。当油压上升到一定值时，油泵调节机构开始工作，油压趋于稳定。此时，伺服机构处于待命状态。

电液伺服回路的工作原理和原理方框图如图 4.2.3 和图 4.2.4 所示。

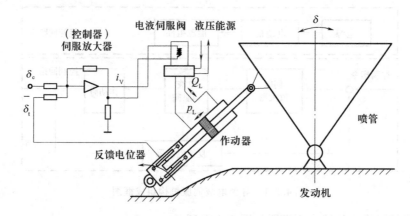

图 4.2.3　伺服控制回路的工作原理

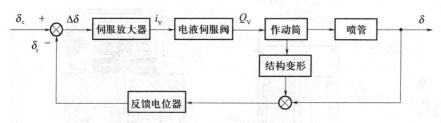

图 4.2.4　伺服回路方框图

导弹起飞后，当弹体需要按程序转弯或克服干扰而需要改变弹体飞行姿态时，弹体敏感元件由于程序转变或弹体姿态角偏差而产生误差信号。该误差信号经过相敏整流、网络校正及综合后，成为伺服控制回路的输入指令 δ_c。δ_c 是根据弹体运动需要的控制力要求喷管应该达到的指令摆角，它以电压形式表现。指令电压信号 δ_c 经过伺服放大器放大和变换，输出控制电流信号 i_V 至伺服阀力矩电机的线圈，使电液伺服阀的阀芯产生位移，位移量的大小和极性与控制电流 i_V 的大小和极性相对应。伺服阀的阀芯按一定方向移动，打开了伺服阀的输出窗口，形成正比于控制电流 i_V 的液体流量 Q_V，液体进入作动筒，推动活塞，使之以与流量 Q_V 成正比的速度运动，引起活塞杆朝一定方向的线位移 δ'_t。活塞杆带动喷管绕固定轴摆动，形成摆角 δ，从而形成侧向控制力 $F_{侧} = F_{主}\sin\delta$。导弹在这个侧向控制力作用下，改变弹体姿态实现程序转弯或克服干扰稳定飞行。

从 δ_c 到 δ 的信号传递路径是指令信号的前向传递路径，与此同时，还存在信号的反馈通路：作动筒活塞杆摆动喷管的同时，也带动反馈电位器的滑动接点，反馈电位器的输出 δ_t 正比于活塞杆的位移 δ'_t。δ_t 是与 δ'_t 相等效的假想喷管摆角值，δ_t 以电压形式加在伺服放大器的反馈通道

上,指令信号 δ_c 与反馈信号 δ_t 在伺服放大器中综合后,由于伺服回路是一个反馈调节回路,在正常情况下,δ_t 与 δ_c 反相,综合后的偏差量 $\Delta\delta = |\delta_c - \delta_t| < |\delta_c|$,于是力矩电机的电流 i_V 和伺服阀流量 Q_V 都相应减小,活塞杆的运动速度也随之减小,喷管也以不断减小的速度持续摆动。

当 $\delta_t = \delta_c$ 时,即 $\Delta\delta = |\delta_c - \delta_t| = 0, i_V = 0, Q_V = 0, \dot{\delta} = 0$,活塞杆与喷管就停止在 $\delta = \delta_c$ 的位置上。导弹在程序转变或弹体姿态纠正的过程中,来自控制系统的指令信号 δ_c 不断减小至零,喷管摆角 δ 也就以上述同样的过程减小,并最终恢复到零位。总之,发动机喷管在伺服控制回路的操纵下跟随输入指令 δ_c 摆动,这就是电液伺服控制回路的工作原理。

二、导弹电液伺服机构主要元部件的工作原理及作用

1. 电液伺服阀

电液伺服阀是伺服机构的变换和放大元件。它将伺服放大器输出的功率很小的指令电流,变换和放大成一定功率的高压液体工质流量,输入作动筒,推动活塞杆运动,进而使发动机喷管摆动。

按照输出功率的要求,电液伺服阀可设计为单级、两级或三级。两级电液伺服阀由电气-机械转换器和两级液压放大器组成。电气-机械转换器将小功率的电信号转变为机械运动,并将其作为第一级液压放大器的指令信号,经过变换和放大,使第一级液压放大器输出具有一定功率的液流,用于推动第二级液压放大器的滑阀,进而使液压功率得到进一步放大,其输出用来控制液压执行元件,以带动负载。

在导弹伺服机构中,使用最广泛的是双喷嘴挡板力反馈式两级电液伺服阀。它采用力矩电机作为电气-机械转换器,用双喷嘴挡板阀作为第一级液压放大器,用四通滑阀作为第二级液压放大器,用反馈弹簧作为第二级与力矩电机之间的力反馈元件。

两级电液伺服阀的结构原理图如图4.2.5所示。

电液伺服阀利用极化磁通和控制磁通的控制作用,使喷嘴挡板偏转,产生滑阀两端的压差,该压差使滑阀移动,造成节流窗口开放,产生通向作动筒的高压流量。输入力矩电机的电流控制挡板的位移,从而控制了喷嘴腔的油液压力,再以喷嘴腔油压的变化来控制滑阀的位移,从而控制了伺服阀的输出流量。

在图4.2.5中,上、下导磁体围绕衔铁构成磁路,并与衔铁两端形成四个工作气隙:Δ_1、Δ_2、Δ_3 和 Δ_4。永久磁铁分别将上、下导磁体磁化为北极(N)和南极(S),并产生极化磁通。

当控制线圈4中的电流 i_V 为零时,作用在衔铁3上的控制磁通为零,此时,挡板处于喷嘴12、13的中间。从油泵经蓄能器来的高压油经供油孔8,通过油滤9分为两路,分别进入喷嘴腔10和喷嘴腔11,且在喷嘴12、13出口处的阻力相同,使喷嘴两腔10、11内的油压基本相等,反馈弹簧杆处于自由状态,作用于滑阀7上的合力为零,滑阀处于中间位置,关闭四通滑阀通向作动筒的所有节流窗口。高压油经喷嘴从腔14、15回油,到腔16、17,再从回油孔18流回油箱。此时,来自油源组件的高压油液与作动筒相隔离,作动筒活塞停在某一位置上,喷管也停在某一相应位置。

当控制电流信号 i_V 按箭头所示的方向通入控制线圈时,便在衔铁上产生控制磁通。在四个工作气隙中,控制磁通与极化磁通叠加,使得其中的一对对角的气隙 Δ_1 和 Δ_3 磁通量减少,另一对对角的气隙 Δ_2 和 Δ_4 磁通量增加。由于气隙的磁通越大产生的电磁力越大,因而在衔铁上产生力矩,此力矩使衔铁绕支承弹簧管的转动中心逆时针转动,从而引起挡板向右移动,挡板与

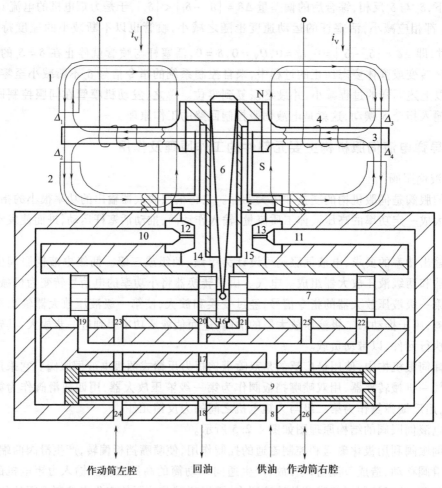

图 4.2.5　两级电液伺服阀的结构原理图

1—上导磁体；2—下导磁体；3—衔铁；4—控制线圈；5—挡板；6—反馈弹簧杆；7—滑阀；
8—供油孔；9—油滤；10、11—喷嘴腔；12、13—喷嘴；14 ~ 17—回油路径；18—回油孔；
19 ~ 22—滑阀节流窗口；23、24—通往作动筒左腔油路；25、26—通往作动筒右腔油路。

右喷嘴之间的节流面积减小,液阻增大,喷嘴腔 11 和与之相通的滑阀右端腔压力升高;同时,挡板与左喷嘴之间的节流面积增大,液阻减小,喷嘴腔 10 和与之相通的滑阀左端腔压力减小,液压油施加在滑阀两端的作用力不平衡,推动滑阀向左移动,滑阀节流窗口 19、21 便打开,作动筒的左腔便通过腔 23、24 与高压油相通,与此同时,作动筒的右腔通过腔 26、25、21、17、18 形成回油通路。于是,电液伺服阀输出流量使活塞杆运动,带动喷管摆动。随着滑阀的左移,由液体流动产生并作用在滑阀上的反作用力(液动力,其方向力图使窗口关闭)以及由反馈杆变形而作用在滑阀上的弹性恢复力不断增大。当滑阀移动到一定距离时,反馈杆作用在滑阀上的弹性恢复力、滑阀两端压差产生的力与滑阀的液动力达到平衡,滑阀便停止运动。由于滑阀的位移与控制电流成正比,而滑阀位移形成的窗口开启面积对应一定大小的伺服流量,也就对应了作动筒活塞杆及喷管一定的运动速度。当控制电流 i_V 发生变化时,作动筒活塞杆的运动速度也相应发生变化。当外加控制电流信号 i_v 的极性相反时,电液伺服阀的工作过程正好相反。

电液伺服阀是具有复杂高阶非线性特性的器件。在实际应用中,通常可将其简化为一阶线性系统,即

$$Q_v = \frac{K_Q}{T_v s + 1} i_v \tag{4.2.1}$$

式中: Q_v 为电液伺服阀输出流量; K_Q 为电液伺服阀的流量增益; T_v 为电液伺服阀的时间常数; i_v 为控制电流。

2. 伺服放大器

伺服放大器是驱动电液伺服阀的直流功率放大器,其前置级为电压放大,功率级为电流放大。伺服放大器的功能是将输入指令信号与系统反馈信号进行比较、放大和运算后,输出一个与偏差电压信号成比例的控制电流给电液伺服阀的控制线圈,控制伺服阀动作。

导弹电液伺服机构一般不单独设置反馈元件。控制指令 δ_e 和反馈信号 δ_t 直接接入伺服放大器的两个输入端进行综合比较。控制误差由放大器进行放大,并变换为控制电流信号 i_v 对电液伺服阀实施控制。

如果忽略伺服放大器的时间常数,可以认为是纯比例环节,即

$$\Delta U = K_t(\delta_e - \delta_t) \tag{4.2.2}$$

$$i_v = K_{ui}\Delta U \tag{4.2.3}$$

式中: K_t 为反馈系数; K_{ui} 为伺服放大器的静态放大倍数; i_v 为伺服放大器的输出电流。

3. 作动筒

作动筒是伺服机构中将液压能转换为机械能的执行元件,它将输入的伺服阀流量变换成具有一定速度的活塞杆的位移输出,用于控制发动机喷管的摆动,实现推力矢量控制。

在导弹伺服机构中,用得最多的是双作用作动筒。作动筒中的液体压力可以交替作用在往复两个方向,活塞杆可以带动负载往返运动,如图 4.2.6 所示。

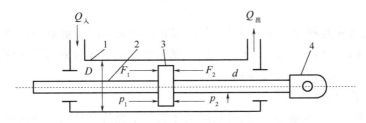

图 4.2.6　作动筒工作原理图
1—筒体；2—活塞杆；3—活塞；4—负载。

作动筒的工作原理是:若作动筒的左腔输入工作液,左腔的压力升高到足以克服外界负载时,活塞杆就开始向右运动;若连续不断地供给流体,活塞便以一定的速度运动,直到输入的流量等于零时为止。

根据流量平衡规律,电液伺服阀的输出流量等于作动筒活塞位移流量加上受压损失流量和泄漏量,即

$$Q_{\text{V}} = AR \frac{\mathrm{d}\delta}{\mathrm{d}t} + K_{\text{M}} \frac{\mathrm{d}p_{\text{L}}}{\mathrm{d}t} + C_{\text{L}} p_{\text{L}} \tag{4.2.4}$$

式中：A 为作动筒活塞的有效面积；R 为有效摆动力臂长度；p_{L} 为作动筒活塞左右两腔的压差；$K_{\text{M}} = V_{\text{T}}/4B$，其中 V_{T} 为伺服阀输出槽口到作动筒的受压容积，B 为液压油容积弹性系数；C_{L} 为伺服阀和作动筒的总泄漏系数。

1）作动筒的输出力

作动筒的输出力是指克服其内部各种阻力所产生的机械力 F 的大小。在理论上可建立如下力平衡式，即

$$F = p_1 A_1 - p_2 A_2 \tag{4.2.5}$$

式中：p_1 为作动筒左腔压力；p_2 为作动筒右腔压力；A_1、A_2 分别为 p_1 和 p_2 作用的有效面积。

由式（4.2.5）可知，提高供油压力和增大活塞面积均可使作动筒的输出力增大。若要求输出力一定，提高供油压力可减小作动筒的体积，这也正是推力矢量控制伺服机构向高压化发展的原因之一。

2）作动筒的输出速度

由图 4.2.6 可知，作动筒的有效活塞面积为

$$A = A_1 = A_2 = \pi\left(D^2 - d^2\right)/4 \tag{4.2.6}$$

则作动筒的输出速度大小为

$$v = Q\eta_{\text{v}}/A \tag{4.2.7}$$

式中：Q 为进入作动筒的流量；η_{v} 为泄漏影响系数，$\eta_{\text{v}} = (Q - Q_{\text{L}})/Q$，$Q_{\text{L}}$ 为作动筒泄漏流量。

3）作动筒的输出位移

由式（4.2.7）可知，作动筒的输出速度 v 与输入流量 Q 成正比，因此，作动筒的输出位移 y 与输入流量之间存在着如下的积分关系，即

$$y = \frac{\eta_{\text{v}}}{A} \int Q \mathrm{d}t \tag{4.2.8}$$

通常，作动筒被称为积分元件。作动筒的活塞在任意大小的流量 Q 下都将不停地运动，使活塞停止的必要条件是输入流量 Q 为零。但是，活塞停止的具体位置与输入流量无关，它是由系统的主令信号和反馈信号共同确定的。

4）作动筒的输出功率

作动筒利用液体压力来驱动负载，并利用液体流量来维持负载的运动速度，从而实现了从液压能到机械能的转变。

根据作动筒的输入参数，即输入作动筒的液体压力 p_1 和流量 Q，可导出输入的液压功率为

$$W_{\text{入}} = p_1 Q \tag{4.2.9}$$

根据作动筒的输出参数，即作动筒的输出力 F 和输出速度 v，可导出输出的机械功率为

$$W_{\text{出}} = Fv \tag{4.2.10}$$

由于活塞运动摩擦以及流量泄漏等影响，作动筒的输出功率通常小于其输入功率。作动筒的效率 η 等于其输出机械功率与输入的液压功率之比，即

$$\eta = \frac{Fv}{p_1 Q} \qquad (4.2.11)$$

4. 反馈电位器

绝大多数导弹伺服机构都是闭环控制系统,因此必须设置反馈元件。在导弹电液伺服机构中,常采用位移电位器作为反馈元件。位移电位器的作用是将作动筒活塞杆的位移线性地转换成直流电压,并反馈到伺服放大器的反馈信号输入端上。伺服机构的控制精度在很大程度上取决于位移电位器的精度,电位器的精度是系统控制精度的上限。

位移电位器的电原理图如图 4.2.7 所示。

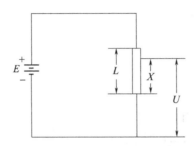

图 4.2.7　位移电位器的电原理图

由图 4.2.7 可知,当忽略负载影响时,电位计的输出电压与位移之间的关系为

$$U = K_F E \qquad (4.2.12)$$

式中:K_F 为电位计增益,$K_F = X/L$。

5. 电机

电机是实现电能向机械能转换的装置。受弹上电源的限制,导弹推力矢量控制伺服机构都采用直流电机,用于带动油泵,为导弹电液伺服机构提供动力源。

6. 油泵

油泵是将电机输入的机械能转换为液体工质液压能的能量转换装置,可以为伺服机构提供一定压力和流量的油液。

7. 蓄能器

蓄能器是导弹液压伺服机构中常用的一种能量储存装置,其主要用途是作为系统的辅助能源。蓄能器将系统小功率输出时的多余能量以气体压力的形式储存起来。当系统大功率输出时,蓄能器释放所储存的能量,向负载提供峰值功率。在设置蓄能器后,可减少油液脉动,吸收液压冲击。此外,蓄能器还可用来对油液进行预增压,改善油泵的吸油特性。

8. 油箱

油箱的主要用途是储存伺服机构工作所需要的油液,同时散发系统工作中产生的部分热量。导弹伺服机构油箱的特点是工作时间短,可靠性高,密封性好,体积小,质量小,环境温度变化范围大,工质温度高,并且能够对油面高度进行监测。

9. 传感器

在导弹电液伺服机构中,传感器包括压力传感器、油面电位器和压差传感器。其中:低压传感器用于监视和测量泵入口压力,高压传感器用于监视和测量蓄能器压力和伺服阀入口压力;油面电位器用于监视和测量油箱液面高度;压差传感器用于监视和测量作动筒两腔的压差。

三、导弹电液伺服机构的测试项目及性能指标

（一）密封性

在通电工作中,渗油不允许成滴。

（二）工作状态参数

（1）电机电压 $u_m(V)$。

（2）电机电流 $I_m(A)$（通常不测）。

（3）蓄能器压力 $p_a(MPa)$。

（4）阀入口压力 $p_v(MPa)$。

（5）泵入口压力 $p_o(MPa)$。

（6）油面电压 $u_t(V)$。

（7）负载压差 $\Delta p(V)$。

（8）零位电压 $|\delta_{t0}|(mV)$。

（三）暂态特性（或建立时间）

伺服机构的暂态特性如图 4.2.8 所示。

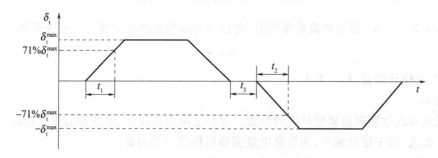

图 4.2.8　伺服机构的暂态特性

伺服机构的暂态特性是指,当伺服机构输入指令信号 $\pm\delta_c$ 时,伺服机构输出信号 δ_t 达到 $\pm70\pm\delta_c$ 所需要的时间(t_1 或 t_2)。

（四）位置特性

伺服机构位置特性是指伺服机构的输出角与输入指令之间的关系。在理想情况下,二者之间的关系为一直线。但实际上,由于电磁元件的磁滞、作动筒与活塞杆之间的摩擦、作动筒的间隙等因素的影响,伺服机构的位置特性往往表现为回环形状,通常称为回环曲线。伺服机构位置特性曲线如图 4.2.9 所示。

图 4.2.9 中,BB' 为回环段的平均中线,O' 为 BB' 与纵轴的交点,AA' 为过 O' 的斜线。

反映伺服机构位置特性的测试参数有三个,具体如下:

（1）零位偏差 δ_{t0}（输入指令为零时,伺服机构的输出）;

（2）最大回环宽度 $\delta_t^{max(+)}$（或 $\delta_t^{max(-)}$）;

（3）相对误差 $K_{\varepsilon t}$:

$$K_{\varepsilon t}=\frac{|\delta_t^{max}-\delta_c^{max}|}{\delta_c^{max}}\times100\%$$

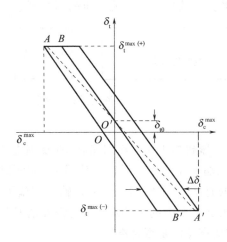

图 4.2.9　伺服机构位置特性曲线图

（五）速度特性

伺服机构的速度特性如图 4.2.10 所示。

图 4.2.10 中,$\dot{\delta}_{+i_V}$、$\dot{\delta}_{-i_V}$ 分别为 $+i_V$ 和 $-i_V$ 指令电流下伺服机构输出摆角速度值,有

$$\dot{\delta}_{i_V} = \frac{|\dot{\delta}_{+i_V}| + |\dot{\delta}_{-i_V}|}{2} \tag{4.2.13}$$

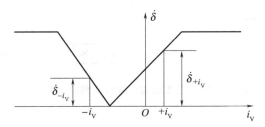

图 4.2.10　伺服机构的速度特性

（六）伺服机构的绝缘电阻

伺服机构的绝缘电阻是伺服机构各独立电路之间及各独立电路与壳体之间的绝缘电阻。

（七）直流电阻

力矩电机线圈电阻、反馈电位器的电阻等。

（八）反馈电位器零位电压

反馈电位器零位电压是在输入指令电压为零时,反馈电位器的输出电压。

（九）伺服机构的频率特性

伺服机构的频率特性是伺服机构在一定幅值和频率的正弦信号激励下,其输出的幅值和相移(幅频特性和相频特性)。

伺服机构的上述性能指标中,暂态特性是时域动态指标,而频率特性是频域动态指标。

四、导弹电液伺服机构的测试原理

伺服机构性能指标中,除了频率特性外,电压、电阻的测试可转换为直流电压的测试,其他

测试量经传感器后的输出均为直流电压。电流电压的测试可采用图4.2.11所示的方法进行。

图 4.2.11　直流电压测试原理图

1. 暂态特性测试

暂态特性测试方法为：伺服机构工作于小回路状态（反馈电位器通过伺服放大器构成闭合回路），给伺服放大器的输入端施加一个阶跃输入信号 δ_c，用测时电路测量伺服机构输出从零上升到约70% δ_c 时所需要的时间 t_1，再给伺服放大器输入端施加一个负阶跃输入信号 $-\delta_c$，用测时电路测量伺服机构输出从零变为约 $-70\%\delta_c$ 时所需要的时间 t_2。将 t_1、t_2 与规定的阈值进行比较，可判断伺服机构的暂态特性是否合格。

2. 位置特性测试

伺服机构位置特性测试原理图如图4.2.12所示。

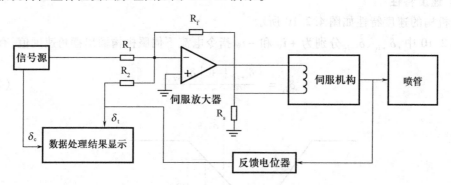

图 4.2.12　伺服机构位置特性测试原理图

3. 频率特性测试

伺服机构频率特性测试的基本原理如图4.2.13所示。

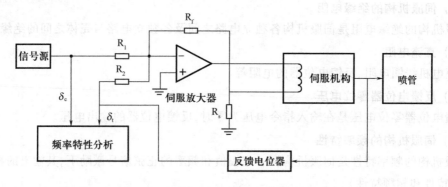

图 4.2.13　伺服机构频率特性测试的基本原理

1）伺服机构正弦相关分析法频率特性测试

在工程上，常采用正弦相关分析法测量系统的频率特性。

将伺服机构近似看作一个线性系统。根据线性系统的性质，若系统的输入信号 $x(t) =$

$A\sin\omega t$，则系统的输出信号 $y(t) = B\sin(\omega t + \theta)$。设 $x(t)$、$y(t)$ 的傅里叶变换分别为 $X(\mathrm{j}\omega)$ 和 $Y(\mathrm{j}\omega)$，则系统的频率特性为

$$K(\mathrm{j}\omega) = \frac{Y(\mathrm{j}\omega)}{X(\mathrm{j}\omega)} = R(\omega)\mathrm{e}^{\mathrm{j}\theta(\omega)} \tag{4.2.14}$$

将式 $y(t) = B\sin(\omega t + \theta)$ 展开，可得

$$y(t) = B\sin\omega t\cos\theta + B\cos\omega t\sin\theta = a\sin\omega t + b\cos\omega t \tag{4.2.15}$$

其中，$a = B\cos\theta$，$b = B\sin\theta$。则

$$\begin{cases} B = \sqrt{a^2 + b^2} \\ \theta = \arctan\dfrac{b}{a} \end{cases} \tag{4.2.16}$$

对式（4.2.15）两边同乘以 $\sin\omega t$，并积分 N 个周期，可得

$$\int_0^{NT} y(t)\sin\omega t\mathrm{d}t = \int_0^{NT} a\sin^2\omega t\mathrm{d}t + \int_0^{NT} b\sin\omega t\cos\omega t\mathrm{d}t$$

$$= a\int_0^{NT} \frac{1 - \cos2\omega t}{2}\mathrm{d}t + \frac{b}{2}\int_0^{NT}\sin2\omega t\mathrm{d}t = \frac{NT}{2}a \tag{4.2.17}$$

由式（4.2.17）可得

$$a = \frac{2}{NT}\int_0^{NT} y(t)\sin\omega t\mathrm{d}t \tag{4.2.18}$$

对式（4.2.15）两边同乘以 $\cos\omega t$，并积分 N 个周期可得

$$\int_0^{NT} y(t)\cos\omega t\mathrm{d}t = \int_0^{NT} a\sin\omega t\cos\omega t\mathrm{d}t + \int_0^{NT} b\cos^2\omega t\mathrm{d}t$$

$$= \frac{a}{2}\int_0^{NT}\sin2\omega t\mathrm{d}t + b\int_0^{NT} \frac{1 + \cos2\omega t}{2}\mathrm{d}t = \frac{NT}{2}b \tag{4.2.19}$$

由式（4.2.19）可得

$$b = \frac{2}{NT}\int_0^{NT} y(t)\cos\omega t\mathrm{d}t \tag{4.2.20}$$

上述过程可用图 4.2.14 表示。

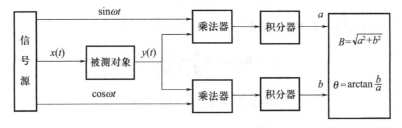

图 4.2.14　正弦相关分析法频率特性测试原理

由式（4.2.18）和式（4.2.20）可知，根据计算机的采样值 $y(k \cdot \Delta t)$、$\sin(k\omega \cdot \Delta t)$ 和 $\cos(k\omega \cdot \Delta t)$，可以计算出参数 a 和 b 的值，进而可以得到被测系统的幅频特性和相频特性。

设计算机的采样周期为 Δt，则在一个信号周期 T 内采样点数 $M = T/\Delta t$。将式（4.2.18）和式（4.2.20）离散化，则有

$$a = \frac{2}{MN}\sum_{k=0}^{MN-1} y(k \cdot \Delta t)\sin(k\omega \cdot \Delta t) \qquad (4.2.21)$$

$$b = \frac{2}{MN}\sum_{k=0}^{MN-1} y(k \cdot \Delta t)\cos(k\omega \cdot \Delta t) \qquad (4.2.22)$$

式中：k 为采样点的顺序号。

由式（4.2.21）和式（4.2.22）可知，根据计算机的采样值 $y(k \cdot \Delta t)$、$\sin(k\omega \cdot \Delta t)$ 和 $\cos(k\omega \cdot \Delta t)$，可以计算出参数 a 和 b 的值，进而通过简单的数学运算即可得到被测系统的幅频特性和相频特性。

在伺服放大器的输入端施加一定频率和幅值的正弦信号，伺服机构频率特性测试要求系统的滞后相角 θ，即伺服机构输出信号与输入信号的相位差，小于某一规定值。

2）伺服机构谱分析法频率特性测试

谱分析法频率特性测试的基本原理是：首先用一定频率的信号 $x(t)$ 激励被测系统，采集系统的时间响应信号 $y(t)$；然后根据输入信号 $x(t)$ 的自功率谱密度 $\Phi_{xx}(j\omega)$，以及输入信号 $x(t)$ 与输出信号 $y(t)$ 之间的互功率谱谱密度 $\Phi_{xy}(j\omega)$，通过相应的分析和计算，即可获得被测系统的频率响应特性 $G(j\omega)$。

设输入信号 $x(t)$ 的自相关函数为

$$R_{xx}(\tau) = \lim_{T \to \infty} \frac{1}{2T}\int_{-T}^{T} x(t)x(t+\tau)\,dt \qquad (4.2.23)$$

输入信号 $x(t)$ 的自功率谱密度 $\Phi_{xx}(j\omega)$ 是 $R_{xx}(\tau)$ 的傅里叶变换，即

$$\Phi_{xx}(j\omega) = \int_{-\infty}^{\infty} R_{xx}(\tau)e^{-j\omega t}\,dt \qquad (4.2.24)$$

输入信号 $x(t)$ 与输入信号 $y(t)$ 之间的互相关函数为

$$R_{xy}(\tau) = \lim_{T \to \infty} \frac{1}{2T}\int_{-T}^{T} x(t)y(t+\tau)\,dt \qquad (4.2.25)$$

输入信号 $x(t)$ 与输出信号 $y(t)$ 之间的互功率谱密度 $\Phi_{xy}(j\omega)$ 是 $R_{xy}(\tau)$ 的傅里叶变换，即

$$\Phi_{xy}(j\omega) = \int_{-\infty}^{\infty} R_{xy}(\tau)e^{-j\omega t}\,dt \qquad (4.2.26)$$

由式（4.2.24）和式（4.2.26）可得系统的频率特性函数，即

$$G(j\omega) = \frac{\Phi_{xy}(j\omega)}{\Phi_{xx}(j\omega)} \qquad (4.2.27)$$

$$G(j\omega) = \int_{-\infty}^{\infty} g(t)e^{-j\omega t}\,dt \qquad (4.2.28)$$

式中：$g(t)$ 为被测系统的脉冲响应函数。

根据以上分析结果，可以绘制谱分析法频率特性测试原理框图，如图4.2.15所示。

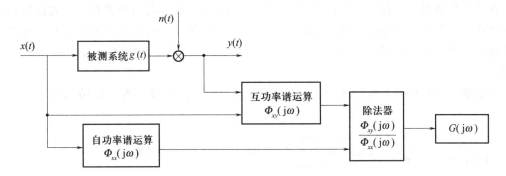

图 4.2.15　谱分析法频率特性测试原理框图

假如输入信号 $x(t)$ 为脉冲信号，系统的脉冲响应函数为 $g(t)$，则输出信号 $y(t)$ 与 $x(t)$ 和 $g(t)$ 之间存在着卷积关系，即

$$y(t) = \int_0^t g(\tau) x(t - \tau) \mathrm{d}\tau \tag{4.2.29}$$

将式(4.2.29)代入式(4.2.25)，可得

$$R_{xy}(\tau) = \int_{-\infty}^{\infty} g(s) R_{xx}(\tau - s) \mathrm{d}s = \int_0^t g(s) R_{xx}(\tau - s) \mathrm{d}s \tag{4.2.30}$$

式(4.2.30)表明，若将一个自相关函数为 $R_{xx}(\tau)$ 的输入信号加到脉冲响应为 $g(t)$ 的系统上，则输入与输出的互相关函数 $R_{xy}(\tau)$，等于将大小为 $R_{xx}(\tau)$ 的输入信号加到系统上所得到的时间响应。

由以上分析可知，只要给出自相关函数 $R_{xx}(\tau)$ 和互相关函数 $R_{xy}(\tau)$，就可以获得系统的脉冲响应函数。但是，如果系统的输入信号为普通类型的正常工作信号，则卷积方程式(4.3.30)的求解极为困难。为简化求解过程，可采用白噪声作为系统的激励信号。

由于白噪声信号的自功率谱密度是一条水平线，即

$$\Phi_{xx}(\mathrm{j}\omega) = 2\pi K \tag{4.2.31}$$

此时，自相关函数为

$$R_{xx}(\tau) = \frac{1}{2\pi} \int_{-\infty}^{\infty} \Phi_{xx}(\mathrm{j}\omega) \mathrm{e}^{\mathrm{j}\omega t} \mathrm{d}t = K \int_{-\infty}^{\infty} \mathrm{e}^{\mathrm{j}\omega t} \mathrm{d}t = K\delta(t) \tag{4.2.32}$$

互相关函数为

$$R_{xy}(\tau) = K \int_{-\infty}^{\infty} g(s)(\tau - s) \mathrm{d}\tau = K g(\tau) \tag{4.2.33}$$

对 $R_{xy}(\tau)$ 进行傅里叶变换，可得互功率谱密度 $\Phi_{xy}(\mathrm{j}\omega)$。

根据式(4.2.27)可得到系统的频率特性函数，即

$$G(\mathrm{j}\omega) = \frac{\Phi_{xy}(\mathrm{j}\omega)}{2\pi K} \tag{4.2.34}$$

谱分析法的使用条件是系统输入信号的自相关函数为单位脉冲函数。但是，若采用白噪声作为系统的激励信号，通常需要很长时间才能精确测量系统的输出与激励信号之间的互相关函数，而且在出现漂移时，测量误差较大。

伪随机信号是一个在$[0,1]$区间内分布的二进制序列,具有与白噪声相同的随机特性。随着伪随机序列长度 N 的增加和时钟脉冲宽度 Δt 的减小,伪随机信号的自相关函数接近于单位脉冲函数。为克服白噪声作为系统激励信号的不足,一般采用伪随机信号作为系统的激励信号。

用伪随机信号作为系统的激励信号进行频率特性测试的原理如图 4.2.16 所示。

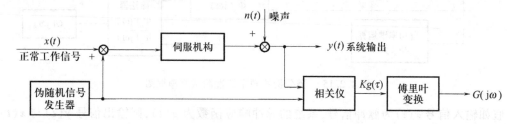

图 4.2.16　伪随机信号激励下频率特性测试原理框图

谱分析法能够在一次激励过程中,获得被测伺服机构在某频带范围内各频率点的响应特性,其最大的优点是能够实现在线测试。同时,只要系统的噪声和干扰与作为输入的伪随机信号互不相关,那么谱分析法的频率特性测试结果不受任何噪声和干扰的影响。

第三节　导弹电动伺服机构及其测试

电动伺服机构以电能作为动力能源,采用电机和传动机构结合的方式将电能转换为机械能,具有可靠性高、成本低、耐贮存和使用维护简单的特点。早期电动伺服机构主要用于小功率、小负载的场合,如战术导弹的舵面控制、战略导弹的滚动姿态控制、导引头天线控制等。随着电力电子技术、先进控制理论、稀土永磁材料等的快速发展以及交流电动机制造工艺的水平不断提高,大功率电动伺服机构得到快速发展。

一、导弹电动伺服机构的结构

由于导弹弹上空间和载荷有限,导弹电动伺服机构需要在同等功率下,减小质量,缩小体积。因此,导弹电动伺服机构一般采用电机与传动机构一体化设计方案,以提高功率与质量的比值。典型一体化电动伺服机构的结构如图 4.3.1 所示,伺服动力电源提供能源,电机将电能

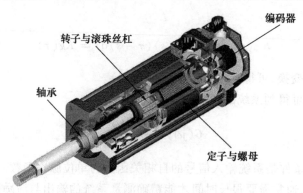

图 4.3.1　电动伺服机构结构图

转化为机械旋转运动的机械能,通过滚珠丝杠把电机的旋转运动转化为直线运动。电机与滚珠丝杠一体化设计,电机的转子与滚珠丝杠的丝杆固连在一起,电机的定子与滚柱丝杠的螺母固连在一起,电机定子绕组产生旋转磁场,对永磁转子产生电磁转矩,使得转子与丝杆一起旋转,进而驱动丝杆相对与定子相连的螺母旋转,同时丝杆也相对螺母做直线运动,从而直接把转子的旋转运动转化为丝杆直线运动。控制器实现控制指令的接收与处理,驱动器实现对电机转动速率的调节,编码器实现对转速的反馈。

二、导弹电动伺服机构的组成

电动伺服机构主要由伺服控制器、伺服驱动器、机电作动器和伺服动力电源等组成,如图4.3.2所示。

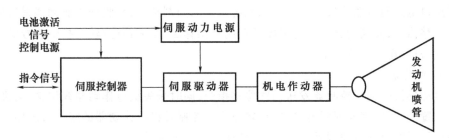

图 4.3.2　某型推力矢量控制电动伺服系统组成图

1. 伺服控制器

伺服控制器接收弹上飞控计算机发送的数字控制指令,并接受伺服机构工作状态反馈信号,经过数字处理电路进行控制算法运算,送伺服驱动器,控制伺服驱动器按特定指令工作,其工作原理框图如图4.3.3所示。

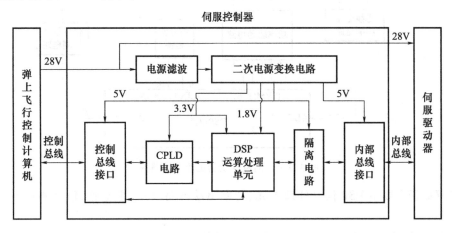

图 4.3.3　伺服控制器工作原理框图

伺服控制器内部主要由电源电路、控制电路和总线接口电路等组成。

1）电源电路

控制系统向伺服控制器提供 28V 的电源,伺服控制器通过电源电路将 28V 电源转换成控制器本身及伺服系统中其他设备所需的电源,主要由电源滤波器、DC/DC 变换器及电压调整器等二次电源变换电路组成。电源滤波器用于抑制尖峰、瞬态干扰;DC/DC 变换器和电压调整器实现二次电源变换。

2）控制电路

控制电路主要由控制总线接口、逻辑控制电路、数字信号处理器（DSP）运算处理单元和隔离电路等组成。

DSP运算处理单元是控制电路的核心部分，实现伺服系统的闭环控制及补偿、数据处理等功能，利用DSP的片内闪存来存储控制器的程序。

逻辑控制电路采用可编程逻辑控制器件（CPLD）实现控制器内复杂的逻辑控制关系。通过该电路，DSP芯片可以实时、有序、准确地对控制器内总线接口芯片、D/A转换器和A/D转换器的逻辑进行控制。

3）总线接口电路

总线接口电路通过总线接收飞行控制系统发来的控制指令，接收伺服驱动器采集的机电作动器的线位移信号，完成伺服机构位置闭环控制补偿算法，生成转速/转矩指令信号发送给伺服驱动器，控制机电作动器按要求运动。

2. 伺服驱动器

伺服驱动器接收伺服控制器发送的线位移指令，同时采集机电作动器线位移、电机相电流、电机转子位置等信号，完成伺服电机电流、转速闭环控制及机电作动器的线位移闭环控制，并将线位移等信号反馈给伺服控制器，其工作原理如图4.3.4所示。

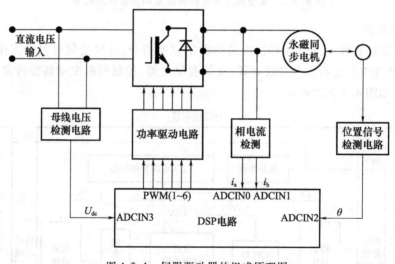

图4.3.4　伺服驱动器的组成原理图

伺服驱动器主要由DSP信号处理单元、功率驱动电路、功率主电路、信号测量与调理电路等组成。

1）DSP信号处理单元

DSP信号处理单元内以电流、速度和位置三闭环控制为主要逻辑架构。在电流控制环中，电流经过Clark变换和Park变换后，反馈到i_q和i_d控制器进行控制计算，再通过Park逆变换和SVPWM控制驱动IGBT控制电机。在速度控制环中，一般选用旋转变压器测量电机旋转角度，并计算出角速率进行反馈控制。在位置控制环中，线位移传感器敏感滚珠丝杠移动位置，经计算后反馈到位置控制单元。如图4.3.5所示。

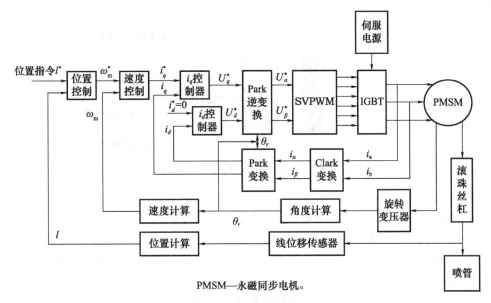

PMSM—永磁同步电机。

图 4.3.5　伺服驱动器控制框图

DSP 信号处理单元完成与伺服控制器的通信,接收控制指令等;与转子位置传感器解码电路板的通信,接收转子角度信息;电机相电流、直流母线电压、位置反馈信号的采集;各种传感器信号的隔离滤波;机电伺服系统速度环和电流环的控制算法。

伺服驱动器接口多,算法复杂,闭环控制周期受限。

2）功率驱动电路

功率驱动电路的主要功能是完成对控制板发出的脉宽调制信号进行功率放大,驱动电机运转,对直流母线电压和相电流进行检测。主要由功率驱动电路、功率驱动电源变换电路、功率主电路及相电流检测电路等组成。

3）信号测量与调理电路

电动伺服机构通常使用永磁同步电机,对电机的控制采用基于磁场定向的矢量控制方法。在这种伺服系统中,准确获取转子磁场矢量的位置是关键。

获取转子磁场矢量位置的方法通常分为有转子位置传感器和无转子位置传感器两大类。考虑到伺服机构的高要求(高速、高精度、高稳定性、高可靠性),一般采用高可靠旋转变压器构成编码式转子位置传感器。以旋转变压器为核心的转子位置传感器主要有四大组成部分:旋转变压器、旋变激励电路、旋变信号处理电路和输出电路。旋转变压器安装在电机转子上以获取位置信号,然后通过旋转变压器 – 数字转换器(RDC)将其输出的模拟位置信息转换为数字信号,最后输入 DSP 控制芯片。

3. 机电作动器

机电作动器根据伺服驱动器发出的位置指令驱动伺服电机正反向旋转,带动滚珠丝杠直线往复运动,旋转变压器和位移传感器分别将伺服电机状态数据和机电作动器位移信号反馈至伺服驱动器,作为位置控制回路,根据指令要求推动喷管或舵机摆动。

机电作动器采用直线一体式机电作动器方案,主要由伺服电机(含旋转变压器)、滚珠丝杠作动器、线位移传感器、螺栓头组件和支耳组件等组成。电动伺服机构机电作动器结构如图4.3.6所示。

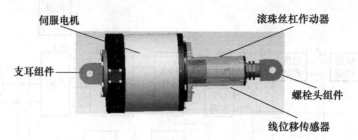

图 4.3.6　电动伺服机构机电作动器结构图

1）伺服电机

伺服电机通常采用永磁同步伺服电机。永磁同步伺服电机由转子、定子、端盖组件、旋转变压器组成。伺服电机转子为永磁体，工作时伺服驱动器将功率电逆变为三相交流电，三相交流电经伺服电机定子绕组，产生旋转磁场，通过电磁力拖动转子同步旋转，实现电能向机械能的转换。

2）滚珠丝杠

滚珠丝杠与伺服电机同轴安装，将电机的旋压运动直接转换为丝杠直线伸缩运动，推动喷管动作。

机电作动器中的滚珠丝杠实际上是一种高效传动减速装置，用作电动伺服机构的传动机构，可以明显提高伺服机构的传动效率，降低伺服机构的消耗功率，减小体积和质量。滚珠丝杠一般主要由丝杠、螺母、滚珠及滚珠循环返回装置四个部分组成，如图4.3.7所示。滚珠丝杠在丝杠与螺母之间放入适量的滚珠作为中间传动体，使丝杠与螺母之间由滑动摩擦变为滚动摩擦，借助滚珠循环返回装置，构成滚珠在闭合回路中反复循环运动的螺旋传动。当螺母（或丝杠）转动时，在丝杠与螺母间布置的滚珠依次沿螺旋滚道滚动，为了防止滚珠沿螺纹滚道滚出，在螺母上设有滚珠循环返回装置（返向器），构成一个滚珠循环通道。借助这个返回装置，可以使滚珠沿滚道面运动后，经通道自动返回到其工作的入口处，形成一个闭合循环回路，继而做周而复始的循环运动。滚珠丝杠具有摩擦损耗小、传动效率高、使用寿命长的特点。

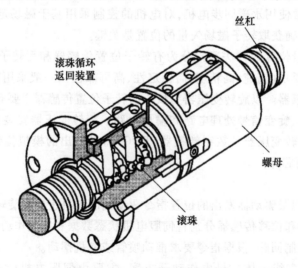

图 4.3.7　滚珠丝杠工作原理图

3）线位移传感器

线位移传感器采用双片式电位计传感器,对称安装,用于测量机电作动器的位移信号,把位移信号转化为电压信号。

4）螺栓头组件和支耳组件

螺栓头组件包括螺栓头、锁紧螺母和关节轴承,用于机电作动器安装零位预调和安装自由度调节。支耳组件采用十字支耳结构,提供了机电作动器与负载的机械接口,不仅能使机电作动器满足支耳自由度要求,同时限制了机电作动器因电机转动产生反力矩引起的滚转。

4. 伺服动力电源

导弹伺服机构的伺服动力电源通常采用独立电池供电,为伺服机构提供所需要的直流电能,并完成因伺服机构工作中频繁制动所产生的再生电能的吸收和释放功能。伺服动力电源由电池和电源管理单元组成。

1）伺服电池

导弹电动伺服机构电池常为一次激活电池(如银锌电池、热电池等)。由于伺服电池的功率较大,通常选用较高工作电压,因此在设计上需要考虑高压工作状态下安全性问题,通常采用串联分压设计。一般伺服电池需要激活回路,从生产完毕到使用前,激活回路安装短路导线进行保护,防止误激活。

2）电源管理单元

电源管理单元用于吸收伺服机构工作中频繁制动所产生的再生电能,当反灌电压超过电池的安全电压时,通过电源管理单元将多余的能量泄放。电源管理单元主要由母线电压检测模块、滞环比较模块、光电隔离模块、功率模块和制动电阻组成。母线电压检测模块用于实时采集母线电压值;滞环比较模块用于比较母线电压和安全电压;光电隔离模块用于隔离滞环比较电路和功率驱动电路,防止互相干扰;功率模块用于打开和关闭泄放回路;制动电阻用于消耗反灌电能。

三、导弹电动伺服机构的工作原理

导弹电动伺服机构工作原理如图 4.3.2 所示。伺服控制器接收到来自飞行控制计算机的指令信号,与伺服机构的位置、速度反馈信号综合,按照一定的控制算法进行计算,形成伺服控制指令,送伺服驱动器并生成脉冲宽度调制(PWM)控制信号,PWM 信号对伺服动力电源的开关和相序进行调制放大,从而控制伺服电机按要求旋转,并将其变换为机电作动器线位移指令后,发送给伺服驱动器,伺服电机驱动滚珠丝杠转动将电机的高速旋转运动转换为作动器的直线运动,由机电作动器拖动喷管或舵机运动,从而实现推力矢量控制。

下面以位置闭环电动伺服机构为例,分析闭环电动伺服机构的工作原理,建立电动伺服机构各元件数学模型,给出电动伺服机构的工作原理方框图。图 4.3.8 给出了一种典型的闭环电动伺服机构工作原理方框图。

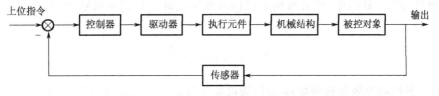

图 4.3.8　闭环电动伺服机构工作原理方框图

1. 位置闭环电动伺服机构各元件传递函数

1）控制器

假设采用 PID 控制器，则控制器的传递函数为

$$G_c(s) = \frac{\alpha s + \beta + \gamma s^2}{s} \tag{4.3.1}$$

式中：α、β 和 γ 分别为 PID 控制器的比例、积分和微分环节的可调参数。

2）驱动器

驱动器一般为功率放大器，且具有饱和特性，其结构原理方框图如图 4.3.9 所示。

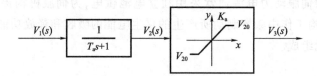

图 4.3.9　驱动器饱和特性

驱动器的数学模型描述如下：

$$V_1(t) = T_a \frac{dV_2(t)}{dt} + V_2(t) \tag{4.3.2}$$

$$V_3(t) = \begin{cases} K_a V_2(t) & (\,|V_2(t)| \leqslant V_{20}) \\ V_{20}\,\mathrm{sgn}\,V_2(t) & (\,|V_2(t)| > V_{20}) \end{cases} \tag{4.3.3}$$

式中：$V_3(t)$ 为驱动器输出电压；T_a 为驱动器时间常数；V_{20} 为饱和特性的饱和电压；K_a 为驱动器工作在线性区域的放大倍数。

3）执行元件

执行元件、机械结构与被控对象一起，依靠执行元件（电机）完成电能和机械能相互转化，从而实现控制被控对象位置。以永磁同步电机为例，电压及力矩方程为

$$\begin{cases} V_3 = Ri + L\dfrac{di}{dt} + E \\[2mm] E = K_e \delta \\[2mm] T_e = K_T i \end{cases} \tag{4.3.4}$$

式中：V_3 为驱动器输出电压；R 为电机绕组电阻；L 为电机绕组电感；E 为电机感应电动势；i 为电机绕组电流；δ 为电机转速；K_e 为电机速度常数；T_e 为电机输出转矩；K_T 为电机力矩常数。

在伺服机构数学建模中，经常将伺服机构的整体负载折算到电机轴上，从而建立如下负载力矩方程：

$$T_e = T_L + b\delta + J\frac{d\delta}{dt} \tag{4.3.5}$$

式中：T_L 为伺服机构等效负载转矩；b 为伺服机构等效黏滞系数；J 为伺服机构等效转动惯量。

综上,执行元件、机械结构与被控对象的结构原理方框图如图 4.3.10 所示。

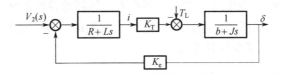

图 4.3.10　执行元件、机械结构与被控对象结构原理方框图

4）机械结构

机械结构主要完成减速、增大转矩功能,其传递函数原理图如图 4.3.11 所示。

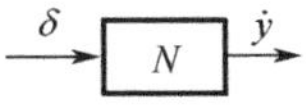

$$\xrightarrow{\delta}\boxed{N}\xrightarrow{\dot{y}}$$

图 4.3.11　机械结构传递函数原理图

图中:N 为机械结构减速比;$\dot{y}$ 为被控对象速度。

5）传感器

传感器完成物理量到电信号量的转换,转换量间的比例关系如图 4.3.12 所示。

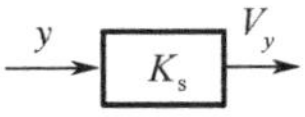

$$\xrightarrow{y}\boxed{K_s}\xrightarrow{V_y}$$

图 4.3.12　传感器传递函数原理图

图中:V_y 为与位置 y 对应的电压; K_s 为传感器比例系数。

2. 电动伺服系统工作原理方框图

通过上述分析,可以得到图 4.3.13 所示闭环位置电动伺服机构工作原理方框图。

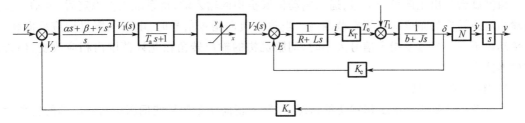

图 4.3.13　全闭环位置电动伺服系统结构原理方框图

图 4.3.13 中,V_r 为期望位置。由图 4.3.13 可见,全闭环位置电动伺服机构是一个非线性系统,假设驱动器工作在线性段,且等效负载为零,则可得系统的传递函数为

$$\frac{V_r(s)}{y(s)}=\frac{K_aK_TNA}{T_as^5+Bs^4+Cs^3+Ds^2+K_TK_sK_aN\alpha s+K_TK_sK_aN\beta} \quad (4.3.6)$$

式中

$$A=\alpha s+\beta+\gamma s^2,B=T_a(RJ+bL)+JL$$

$$C=T_aRb+K_TK_e+RJ+bL,D=Rb+K_TK_e+K_TK_sK_aN\gamma$$

该系统是一个5阶系统，属于高阶系统，单纯依靠一个比例－积分－微分（PID）控制器将很难获得满意的响应特性，工程中常采用双闭环或者三闭环的控制策略，利用电流环、速度环和位置环的不同响应速度，按照转矩－加速度－速度－位置的顺序进行控制，既符合控制对象的物理结构，也可以分步设计，减少设计难度。

四、导弹电动伺服机构主要性能指标

导弹电动伺服机构的主要性能指标如下：

（1）传动比和转向。传动比是导弹电动伺服机构输出对应转向的角度与输入指令信号的比值。

（2）零位误差。

（3）灵敏度。

（4）输出和输入范围。

（5）空载最大速度。

（6）负载能力。

（7）动态特性。

五、导弹电动伺服机构测试

1. 导弹电动伺服机构测试设备

导弹电动伺服机构的测试设备主要有系统测试台、模拟负载台、转角或位移指示器、信号发生器、能源、测速机、常用电气测量仪表等。

2. 导弹电动伺服机构测试原理

1）传动比和转向测试

由测试台给出正向指令信号，通入电动伺服机构的输入端，待系统工作稳定后，电动伺服机构输出对应转向的角度应在规定范围。当输入负向指令信号时，电动伺服机构应反向转动，其传动比不变。当改变指令信号大小时，伺服机构的输出转角在允许范围内相应改变，但传动比应维持不变。

2）零位误差测试

在电动伺服机构处于工作状态的情况下，输入正向指令信号使伺服机构输出轴的转角大于某一规定值，再突然将输入信号归零，此时伺服机构输出轴也会回到零位。以此为基准对准转角指示器的零位。重复上述施加信号的过程，检查归零后的转角指示器读数，称为零位误差。负向信号也进行同样的测试。正、负方向的零位误差均应在规定范围内。

3）灵敏度测试

根据位置反馈电位计的角度与电压的比值，取角度为1′左右的电压为基准电压。利用测试台使电动伺服机构处于工作状态。首先，向伺服机构任意施加固定的输入信号，输出轴转动，则位置反馈电位计会产生固定的位置反馈信号 δ_0；然后，再缓慢增加输入信号，直至位置反馈信号改变一个基准电压为止。记录此时输入信号的改变量，称为电动伺服机构在 δ_0 位置的灵敏度。

4）输出和输入范围测试

电动伺服机构的输出范围有机械限位和电气限位两种。机械限位由机械结构确定，可以通过转动输出轴至两端极限位置来测定。电气输出范围是在外加激励信号作用下电动伺服机构输出轴的有效输出范围。一般可通过加大外来信号,直至输出轴不再转动为止,此工作范围为电气输入范围。

5) 空载最大速度测试

对电动伺服机构施加最大正向或负向激励信号,使输出轴由一侧转到另一侧,去掉加速和减速段的位移,记下中间段位移和转动所需时间,即可计算出最大转速。

6) 负载能力测试

电动伺服机构负载条件下的工作性能测试包括静态特性测试和动态特性测试。具体测试方法与空载测试类似,只需加上相应的负载。最大负载能力测试是利用负载台给电动伺服机构加上规定的最大负载值,通电后,伺服机构能够按规定的方向运转起来即可。

7) 动态特性测试

电动伺服机构的动态特性分为时域内的暂态特性测试和频域内的频率特性测试,测试原理和方法类似于电液伺服机构。

第四节　导弹燃气伺服机构及其测试

导弹燃气伺服机构以高温、高压的燃气作为工质,通过推力喷管、涡轮、叶片电机等,将燃气的能量直接转变为机械能输出。导弹燃气伺服机构具有功率 – 质量比大、结构简单、成本低、使用维护方便的优点。

目前,小功率、短时间工作的燃气伺服机构已在战术导弹上广泛采用。对于战略导弹,燃气伺服机构常用于弹体和弹头的滚动控制。

一、导弹燃气伺服机构的结构原理

典型的导弹燃气伺服机构的结构原理如图 4.4.1 所示。

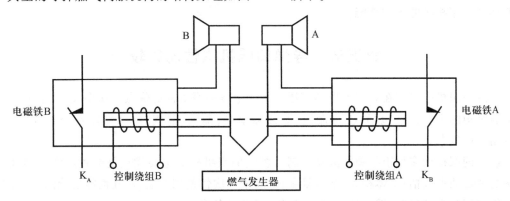

图 4.4.1　导弹燃气伺服机构的结构原理图

图 4.4.2 所示为该燃气伺服机构的控制电路原理框图。

当没有控制信号时,因三角波振荡器输出正、负对称的三角波,脉宽调制解调器输出正、负脉冲宽度相等的脉冲信号,使燃气发生器控制绕组 A、B 对输出的燃气进行同频率、同时长控制。当控制电路存在控制信号时,脉宽调制器输出的正、负脉冲宽度将随着输入控制信号而改

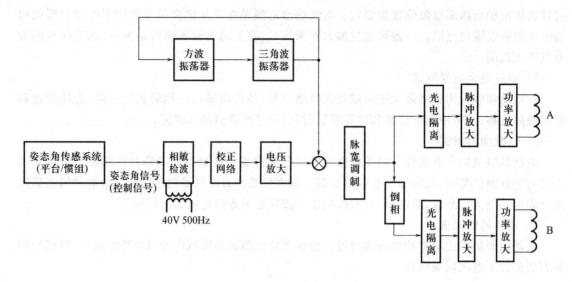

图4.4.2　燃气伺服机构控制电路原理框图

变。控制电磁铁绕组A、B的控制脉冲正向脉宽和负向脉宽将不相等，这样，燃气从发生器喷口A、B输出控制力的时间将不相等，从而产生控制力。

二、导弹燃气伺服机构的性能指标

燃气喷口A、B打开和关闭的时间是衡量燃气伺服机构工作性能的主要指标，可通过控制绕组正向控制信号脉冲宽度和负向控制信号脉冲宽度来度量。

三、导弹燃气伺服机构的测试

通过测量燃气伺服机构控制绕组所控制节点的导通和关闭时间 t_1、t_2 以及时间差 $\Delta t = t_1 - t_2$，判断燃气伺服机构的工作性能。

第五节　导弹伺服机构性能比较

电液伺服机构目前在导弹上得到广泛应用。电液伺服机构的优点是功率大、技术成熟。电液伺服机构的主要缺点包括：①寿命短；②故障率高，漏油、漏气、绝缘性能不合格问题频发；③使用维护复杂。

燃气伺服机构多用于导弹的滚动控制。燃气伺服机构的主要优点是配置灵活。燃气伺服机构的主要缺点包括：①体积大，结构复杂；②属于一次性使用产品，对其性能的检测较为困难；③操作使用与维护复杂，需要加注、测压补气，辅助设备多。

电动伺服机构的主要优点包括：①结构简单；②寿命长；③可靠性高；④长期免维护，使用维护方便，可检测性和可维修性好；⑤储存等影响小，储存性能好；⑥体积小，重量轻，成本低。主要缺点是目前还较难实现大功率，主要用于小功率、小负载的场合，如战术导弹的舵面控制、战略导弹的滚动姿态控制等。由于电动伺服机构的诸多优点，电动伺服机构得到越来越多的研究和应用，成为导弹伺服机构的未来发展趋势。

思考题

1. 结合伺服机构的工作环境和特殊要求,分析导弹伺服机构与一般伺服系统的不同点。
2. 在同一枚弹道导弹上,为什么需要同时采用多种不同类型的伺服机构?
3. 简述导弹伺服机构技术发展趋势。
4. 伺服机构测试的主要项目有哪些?
5. 简述伺服机构正弦相关分析法频率特性测试的基本原理。

第五章

电源配电系统及其测试

>>>>>>>>>>>>>>>>>>>>>>>>>>>>>>>>>>>>>

第一节　电源配电系统

电源配电系统包括电源系统和配电系统,是导弹控制系统的重要组成部分。导弹控制系统各仪器在工作时,需要多种电源,而这些电源的种类、参数、精度及通电时间各不相同。电源配电系统必须按照仪器工作的先后顺序、工作时间区间,适时为控制系统各仪器供电,并按要求接通或断开弹上控制系统的有关线路。

电源系统分为一次电源和二次电源两种:一次电源是将化学能转化为电能的设备,主要包括伺服机构电池、控制系统电子设备供电电池、安全电池等;二次电源是将控制系统电子设备供电电池转换为弹上控制系统仪器所需要的不同频率、电压和精度的电源,主要包括稳压器、高频换流器、三相换流器和脉冲放大器等。

配电系统将一次电源和二次电源按时间顺序配给控制系统各仪器,主要包括配电器和程序配电器。

电源配电系统的组成如图 5.1.1 所示。

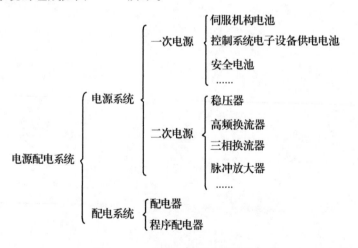

图 5.1.1　导弹电源配电系统的组成

第二节　一次电源及其测试

一、一次电源

导弹控制系统使用的一次电源通常采用一次激活电池(如银锌储备电池组)。其中:伺服机构电池用于给伺服机构直流电机供电;控制系统电子设备供电电池安装在仪器舱中,通过二次电源的转换,为控制系统所有仪器及所控制的火工品供电,其输出经配电器与弹上二次电源各仪器连接;安全电池用于给弹上安全系统仪器供电。

弹上各类一次电池的组成和工作原理完全相同,其区别仅在于容量的大小不同。弹上电池主要由电池组件、储液器、电加热器以及气体发生器等组成,如图 5.2.1 所示。

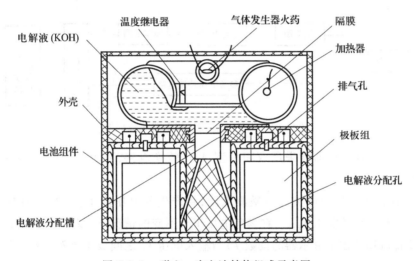

图 5.2.1　弹上一次电池结构组成示意图

弹上一次电池为自动激活银锌储备电池组,由外电源加热,采用的是锌 – 过氧化银电化学体系,即正极主要是过氧化银(AgO),负极是海绵状锌,用氢氧化钾(KOH)水溶液作为电解液。如果让锌、KOH 水溶液和 AgO 三种物质直接接触,就会发生强烈的氧化还原反应。相应的化学反应方程式为

$$2AgO + 2Zn + H_2O \rightarrow 2Ag + ZnO + Zn(OH)_2 \tag{5.2.1}$$

弹上一次电池在使用时,首先给气体发生器电阻通电,引燃气体发生器内的火药,燃烧产生气体,冲破隔膜,将 KOH 电解液推入电池组件内,立即进行化学反应。在电池组内部发生化学反应一定时间后,能够向外部稳定地输出直流电压(通常为 28V),即电池处于激活状态以供使用。

二、一次电源测试

(一)一次电源测试项目和设备

一次电源的测试项目包括检漏电阻、绝缘电阻、气体发生器电阻和加热器电阻的测量。具体如下:

（1）控制系统电子设备供电电池：检漏电阻、绝缘电阻、气体发生器电阻、加热器电阻。

（2）伺服机构电池：安全电阻、检漏电阻、绝缘电阻、气体发生器电阻、加热器电阻。

（3）安全电池：检漏电阻、绝缘电阻、气体发生器电阻。

一次电源的测试设备为干态电池检测仪。干态电池检测仪是数字显示式电阻测试仪，用于测试 $0 \sim 20\Omega$、$0 \sim 2000\mathrm{k}\Omega$ 的电阻，具有测量精度高、速度快的优点。干态电池检测仪不仅可以用来测量弹上一次电池激活前的各种电气参数，如电池组发生器电阻、加热器电阻、检漏电阻等的测量，而且还可以用作兆欧表，测量弹上一次电池的绝缘电阻。

（二）一次电源测试原理

干态电池测试仪电路主要由电源、恒流源、A/D 转换器、调零电路、参考电压补偿电路、LED 数字显示电路等组成，如图 5.2.2 所示。

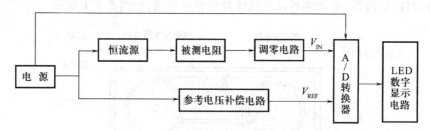

图 5.2.2　干态电池测试仪电路组成框图

图 5.2.2 中，A/D 转换器常采用双积分型 A/D 转换电路，V_{IN} 为 A/D 转换器的输入电压，V_{REF} 为参考电压。

电源的一路产生的恒定电流通过被测电阻，将产生的电压降 V_{IN} 送入 A/D 转换器的输入端；另一路用于产生参考电压 V_{REF}。在参考电压 V_{REF} 不变的情况下，双积分型 A/D 转换器的输出（发光二极管（LED）数字显示器的读数 T）与输入电压 V_{IN} 之间成正比例关系，即

$$T = K \cdot \frac{V_{\mathrm{IN}}}{V_{\mathrm{REF}}} \qquad (5.2.2)$$

式中：K 为比例系数。

在恒流源 I 的作用下，由于 $V_{\mathrm{IN}} = RI$，故被测电阻 R 越大，输入电压 V_{IN} 越大，显示器的读数 T 也就越大。于是，根据显示器的读数 T 的大小可以计算出被测电阻的阻值。

在测试小于 1Ω 的电阻时，不能忽略接触电阻的影响。为此，可在 A/D 转换器输入端前加入一级调零电路，以提高测试精度。

弹上电池绝缘电阻的测试采用的是加高电压、测漏电流的方法，即在不同测试点之间施加高电压 U，然后检测其漏电流 $I_{漏}$，于是有 $R_{绝} = U/I_{漏}$。

第三节　二次电源和配电仪器测试

一、二次电源和配电仪器

（一）稳压器

稳压器将控制系统电子设备供电电池输出的 $(28 \pm 3)\mathrm{V}$ 直流电压经过变换、稳压后，形成

相互隔离的五路稳定直流电压输出,供控制系统部分仪器使用。

稳压器主要由直流－交流(DC/AC)变换器、整流滤波电路和稳压电路组成。稳压器首先将直流电压通过变换器变换成交流电,然后通过整流、滤波和稳压,变换为弹上所需要的具有一定精度要求的多路稳定直流电源输出。或由直流－直流(DC/DC)变换器组成,其原理如图5.3.1(a)、(b)所示。

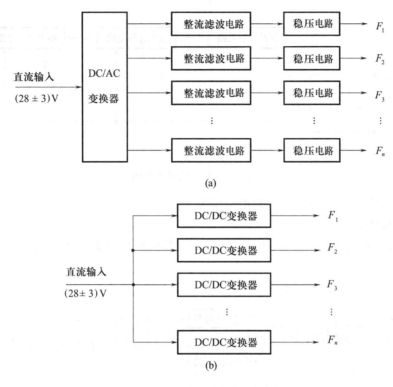

(a)

(b)

图5.3.1　稳压器工作原理框图

稳压器测试主要检查其输出的多路直流电源的电压值和纹波。在输入电压为(28±3)V、空载或负载条件下,要求稳压器输出的各路直流电源的电压值在规定范围内,纹波小于某一规定值。

(二) 高频换流器

高频换流器将直流(28±3)V电源变换为不同频率和幅值的交流电源,为平台、陀螺仪、惯组等的传感器激磁供电。

高频换流器的实现方式有很多种,图5.3.2给出了两种典型的实现方式。

在图5.3.2(a)中,LC振荡器将直流(28±3)V电压转换为一定频率的交流信号,经放大、脉宽调制和功率放大后,输出所需要的高频交流信号;输出信号同时反馈给宽度调节器控制晶体管放大器的导通角,从而使仪器的输出电压能稳定在一定范围,保证输出电压的精度。在图5.3.2(b)中,直流信号经振荡分频电路后变成一定频率的方波,再经选频稳幅电路和功率放大电路后,输出需要的高频交流信号。

高频换流器的主要测试项目有输入消耗电流、输出电压、输出失真度和输出信号的频率。在输入电压为直流(28±3)V、空载或负载条件下,要求高频换流器的输入消耗电流、输出失真

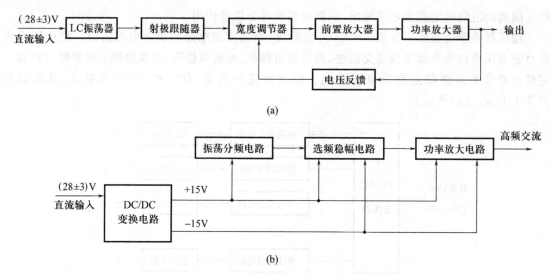

(a)

(b)

图 5.3.2　高频换流器方框图

度均小于规定值,输出电压、频率在规定的范围内。

（三）三相换流器

三相换流器将直流(28±3)V电源转换为三相交流电和单项交流电,为平台、惯组、速率陀螺仪的力矩电机供电。

三相换流器的工作原理如图5.3.3所示。

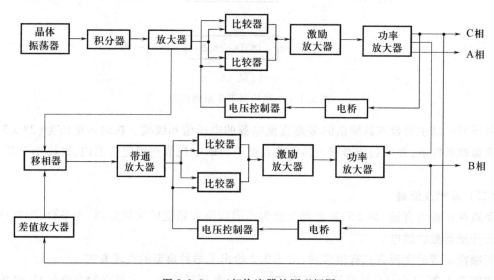

图 5.3.3　三相换流器的原理框图

在图5.3.3中,由晶体振荡器产生的基准方波,经过分频电路后输出一定频率的方波,经积分器得到三角波,再经过放大器放大后,输出两路:一路经比较器、激励放大器、功率放大器得到A相和C相交流输出;另一路经移相器、带通放大器、比较器、激励放大器和功率放大器得到B相交流输出。

三相换流器的测试项目主要有输入消耗电流、相电压、失真度、周期与相序等。

在空载或负载情况下,要求三相换流器的输入消耗电流小于规定值,输出电压在规定范围内,输出电压的失真度小于一定范围。

（四）脉冲放大器

脉冲放大器接收弹载计算机输出的程序脉冲信号,通过隔离、功率放大,供给程序机构步进电磁铁使用,通过稳定系统控制导弹按预定程序飞行。

脉冲放大器主要由光电隔离输入、射极跟随器、前置放大器、功率放大器和稳压电源等部分组成,如图5.3.4所示。

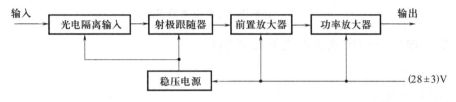

图5.3.4　脉冲放大器方框图

脉冲放大器的主要技术指标是输入脉冲和输出脉冲的波形、脉冲幅度和脉冲宽度。

脉冲放大器的测试项目主要有输入消耗电流(满载/空载)、输出电压、脉冲周期、脉冲占空比和步进周期。在对脉冲放大器进行测试时,要求输入消耗电流小于某一规定值,输出电压、脉冲周期和步进周期在一定范围,步进周期为某一规定值。

（五）程序配电器

程序配电器按预先要求的时间程序发出时间指令,控制弹上相应的电路接通或断开,保证控制系统按预定的程序工作。

程序配电器有机械式、电子式和计算机三种。

早期的程序配电器主要采用机械式,其工作原理是:直流电动机通过齿轮减速器带动凸轮轴,凸轮轴上安装有一特制凸轮,在这些凸轮的作用下,程序配电器的接点以接通或断开的方式输出程序指令信号。

电子式程序配电器的工作原理是:对时钟信号进行整形、分频,形成各种时间单位,这些时间单位在编码器中互相组合产生所需要的时间信号,将这些时间信号送入寄存器构成所需要的各种程序指令信号,经放大后推动相关继电器输出程序指令。电子式程序配电器的工作原理如图5.3.5所示。

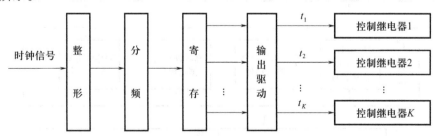

图5.3.5　电子式程序配电器原理框图

计算机程序配电器的工作原理是计算机直接根据系统时钟在特定的时刻发出指令信号,经放大后推动指定继电器工作,控制对应的设备供电或断电。计算机程序配电器的工作原理如图5.3.6所示。

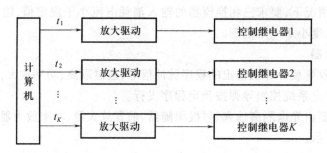

图 5.3.6　计算机程序配电器原理框图

二、二次电源和配电仪器的主要技术指标

（1）直流电源电压。

（2）交流电源电压。

（3）交流电源频率。

（4）脉冲信号时间串、脉宽、时间。

三、电源配电仪器的测试

电源配电仪器的测试原理如图 5.3.7 所示。

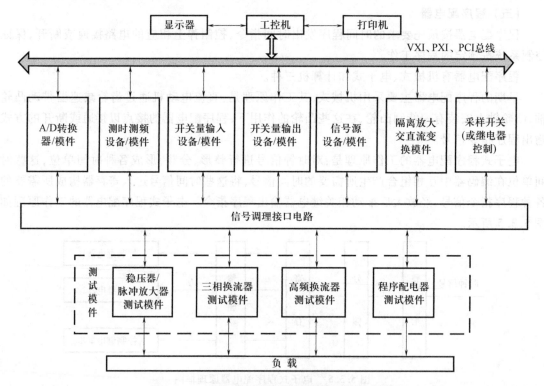

图 5.3.7　电源配电仪器测试系统的原理方框图

电源配电系统仪器经信号调理接口电路进行信号变换和阻抗匹配转换，变换为测试设备/模件适于测量的信号形式，再经采样开关送至 A/D 转换器、测时测频设备/模件，或开关量输入

模件,完成相关交/直流电压、频率、时串、时间或脉宽等测试。测试设备可采用 VXI、PXI、PCI 等总线设备,也可通过 RS-232/GPIB 与程控仪器控制智能仪器测试系统。

 思考题 ➤

1. 简述弹上一次电池的主要测试项目和测试原理。
2. 简述电源配电仪器测试原理。

第六章

制导系统及其测试

>>

制导是用惯性、无线电或其他方法测得导弹的运动参数,对其质心运动进行控制以命中目标或进入预定轨道的技术。制导系统的主要任务是控制导弹的命中精度,保证弹头落点散布符合要求,即保证导弹"打得准"。在导弹实际飞行过程中,有许多干扰因素使飞行条件显著偏离理想状态,从而使导弹偏离目标点。导弹的落点偏差,可分解为射面内的射程偏差(或称纵向偏差)和偏离射面的横向偏差(或称射向偏差),因而制导系统的作用可分为射程控制和横向运动控制两种。射程控制是实现命中目标的第一要求,使射程偏差小于容许值;横向运动控制是实现命中目标的第二要求,使横向偏差小于容许值。

本章首先介绍导弹的制导理论及各种制导方式,然后重点讨论摄动制导和显式制导的基本原理,对惯性制导系统进行深入分析,最后对制导系统测试进行深入讨论。

第一节　制导系统概述

一、制导系统的主要功能

(1)导航,即根据导航设备的测量输出实时解算出导弹在制导坐标系中的位置和速度。

(2)导引,即根据导弹的当前状态(位置和速度)和其控制的终端状态,实时给出使导弹能达到终端状态的某种姿态控制指令。

(3)发出发动机点火、关机与控制指令。

在此,应区分导航和制导的概念。导航是指正确地引导载体沿预定的航线在规定的时间内到达目的地的过程。为了完成导航任务,就需要由导航仪表测量载体实时的地理位置、航行速度以及载体的姿态等导航参数。传统的导航系统只提供各种导航参数而并不直接参与对载体的控制,因而总体上是个开环系统。人们提到"导航"这个术语的时候,其含义也侧重于测量和提供导航参数这部分工作。制导是指自动控制和导引导弹按预定轨道或飞行路线准确到达目标的过程,可以说是导航武器出现后的专门术语。导弹上的制导系统是导引和控制导弹按选定的规律调整其飞行路线并最终导向目标的全部装置。由此可见,导弹的制导系统实际上相当于由导航系统与飞行自动控制系统组成。因此,当人们提到"制导"这个术语时,其含义不仅限于提供导航参数,而是指导航测量与飞行控制所构成的闭环回路的全部工作过程。

二、制导系统的分类

（一）按制导系统的信息来源分类

1. 自主制导系统

自主制导系统的导引信号不依赖于目标或制导站,仅由导弹本身所安装的测量仪器通过测量地球或宇宙空间的某些物理特性来提供相对运动信息,从而确定导弹的飞行轨迹。通常有惯性制导系统、方案制导系统、天文(星光)制导系统、地磁制导系统、地图/景象匹配制导系统等。

（1）惯性制导系统:利用惯性仪表特性,在运动着的导弹上建立惯性导航基准,测量导弹的加速度和姿态变化,以确定导弹飞行轨迹的制导系统。即利用惯性仪表测量和确定导弹运动参数、控制导弹飞向目标的一种制导系统。惯性制导系统在工作过程中不仅不需要外部信息,而且也不需要外界的参照物,是完全意义上的自主式系统。

（2）方案制导系统:控制导弹的某一个或几个飞行参数在飞行中按预定的方案实现。主要用于地地飞航式导弹、舰舰飞航式导弹的制导系统,并多用于初、中段制导。

（3）天文(星光)制导系统:测量天体高度角、方位角以获得导引信息,控制导弹飞向目标的一种制导系统。它是一种根据星体在天空的固有运动规律提供的信息来确定导弹运动参数的制导技术。星光制导系统多用于远距离、长时间飞行的导弹制导。

（4）地形/景象匹配制导系统:地形匹配制导系统即地形等高线匹配制导系统,是利用地形等高线作为导引信息的制导系统。景象匹配制导系统,是利用遥感地面某种频谱特性作为导引信息的制导系统。它们的基本原理相同,都是利用弹上计算机(相关处理机)预存的地形图或景象图作为基准图,与导弹飞行到预定位置时携带的传感器测出的实时地形图或景象图进行相关处理,确定出导弹当前位置偏离预定位置的纵向和横向偏差,形成制导指令,将导弹引向预定的区域或目标。

自主制导系统的制导过程完全不需要任何弹外的设备协同,抗干扰能力强。采用自主制导系统的导弹,一经发射后,就不再接受地面的指令,命中目标的准确度完全取决于弹内设备。但是,这种制导系统只能用于将导弹引向预定区域或固定目标。

2. 寻的制导系统

寻的制导系统:利用目标辐射或反射的能量(如电磁波、红外线、激光、可见光等),靠弹上制导设备测量目标与导弹相对运动参数,按照确定的关系直接形成引导指令,使导弹飞向目标,又称为自导引制导系统。导弹发射后,弹上的制导系统接收来自目标的能量,由弹载计算机依照偏差形成引导指令,使导弹飞向目标。自导引制导系统与自主制导系统的区别是导弹与目标间有联系,即有导弹观测信道。

按产生目标信息能源的初始位置,可分为主动寻的制导系统、半主动寻的制导系统和被动寻的制导系统三种。按目标信息的物理性质,可分为无线电(雷达)寻的制导系统、激光寻的制导系统、红外寻的制导系统和电视寻的制导系统等。

（1）主动寻的制导系统:目标照射源设置在弹上的寻的制导系统。利用弹上导引装置向目标发射能量(无线电波、激光、红外等),并接收目标反射回来的能量,形成导引信号控制导弹飞向目标的制导体制。主动寻的制导系统能完全独立工作,不需目标或制导站提供能量。但制导作用距离受到弹上发射机功率的限制,弹上导引装置复杂,弹上辐射源暴露,易受干扰,导弹受拦截的可能性大,常用作复合制导中的末制导。

（2）半主动寻的制导系统:照射发射机设在导弹之外的制导站上、接收目标反射能量的接收机设在导弹上的寻的制导系统。即利用制导站向目标发射能量（无线电波或激光）,并接收目标反射回来的能量,测量目标和导弹的相对位置及其运动参数,由弹载计算装置按选定的导引方法,给出导引信号,送入姿态控制系统,操纵导弹飞向目标。这种制导系统的照射源由制导站提供,发射功率大,增益高,作用距离远,而且弹上设备相对简单,体积小,重量轻,其缺点是需要制导站配合,同时对付多目标的能力受到限制。

（3）被动寻的制导系统:弹上导引装置接收目标自身辐射的能量（无线电波、红外线等）,形成导引信号的制导系统。

寻的制导系统的特点:可使导弹攻击高速目标,制导精度高。具有自动寻找、跟踪、截击和攻击目标的能力。但由于它靠来自目标的能量来检测导弹的飞行偏差,因此,作用距离有限,易受外界的干扰。寻的制导常用于空空导弹、地空导弹、空地导弹和某些弹道导弹、巡航导弹的飞行末段,以提高制导精度。

3. 遥控制导系统

遥控制导系统是由弹外制导站发送指令或波束,弹上导引装置形成导引信号控制导弹飞向目标的制导系统。遥控制导系统可将导弹导向固定目标,也可将导弹导向活动目标。活动目标包括速度较低的坦克和舰艇,也有速度较高的空中目标,如飞机和导弹。地面固定目标一般指雷达站或发射阵地等。因而,遥控制导系统中,按导引信号形成的不同,分为波束制导系统、指令制导系统。根据信号物理本质的不同,又可分为无线电遥控系统、有线遥控系统、电视遥控系统、红外遥控系统和激光遥控系统等。

（1）指令制导系统:由弹外制导站发送指令、控制导弹飞向目标的制导系统。指令制导系统分为光电遥控指令制导系统和转发式指令制导系统,其中光电指令制导系统又分为光学瞄准指令制导系统（包括有线遥控和无线遥控）、电视遥控系统、红外遥控系统和激光遥控系统。

转发式指令制导系统（TVM）:TVM 制导体制,为半主动雷达寻的制导的一种改型。利用导弹上的半主动导引装置测量导弹相对于目标的位置坐标及其变化率,将测量结果和弹上其他内弹道参数,通过下行线一并送到地面制导站,地面计算机将地面制导站测量到的目标与导弹的信息以及由下行线传送来的信息一起进行处理和状态估计,并根据导引规律要求形成导引指令,这些指令再通过上行传输线,由地面制导站传送到弹上,引导导弹飞向目标。这种制导系统具备攻击多目标的能力,有较高的制导精度和弹上设备简单的优点。但由于增加了下行通道,易受敌方干扰。

指令制导系统为了形成导引指令,制导站必须不断地测量导弹和目标的坐标参数及运动参数,根据导引规律的要求,形成导引指令以控制导弹飞行。制导站可设在地面、舰船和飞机上。指令制导系统,弹上导引设备较简单。制导站时刻跟踪目标,随时测取目标运动参数,故常用于攻击活动目标。一般指令制导作用距离较远,但制导精度随导弹飞行距离的增加而降低,且易受干扰。

（2）波束制导系统:由弹外制导站发射波束照射目标,弹上导引装置控制导弹沿波束中心线飞向目标的制导系统。可分为雷达波束制导系统和激光波束制导系统两种。

在波束制导体制中,地面上、飞机上或舰艇上设有制导站,制导站的雷达波束自动跟踪目标,导弹的导引装置能自动识别导弹偏离波束中心的方向及距离,根据偏离的方向和大小,计算出操纵导弹飞行的导引指令,使导弹纠正偏离,始终沿着波束中心附近飞行,直至命中目标。

波束制导系统可在一个波束中,同时导引几发导弹攻击同一目标。缺点是:导弹向目标接近过程中,波束必须始终连续不断地指向目标,这样,既暴露了自己,又限制了自身的机动性;另外,为减小制导误差,波束要窄,窄波束既带来捕获目标的困难,又带来跟踪快速目标及大机动目标时,容易丢失目标或把导弹甩出波束的缺点;并且,制导误差随射程增加而增大,射程受到限制。

遥控制导系统的特点:波束制导系统和遥控指令制导系统虽然都由导弹以外的制导站引导导弹,但前者制导站的波束指向,只给出导弹位置信息,而导引指令,则由在波束中飞行的导弹检测其在波束中的偏差来形成。遥控指令制导系统的引导指令,则由制导站根据导弹、目标的信息,检测出导弹与弹道的位置偏差,从而形成导引指令,该指令传送到导弹,以操纵导弹飞向目标。

遥控制导系统与寻的系统有明显的不同。遥控制导系统在导弹发射后,制导站必须对目标(遥控指令制导中还包括导弹)进行观测,并通过其遥控信道向导弹不断发出引导信息(引导指令)。寻的制导在导弹发射后,只由弹上制导设备通过其目标信道对目标进行观测,并形成引导指令。也就是说,导弹一经发射,制导站不再与它发生联系。因此,遥控制导系统的制导设备分装在制导站和弹上。而寻的制导系统的制导设备基本都装在导弹上。

遥控制导的精度较高,作用距离比寻的制导系统稍远,弹上制导设备较简单。但其制导精度随导弹与制导站的距离增大而降低,由于它要使用两个以上的信息,因此易受外界干扰。

遥控制导系统多用于地空导弹和一些空空导弹,有些战术巡航导弹也采用遥控指令制导系统来修正其航向,以提高制导精度。

4. 复合制导系统

复合制导系统是指导弹在飞行过程中采用两种或两种以上制导方式的制导系统,主要目的是提高制导精度。自主式制导系统具有自主和抗干扰性强的优点,但只能用于攻击固定目标。指令制导系统的制导精度高,但积累误差大,精度随作用距离增加而下降,寻的制导系统作用距离较近,造价昂贵。各种单一制导体制都有其长处,又有其短处。在同一武器系统中的不同飞行段、不同的地理和气候条件下,采用不同的制导方式,采其所长,避其所短,采用复合制导系统能更好地满足武器系统战术技术要求。

复合制导系统通常应用于下列情况:一种制导方式的作用距离不能满足导弹射程的需要,或其制导精度达不到要求,需要另一种独立的制导方式将它控制到一定的范围;没有任何一种制导方式能单独满足根据战术要求确定的导弹飞行各段所需弹道特性,或为了提高制导系统的抗干扰性。

复合制导系统的形式很多,一般有以下几种。

自主+寻的制导,如法国的"飞鱼"反舰导弹,发射后先在惯性制导系统导引下飞行,接近目标时转为自寻的制导系统。

遥控+寻的制导,如美国的"波马克"地空导弹,飞行中段用无线电制导,末段用自寻的制导。

惯性+地图匹配制导,如美国的"战斧"巡航导弹,整个飞行过程均采用惯性制导,中段用地形匹配制导,末段采用景象匹配制导。

此外,还有其他复合制导形式,如:美国的"三叉戟"-Ⅱ潜地导弹采用惯性制导+星光制导；"不死鸟"空空导弹发射后先用半主动寻的制导，末段为主动寻的制导。

复合制导系统使导弹的射程增加，制导精度提高，抗干扰能力强，全天候、全方位的进攻能力强，但结构比较复杂，体积大，成本高。

需要指出的是，组合制导系统和复合制导系统是有区别的：组合制导系统是把许多不同的制导方法分别做成不同的导引头，这些导引头做成一个标准件安装在统一的弹体上，在战场上选择最合适的导引头装于弹体去攻击目标；复合制导系统就是导弹弹体上有两套或两套以上的制导系统，这些系统根据各自的特点分别在弹道的各个阶段进行分段制导。导弹制导方式分类如图 6.1.1 所示。

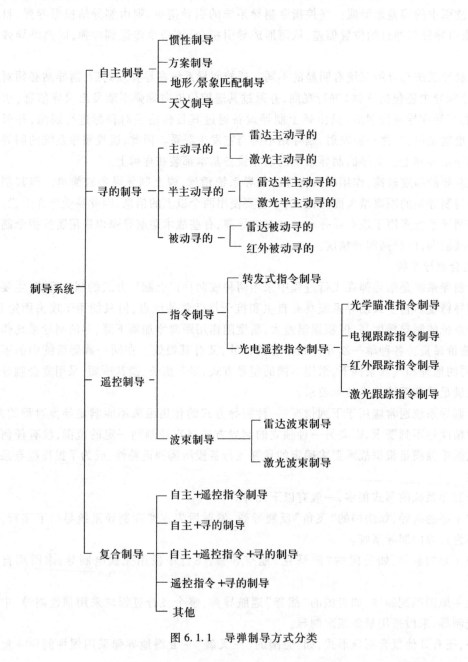

图 6.1.1　导弹制导方式分类

（二）按导弹的飞行段分类

（1）初制导：又称发射制导或主动段制导。从导弹发动机点火到燃料耗尽或按程序发动机关机为止，即由导弹发射到进入正常轨道（主动段结束）这一阶段进行的制导。

（2）中制导：又称中途制导。导弹由主动段终点到弹道末段前进行的制导。

（3）末制导：又称再入制导。导弹在飞行末段进行的制导。

（4）全程制导：在导弹飞行全过程实施的制导。

另外，制导系统还有其他分类方法。例如，根据导航设备分类，可分为平台惯导和捷联惯导；根据制导计算方法可分为摄动制导、显式制导等。

三、制导系统的组成

对于惯性制导系统而言，导弹的制导系统通常由测量装置和弹载计算机等组成，如图 6.1.2 所示。测量装置可以是惯性测量平台、捷联式惯性测量装置，也可是惯性与其他测量装置组成的复合测量装置。

弹载计算机执行下述任务。

（1）对测量装置的测量数据进行采集和处理。

（2）进行导航计算和弹体姿态角解算。

（3）进行导引计算，给出姿态控制指令。

（4）根据点火条件和关机条件进行计算，适时给出点火指令和关机指令。

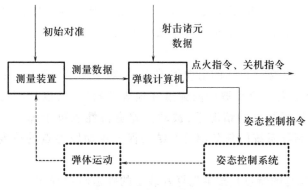

图 6.1.2　制导系统的组成

第二节　惯性制导系统及其测试

一、惯性制导原理

（一）摄动制导原理

根据弹道式导弹的运动特性，如果发射条件已知，就确定了运动方程的一组起始条件，可以唯一地确定一条弹道。实际上，影响导弹运动的因素很多，诸如导弹运动时的环境条件、导弹本身的特征参数、发动机和制导系统的特性，都会影响导弹的运动特性。所以即使在相同的起始条件下，如果运动时的环境条件（气温、气压、风速等）和导弹本身的特征参数（几何尺寸、重量、外形等的微小偏差）以及发动机和制导系统参数不同，则导弹的运动弹道也不相同。我们只能给出某些平均的运动规律，设法使实际运动规律对这些平均运动规律的偏差是微小量。

为了能反映出导弹质心运动的"平均"运动情况，需要做出标准条件和标准弹道方程的假设，利用标准弹道方程在标准条件下计算出来的弹道称为标准弹道。标准条件和标准弹道方程随着研究问题的内容和性质不同而有所不同。不同的研究内容，可以有不同的标准条件和标准弹道方程，目的在于保证实际运动弹道对标准弹道保持小偏差。例如，对于近程导弹的标准弹道计算，通常可以不考虑地球旋转和扁率的影响，而对于远程导弹来说，则必须加以考虑。

为了便于研究导弹质心运动的规律，需要做一些人为的约定。例如：约定风速为零；气温15℃；结构尺寸、重量、发动机推力秒流量均符合标称值；地球为不转动的圆球，其半径 $r_0 = 6371110\text{m}$，地面重力加速度 $g_0 = 9.800\text{m/s}^2$；发射点和目标的高程为零。这些约定条件大致分为地理条件（地球形状、运动，重力加速度）、气象条件（风速、气温、气压）和弹道条件（弹的尺寸、起飞重量、发动机推力和秒流量、制导系统放大系数、发射点与目标点的高程）三个方面。把符合各种约定条件的状态称为标准状态。在标准状态下，根据所研究问题的具体特点和允许误差的条件，选择适当简化的某种方程组作为标准方程组。由此标准条件和标准方程组解出的弹道称为标准弹道或理想弹道。标准弹道反映了导弹飞行的某种平均运动规律。

导弹运动的实际条件与标准条件总是有差别的，所以实际弹道与标准弹道也总是有偏差的。不过，倘若标准条件和标准方程组选得恰当，弹道的偏差将是微小的数值，这里把实际弹道相对于理论弹道的偏差称为弹道摄动或"扰动"。在标准弹道的基础上，利用小偏差理论来研究这些偏差对导弹运动特性的影响，就是弹道摄动理论。

1. 射程控制

射程控制目标函数是交会目标的射向偏差为零，对于弹道导弹就是控制实际射程等于标准（预定）射程。射程是主动段和被动段弹道在地表的轨线，所以控制射程实际上是控制飞行轨道。在再入段不进行制导的情况下，被动段弹道特性取决于弹头进入自由段飞行的初始速度和位置坐标。制导系统的任务则可归结为保证主动段终点的速度和位置坐标值符合要求。

弹道导弹主动段飞行的特点是按事先算好装定的弹道转弯程序飞行。如果飞行条件完全符合预定的情况，则导弹在程序控制信号作用下，将沿着计算的标准弹道飞行，在预定的标准时间关闭发动机，达到预定的主动段终点速度和位置。这样，只要由没有误差的时间控制装置按装定时间发出关机指令，就可以使弹头命中目标。但是，实际上有许多干扰因素使飞行条件偏离预计的情况。制导系统的作用就是通过关机和导引消除干扰力和干扰力矩的影响，控制射程偏差达到最小。

射程 L 是飞行弹道参数 (V,r) 和时间 t 的函数，在标准（预定）的条件下，标准射程为

$$\overline{L} = \overline{L}[\,\overline{V}_\alpha(\bar{t}_k), \bar{\alpha}(\bar{t}_k), \bar{t}_k\,] \tag{6.2.1}$$

式中：$\bar{t}_k$ 为预定关机时间；$\overline{V}_\alpha(\alpha = x, y, z)$ 为预定速度在发射惯性坐标系的三个分量；$\bar{\alpha}(\alpha = x, y, z)$ 为预定位置在发射惯性坐标系的三个分量。

在实际飞行中，由于存在多种干扰力和干扰力矩因素的影响，实际弹道偏离预定弹道，因而实际射程为

$$L = L[V_\alpha(t_k), \alpha(t_k), t_k] \tag{6.2.2}$$

式中：V_α、α、t_k 分别为实际飞行速度、位置和关机时间。

射程偏差为

$$\Delta L = L - \bar{L} \tag{6.2.3}$$

由式(6.2.1)、式(6.2.2)可知,弹道导弹的射程取决于主动段关机点的参数,以射程偏差作为关机控制函数涉及 7 个参量($V_x, V_y, V_z, x, y, z, t$),要保证射程准确,最直接的方法是控制导弹沿标准弹道飞行,即控制主动段终点的飞行状态量与预先计算的标准值完全相等。但是,要在关机时刻同时保证 7 个参数都等于预定值是困难的。事实上,这种要求也是不必要的,因为在实际弹道上有可能找出一个合适的关机点,这个关机点的 7 个运动参数组合值可以与标准关机点的 7 个标准运动参数组合值相等,即使飞行弹道不同,也可以使 $\Delta L = 0$。

图 6.2.1 是不同飞行弹道而具有同一射程的弹道示意图。因此,关机控制的指标函数选取综合值 ΔL,而不选择 7 个参量。

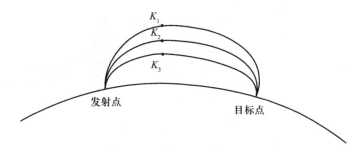

图 6.2.1　命中同一目标的弹道簇

将前述用来确定发动机关机时间的函数称为射程控制泛函 $J(t_k)$ 或控制泛函。通常控制泛函也可称为关机特征量。控制泛函是用导弹的坐标和速度分量的瞬时值表示的射程:

$$J(t_k) = L[V_\alpha(t_k), \alpha(t_k), t_k] \tag{6.2.4}$$

采用控制泛函,当

$$\Delta L = J(t_k) - \bar{J}(\bar{t}_k) = 0 \tag{6.2.5}$$

即 $J(t_k) = \bar{J}(\bar{t}_k)$ 时,关闭发动机,就可使射程偏差为零,达到射程控制的目的。

摄动法的实质是线性化方法,用线性函数逼近非线性函数。当选取的实际条件与标准条件接近时,实际弹道将会围绕标准弹道在一定的"偏差管道"内分布,导弹关机点运动参数的偏差比较小,可以运用摄动法将射程控制泛函在标准弹道关机点附近展开成泰勒级数式,从而简化射程控制泛函的计算。忽略二阶以上高阶项,射程偏差的泰勒级数展开式的一阶项为

$$\Delta L = J(t_k) - \bar{J}(\bar{t}_k) = \frac{\partial L}{\partial V_x}(V_x - \bar{V}_x) + \frac{\partial L}{\partial V_y}(V_y - \bar{V}_y) + \frac{\partial L}{\partial V_z}(V_z - \bar{V}_z) +$$

$$\frac{\partial L}{\partial x}(x - \bar{x}) + \frac{\partial L}{\partial y}(y - \bar{y}) + \frac{\partial L}{\partial z}(z - \bar{z}) + \frac{\partial L}{\partial t}(t_k - \bar{t}_k) \tag{6.2.6}$$

式中:偏导数 $\frac{\partial L}{\partial V_x}$、$\frac{\partial L}{\partial V_y}$、$\frac{\partial L}{\partial V_z}$、$\frac{\partial L}{\partial x}$、$\frac{\partial L}{\partial y}$、$\frac{\partial L}{\partial z}$、$\frac{\partial L}{\partial t}$ 可根据摄动法由标准弹道参数算出,均为常数,且在

发射前装定到弹载计算机里。因此，摄动制导的射程控制要求按下式精确控制发动机关机，即

$$\Delta L = J(t_k) - \bar{J}(\bar{t}_k) = 0 \tag{6.2.7}$$

摄动制导不需要飞行过程中将实际状态量与标准状态量作实时比较，而只需在关机点附近计算关机特征量。将实际的关机特征量 $J(t_k)$ 与装定的标准关机特征量进行比较，相等或小于某一允许值 ε_L 时，即发出关闭发动机指令。图 6.2.2 所示为摄动制导系统射程控制框图。

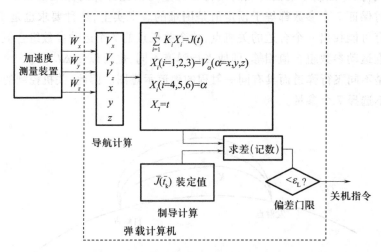

图 6.2.2　摄动制导系统射程控制框图

2. 法向、横向导引

1）法向导引

前述射程控制是射程控制泛函也就是射程偏差在标准弹道关机点附近按泰勒级数展开后仅取其一次项，认为二阶以上高阶项为微量可以忽略。但在大干扰、远射程的情况下，主动段终点关机时刻附近，实际弹道偏离预计轨道可能性较大，不利于摄动制导线性化并使制导方案实现变得复杂。为了实现关机特征量方程线性化，需要实际弹道尽量接近于标准弹道。计算和分析射程偏差系数的影响表明，在二阶射程偏差系数中，偏导数 $\dfrac{\partial^2 L}{\partial \theta_H^2}$、$\dfrac{\partial^2 L}{\partial V \partial \theta_H}$ 对落点偏差的影响最大（弹道倾角 θ_H 是导弹速度 V 在惯性坐标系 Oxy 平面上的投影与 Ox 轴的夹角）。这表明关机时弹道倾角的偏差对弹头落点的纵向偏差有影响。因此，控制弹道倾角偏差 $\Delta \theta_H(t_k)$ 小于容许值是保证一阶摄动制导方程实现较高射程控制精度的前提。同时，对于减小纵向运动参数偏差对落点横向散布的影响也有作用，主要是减小由于这些参数偏差引起被动段飞行时间变化，在地球旋转情况下导致的落点横向散布。

法向导引就是对导弹在射面内质心运动的法向方向作控制。通过法向导引来控制质心运动的法向速度，实现控制 $\Delta \theta_H(t)$。取预定弹道倾角作为参照标准，$\Delta \theta_H(t)$ 作为法向控制函数。关机点时刻弹道倾角偏差按泰勒级数展开并取一阶项，可变换得到近似表示式，即

$$\Delta \theta_H(t_k) = \delta \theta_H(t_k) + \dot{\theta}_H(t_k - \bar{t}_k) \tag{6.2.8}$$

式中：等时偏差可表示为

$$\delta\theta_{\mathrm{H}}(t_{\mathrm{k}}) = \frac{\partial\theta_{\mathrm{H}}}{\partial V_x}\delta V_x(t_{\mathrm{k}}) + \frac{\partial\theta_{\mathrm{H}}}{\partial V_y}\delta V_y(t_{\mathrm{k}}) + \frac{\partial\theta_{\mathrm{H}}}{\partial V_z}\delta V_z(t_{\mathrm{k}}) +$$

$$\frac{\partial\theta_{\mathrm{H}}}{\partial x}\delta x(t_{\mathrm{k}}) + \frac{\partial\theta_{\mathrm{H}}}{\partial y}\delta y(t_{\mathrm{k}}) + \frac{\partial\theta_{\mathrm{H}}}{\partial z}\delta z(t_{\mathrm{k}})$$

$$= \sum E_i\delta\xi_i \qquad\qquad (6.2.9)$$

式中：$E_i = \dfrac{\partial\theta_{\mathrm{H}}}{\partial\xi_i}\big|_{t_{\mathrm{k}}}$ ；$\delta\xi_i = \delta V_x, \delta V_y, \delta V_z, \delta x, \delta y, \delta z$。

根据射程控制是实现交会目标的第一条件，可知存在可以使 $\Delta L = 0$ 的时间，即

$$\Delta L = \delta L + \dot{L}(t_{\mathrm{k}} - \bar{t}_{\mathrm{k}}) = 0 \qquad\qquad (6.2.10)$$

由式(6.2.10)可得

$$t_{\mathrm{k}} - \bar{t}_{\mathrm{k}} = -\frac{\delta L}{\dot{L}} \qquad\qquad (6.2.11)$$

将式(6.2.9)和式(6.2.11)代入式(6.2.8)，可得

$$\Delta\theta_{\mathrm{H}}(t_{\mathrm{k}}) = \sum_{i=1}^{6}\left(E_i - \frac{\dot{\theta}_{\mathrm{H}}}{\dot{L}}a_i\right)\delta\xi_i \qquad\qquad (6.2.12)$$

式中：射程偏差系数 $a_i = \dfrac{\partial L}{\partial V_x}, \dfrac{\partial L}{\partial V_y}, \cdots, \dfrac{\partial L}{\partial z}\big|_{t_{\mathrm{k}}}$。

类似前述的 L 表示形式，将 $\dot{\theta}_{\mathrm{H}}$ 写成

$$\dot{\theta}_{\mathrm{H}} = \frac{\partial\dot{\theta}_{\mathrm{H}}}{\partial V_x}\dot{V}_x + \frac{\partial\dot{\theta}_{\mathrm{H}}}{\partial V_y}\dot{V}_y + \frac{\partial\dot{\theta}_{\mathrm{H}}}{\partial V_z}\dot{V}_z + \frac{\partial\dot{\theta}_{\mathrm{H}}}{\partial x}\dot{x} + \frac{\partial\dot{\theta}_{\mathrm{H}}}{\partial y}\dot{y} + \frac{\partial\dot{\theta}_{\mathrm{H}}}{\partial z}\dot{z} \qquad (6.2.13)$$

式(6.2.12)的 $\Delta\theta_{\mathrm{H}}(t_{\mathrm{k}})$ 是期望在关机时刻达到的量，由于质点运动的周期长，控制 θ_{H} 最后到 $\Delta\theta_{\mathrm{H}}(t_{\mathrm{k}})$ 需要一个时间过程。所以，在远离关机点时间 t_{k} 之前的飞行过程中某一时刻 t 就需要开始法向导引。定义法向控制函数为

$$I_\theta(t) = \sum_{i=1}^{6}\left(E_i - \frac{\dot{\theta}_{\mathrm{H}}}{\dot{L}}a_i\right)_{t_{\mathrm{k}}}\delta\xi_i \quad (t_\theta \leqslant t \leqslant t_{\mathrm{k}}) \qquad (6.2.14)$$

式中：t_θ 为允许导引起始时间。

显然，法向导引系统将逐渐使 $I_\theta(t)$ 减小，随着飞行时间接近 t_{k}，$\Delta\theta_{\mathrm{H}}(t_{\mathrm{k}}) \approx 0$。采取法向导引，通过控制 $\theta_{\mathrm{H}}(t)$ 保证了射面内的弹道接近标准弹道，从而保证了摄动制导线性化条件。

2）横向导引

制导系统在完成射程控制的同时，还需要进行横向导引控制，即将偏离射面的导弹导引回射面内飞行。横向导引实质上是对导弹质心横向运动的控制。导引是通过姿态控制回路来完成的，即通过推力矢量控制实现质心横移运动的控制。

横向运动控制的目标是使关机时刻的运动参数偏差满足横向偏差：

$$\Delta H(t_{\mathrm{k}}) = 0 \qquad\qquad (6.2.15)$$

类似法向导引方式，在偏差一阶近似下，关机点时刻造成落点横向偏差：

$$\Delta H(t_k) = \delta H(t_k) + \dot{H}(t_k - \bar{t}_k) \tag{6.2.16}$$

将式(6.2.11)代入式(6.2.16)，可得

$$\Delta H(t_k) = \delta H(t_k) - \frac{\dot{H}}{\dot{L}}\delta L(t_k) = \sum_{i=1}^{6}\left(b_i - \frac{\dot{H}}{\dot{L}}a_i\right)\delta\xi_i(t_k) \tag{6.2.17}$$

式中：$b_i = \frac{\partial H}{\partial V_x}, \frac{\partial H}{\partial V_y}, \frac{\partial H}{\partial V_z}, \frac{\partial H}{\partial x}, \frac{\partial H}{\partial y}, \frac{\partial H}{\partial z}\big|\bar{t}_k$；$\dot{H} = \frac{\partial H}{\partial V_x}\dot{V}_x + \frac{\partial H}{\partial V_y}\dot{V}_y + \frac{\partial H}{\partial V_z}\dot{V}_z + \frac{\partial H}{\partial x}\dot{x} + \frac{\partial H}{\partial y}\dot{y} + \frac{\partial H}{\partial z}\dot{z}$。

为了控制横向偏差，其起控时刻应远离关机时间之前。定义横向控制函数如下：

$$I_H(t) = \sum_{i=1}^{6}\left(b_i - \frac{\dot{H}}{\dot{L}}a_i\right)_{t_k}\delta\xi_i(t) \quad (t_H \le t \le t_k) \tag{6.2.18}$$

式中：t_H 为允许横向控制的起始时间。

可见，当 t 趋近于 t_k 时，$I_H(t_k) \to \Delta H(t_k)$，因此，按 $I_H(t_k) \to 0$ 控制质心横向运动与按横向偏差 $\Delta H(t_k) \to 0$ 控制在精度上等价。

横向导引是导弹运动偏离射面的归零控制，即要求 $\Delta H = 0$。因此，需要连续控制质心横向运动，按反馈控制原理构成横向导引系统。所以，横向导引和法向导引均是闭路控制。横(法)向导引系统利用位置、速度信息，经过导引计算，算出横(法)向控制函数，并产生与之成比例的导引信号。此信号连续送入姿态控制系统偏航(俯仰)通道，通过推力矢量控制环节的控制力改变偏航角(俯仰角)，实现对质心运动的控制。横、法向导引是控制质心在射面(法向)和横向两个垂直方向的运动，因而一般可按两个独立控制通道来分析。导引系统框图如图6.2.3所示。

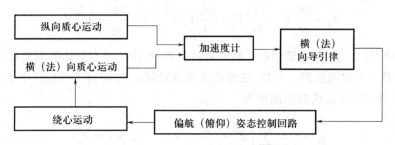

图6.2.3 横(法)向导引系统框图

（二）显式制导原理

在摄动制导中，对制导计算装置要求低，许多大量的计算工作如装定量、偏导数计算等都在射前确定。但是，摄动方法的前提是实际弹道飞行条件与标准条件之差为小量，可略去二阶以上的高阶项，实现制导方程线性化。然而，线性化必然会产生制导设计误差，并且这种误差会随着导弹射程的增加而增加。另外，除了这种制导设计产生的方法误差外，由于摄动制导依赖于标准弹道，因此限制了导弹打击任务的选择转换。

为了克服摄动制导的局限，也随着大规模集成电路及弹载计算机性能的不断提高，在弹上实现高速计算不再困难的前提下，提出了显式制导。

显式制导是根据导弹瞬时运动参数与目标点参数，按射程控制泛函的显函数表达式进行实

时计算,再根据制导指令控制导弹飞行。显式制导利用测量装置连续测量导弹飞行运动参数,实时进行导航计算,求解导弹瞬时飞行速度和位置。再将解算得到的导弹瞬时飞行速度和位置当作主动段终点导弹运动参数,也就是当作自由飞行弹道的初始条件,对给定的目标点参数实时计算瞬时偏差,并产生相应的制导指令控制导弹飞行,逐渐缩小偏差。显然,当该偏差缩小为零时关闭发动机,弹头便可以命中目标。

显式制导的实现方法有多种,如基于需要速度的显式制导方法、基于中间轨道法的显式制导方法、基于标准弹道关机点参量的迭代制导方法等。基于需要速度的显式制导方法,即利用"需要速度"作为控制泛函来进行制导计算与控制的显式制导方法,是显式制导中最常见的方法。

设导弹在时刻 t 的位置为 r_M,假设导弹在该点关机,并保证命中目标,此时导弹应具有的速度称为需要速度,记为 V_R。图 6.2.4 给出了导弹在主动段飞行中任意一点的实际速度 V_M 和需要速度 V_R 之间的几何关系。其中,V_G 为需要速度与实际速度之差,即 $V_G = V_R - V_M$,称为控制速度。

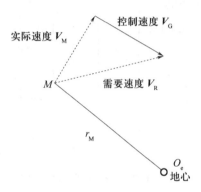

图 6.2.4　需要速度示意图

在飞行过程中,只需要控制导弹的推力方向,不断消除 V_G。当 $V_G = 0$ 时,即 $V_M = V_R$ 时关机。根据 V_R 的定义,此时关机,导弹将能够准确命中目标,这种制导方法也称为闭路制导。

显式制导不仅能够在大扰动条件下采用,而且贯穿于导弹飞行的全过程,其唯一缺点是对弹载计算机的要求较高。但随着大规模集成电路的出现,弹载计算机完全能够适应显式制导的计算要求。显式制导与摄动制导相比,前者不需要在发射前计算标准弹道和确定制导常数的工作,有利于机动发射或改变攻击目标,而且制导精度比后者要高,但显式制导弹上设备比后者复杂,对弹上计算机的字长、容量和计算速度的要求都比较高。

（三）捷联惯性制导原理

捷联惯性制导是将加速度计和陀螺仪直接固连在弹体上。加速度计敏感轴由它在弹体上的安装方向确定。在惯性空间,加速度计敏感加速度的方向取决于导弹在空间运动的姿态。导弹在空间运动的姿态由固定在弹体上的陀螺仪测量。按照测量导弹姿态的陀螺仪的不同类别,又可将捷联惯性制导分为位置捷联与速率捷联两种。前者利用位置陀螺仪测量导弹姿态角,后者利用速率陀螺仪测量导弹姿态角速率。在应用上,位置陀螺仪经常采用两自由度陀螺仪,两个位置陀螺仪就可以测量导弹俯仰、偏航和滚动姿态角。两个位置陀螺仪按照在弹上不同安装方向而分为垂直陀螺仪和水平陀螺仪。速率陀螺仪经常采用单自由度陀螺仪。因此，需要三个陀螺仪才能分别测量导弹俯仰、偏航和滚动的姿态角速率。下面介绍速率捷联制导的原理。

速率捷联惯性制导的惯性器件直接固连在导弹弹体上。三个加速度计沿弹体坐标系各轴向安装，只能测量沿弹体坐标系各轴的视加速度，因而需要将弹体坐标系内的加速度转换到惯性坐标系上。实现由弹体坐标系到惯性坐标系的坐标转换矩阵称为捷联矩阵。根据捷联矩阵的元素可以单值地确定导弹的姿态角，因而该矩阵又称姿态矩阵。速率捷联制导利用固连在弹上的三个速率陀螺仪测量导弹瞬时角速度在弹体坐标系各轴上的分量，并经过复杂的计算而求得导弹姿态角。捷联矩阵有两个作用：一是可用它来实现坐标转换，将沿弹体坐标系安装的加速度计测量的视加速度转换到惯性坐标系上；二是根据捷联矩阵的元素确定导弹的姿态角。捷联惯性制导原理如图 6.2.5 所示。

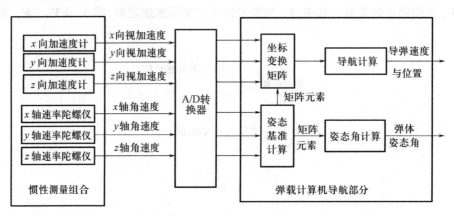

图 6.2.5　捷联惯性制导原理

速率捷联惯性制导最复杂的任务是要在飞行中实时解算捷联矩阵。解算捷联矩阵的算法很多，常用的有三种算法：欧拉角法（三参数）、四元素法（四参数）和方向余弦法（九参数）。使用欧拉角法求解的微分方程最少，但是在数值积分时要进行超越函数运算，计算量较大。还有当姿态角接近 90°时会出现奇点，所以该方法使用有一定局限性。四元素法和方向余弦法要解的方程数多，方向余弦法可以直接求出捷联矩阵。三种捷联矩阵常用算法的算法误差大小不同，四元素法效果最佳，其方法简单，计算工作量小，而且可消除解算时算法误差的影响。

（四）惯性平台制导原理

与捷联惯性制导所不同的是惯性器件不是直接固连在弹体上，而是集中组装在一个稳定平台上，由台体上所装的三个单自由度陀螺仪或两个二自由度陀螺仪将台体稳定在惯性空间。三个加速度计通常正交安装在台体上。台体通过平台框架与导弹姿态运动隔离。平台称为惯性测量装置。

惯性平台制导工作原理如图 6.2.6 所示。

发射前平台上的加速度计敏感轴方向要与发射点惯性坐标系三个轴的方向初始对准。在飞行过程中，加速度计测出沿惯性坐标系三个轴向的视加速度。平台惯性制导系统设计要求关机方程、导引方程都能以平台上加速度计输出的视速度及其积分来表示。平台惯性制导系统同

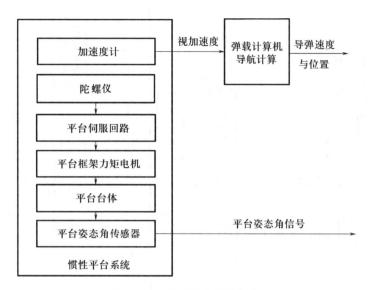

图 6.2.6 惯性平台制导原理

样可以采用摄动制导方法与显式制导方法。

平台惯性制导与捷联惯性制导相比,由于平台框架隔离了弹上恶劣的环境,惯性器件的精度一般比较高。而捷联惯性制导的惯性器件直接固连在弹体上,直接承受恶劣的弹上振动、冲击环境条件,惯性器件的精度不够高。从系统角度讲,捷联惯性制导要靠计算机来解算捷联矩阵实现数字平台的作用,制导方法误差也较平台惯性制导大。从机械结构上,捷联系统结构简单,体积小,重量小,功耗小,易于维护;平台系统结构复杂,体积大,重量大,不便维护。从计算量来讲,捷联系统软件复杂,计算量大,而平台系统软件较为简单,计算量小。一般来说,捷联系统成本大大低于平台系统,这有利于捷联系统采用冗余技术,从而提高系统的可靠性和精度。

由此可见,弹道导弹,特别是战略导弹多采用平台惯性制导,而要求具有中等精度和低成本的近程导弹多采用捷联惯性制导。

二、惯性制导系统测试

(一)惯性制导系统及其地面测试系统结构

目前,比较典型的制导系统及其地面测试系统结构如图 6.2.7 所示(以惯性平台为测量装置)。制导计算机接收平台给出的惯性坐标系的三个加速度分量,经过计算,输出关机信号,横、法向导引信号,以及计算中的各种遥测数据。地面测试发控计算机将设计相应的接口,完成对制导系统输入的激励与输出信号的测试。

地面测试系统设计考虑了两种情况:一是平台系统不工作(不供电),制导系统计算机及其他仪器启动,由地面模拟弹道接口代替平台三个加速度计给弹载计算机输入模拟弹道信号或其他状态信号,完成制导系统的各种计算与控制;二是启动平台系统,地面调平瞄准电路,采集子系统信号源给平台陀螺仪受感器加信号(地面"模拟弹道接口"不工作),完成对平台各种状态的控制,制导计算机接收平台的三个加速度计输出信号,完成各种制导计算和控制任务。

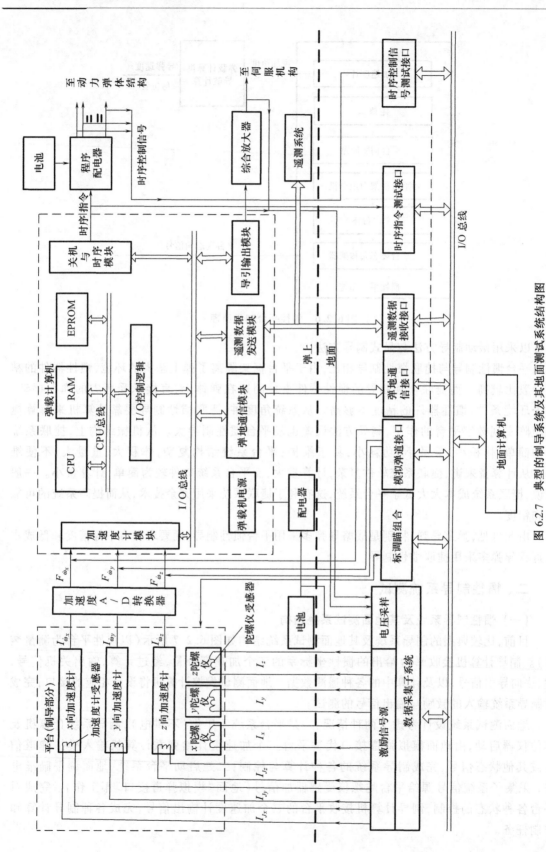

图 6.2.7　典型的制导系统及其地面测试系统结构图

（二）惯性制导系统的测试方法和步骤

惯性制导系统的测试方法和步骤如下：

1. 弹载计算机通信检查

测试目的：检查弹地通信是否正常，弹载计算机工作是否正常。

弹载计算机通信检查原理：地面测发控计算机向弹载计算机发送计算机通信检查命令和一组测试数据，10s 以后发控主机向弹载计算机发送取数命令，取回发送给弹载计算机的数据，并将取回的数据与发送的数据进行比较。如果数据相同，则表明弹载计算机通信正常。

2. 弹载计算机自检

地面测发控计算机通过串行总线向弹载计算机进行程序和数据装定，并启动弹载计算机的各种硬件和功能子程序，完成弹载计算机自检任务。

弹载计算机自检原理：地面测发控计算机向弹载计算机发计算机自检命令，弹载计算机开始进行自检，10s 以后，地面测发控计算机向弹载计算机发出取数命令，取回自检数据。如果和地面测发控计算机内装定的数据相同，则表明弹载计算机工作正常。

3. 弹载计算机飞行程序计算检查

地面测发控计算机通过串行总线向弹载计算机装定制导系统飞行程序，并通过模拟弹道接口发模拟弹道信号。弹载计算机执行飞行程序，地面测发控计算机通过相应接口检查关机时间、时序控制指令时间、导引信号变化规律和遥测数据的正确性。

4. 加速度计正、负向脉冲数检查

通过地面设备给加速度计加指令电流，模拟导弹飞行过程中的加速度，检验加速度计输出是否合格。

1）正向脉冲数检查

平台启动好、调平好以后，向弹载计算机装定正向脉冲数检查文件；断开平台调平回路。三个加速度计测试原理相同，在此以 x 加速度计为例。发控主机控制地面测试设备模件产生指令电流 I_x，给加速度计 A_x 受感器加指令；加速度计在指令电流 I_x 的作用下，输出相应的模拟电流，该模拟电流经过 A/D 转换器变成脉冲数，送到弹载计算机，启动弹载计算机，计算 T 时间内的脉冲个数。另外，将指令电流 I_x 与加速度计的自重电流 i_x（加速度计在 $1g_0$ 作用下输出的电流值，由产品证明书给出）的比值，与该加速度计的脉冲当量 N_x（指当输入加速度为 $1g_0$ 时，加速度计每秒输出的脉冲数，由产品证明书给出）相乘，再乘以时间 T，可得

$$C_0 = \frac{I_x}{i_x} \times N_x \times T \tag{6.2.19}$$

式中：C_0 为常数。

将 C_0 与测得的脉冲数进行比较，以确定加速度计是否正常，将测试结果送给发控主机。

2）负向脉冲数检查

平台启动、调平好以后，向弹载计算机装定负向脉冲数检查文件；断开平台调平回路，发控主机控制地面测试设备模件产生反向指令电流 I_x，给加速度计 A_x 受感器加指令；加速度计在指令电流 I_x 的作用下，输出相应的模拟电流，该模拟电流经过模/数转换装置变成脉冲数，送到弹载计算机，启动弹载计算机，计算 T 时间内的脉冲个数。另外，将指令电流与加速度计的自重电流 i_x 的比值，与该加速度计的脉冲当量 N_x 相乘，再乘以时间 T，此乘积与测得的脉冲数进行比较，以确定加速度计是否正常，并将测试结果送给发控主机。

5. 陀螺仪及加速度计的标定

平台的陀螺仪、加速度计误差是制导工具误差的主要来源，实践证明，利用陀螺仪一次启动随机量小的特点进行射前标定及补偿是提高导弹命中精度的有效技术途径。平台射前自标定，其原理按照第二章讲述的标定方法，对陀螺仪和加速度计标定误差项的选择，主要考虑影响制导精度的主要误差项和平台在弹内的转动范围等因素。

例如，可以通过六位置标定陀螺仪的六项误差系数。

陀螺仪零次项系数：k_{0x}、k_{0y}、k_{0z}（（°）/h）。

陀螺仪一次项系数：k_{12x}、k_{12y}、k_{11z}（（°）/（h·g））。

加速度计的零位误差：k_{Fx}、k_{Fy}、k_{Fz}。

加速度计的比例系数（脉冲当量）：N_x、N_y、N_z（个/（s·g））。

将标定的误差系数用于装定补偿，其中与加速度有关的系数要进行标准重力加速度的修正后再装定到弹载计算机。

6. 制导系统模拟飞行测试（综合测试）

制导系统模拟飞行测试是制导系统在平台调平瞄准以后，A_y加速度计承受$1g_0$输出的情况下（A_x、A_z加速度计输出接近于零），弹载计算机完成制导系统关机和导引计算功能检查的试验。

制导系统模拟飞行测试的目的在于检查全部制导系统仪器相互间的匹配性和系统参数的协调性与稳定性。在模拟飞行中：地面测发控计算机通过"采集子系统"采样弹上各仪器的一次电源和二次电源、供电顺序、电压值、电源频率等参数以验证其正确性；通过"遥测数据接收接口"录取弹载计算机输入/输出值和计算中间结果值以验证其正确性；通过"时序测试接口"测量发出关机时间和时序控制指令时刻的正确性；通过"时串测试接口"测试程序配电器发至弹上各系统时序控制指令（"接通"与"断开"）时刻的正确性。地面计算机还将通过"显示器"把测试过程和结果以数字、曲线或图形等方式显示出来，通过"打印接口"将测试结果与数据处理结果列表打印出清单。通过模拟飞行测试所获得的数据和波形可以查出任何故障所在的部位，并及时予以排除。

第三节　卫星导航定位系统及其测试

一、概述

卫星导航定位系统（简称卫星导航系统）由导航卫星星座、地面测控网和用户导航定位设备（简称用户机）三大部分组成，如图6.3.1所示。卫星导航系统的导航定位原理是利用导航卫星发送高精度无线电导航信号，为装有用户机的地面、海洋、空中和空间用户导航定位，有的用户机还可以测定用户的运动速度。

卫星导航系统的导航定位方法主要分为多普勒测速导航定位和时间测距导航定位两种。多普勒测速导航定位是用户接收机接收卫星发送的信号，测定卫星相对其运动的多普勒频率，并利用已知的卫星位置（或轨道参数）算出用户的位置。这种方法的优点是利用单颗卫星实施定位，系统组网所需的卫星较少；缺点是一次定位所需时间较长，一般不能连续定位。早期的卫星定位系统，如美国的"子午仪"卫星导航系统就采用这种方法。时间测距导航定位是用户接收机同步接收4颗以上卫星发送信号的传播时间，解算用户的空间三维位置和接收站时间的偏

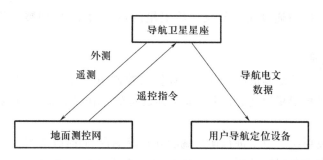

图 6.3.1 卫星导航系统组成示意图

差。这种方法的优点是可以实时、连续地导航定位,且精度高;缺点是所需组网的卫星数量多。目前的卫星导航系统,如美国的 GPS、俄罗斯的 GLONASS、中国的北斗和欧盟的伽利略计划等卫星导航系统,都是应用时间测距方法导航定位的。除提供伪码测定伪距外,卫星导航系统还可以测定载波相位多普勒频率,获取用户高精度的位置速度参数。

二、卫星导航系统的组成

(一) 导航卫星星座

导航卫星星座是由空间多颗导航卫星组成的空间导航网。通常,这些卫星分布在空间几个近似圆的轨道平面上,按照轨道高度可以分为低轨道、中高轨道和地球同步轨道导航卫星,也可以由不同高度的卫星组成卫星星座,其中,后两种轨道居多,而且在同一轨道平面上均匀分布着数颗卫星。卫星上除有接收机和转发由地面测控网发送信号的星载测控系统外,还载有专用的导航系统——发射机、导航电文储存器、高频稳定频标等。图 6.3.2 所示为 GPS 卫星组网示意图,图 6.3.3 所示为 GPS 卫星。

图 6.3.2 GPS 卫星组网示意图

图 6.3.3 GPS 卫星

导航星座的主要功能如下:

(1) 接收和转发地面测控网发送到跟踪测量导航卫星的电波信号,以测定卫星空间运行轨道。

(2) 接收和存储由地面测控网发送的导航信息;接收并执行监控站的控制指令。

(3) 通过星载高精度原子钟产生基准信号并提供精确的时间标准。

(4) 向用户连续不断地发送导航定位信号,以测定用户的位置、速度及姿态。

（5）接收地面主控站通过注入站发送给卫星的调度命令，以调整卫星姿态、启用备用时钟等。

（二）地面测控网

地面测控网由多个跟踪测量站、远控站、计算与控制中心、注入站和时统中心等组成，用于跟踪、测量、计算及预报卫星轨道，并对卫星及其设备的工作进行监视、控制和管理，主要功能如下：

（1）各测控站发射机对卫星进行连续观测并跟踪测量，同时收集当地的气象数据。

（2）主控站收集由各测控站所测得的伪距和多普勒频率观测数据、气象参数、卫星时钟及工作状态的数据。

（3）对所收集数据进行处理，计算每颗卫星星历、钟差修正、信号电离层延迟修正等参数，并按一定格式编算导航电文，传送到注入站。

（4）控制中心检测地面监控系统的工作情况，检查注入给卫星的导航电文的正确性，监测卫星发送导航电文给用户等任务。

（5）注入站将卫星星历、卫星时钟钟差等参数和控制指令注入导航电文给各导航卫星。

（6）调度和控制卫星轨道的改变和修正等。

（三）用户导航定位设备

机载或弹载用户导航定位设备主要由卫星信号接收天线、接收机及配套天线馈线等组成，主要完成以下功能。

（1）接收卫星发送的信号，测定伪距、载波相位和多普勒频率观测值。

（2）提取和解调导航电文中的卫星星历和轨道参数、卫星钟差参数。

（3）处理和计算观测值、卫星轨道参数，解算用户的位置、速度分量以及其他参数。

三、卫星导航定位系统的工作原理

通常卫星导航定位可以按下述两种方式分类。根据导航定位的解算方法可以分为绝对定位和相对定位；而按照导航目标的运动状态又可分为静态定位和动态定位。由于静态目标相对地固坐标系是静止的，其速度为零。因此，利用导航卫星测定目标速度均指动态目标，它的解算方法也可以分为绝对测速和相对测速。

（一）绝对定位和相对定位

1. 绝对定位

利用待定目标（用户）接收机接收4颗以上导航卫星的定位信号，确定目标在某坐标系中位置坐标的方式称为绝对定位。绝对定位只需一台接收机即可确定目标位置。因此，组织、实施和数据处理都比较简便。但是受目标接收机钟差和信号传播延迟的影响，定位精度较低。这种定位方式在许多运动载体的导航定位中广泛使用。

2. 相对定位

在两个或若干个观测点上，设置导航卫星的接收机，同步接收同一组卫星传播的定位信号，并测定它们之间相对位置的方式称为相对定位。在相对定位时，上述观测点上有一个或几个点的位置坐标是已知的，这些点称为基准点。

相对定位利用多个观测点同步接收同一组卫星信号的特点，可以有效地消除或减弱共源和共性的误差，有利于定位精度的提高。但是，相对定位需要多点同步观测同一组卫星，因此组织和实施较复杂,而且要求与基准点的距离不能超过一定的范围。相对定位广泛应用于具有高精度要求的目标定位中。

3. 差分定位

在两个或多个观测点上,设置导航卫星的接收机,利用同步接收同一组卫星星座传播的定位信号,并进行不同的线性组合构成虚拟观测量,再由此组成观测方程并解算目标定位的方法称为差分定位。差分定位同样需要在观测点上有一个或几个基准点。

差分定位主要利用同步跟踪同一组卫星所获取的观测量,经不同方式的差分,使得到的虚拟观测量可以消除或减弱共源和共性的误差,从而精确地解算目标位置。差分定位就是依赖和发挥数学方法的优势来获取高精度的位置参数,又称为求差法。

事实上,差分定位是相对定位的一种特殊实现方式,也是导航定位中精度最高的一种定位方法。关于差分定位的原理,可以推广成观测点都不是基准点的定位方式,这使得卫星导航系统具备更广阔的应用前景。

(二) 静态定位和动态定位

1. 静态定位

若待定点相对于地固坐标系是静止的,则此待定点位置的确定称为静态定位。有时是难以察觉到的运动,或者虽有微小运动,但在一次定位观测期间(数小时或若干天)无法察觉到,此时待定点的位置确定也称为静态定位。

由于静态待定点的位置是不变的,因此它的速度等于零。此时,在不同时刻(历元)进行大量重复的观测和处理,可以有效地提高定位精度。

2. 动态定位

若待定点相对于地固坐标系有明显的运动,这样的点定位称为动态定位。此时,点位的速度不等于零,因此还需要确定待定点的速度。

动态定位根据定位的目的和精度要求,又可分为导航动态定位和精密动态定位。前者是实时地确定用户运动中的位置和速度,并引导用户沿预定的航线到达目的地;后者是精确地确定用户在每个时刻的位置速度,通常可以事后处理。

由于动态定位时的目标是运动的,需要确定每个时刻目标的位置和速度,因此不能对目标进行重复观测,主要是应用数学方法来消除或减弱共源、共性的观测系统误差,并提高定位精度。

(三) 卫星导航定位系统工作原理

混合定位原理与 GPS 系统的原理类似,采用伪距法定位导航。设卫星到接收机的测量距离为 P,卫星到接收机的几何距离为 p,光速为 c,卫星钟差为 dt,接收机钟差为 dT,电离层和对流层产生的测距误差为 e,则几者的关系表示为

$$P = p + c(dt - dT) + e \qquad (6.3.1)$$

因此,测出卫星信号到接收机的传播时间,乘以信号传播速度,即可计算出卫星到用户机的距离。实际测量时,假设卫星钟差为零,所以时间的偏差只决定于接收机的钟差。

设接收机的空间位置坐标为 x、y、z,卫星的空间位置坐标为 x_i、y_i、z_i,接收机钟差导致的测距偏差为 C_B,卫星钟差导致的测距偏差为 C_i,接收机测得的不同卫星的距离(伪距)为 R_i,则接收机的空间位置坐标表示为

$$(x_i - x)^2 + (y_i - y)^2 + (z_i - z)^2 = (R_i - C_B - C_i)^2 \qquad (6.3.2)$$

在式（6.3.2）中，卫星的钟差 C_i 和空间位置坐标 x_i、y_i、z_i 可从卫星的电文中解得。伪距是通过测量接收机接收到的卫星的伪随机序列和接收机产生的与之相匹配的伪随机序列之间的时间延迟，乘以信号传播速度（光速）得到的。由于接收机钟差的存在，所以，要确定接收机空间坐标位置，则必须有四个方程才能确定接收机的三维坐标，即至少有四颗卫星才能解得接收机的空间位置坐标：

$$\begin{cases} (x_1 - x)^2 + (y_1 - y)^2 + (z_1 - z)^2 = (R_1 - C_B - C_1)^2 \\ (x_2 - x)^2 + (y_2 - y)^2 + (z_2 - z)^2 = (R_2 - C_B - C_2)^2 \\ (x_3 - x)^2 + (y_3 - y)^2 + (z_3 - z)^2 = (R_3 - C_B - C_3)^2 \\ (x_4 - x)^2 + (y_4 - y)^2 + (z_4 - z)^2 = (R_4 - C_B - C_4)^2 \end{cases} \qquad (6.3.3)$$

目前，三颗北斗卫星在轨运行用于定位，通过控制系统高度表提供接收机的高程参数，可以解得卫星与地心之间的距离，等效于在地心位置有 1 颗定位卫星，加上空中的 3 颗北斗卫星，即可得到三组 x_i、y_i、z_i，即可解得接收机的空间位置坐标。

由式（6.3.2）可得

$$R_i = \sqrt{(x_i - x)^2 + (y_i - y)^2 + (z_i - z)^2} + C_B + C_i \qquad (6.3.4)$$

对式（6.3.4）求导，可得

$$\dot{R}_i = [(x_i - x)(\dot{x}_i - \dot{x}) + (y_i - y)(\dot{y}_i - \dot{y}) +$$
$$(z_i - z)(\dot{z}_i - \dot{z})]/R_{i0} + \dot{C}_B + \dot{C}_i \qquad (6.3.5)$$

式中

$$R_{i0} = \sqrt{(x_i - x)(x_i - x) + (y_i - y)(y_i - y) + (z_i - z)(z_i - z)}$$

在式（6.3.5）中，卫星的钟漂 $\dot{C}_i$ 和空间位置坐标 x_i, y_i, z_i 以及速度 $\dot{x}_i, \dot{y}_i, \dot{z}_i$ 可从卫星的电文中解得。伪距变化率是接收机直接测量得到的。由于接收机钟漂的存在，要确定接收机的三维速度，则必须有四个方程，即至少有四颗卫星才能解得接收机的三维速度。而控制系统高度表提供接收机的高程参数，等效于在地心位置有一颗定位卫星，接收机与定位卫星的径向速度为零，可以解得接收机的速度。

由于卫星定位系统中的接收天线接收卫星信号弱，很容易受射频干扰的影响，导致导航精度降低或是接收机完全失锁，因此必须采取有效的抗干扰措施，以消除实战时复杂电磁环境中的射频干扰带来的不利影响。

自适应调零抗干扰即空域自适应抗干扰技术，可以同时对抗宽带和窄带 RF 干扰，此技术在接收机的抗干扰处理中得到广泛应用。其原理框图如图 6.3.4 所示。

在卫星定位系统中，其卫星天线采用 M 个天线阵元，天线阵采用自适应调零算法得到各天线阵元的加权系数 w_i，对天线阵元的接收信号 $x_i(n)$ 进行复数加权，从而调整各通道信号的幅度和相位，合成输出信号 $y(n)$，使各通道接收的干扰信号分量相互抵消，实现干扰抑制，完成自

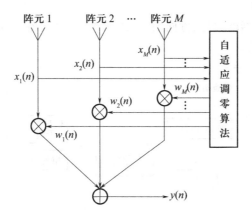

图 6.3.4　自适应调零抗干扰原理图

适应调零抗干扰。

四、卫星导航系统的主要性能指标和测试

需要测试的指标主要包括经度、纬度、东向速度、北向速度、定位状态、PDOP（位置精度因子）、UTC（协调世界时）、抗干扰能力、信号灵敏度、驻波比、方向图、天线增益（含放大器）、噪声系数等。

测试使用的仪器设备主要有模拟器、接收天线、频谱仪、矢量网络分析仪、地面测试设备（含测试软件）、示波器、直流电源。

（一）研制阶段性能测试

卫星定位系统组成的两个设备按其技术指标要求单独进行测试，其中抗干扰指标需要系统测试。

1. 卫星接收机测试

利用专用测试设备和测试软件对卫星接收机进行测试，加电后，通过通信接口在测试设备上可以输出如下参数：经度、纬度、东向速度、北向速度、定位状态、PDOP、UTC 时间和辅助数据状态等。卫星信号正常情况下应显示卫星接收机已经收到的卫星波束号。

输入当前时间、位置、高度等辅助数据，卫星接收机应能正常初始化，状态字显示正常。卫星接收机开始定位后，给出定位正常标志。对验收合格的产品进行全面的功能和性能检查。卫星接收机测试连接框图如图 6.3.5 所示。

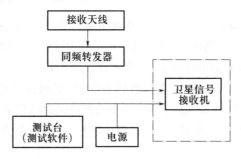

图 6.3.5　卫星接收机测试连接框图

2. 卫星天线指标测试

卫星天线主要指标包括驻波比、方向图、天线增益（含放大器）、噪声系数，其测试需要在暗室中进行，如图6.3.6所示。

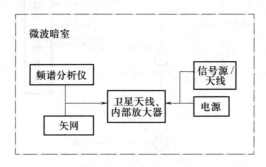

图6.3.6　卫星天线驻波比、方向图、增益测试连接框图

3. 抗干扰能力测试

卫星定位系统抗干扰能力测试需要在暗室或室外空旷的地方进行，分别有 GPS 卫星、GLO-NASS 卫星和北斗卫星抗干扰能力测试。测试连接框图如图6.3.7所示。

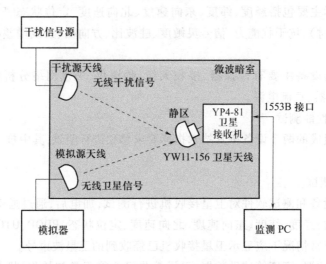

图6.3.7　卫星定位系统抗干扰能力测试连接框图

（二）使用测试

1. 包装箱内测试

卫星接收机主要工作是通过卫星接收天线接收卫星信号，解调卫星电文，进行导航解算，最后给出定位数据。由于产品在包装箱内，卫星天线接收不到卫星信号，若内部放大器正常工作，可以使接收机内部的信道增益满足变频链路要求，因此在接收机正常工作后，内部程序运行正常，将会在遥测数据量或地面测试设备上给出接收机状态信息，证明设备功能和接口正常。这样，除了接收天线本身无法测试验证外，产品内部各部分工作情况都已覆盖。而接收天线本身为无源器件，材料的性能不会因为时间长短而变化，稳定性很好，可以判定卫星定位系统功能正常。

2. 包装箱外测试

包装箱外测试周期根据使用需要进行，在条件容许时，可以与惯导系统和载体一起采用实际卫星进行测试。测试环境应满足以下条件。

(1) 基准点的误差不能超过允许范围。

(2) 载体上的接收天线要架设在无干扰、无遮挡的空旷位置。

(3) 可见星的分布满足 PDOP≤3。

在室内测试时,由于建筑物的遮挡,弹上卫星接收机无法接收到卫星信号,此时可采用卫星信号模拟器和同频转发器将卫星信号通过高频馈线转发给弹上卫星接收机,以完成检查。

第四节　地形/景象匹配辅助导航系统及其测试

一、概述

广义地讲,地形匹配辅助导航是指利用地形和地物特征进行辅助导航的概念总称。地形匹配辅助导航技术按照利用地形信息类型的不同,主要分为地形高度匹配(Terrain Elevation Matching,TEM)技术和景象匹配区域相关(Scene Matching Area Correlator,SMAC)技术。狭义的地形匹配特指地形高度(轮廓)匹配技术,有时称作地形参考导航(Terrain Reference Navigation,TRN),或地形匹配(Terrain Matching,TM)。本节中的地形匹配特指地形高度匹配。

SMAC 技术利用红外线传感器或者光学等其他传感器获取飞越地区的实时地形图像,然后将其与存储的基准景象进行比较,通过景象匹配算法处理,获得飞行器的当前位置,用来修正惯性导航系统漂移所造成的误差累计,从而实现飞行器自主高精度导航。由于 SMAC 技术利用地面可辨认的线性特征(如道路、河流、边界等),而不是利用地形高度的上下起伏提供精确定位,因而在平地上空更有效。同时,由于地面可辨认的线性特征一般不是连续分布的,SMAC 技术一般不能进行连续匹配定位,通常只在相隔为几千米的距离提供离散的精确定位。SMAC 技术多用于飞行器末制导,最高定位精度在几米以内。SMAC 技术受天气和气候的影响较大,对景象和目标特性数据库的要求较高,使用 SMAC 技术要求具备较强的对地观测侦察能力,从而能够及时更新景象和目标特性数据库。

TEM 技术的主要思想是将测量得到的飞行器飞行路径正下方的地形高度,与存储的参考高程地图进行比较,得出飞行器的位置信息。这是一种自主、隐蔽、全天候的导航技术,不受季节变化和天气条件的影响,在恶劣的天气和夜间都可以正常使用。与 SMAC 技术不同,TEM 技术利用地形高程信息,由于地形高程相对稳定,不受季节、气候和光照等条件的影响,基准地形高程数据库可以采用大地测量数据,从航空摄影照片、卫星摄影测量照片读取高程,从小比例尺普通等高线地形图上读取高程等方法建立。与 SMAC 技术相比,使用 TEM 技术对测绘能力的要求相对较低。

二、地形匹配辅助导航系统及其测试

(一)地形匹配系统的组成

地形匹配系统是利用导弹飞行航迹下方地形高程的起伏特性对导弹进行实时定位的一种非连续性导航定位系统,其组成一般包括地形匹配/跟踪处理器(嵌入制导计算机内)、雷达高度表、气压高度系统、惯性/卫星导航系统等,如图 6.4.1 所示。

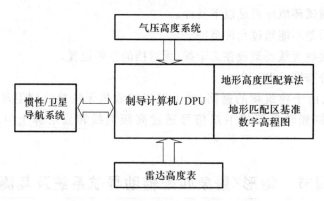

图 6.4.1 地形匹配系统结构组成框图

1. 雷达高度表

雷达高度表是一种脉冲式雷达测高装置,利用窄脉冲进行高度的精确测量。雷达高度表在空中向地面发射脉冲高频电磁波,该电磁波碰到地面后形成反射回波,利用电磁波在自由空间传播的等速性(光速 $c = 3 \times 10^8 \mathrm{m/s}$)、直线性和均匀性,高度表测量接收到的回波脉冲相对发射脉冲的延迟时间为 t_H,也就是导弹相对地面的高度 $H = t_H \cdot c/2$。高度表有两种跟踪方式:一是前沿跟踪方法,在地形跟踪、气压修正、下视景象匹配区,测量回波脉冲前沿相对发射脉冲前沿的时间延迟来确定被测高度;二是在复杂地形下,地形匹配和山区气压修正采用能量质心算法来确定被测高度。

2. 气压高度系统

气压高度系统是利用大气压随高度增加而减小的原理来测量海拔高度的一种高程测量系统,主要由静压受感器、气压受感器、总温测量装置和大气数据处理软件、组合高度软件模块、气压高度修正软件模块等组成。导弹飞行时的气压通过测量静压、气压和总温信号同时输入到制导信息处理系统中,利用大气数据处理软件模块可解算出大气温度、气压高度(海拔高度)和马赫数等信息,供导弹控制使用。组合高度模块使用气压高度和惯导垂速增量作为输入量,输出组合高度、组合垂速;当导弹飞经预先设定的气压高度修正区上空时,启动气压高度修正模块,修正高度误差。

3. 基准数字高程图

在地形匹配系统中使用的基准图为数字高程地图(地形的海拔高度图)。数字高程地图采用数字高程模型(Digital Elevation Models,DEM)表达匹配区范围内的地形信息,通过对地形高度的离散采样并量化后得到,DEM 是用平面坐标系统或经纬度坐标系统来描述高程的空间分布的一种数字地形模型。

当 DEM 描述一个区域(图 6.4.2)的地形高程时,通常将水平位置均匀地离散化形成格网,各个格网位置的地形高程按位置关系排列成格网阵列(图 6.4.3),这样不必显式地表达坐标。

数字高程地图的格网阵列的每一元素称为地形像元(Cell),它的数值为所在位置的邻域内的平均(或最大)地形高程。像元代表的区域的长宽称为像元尺寸(Cellsize),它等于像元的间距。

数字高程地图的精度一般由地图大小、格网尺寸(或者称为分辨率、格网距离)、圆误差(Circular Error Probable,CEP)和线误差(Linear Error Probable,LEP)等指标决定。

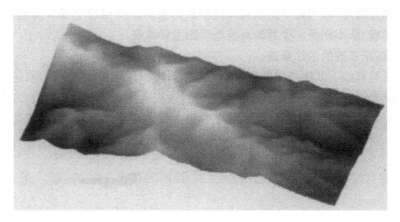

图 6.4.2　地形匹配区域地形示例（3.2km×6.4km）

图 6.4.3　地形匹配地图的格网描述（对应图 6.4.2 地形）

圆误差如图 6.4.4 所示，代表了数字高程地图地形平面位置的精度。线误差如图 6.4.5 所示，代表了数字高程地图地形垂直方向的精度。

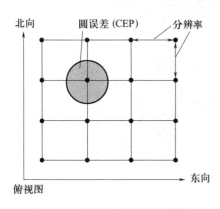

图 6.4.4　数字高程地图的圆误差

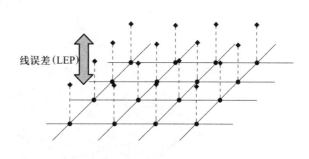

图 6.4.5　数字高程地图的线误差

数字高程地图的圆误差和线误差主要产生于制作过程，故随制作方法不同而不同。一般有测量误差、判读误差和制图误差等。一般圆误差和线误差的分布近似正态分布。

数字高程地图的制作方法主要有以下几种：采用大地测量的方法直接从地形上测出高程；

利用航空摄影测量照片，采用数字高程判读仪器从两张对应的照片上读取高程；利用卫星摄影测量照片读取高程；从小比例尺普通等高线地形图上读取高程。

（二）地形匹配系统的工作原理

飞行器在飞越航线上某些特定的地形区域（称为地形匹配区）时，利用雷达高度表和气压高度表等设备测量飞行器正下方的地形高度值 h_t，海拔高度 h 和离地高度 h_r 之差便是地形高度，即 $h_t = h - h_r$，如图 6.4.6 所示。离地高度一般由雷达高度表测量，而海拔高度值由气压高度表给出，这样飞行器便可自主测出正下方的地形高度值。

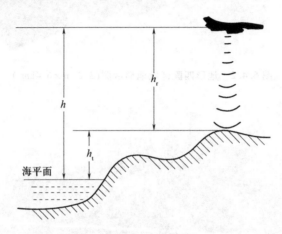

图 6.4.6　h、h_r 和 h_t 之间的关系示意图

导弹制导机内预先装定了基准数字高程地图，该地图本质上是地形高度关于地理位置（经度和纬度）的函数，如图 6.4.7 所示。通过对地形高度的实时测量值和基准图的高度数据进行匹配即可得到导弹的地理位置，如图 6.4.8 所示。

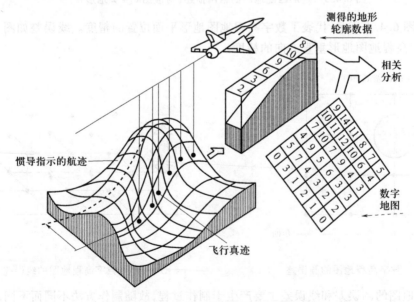

图 6.4.7　地形轮廓匹配定位原理示意图

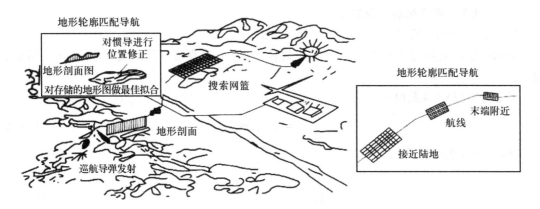

图 6.4.8 通过使地形剖面与基准图匹配来减小惯导系统定位误差

在参考地图中可能有多个地理位置的地形高度与实测的地形高度值相等或相近,在相似的地形和平坦地形区域更是如此,这样一个地形高度的实时测量值便可能和多个地理位置的地形高度相近。为了从这多个地理位置中确定真正的匹配位置,就需要沿着飞行路径连续测量飞行器正下方的地形高度。通过这些地形高度的测量值序列和来自惯性导航系统(INS)的导航信息,如带有误差的飞行器位置、速度和方向信息,就有可能排除错误的地理位置,确定飞行器地理位置唯一的估计值。这样,利用飞行器的航向、速度、海拔高度、离地高度的测量值便可自主连续地计算出飞行器的三维位置的估计值。

地形高度匹配结果对 INS 的修正技术属于组合导航、信息融合技术的研究内容。地形高度匹配系统与 INS 的组合方案,一般按照对 INS 有无反馈校正分为闭环和开环两种。其中,闭环组合方案的原理框图如图 6.4.9 所示。这种闭环反馈校正的优点在于:将 INS 数据的误差参数的最优估计值反馈回 INS,并对陀螺仪漂移、加速度计零偏以及载体坐标系相对于计算坐标系的转换阵进行高频率反复校正,就可以大大减弱误差传播的影响,保证滤波器线性误差模型的准确性。同时,反馈校正减小了 INS 误差,从而使 INS 误差动态模型简单化。另外,由于这种设计思想既修正 INS 导航定位解,又频繁校正 INS 误差参数,所以反过来又改善了 TEM 的工作条件,可以使 TEM 的搜索范围变小,提高 TEM 系统性能。这种方案的缺点是:稳定性差,大误差量测输入信息容易引起解的不稳定。

开环组合方案的原理框图如图 6.4.10 所示。这种开环校正的优点在于:实现简单,稳定性高,即使当 TEM 给出的修正信息出错时,INS 也不会受到影响,能保证解算的稳定性。然而,由于仅仅是采用 TEM 修正信息修正 INS 的导航定位结果,而并未补偿或重新校正 INS 的误差参数(陀螺仪漂移、加速度计零偏、刻度因子误差),所以 INS 误差传播较快。

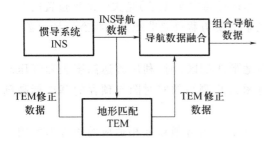

图 6.4.9 INS/TEM 闭环组合方案

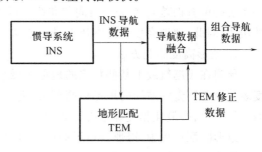

图 6.4.10 INS/TEM 开环组合方案

（三）地形高度匹配模型及方法

1. 地形高度匹配模型

地形高度匹配问题本质上是一个状态估计问题，地形高度匹配模型可以形式化地描述如下：

状态方程（INS 误差模型）：

$$e_{k+1} = f_k(e_k, \omega_k) \tag{6.4.1}$$

观测方程（观测模型）：

$$\begin{cases} x_k = x_k^* + e_k \\ y_k = h^*(x_k^*) + v_k \end{cases} \tag{6.4.2}$$

已知信息：

$$\begin{cases} \boldsymbol{D}_k = (\boldsymbol{X}_k, \boldsymbol{Y}_k)^{\mathrm{T}} \\ \mathrm{DTED} = \sum_{x \in R^2} h(x_i) \delta(x - x_i) \end{cases} \tag{6.4.3}$$

式中

$$\begin{cases} \boldsymbol{X}_k = (x_1, \cdots, x_k)^{\mathrm{T}} \\ \boldsymbol{Y}_k = (y_1, \cdots, y_k)^{\mathrm{T}} \\ h(x_i) = h^*(x_i) + u_i \\ \delta(x) = \begin{cases} 1 & (x=0) \\ 0 & (x \neq 0) \end{cases} \end{cases}$$

式中：e_k 表示 k 时刻 INS 的定位误差；$f_k(e_k, \omega_k)$ 表示 k 时刻 INS 误差 e_k 的变化规律；x_k^* 表示 k 时刻导弹的实际位置；x_k 表示 k 时刻 INS 指示的导弹位置坐标；$h^*(x_k^*)$ 表示位置 x_k^* 处的地形高度值；数字地形高度数据（DTED）是基准数字地图，是实际地形的近似表示；$h(x_i)$ 表示基准数字地图中存储的位置 x_i 处的地形高度值；y_k 是 k 时刻高度传感器测量的导弹正下方地形高度值；ω_k 是系统噪声；v_k 是地形高度测量噪声；u_i 是基准数字地图的高度值误差。

地形高度匹配的目的是根据 DTED，在获得已知信息 $\boldsymbol{D}_k$ 的情况下，估算导弹的位置坐标信息 x_k^* 或者 INS 的位置误差 e_k。

把导弹 INS 位置误差 e_k 看作状态，高度测量值 y_k 看作观测量，这是一个状态估计问题。惯导系统的位置误差 e_k 是关于时间的非线性函数，实际地形高度 $h^*(x_k^*)$ 是关于地理位置的非线性函数，因此，地形高度匹配本质上是一个状态方程和观测方程都是非线性的状态估计问题。

2. 地形高度匹配方法

导弹在飞越航线上某些特定的地形区域（称为地形匹配区）时，利用雷达高度表和气压高度表等设备测量沿航线的地形标高剖面（称为实时图），将测得的实时图与预存的基准标高剖面进行相关，按最佳相关确定飞行器的地理位置。

地形匹配过程中，以惯导指示的位置为中心，与最大容许导航误差相适应的正方形区域定义为搜索区，如图 6.4.11 所示。

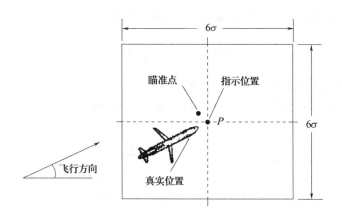

图 6.4.11　实际的地形匹配搜索区域范围

实际的搜索区域是根据 INS 的指示位置和定位误差的大小确定的。如图 6.4.11 所示，P 为当前 INS 指示的位置，σ 为导航误差的标准偏差，实际的搜索范围为以 P 为中心的 $6\sigma \times 6\sigma$ 的矩形区域。

实时图是在匹配区上空实时测量的地形高程剖面（Profile），剖面实际上就是沿航线地形的一维轮廓。由于基准图是二维的，因此需要确定在基准图中与实时图的位置形状对应的一系列相互平行剖面，这些剖面称为基准子图，它们分别代表所处位置的地形的轮廓特征。显然，为区分不同的地理位置，实现正确的匹配定位，各基准子图必须是独特的。

实时图剖面的位置形状由各采样点的相对位置决定。在匹配区上，飞行器保持一定的航线，实时图测量过程中，用导航系统的速度信息控制采样间隔，由采样点的指示位置表示实时图的形状。为方便匹配搜索，如图 6.4.12 所示，在地理坐标轴方向上的采样间隔取基准图像元尺寸，并将采样点位置离散化对应到最邻近的格网。

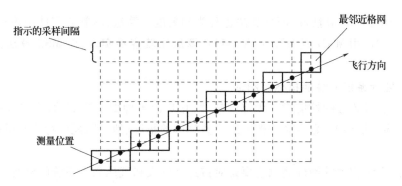

图 6.4.12　实时图测量及剖面的位置形状示意图

虽然同一位置的实时图和基准子图都是关于该位置的地形高程剖面的描述，但是由于测量设备（包括惯性导航仪、雷达高度表、气压高度表）误差、飞行姿态控制误差以及基准地图误差等因素的影响，实时图和相应位置的基准子图往往不完全相同。

因为实时图和基准子图可能存在差异，所以比较两个剖面的相似程度时通常采用相关度量。设基准子图为 $X = (x_1, x_2, \cdots, x_N)^T$，实时图为 $Y = (y_1, y_2, \cdots, y_N)^T$，这里 N 为像元个数，x_i 和 $y_i(i = 1, 2, \cdots, N)$ 分别为基准剖面和实测剖面像元。

（1）积相关算法（Production Correlation Algorithm，PROD）：

$$\text{PROD}(\boldsymbol{X}, \boldsymbol{Y}) \triangleq \frac{1}{N} \sum_{i=1}^{N} x_i y_i \qquad (6.4.4)$$

PROD$(\boldsymbol{X}, \boldsymbol{Y})$由最大度量值给出最佳匹配。

（2）归一化积相关算法（Normal Production Correlation Algorithm，NPROD）：

$$\text{NPROD}(\boldsymbol{X}, \boldsymbol{Y}) \triangleq \frac{\sum_{i=1}^{N} x_i y_i}{\left[\sum_{i=1}^{N} x_i^2\right]^{1/2} \left[\sum_{i=1}^{N} y_i^2\right]^{1/2}} \qquad (6.4.5)$$

NPROD$(\boldsymbol{X}, \boldsymbol{Y})$也由最大度量值给出最佳匹配。NPROD算法实际上是按矢量$\boldsymbol{X}$和$\boldsymbol{Y}$的夹角的余弦定义的。

（3）平均绝对差算法（Mean Absolute Difference，MAD）：

$$\text{MAD}(\boldsymbol{X}, \boldsymbol{Y}) \triangleq \frac{1}{N} \sum_{i=1}^{N} |x_i - y_i| \qquad (6.4.6)$$

MAD$(\boldsymbol{X}, \boldsymbol{Y})$由最小度量值给出最佳匹配。MAD算法是一种最小距离度量，这里使用绝对值距离。

（4）平均平方差算法（Mean Square Difference，MSD）：

$$\text{MSD}(\boldsymbol{X}, \boldsymbol{Y}) \triangleq \frac{1}{N} \sum_{i=1}^{N} (x_i - y_i)^2 \qquad (6.4.7)$$

MSD$(\boldsymbol{X}, \boldsymbol{Y})$由最小度量值给出最佳匹配。MSD算法是一种使用欧几里得距离的最小距离度量。

在很多场合中，MAD算法和MSD算法也称为相关度量算法，尽管它们使用距离作为度量。地形匹配系统通常使用MAD或MSD度量，MAD算法比较容易实现，而MSD算法的匹配定位更精确一些。

（四）地形匹配系统的性能指标及测试

地形匹配系统最关键的性能指标为定位精度，它是由多种因素决定的，主要包括高度系统的测高精度、惯导系统误差、数字高程图和地形数据库的精度、地形匹配区特性及所采用的地形匹配方法等。

与地形匹配系统相关的硬件测试主要是对雷达高度表和气压高度系统的检测，一般均需要专门的检测设备来完成。

雷达高度表测试设备中应包含测试机柜（含处理器、专用测试板卡及测试软件）、固定衰减器、可变衰减器、延迟线和专用高频电缆等。测试软件可模拟制导机发送自检指令、飞行模式指令，接收并处理雷达高度表返回的自检数据和测量高度值。通过改变可变衰减器的衰减量并利用延迟线模拟空间高度延迟来测试高度表不同高度的测高灵敏度。

气压高度系统的检测由专用的气压高度系统标校检测装置完成。标校检测装置以空气为工作介质，按检测要求产生高精度的负压或正压气体信号及气体温度信号，完成静压通道/气压通道的气密性检测、气压传感器和总温测量装置的性能指标检测和标校。

三、景象匹配辅助导航系统及其测试

（一）景象匹配辅助导航系统的组成

景象匹配系统一般由管控/配准组合、摄像/稳定组合和照明组合组成,某型可见光下视景象匹配系统组成框图如图 6.4.13 所示。

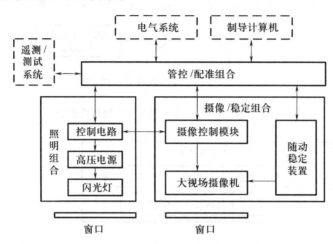

图 6.4.13　某型可见光下视景象匹配系统组成框图

图 6.4.13 中,管控/配准组合由管控处理装置和景象匹配装置组成:管控处理装置的主要功能是接收制导计算机发送的命令和数据,完成对下视系统其他组合和装置的控制;景象匹配处理装置的主要功能是接收成像器的实时图并进行预处理,然后与预先装入的基准图进行匹配运算,输出匹配结果。摄像/稳定组合主要由成像装置和随动稳定装置组成:成像装置主要完成摄取实时图、光电转换及前放、光圈及调光控制、闪光灯同步控制等功能;随动稳定装置主要完成随动框架驱动、成像器方位稳定及随动控制等功能。照明组合主要由闪光灯控制电路、高压电源和闪光灯(脉冲氙灯)组成,完成电源控制、充电、与采图同步的闪光激励,发射可见光照射地面景物的功能。

（二）景象匹配辅助导航系统的工作原理

景象匹配辅助导航系统的工作原理框图如图 6.4.14 所示。在飞行器飞行时,根据地面区域地貌(如城市、机场和港口等)的特征信息,如地形起伏、无线电波反射等地表特征与地理位置之间的对应关系。由图像传感器装置沿飞行轨迹在预定空域内摄取实际地表特征图像(称实时图),在相关器内将实时图与预先储存在弹上存储器内的预定地区标准特征图(又称基准图或参考图)进行自动精确对比、配准,找出实时图在基准图上的精确位置。根据已知的基准图坐标得到实时图的地理坐标,即为当时导弹在地面投影的地理坐标,由此修正惯导系统误差。

景象匹配基准图一般选取分辨率较高的可见光卫片或者航片,基准图图像坐标系和地理坐标系进行了标定,因此基准图中每个像元都可通过标定得到的坐标转换关系得到其对应的地理坐标,实时图由成像平台实时获取。一般的景象匹配模式是直接将实时图中心作为模板中心在基准图上进行搜索,得到当前实时图中心点在基准图上对应的位置,然后解算飞行器位置信息。

景象匹配技术的基本流程如图 6.4.15 所示。

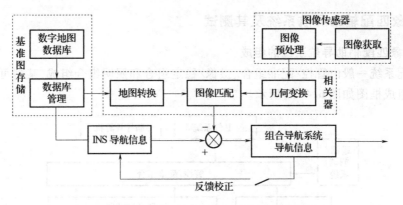

图 6.4.14 惯导/景象匹配组合导航原理框图

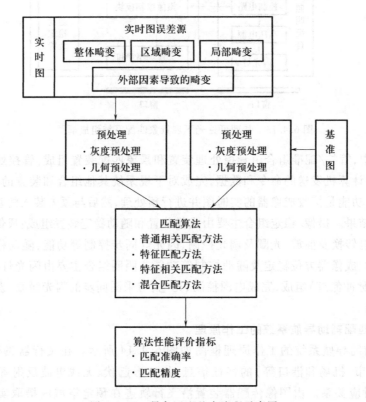

图 6.4.15 景象匹配基本流程示意图

（三）景象匹配模型及算法

1. 景象匹配模型

景象匹配系统的实时图是通过机载或弹载图像传感器实时拍摄地物景象得到的。由于拍摄实时图所用传感器的不同，拍摄时间、自然条件、飞行高度、姿态的差异，从而导致实时图与基准图灰度分布之间存在较大差异。因此，在匹配前必须对实时图进行旋转、平移、比例变换、灰度校正、滤波等预处理。经过预处理后的实时图和基准图之间仍然存在随机误差和系统误差，随机误差一般来源于随机噪声，系统误差主要包括辐射畸变与几何畸变。

综合考虑随机误差、辐射畸变与几何畸变，实时图与基准图之间的近似灰度分布关系模型如下：

$$I_2(x,y) = h_0 + h_1 I_1(f(x,y)) + e(x,y) \tag{6.4.8}$$

式中：$I_2(x,y)$ 为基准图灰度分布；$I_1(f(x,y))$ 为实时图灰度分布；$e(x,y)$ 为模型误差；h_0、h_1 为辐射畸变参数，在图像没有辐射畸变时，这两个参数分别应该为 0 和 1；f 为二维空域坐标变换。匹配问题就是要找到最优的空域变换和强度变换，使得式（6.4.8）成立，从而找到匹配变换的参数或得到图像区域之间有意义的区别与联系。

景象匹配定位问题如图 6.4.16 所示，其目的是寻找一幅尺寸较小的图像 I_1（实时图）在尺寸较大的图像 I_2（基准图）上的位置，从而达到定位的目的，它是一种典型的图像匹配问题，其核心也是找到两幅图像之间的最优空域几何变换。

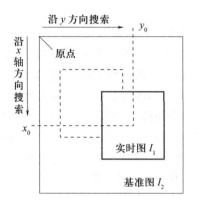

图 6.4.16　景象匹配定位示意图

空域几何变换的 f 模型，最一般的形式是透视变换，而最常用的是仿射变换。仿射变换用下式表示：

$$\begin{cases} \begin{pmatrix} x' \\ y' \end{pmatrix} = \begin{pmatrix} a_{11} & a_{12} \\ a_{21} & a_{22} \end{pmatrix} \begin{pmatrix} x \\ y \end{pmatrix} + \begin{pmatrix} c \\ d \end{pmatrix} \\ \begin{pmatrix} a_{11} & a_{12} \\ a_{21} & a_{22} \end{pmatrix} = \begin{pmatrix} \cos\theta & \sin\theta \\ -\sin\theta & \cos\theta \end{pmatrix} \begin{pmatrix} S_x & 0 \\ 0 & S_y \end{pmatrix} \begin{pmatrix} 1 & \delta_x \\ 0 & 1 \end{pmatrix} \begin{pmatrix} 1 & 0 \\ \delta_y & 1 \end{pmatrix} \end{cases} \tag{6.4.9}$$

式中：(x,y) 为变换前的坐标；(x',y') 为变换后的坐标；θ 为二维平面旋转角度；c 和 d 为二维平面的位移因子；S_x、S_y 分别为水平方向和垂直方向的比例因子；δ_x、δ_y 分别为水平方向和垂直方向的剪切因子。如果 δ_x、δ_y 为 1，则式（6.4.9）成为刚体变换，其五个因子为位移因子 c 和 d、旋转角 θ 及比例因子 S_x 和 S_y。

景象匹配的核心问题就转化为利用景象匹配窗口中实时图与基准图的观测值，寻找最优的变换参数的过程，是一个典型的参数估计问题。

目前，无论是基于区域的匹配方法还是基于特征的匹配方法，匹配过程都涉及四个元素：特征空间、相似性测度、搜索空间、搜索策略。其中：特征空间是指从图像中提取的特征集；相似性测度是度量两幅图像的相似性和对应性，评估当前变换的匹配程度；搜索空间是指在实时特征和参考特征之间建立的对应关系的变换集合；搜索策略是决定如何在搜索空间中搜索以找到最优的变换。各种匹配算法都是这四个元素的不同选择的组合。

2. 常用的景象匹配算法

景象匹配辅助导航系统的研究主要在于匹配算法的研究,寻找速度快、精度高、匹配适应性好的匹配算法是其主要内容。目前景象匹配算法可分为三个层次:基于灰度相关的匹配方法、基于图像特征的匹配方法和基于解释的特征匹配方法。基于解释的图像匹配技术需要建立在图片自动判读的专家系统上,目前尚未取得突破性进展。由于成像机理的不同,在多源图像匹配中基于灰度相关的方法很少用到。而基于图像特征的方法相似性稳定,匹配运算量仅与特征点的个数有关,不会随图像大小的增大而增加。同时,在基于特征的匹配算法中还易于引入估计匹配图像对之间几何失真的机制,从而使得算法具有抗图像几何失真的能力,所以利用特征进行景象匹配是一种很有效的方法,但其匹配的性能很大程度上依赖于几何特征的提取。

1)基于灰度相关的匹配算法

基于灰度相关的景象匹配技术是一种较为成熟的技术,在飞行器末制导中得到广泛应用。这是一种对共轭图像以一定窗口大小的图像灰度阵列,按照某种或几种相似度量逐像元顺次进行搜索匹配的景象匹配方法。常用的匹配算法有互相关匹配方法、投影匹配算法、基于傅里叶变换的相位匹配方法、归一化组合矩阵法(NIC)和灰度组合矩阵法等。

互相关匹配方法是一种基本的统计匹配方法。它要求参考图像和待匹配图像具有相似的尺度和灰度信息。以参考图像作为模板窗口在待匹配图像上进行遍历,计算每个位置处参考图像和待匹配图像对应部分的互相关,互相关最大的位置即为匹配位置。常用如下形式的互相关:

$$C(u,v) = \frac{\sum_x \sum_y T(x,y)I(x+u,y+v)}{\left[\sum_x \sum_y T^2(x,y)\right]^{\frac{1}{2}} \left[\sum_x \sum_y I^2(x+u,y+v)\right]^{\frac{1}{2}}} \quad (6.4.10)$$

式中:$C(u,v)$度量函数位置偏移为(u,v)时的匹配度量值;$I(x+u,y+v)$为任意一个和实时图相比偏移了(u,v)的基准子图数据;$T(x,y)$为实时图数据。

互相关匹配方法思路虽然简单,但随着图像的增大,运算量将非常大,因此,出现了许多快速算法,如变灰度级相关算法、序贯相似性检测算法等。

投影匹配算法是把二维的图像灰度值投影变换成一维的数据,再在一维数据的基础上进行匹配运算,通过减少数据的维数来达到提高匹配速度的目的。这种方法在保证匹配结果的前提下,提高了匹配速度。

基于傅里叶变换的相位匹配是利用傅里叶变换的性质而出现的一种图像匹配方法。图像经过傅里叶变换,由空域变到频域,则两组数据在空间上的相关运算可以变为频域的复数乘法运算,同时还能获得在空域中很难获得的特征,比空域具有更好的精度和可靠性。

归一化组合矩阵法(NIC)的基本思想是基于基准图和实时图灰度的相关性,和传统的灰度相关法不同的是NIC是通过灰度组合矩阵来计算灰度的相关性的。可以克服灰度分布特性的一定差异和噪声的影响。

基于灰度的匹配方法具有精度高的特点,但也存在以下缺点。

（1）对图像的灰度变化、目标的旋转、形变以及遮挡比较敏感，尤其是非线性的光照变化，将大大降低算法的性能。

（2）计算的复杂度高，特别是随着目标尺寸的增大，使得运算量增大，计算时间增长。

目前在这方面研究较多的是与相关类匹配算法紧密联系的预处理技术，如灰度校正、几何校正、非线性校正、成像差异性研究等。然而，在基于灰度相关的景象匹配中，成像传感器的类型和质量（影响成像的分辨率、存储格式）、季节和天气（影响图像的内容以及成像质量）等因素都直接影响到灰度相关匹配的准确性。

2）基于图像特征的匹配算法

基于图像特征的匹配方法是通过特征空间和相似性度量的选择，减弱或消除成像畸变对匹配性能的影响。它的一个基本出发点在于，图像之间存在由于不同传感器或不同光照条件、不同成像时间引起的畸变，其图像区域灰度特征有较大的区别，而图像的结构特征却是相似的（或有一个仿射变换）。

通常基于图像特征的匹配算法由两个阶段构成，首先是提取图像中的特征，然后建立两幅图像中的特征点的对应关系，确定最优的空间几何变换参数。其难点在于自动、稳定、一致的特征提取及匹配过程消除特征的模糊性和不一致性。近年来人们做了大量的研究，如采用小波、分形等工具，进行边界、纹理、熵、能量、变形系数等特征的提取，所用算法也越来越复杂，当然其匹配效果较好，可以达到亚像素级，但计算时间一般较长而难以达到实时的要求。

常用的图像特征主要有边缘特征、区域特征和点特征。边缘代表了图像中的大部分本质结构，而且边缘检测计算快捷，成为特征空间的一个较好的选择。如果能够较好地进行区域分割，则可以采用基于区域统计特征的匹配算法。点特征易于标示和操作，同时也反映图像的本质特征。选取过程中要注意的问题是保证适当的特征点数目，因为匹配运算需要足够的特征点，而过多的特征点则使匹配难于进行。特征匹配一般采用互相关来度量，但互相关度量对旋转处理比较困难，尤其是图像之间存在部分图像重叠的情况。最小二乘匹配算法和全局匹配的松弛算法能够取得比较理想的结果。小波变换、神经网络和遗传算法等新的数学方法的应用，进一步提高了图像匹配的精度和运算速度。

基于图像特征的匹配方法可以克服基于灰度的匹配方法的缺点，从而在图像匹配领域得到广泛的应用。其优点主要体现在三个方面。

（1）图像的特征点比图像的像素点少得多，因此大大减少了匹配过程的计算量。

（2）特征点的匹配度量值对位置的变化比较敏感，可以大大提高匹配的精确程度。

（3）特征点的提取过程可以减少噪声的影响。

3）基于频域相关的匹配算法

频域相关的图像匹配算法是把空域的图像数据变换为频域数据，并根据频域数据确定两幅图像之间的坐标变换参数，实现图像的匹配。与空域匹配算法相比，基于频域相关的图像匹配算法有两个明显的优点：①对全局的照度变化不敏感；②便于解决两幅图像之间存在较大幅度平移、旋转和缩放的图像匹配问题。如 Fourier – Mellin 匹配算法，其主要思想是：通过 Fourier – Mellin 变换实现模板图像和观测图像的粗匹配，初步估计目标的位置信息；采用 Newton 迭代算法对目标的位置信息进行优化以提高目标位置精度。算法的基本流程如下：

（1）$i=1$，获得模板图像 $T_{i-1}(x,y)$。

（2）基于 Fourier-Mellin 变换估计模板图像 $T_{i-1}(x,y)$ 和观测图像 $I_i(x,y)$ 之间的坐标变换参数。

（3）利用 Newton 算法对坐标变换参数进行优化，得到更高精度的坐标变换参数。

（4）根据更高精度的坐标变换参数和图像 $I_i(x,y)$ 更新模板图像，得到新的模板图像 $T_i(x,y)$。

（5）$i=i+1$，返回第（2）步。

基于傅里叶变换的图像匹配技术与其他匹配技术的不同之处就在于它是根据图像的频域信息估计最优匹配位置的。

计算快捷、高精度、适应性强的匹配算法一直是景象匹配问题研究的核心。基于区域的匹配算法研究已较为成熟，基于特征的匹配算法是当前的研究热点，但现有的算法也都存在各种限制，对景象类型和成像畸变的适应性不是很高。在实际应用中，由于景象的灰度与其成像机理、成像过程以及获取的季节、天气和时间有关，实时图与基准图中的同一块地面的影像色调往往会相差较大，甚至完全相反。此时基于区域灰度的相关算法难以实现正确的景象匹配。而从灰度图像中获取的抽象特征（如边缘、拐点、直线和曲线等）是由于不同景物具有不同反射系数而构成的自然特征，稳定性好，而且对不同机理图像，其抽象特征具有共性，因此基于特征的匹配算法更为有效。

由于来自不同类型传感器的图像有着本质上的不同，多传感器图像匹配问题是一个具有挑战性的问题。图像间除了存在平移、尺度变换和旋转之外，还存在不同的灰度特征和畸变特征。解决方法是采用多个算法的融合与集成以克服单个算法的局限性，提高匹配的适应性。

（四）景象匹配系统的性能指标及测试

景象匹配系统的关键性能指标是定位精度，包括粗配准定位精度、精配准定位精度。其他重要的参数指标还有配准时间、正确定位概率、图像匹配精度、匹配概率、成像性能参数（如成像视场、成像器传递函数、图像信噪比、图像均匀性、几何畸变、动态范围）、成像稳定参数（如航向稳定跟踪角度、航向稳定精度、随动系统动态品质）等。

上述性能参数指标在研制期间需利用专用测试设备和测试方法完成，以确保参数指标满足军检要求。

第五节 其他重要精确制导系统

一、雷达制导系统及测试

雷达制导是指利用目标辐射或反射到雷达（位于制导站或导弹上）的电磁波探测目标，并从中提取高精度的目标位置信息（包括目标的距离、角度、速度、形状与几何结构等），进而通过精确控制，将导弹引向目标，命中并将其摧毁。

雷达制导主要包括雷达遥控制导和雷达寻的制导两大类，它们各自又可以划分为若干子类，如表 6.5.1 所列。

表 6.5.1　雷达制导方式

雷达遥控制导	指令制导	单雷达指令制导	跟踪目标
			跟踪导弹
			跟踪目标和导弹
		双雷达指令制导	
	波束制导	单雷达波束制导	
		双雷达波束制导	
雷达寻的制导		主动式雷达寻的制导	
		半主动式雷达寻的制导	
	被动式雷达寻的制导	反辐射寻的（ARH）模式	
		基于干扰的寻的（HOJ）模式	
		辐射计测量寻的模式	
雷达成像制导		微波/毫米波 SAR 景象匹配制导	
		太赫兹/激光雷达成像识别制导	

雷达寻的制导分为主动式雷达寻的制导、半主动式雷达寻的制导和被动式雷达寻的制导三种类型。其中,主动式、被动式雷达寻的制导和合成孔径雷达(SAR)成像制导具有发射后不管的自主制导能力,是导弹精确制导的发展方向。

（一）主动式雷达寻的制导

主动式雷达寻的制导是目前各国采用最多的形式,导弹弹体内装有雷达发射机和接收机,可以独立地捕获和跟踪目标。主动式雷达导引头的组成及主要功能如下。

（1）发射机:主要功能是产生特殊的电磁波信号,经功率放大后通过收发转换开关、馈线和天线发射出去。

（2）天馈系统:主要包括天线、馈线与天线罩等。其主要功能是:发射天线将发射机产生的电磁波集中成一个窄波束,并在一定的空间区域内进行扫描搜索,接收天线跟随发射天线一起扫描,空域中目标与背景的反射电磁波经接收天线接收后进入接收机。

（3）接收机:主要功能是将天线接收到的微弱电磁波信号经滤波（滤除干扰信号）、放大,从中分离出目标或背景的有用信号,送给信号处理器进行进一步处理。信号处理器,主要功能是完成目标信号的检测识别和跟踪,在导弹接近目标时还需识别目标的要害部位,并对要害部位进行跟踪,向控制信号产生器提供目标或其要害部位的位置信息。

（4）控制信号产生器:主要功能是根据信号处理器提供的距离（或速度）、角度等位置信息,产生控制导弹飞行和控制导引头工作状态的指令,并将控制指令送入导弹的自动驾驶仪,控制导弹的飞行。

对于主动寻的制导方式,由于导弹越接近目标,对目标的角位置分辨能力越强,因而有较高的制导准确度。

主动式雷达寻的制导也存在一定的缺点:其一是由于弹上设备允许的体积和质量有限,弹载雷达发射机功率较小,作用距离较近,且易受噪声干扰机的影响;其二是弹体内装有发射机和接收机,不但导致导弹体积、质量、耗电功率等大大增加,而且还使导弹的造价较贵。因而雷达主动式寻的制导通常用作导弹飞行末段制导系统,而用雷达指令制导、波束制导,以及半主动式寻的制导作为中段制导。

（二）半主动式雷达寻的制导

半主动式雷达制导系统主要由照射雷达和装有雷达导引头的导弹组成。对于地空、岸舰半主动式雷达寻的制导系统，照射雷达安装在地面上；对于空地、空空、空舰系统，照射雷达安装在作战飞机上；对于舰对舰、舰对空系统，照射雷达安装在舰艇上。

在导弹攻击目标的全过程中，照射雷达发射电磁波，对目标进行照射。目标受到电磁波的照射后，将向各个方向反射电磁波，其中一部分电磁波必然反射到导弹上被导引头接收。导引头上装有能测定反射电磁波方向的接收天线以及信号处理系统，导引头的控制系统根据导弹的飞行方向与目标方向的角度误差修正导弹的飞行姿态和方向，直至命中目标。由于在作战过程中目标是运动的，因此，照射雷达必须跟踪目标，以保证对目标进行不间断的照射。

系统中的照射雷达可以采用脉冲雷达，也可以采用连续波雷达。图6.5.1是与一般脉冲照射雷达连用的弹载半主动导引头的原理图。前部圆锥扫描天线接收目标反射回波并提取角误差信号，后部天线接收雷达直接照射信号，提供距离选通。

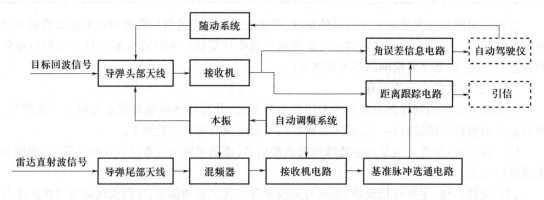

图 6.5.1　半主动式雷达导引头的原理图

该制导方式的主要特点是制导精度较高、全天候能力强、作用距离较大。与主动式雷达寻的制导相比，减少了弹上的发射机，可以减小弹上设备的质量并降低造价。在照射雷达大功率大增益天线的照射下，对目标的作用距离可以做得很远。

半主动式雷达寻的制导的缺点在于依赖外部雷达对目标进行照射，因此增加了受干扰的可能。而且在整个制导过程中，照射雷达波束始终要对准目标，限制了发射机的机动性，加大了自身的暴露时间，易受对方反辐射导弹的打击。同时，这种制导方式不能适应对多个目标同时攻击的要求，也是其使用受限的重要因素。

（三）被动式雷达寻的制导

被动式雷达寻的制导系统中，弹上载有高灵敏度的宽频带接收机，利用目标雷达、通信设备和干扰机等辐射的微波波束能量及其寄生辐射电波作为信号源，捕获、跟踪目标，提取目标角位置信号，使导弹命中目标。采用该制导方式的导弹以微波辐射源特别是雷达作为主要攻击对象，因而常称为反辐射导弹和反雷达导弹。

被动式雷达寻的导弹由于本身不辐射雷达波，也不用照射雷达对目标进行照射，因而攻击隐蔽性好，对敌方的雷达、通信设备及其载体有很大的威胁和压制能力，是电子战中最有效的武器之一,有很强的生命力。

被动式雷达寻的导弹的制导精度取决于工作波长和天线尺寸,由于弹体直径有限,天线不能做得太大,因而这种导弹在攻击较高频段的雷达目标时有较高的精确度,在攻击较低频段的雷达目标时精度较低。

目前,被动式雷达寻的制导受到各国的广泛重视,具有较强的生命力,这与雷达在现代战争中的地位是密不可分的。尽管当前在可见光、红外、激光等探测技术方面投入了大量的人力和资金来进行研究,但对远距离目标的探测能力及全天候的工作能力上,雷达仍占着主导地位,对敌方雷达实施攻击是战争中的一项重要任务,这也为被动式雷达寻的制导导弹提供了生存空间。

反辐射导弹至今已发展了四代:第一代以美国的"百舌鸟"(AGM-45)为代表;第二代以美国的"标准"(AGM-78)为代表;第三代以美国的"哈姆"(AGM-88A)为代表;第四代以美国的"默虹"(AGM-136)为代表。

(四)雷达成像制导

雷达成像制导技术实质上是数字式景象匹配区域相关制导技术,以区域地貌为目标特征,利用导弹上成像雷达获得的目标周围特征图像或导弹飞向目标时的沿途景物图像,与预存在导弹上的基准图在计算机中进行匹配比较,从而得到导弹相对于目标或预定弹道的纵向或横向偏差,将导弹引向目标。

成像雷达一般分为实孔径成像雷达和合成孔径雷达。实孔径成像雷达在飞行方向上的分辨本领与天线尺寸成正比,与波长、距离等成反比,要获取高分辨率,必须设计大尺寸天线,因此不适合弹载应用。实孔径成像雷达为了改善前侧视方位分辨率,广泛采用了多普勒波束锐化(DBS)或聚束式成像技术。DBS技术是利用运动的雷达在同一个距离单元中不同方位向散射体之间小的多普勒频移的差别来提高方位分辨率的。当雷达载体以一定的速度水平飞行时,地面的固定目标方位不同,故它们有不同的相对径向速度和多普勒频移。因此,对同一波束里的固定目标回波序列做多普勒分析,只要多普勒分辨率足够高,就可以将波束无法分辨的目标加以分辨。

如图6.5.2所示,与雷达的运动方向呈较小角度的散射体比具有较大角度的散射体有更大的径向速度。由于径向速度是引起多普勒频移的起因,所以各散射体的回波就具有稍微不同的多普勒频移。若能区分多普勒频移的微小差别,那就可以分辨各散射体。

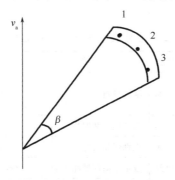

图6.5.2　多普勒波束锐化原理

经DBS处理后的方位向分辨率为

$$P = \Delta\theta \cdot (\pi/180) \cdot R\rho_{\mathrm{D}} = \frac{\theta}{N} \cdot R$$

式中：$\Delta\theta$ 为每个 DBS 单元的角宽度，单位为（°）；R 为雷达与目标的距离。

可见，通过多普勒锐化得到的分辨率也不高，通常仅能得到地面场景的轮廓图。

合成孔径雷达（Synthetic Aperture Radar，SAR）是在真实孔径雷达的基础上发展而来的，是一种先进的主动式微波（含毫米波）遥感器，能够获取目标沿途景物或目标周围特征的实时图，实现二维高分辨率成像。其工作原理是：雷达一边做匀速直线运动，一边以一定的脉冲重复频率发射并接收信号。在距离向，它利用发射大时间带宽积的线性调频信号，采用脉冲压缩技术来获取高分辨率；在方位向，它通过同一雷达传感器在等间隔位置上发射和接收脉冲信号，然后将接收的回波信号进行积累和相干处理获得高分辨率，或者说利用目标和雷达的相对运动使小孔径天线起到大孔径天线的效果，形成等效的大型线阵天线，从而达到高分辨率的目的。SAR的方位向（Azimuth）是指雷达测绘带内沿雷达运动的方向（Aalong Track），距离向（Range）是指测绘带内与航迹垂直的方向（Cross Track）。

合成孔径雷达导引头的主要优点是观测面宽，提供信息快，图像清晰，制导精度高，全天候能力强，能从地面杂波中分辨出固定目标和运动目标，能有效地辨识伪装和穿透掩盖物。其缺点是容易受到无线电波的干扰，易受地形、地物的影响，易暴露本身位置等。

小型弹载合成孔径雷达制导技术最早在 1992 年由美国正式提出并开发，要求制导精度达到 3m以内，能够实现真正意义上的精确打击。目前，国外高性能微波制导技术中的合成孔径雷达制导技术已经实用化，精度可以达到 $0.6\text{m}\times0.6\text{m}$，用于灵巧炸弹和弹道导弹雷达地图匹配制导。

表 6.5.2 中，德国 EADS 公司研制的 MMW – SAR 多模式导引头（图 6.5.3）代表了目前弹载 SAR 成像导引头的最高技术水平，其多种工作模式能够适应不同任务需求是其显著特点，也是未来雷达成像导引头技术发展的重要方向。该导引头发射信号采用载频为 35GHz 的线性调频连续波（LFMCW）信号，天线为高增益的卡塞格伦天线。它采用双正交极化提高自动目标识别能力，采用 4 通道单脉冲接收以保证制导末期前视模式下对目标的精确跟踪。该导引头可以用在亚声速飞行的无人机和导弹上，可以工作在扫描成像模式、聚束成像模式和动目标显示模式，在扫描模式下，成像场景宽度为若干千米。它既可在恶劣天气、强杂波、强电磁干扰等复杂背景下对汽车大小的目标进行自动识别和跟踪，也可对成像区域内的目标进行选择，实现对感兴趣目标的精确定位，同时还满足低成本和小型化的要求。根据文献估计，该导引头质量小于4kg，平均功率小于 50W。

表 6.5.2　国外典型弹载 SAR 成像导引头

弹载 SAR 系统	国家	应用背景	主要作用	主要参数
Hammerhead 项目 SAR 导引头	美国	空地导弹	辅助导航	圆概率误差小于 3m
WASSAR 导引头	美国	空地导弹	探测固定和时敏目标	分辨率小于 1m×1m；成像速率 2Hz
RBS15 Mk3 导弹导引头	瑞典	反舰导弹	识别舰船目标	可识别靠岸停泊军舰
雷声 Ka 波段 SAR 导引头	美国	对地导弹	数字景象区域相关制导	分辨率：3m×3m
达索、汤姆逊 – CFS SAR 匹配制导系统	法国	对地导弹	辅助导航、目标探测	载频分别为 35GHz、94GHz
EADS 红外/毫米波 SAR 双模导引头	德国	空地导弹	地面目标自动检测、识别	载频 94GHz、双极化、宽带
EADS MMW – SAR 导引头	德国	对地导弹	辅助导航、动静目标探测	载频 35GHz；LFMCW 体制；双极化

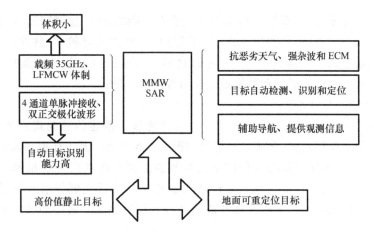

图 6.5.3　德国 EADS 公司研制的 MMW – SAR 多模式导引头系统

MMW – SAR 导引头的工作过程如图 6.5.4 所示。由于导引头天线波束很窄,要在很大的区域内发现目标,需要根据成像区域大小进行低分辨率俯仰扫描或者进行高分辨率俯仰扫描。分辨率的大小由天线的扫描快慢决定。当检测到目标,对目标进行定位之后,采用聚束工作模式,进一步提高对目标的成像分辨率,从而实现对目标的识别和分类。如果目标是动目标,且在导引头的前方,导弹从聚束模式转入动目标指示模式对运动目标进行跟踪,从而实现精确打击。

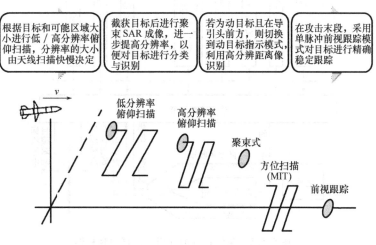

图 6.5.4　MMW – SAR 导引头在不同阶段采用不同的工作模式

（五）雷达寻的导引头的性能指标及其测试

1. 雷达寻的导引头的性能指标

以某雷达寻的导引头为例,其主要功能是接收飞行控制计算机的指令,在特定区域进行搜索、发现和识别目标,并对目标进行截获和跟踪,在跟踪过程对目标进行距离测量和角位置测量,并向飞行控制计算机实时传输这些测量值,给出目标角位置,飞行控制系统对导航参数进行修正,以实现高精度命中目标。

该型导引头主要由接收机、发射机、伺服控制组合和信号处理器等硬件功能组合及配套嵌入式软件构成。反映其性能的主要战术指标有探测范围、发现概率和虚警概率、测量精度、分辨率、跟踪速度、抗干扰能力；主要技术指标有天线孔径、天线增益、波束宽度、极化形式、馈线损耗、天馈系统带宽、扫描方式、雷达信号形式（工作频率、脉冲重复频率、脉冲重复周期、脉冲宽度、信号带宽、调制形式等）、脉冲功率、发射机效率、接收机灵敏度、噪声系数、接收机工作带宽、动态范围、中频特性以及信号和数据处理能力等相关参数。

2. 雷达寻的导引头测试原理

该雷达寻的导引头测试设备是以 VXI 测控模块为核心搭建的总线式测试系统，能够自动完成导引头的功能和性能测试，测试原理框图如图 6.5.5 所示。其工作原理是利用直流电源机箱给导引头供电，信号转接机箱将各种控制信号和被测信号转接到 VXI 机箱中的各种专用模件中，通过运行在工控机中的单元测试软件来控制各 VXI 模件生成导引头测试所需要的目标和干扰信号，或对导引头电流、电压和波形信号进行分配和测试。最终测试结果保存在工控机中并由打印机打出。

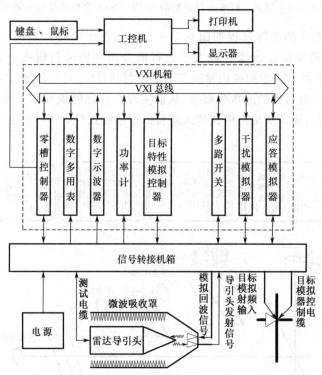

图 6.5.5　某雷达寻的导引头测试原理框图

导引头测试设备组成复杂，由测试机柜、目标模拟器、测试托架和测试电缆等组成，其中测试机柜又包含直流电源机箱、信号转接机箱、VXI 机箱、工控机、自检机箱和打印机等设备，它们相互配合完成对导引头的测试，现将主要设备工作原理分述如下：

1）直流电源机箱

直流电源机箱由程控电源和继电器组成，在雷达导引头测试软件控制下完成电压的调整和雷达导引头的供电及断电功能。

2）信号转接机箱

信号转接机箱由程控衰减器组、合成器以及信号转接板组成，主要作用是对低频和射频信号进行转接、衰减和合成等分配调理工作。主要功能如下：

（1）将从测试电缆出来的直流电压、电阻和脉冲信号进行分类，将它们输入到多用表示波器或功率计等测量仪器。

（2）将导引头应答模拟器、导引头干扰模拟器和导引头输出的信号进行合成输出。

3）自检机箱

自检机箱相当于一个导引头等效器，由通信自检板和导引头自检板组成，主要功能是模拟产生与被测导引头相同的外部接口、信号以及通信，对单元测试设备进行自检。其对外接口、节点定义、信号时序关系都和被测导引头一样。当测试电缆连接在自检机箱上并且供电时，自检机箱产生和导引头类似的直流电压、电阻以及脉冲信号，当测试设备发出通信命令时，自检机箱还要利用内部 DSP 模拟导引头的通信。

4）I/O 多路开关

多路开关模块由继电器组成，完成对测试信号的选通切换功能。每个继电器的输入接被测信号，输出接到测试模件上，通过继电器触点的开合来完成被测信号接到测试模件上的接通和断开，如图 6.5.6 所示。

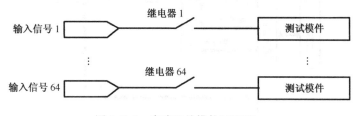

图 6.5.6　多路开关模件原理图

5）示波器

示波器为 VXI 总线单槽模件，由高速 AD、存储器和 VXI 接口电路等组成，完成对波形信号的测量功能。

6）导引头应答模拟器

导引头应答模拟器由微波组合和供电组合组成，其中微波组合包括低噪声放大器、混频器、振荡器、中频放大器、自动增益控制器（AGC）、中频滤波器、中频延迟线、上变频和功率放大器等，如图 6.5.7 所示。它的功能是模拟目标回波。其工作原理是，模拟器接收天线接收到导引头发射出来的信号，将信号下变频到中频，然后在中频处理环节将信号延迟一定的时间，最后上变频放大发射出去，来模拟导引头的目标回波。利用导引头应答模拟器能够在导引头开发射机的情况下模拟出一个目标回波，让导引头来跟踪，这种情况可以考察导引头全系统闭合时的工作状态。

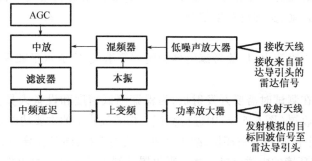

图 6.5.7　导引头应答模拟器原理图

导引头测试设备要在导引头开发射机时，利用导引头应答模拟器模拟目标回波。在导引头应答模拟器中采用了两级大动态压控放大器来实现动态范围的扩展，并通过 AGC 电压生成电路实现自动增益控制。

7）导引头干扰模拟器

导引头干扰模拟器（图 6.5.8）由微波组合和供电组合组成。它的功能是模拟产生有源干扰信号，来检测导引头的抗干扰功能。导引头测试设备利用导引头干扰模拟器模拟干扰信号，用于导引头被动通道测试。导引头干扰模拟器输出信号包括连续波干扰、脉冲干扰、窄带噪声干扰和宽带噪声干扰等多种干扰模式。导引头干扰模拟器中采用了两次变频，数字波形生成等方式实现了多种干扰。

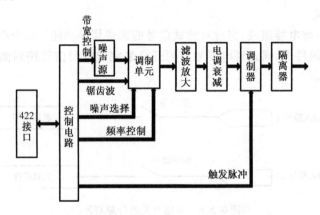

图 6.5.8　导引头干扰模拟器原理图

它的工作原理是视频噪声源产生窄带瞄准噪声调制干扰和宽带阻塞噪声调频干扰所需的噪声；噪声调制单元产生各种调制干扰信号；微波处理单元对干扰信号进行放大、滤波等后续处理。数字控制电路负责 422 接口的通信和微波电路中的各种控制。数字控制电路给出频率控制字，同时选择需要的噪声模型加入频综器调制端，产生干扰源信号，经过滤波、放大等处理后输出至调幅器，系统处于调频干扰状态，调幅器的控制端为简单的幅度控制码，衰减量可选择。

利用干扰模拟器可以部分模拟受到的干扰，并为导引头被动通道提供跟踪信号，来检验被动通道跟踪功能和导引头主被动切换功能。

8）目标特性模拟控制器

目标特性模拟控制器的作用是控制运动目标模拟器，来模拟目标的运动，通过控制目标运动来检测导引头跟踪的动态性能和角度极性。导引头测试设备利用运动目标电机和衰减控制器来驱动模拟目标的运动，实现高精度控制。

9）目标模拟器

运动目标模拟器由直流电机、旋转编码器和丝杠等组成，完成水平和垂直方向运动。

10）微波吸收罩

导引头测试设备在测试时需要开发射机，为保证测试精度和设备人员安全，在开发射机时将导引头罩在微波吸收罩（图 6.5.9）中进行测试。微波吸收罩的主要功能是为主被动雷达寻的导引头的测试提供一个良好的电磁环境，减少外界杂波的干扰，同时在导引头开机时提供足够的屏蔽能力，减少对周围环境的电磁污染。微波吸收罩顶端提供两个信号收发天线（图 6.5.10），方向朝内（导引头方向）安置，分别用于接收导引头发射信号和向导引头发射模拟回波信号。

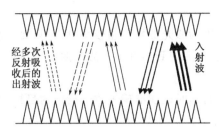

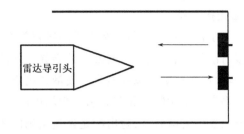

图 6.5.9　微波吸收罩工作示意图　　　　图 6.5.10　微波吸收罩顶端内的信号收发天线

微波吸收罩内部粘贴有两层吸波材料,这两种吸波材料可以将入射波充分地吸收,图6.5.9中右方为入射波,箭头表示波前进方向,粗细表示波的强度,经过罩内若干次反射吸收之后,强度变小。

二、激光制导系统及测试

利用激光作为跟踪和传输信息的手段,经过制导站或弹上的计算机(或计算电路)计算后,得出导弹、炮弹、炸弹偏离目标位置的角误差量,形成制导指令,使弹上的控制系统实时修正导弹的飞行弹道,直至准确命中目标,这就是激光制导。

激光有方向性强、单色性好、强度高的特点,所以激光器发射的激光束发散角小,几乎是单频率的光波,而且在发射的光束截面上集中了大量的能量,因而激光制导具有以下优点:

(1)制导精度高。

(2)激光波束很窄,抗干扰能力强。

(3)结构简单,成本较低。

同时激光制导也有其不足之处:不能全天候工作,易受云、雾和烟尘的影响。

激光制导方式有以下几种:激光波束制导、激光主动寻的制导和激光半主动寻的制导。受限于目前的技术发展水平,最为常用的是激光波束制导和激光半主动寻的制导这两种方式。

(一)激光寻的制导

激光寻的制导是由弹外或弹上产生的激光束照射目标,弹上的激光寻的器利用目标反射的激光,实现对目标的跟踪,同时将偏差信号送给弹上控制系统,操纵导弹飞向目标。根据激光照射源所在位置的不同,激光寻的制导又可以分为激光主动寻的制导和激光半主动寻的制导。

激光主动寻的制导是激光发射照射器与激光接收机都装在同一枚导弹或炸弹上。由于主动激光寻的制导具有精度高、抗干扰能力强、可以"打后不管"等优点,国外都在加速研制实战型的武器型号。主动寻的制导是激光制导技术很重要的研究发展方向。

激光半主动寻的制导是将激光源和寻的器分开放置,寻的器在弹上,激光源放在弹外的载体(平台)上或人工携带。激光半主动寻的制导技术已经相当成熟,制导精度高,抗干扰能力强,结构较简单,成本较低,可与其他寻的系统兼容。但由于在摧毁目标之前需要有人用指示器向目标发射激光,虽然增加了击中目标的可靠性,但也有被敌方发现的可能性,系统在战时易遭受攻击,生存能力低。

(二)激光半主动寻的制导

激光半主动寻的制导系统由弹外的激光目标指示器和弹上的激光寻的器(也叫激光导引头)两部分组成。

1. 激光指示器

激光指示器由激光发射器和光学瞄准器等组成。因为激光的发散角较小，所以只要瞄准器的十字线对准目标，激光发射器发射的激光束就能准确地照射到目标上。激光照射在目标上形成光斑，其大小由照射距离和激光束发散角决定。

为了提高抗干扰能力和在导引头视场内出现多个目标时也能准确地攻击指定的目标，在激光目标指示器中有编码器，射出的是经过编码的激光束。

2. 激光导引头

激光和普通光一样，是按几何学原理反射的，目标将激光反射到激光导引头后，经光学系统会聚在探测器上。激光束在光学系统中要经过滤光片，滤光片只能透过激光器发射的特定波长的激光，从而可以在一定程度上排除其他光源的干扰，探测器将接收到的激光信号转换成电信号输出。

对于编码的激光束，激光导引头中有与之相对应的解码电路，在有多个目标的情况下，按照各自的编码，导弹只攻击与其对应的指示器指示的目标。

3. 制导过程

激光半主动制导武器主要有三类：制导炮弹、制导炸弹和制导导弹。

1）制导炮弹

在炮弹发射前，要求用激光目标指示器发现和测量目标，并将目标方位、距离、激光编码、云高等数据通报给炮弹发射阵地。火控计算机算出火炮射击诸元和炮弹应装定的参数，如弹道、碰撞角等，自动输入炮弹，并由炮手在炮弹上装入激光编码和定时。炮手还要根据目标距离装填相应的推进剂。炮弹发射的同时通知激光目标指示器向约定的目标发射编码激光脉冲，直至命中或炮弹自炸时为止。

2）制导炸弹

利用激光半主动寻的制导炸弹攻击军舰目标的制导过程如图 6.5.11 所示。

（1）由直升机（或其他载体）搜索、发现目标（军舰），并进入锁定跟踪状态。

（2）启动激光发生器，并且不间断地向目标发射激光束。

（3）在附近的另一架飞机（或其他载弹平台）随即向目标方向发射激光制导炸弹。

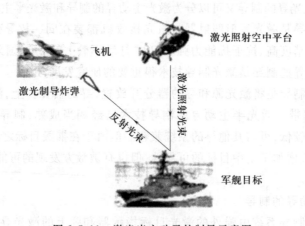

图 6.5.11　激光半主动寻的制导示意图

（4）制导炸弹上的接收机接收从目标上不断反射回来的激光,并经弹上信号处理器的快速处理后,形成制导指令,不断地修正导弹的飞行偏差,直至导弹命中目标。

3）制导导弹

以美国的"海尔法"导弹为例,介绍激光半主动制导系统。导弹由直升机运载,是机载发射的。照射目标的激光指示器可用地面激光器,也可以配用机载激光指示器,载机发射导弹后可以随意机动(发射后不管),但激光指示器必须一直照射目标。

导引头主要由光学系统、探测器、陀螺平台和电子设备(微处理机)组成。导引头结构如图6.5.12所示。

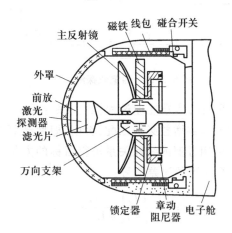

图 6.5.12　激光半主动导引头

目标反射的激光束经球形外罩后,由主反射镜反射,经滤光片聚焦在激光探测器上。为减小入射能量的损失,增大反射系数,主反射镜表面镀有反射层。

陀螺平台中的陀螺转子是一块永久磁铁,其上附有机械锁定器和主反射镜,这些部件随陀螺转子一起旋转,增大了转子的转动惯量,激光探测器装在内环上,不随转子转动。机械锁定器用于在陀螺不工作时保证陀螺转子轴与导弹纵轴重合。

陀螺框架角限制在 ±30°,设有一个软式止动器和一个碰合开关,用以限制万向支架的活动范围,软式止动器装于陀螺仪的非旋转件上,当陀螺框架角超过某一角度值后,碰合开关闭合,给出信号,使光轴转向导弹纵轴,减小陀螺框架角,避免碰撞损坏。导引头壳体上装有旋转线圈、基准信号线圈、进动线圈、电锁线圈等,其用途与红外导引头相类似。导引头中设有解码电路,以便与激光目标指示器的激光编码相协调,逻辑电路控制导引头的工作方式。

激光导引头的探测器可以是旋转扫描式的(带调制盘),但更广泛的是采用四象限探测器阵列。这一点与红外寻的不同,红外寻的系统多采用调制盘。探测元件常用的是硅光电二极管和雪崩式光电二极管,四个探测器处于笛卡儿坐标系四个象限中,以光学系统的轴为对称轴,每个二极管代表空间的一个象限,如图6.5.13所示。典型的情况是:探测器阵列的直径约为1cm,二极管之间的距离为0.13mm。为了避免可能发生聚焦的激光能量过大而击穿探测器,探测器的位置稍微离开焦平面一点距离。如果导引头接收到从目标反射的激光能量,由光学系统会聚到四象限探测器上,形成一个近似圆形的激光光斑,一般情况下,四个相互独立的光电二极管每个都能接收到一定的光能量,并输出一定的光电流,电流的大小与每个二极管上的入射激光功率成比例,也就是与相应象限被光斑覆盖区域的面积成比例。

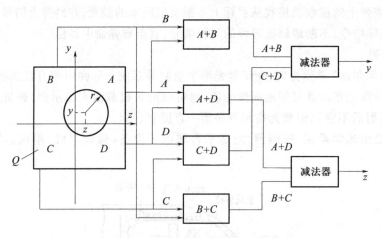

图 6.5.13　四象限探测元件

从图 6.5.13 中可看出探测器的信号处理过程,四个探测元件的输出分别经过前置放大器放大(这里四个二极管通道的放大器增益必须匹配,否则,即使光斑在四象限中心,也会有错误的信号输出),由于光斑很小,可用近似的线性关系求得目标的方位坐标 y、z,经过综合、比较及除法运算,得出俯仰和偏航两个通道的误差信号:

$$y = \frac{(I_A + I_B) - (I_C + I_D)}{I_A + I_B + I_C + I_D} \quad (6.5.1)$$

$$z = \frac{(I_A + I_D) - (I_B + I_C)}{I_A + I_B + I_C + I_D} \quad (6.5.2)$$

式中:I_A、I_B、I_C、I_D 分别为四个二极管输出电流的峰值,这四个电流即表示四个象限管接收到的激光功率。

若目标像点的中心与导引头的光学系统的光轴重合,那么光斑就在四个象限的中心,这时四个二极管线路的电流相等,误差信号为零;如果目标偏离导引头光学系统光轴,则光斑就偏离四象限的中心,就会出现误差信号。经过信号处理,误差信号送入控制系统的俯仰和偏航两个通道,分别控制舵机偏转。在信号处理过程中用了除法运算,目的是使输出信号的大小不受所接收激光脉冲能量变化的影响(远离目标时能量小,接近目标时能量大)。

从误差信号计算公式可以看出,偏差信号与四象限管接收到的激光功率成比例,那么,激光寻的制导系统的偏差信号随着导弹与目标距离的减小而急剧增大,为使系统有较大的动态范围,改善探测性能,与红外导引头一样,也可以采用自动增益控制技术,在电路中加入对数放大器可以使系统具有更大的动态范围。

(三) 激光波束制导

由一台激光发射器发射激光束,光束的中心指向目标或目标飞行的前置点,导弹在激光束中飞行,弹上激光接收机接收激光束的激光信号,并进行处理分解出导弹偏离激光束中心的偏差信号,形成引导指令,使导弹飞向目标。这就是激光波束制导。激光波束制导设备轻、精度高,在各国都受到重视,但必须在通视(直线视距)条件下才能实现,因而适合在短程作战使用,多用于防空导弹和反坦克导弹等。

典型激光波束制导系统的组成,如图 6.5.14 所示。

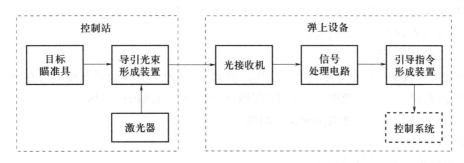

图 6.5.14　典型激光波束制导系统的组成

其中包含以下几个关键装置：

（1）目标瞄准具：一般是光学望远镜，以手控或自动跟踪方式使激光波束光轴对准目标。

（2）激光器：是一个强功率的激光源，一般采用固体或气体激光器，工作在脉冲波或连续波状态。

（3）导引光束形成装置：将激光器产生的强功率激光变为引导波束，其核心是调制器，作用是进行激光束空间位置编码（包括空间偏振编码、空间频率编码和条形光束空间扫描编码等），使飞行在光束中的导弹根据弹上激光接收器收到的光束编码信息判断其在光束中的位置，从而确定导弹的飞行偏差。

（4）光接收机：接收激光信息，并将其变为电信号送给信号处理电路。

激光波束制导系统的制导过程，如图 6.5.15 所示。

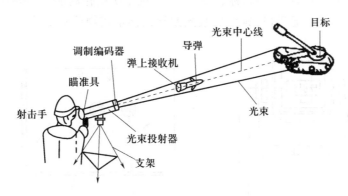

图 6.5.15　激光波束制导系统

该制导过程由四个步骤组成。

1. 瞄准与跟踪

导弹在发射前，利用光学瞄准具对准目标，形成导弹发射点与目标之间的瞄准线，并把它作为坐标基准线，当目标移动时，瞄准线不断跟踪目标。

2. 激光发射与编码

为保证导弹沿瞄准线"轨道"飞行，激光束的中心线必须沿着瞄准线发射到目标（即激光束的中心线与瞄准线重合），并使光束在瞄准线的垂直平面内进行空间编码。

3. 光束投射

导弹沿瞄准线发射并进入光束，光束形成装置的焦距是可变的，它是导弹射程的函数。导弹刚发射时，照射波束的宽度应该宽些，以便使导弹尽快进入波束内接受制导。随着导弹逐步逼近目标,波束宽度也应同步减小,以便使导弹在整个飞行过程中始终处于一个大小不变的光束截面中,从而有效提高制导精度。

4. 弹上接收与译码

导弹尾部的激光接收机不断接收激光信息并译码,测出导弹偏离瞄准线的方向和大小,形成导引指令,控制导弹沿着光束的中心线(即瞄准线)飞行,直至击中目标。

（四）激光制导系统的性能指标及其测试

1. 性能指标

需要测试的指标主要包括:

（1）激光导引头视场角。

（2）激光导引头灵敏度。

（3）激光导引头阈值。

（4）激光编码特性。

（5）激光照射器能量特性。

（6）激光导引头的频率特性。

（7）电压、电流等典型信号。

2. 测试方法

1）实验平台搭建

在研制阶段,通过建立实验室环境下的激光制导武器半实物仿真实验系统,用以检测和考核激光导引头接收目标信息、分辨目标、跟踪目标和抗干扰工作的能力。为各项指标的测试和全武器系统的仿真提供实验手段,典型的激光制导武器半实物仿真实验系统组成如图6.5.16所示。

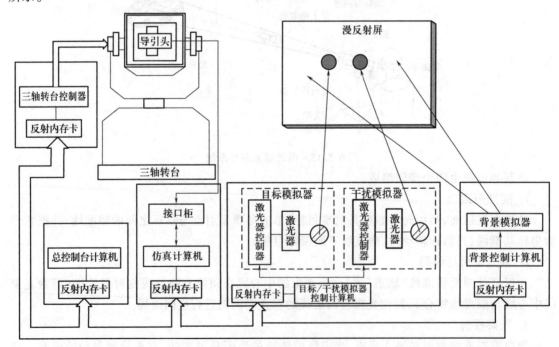

图 6.5.16　激光制导武器半实物仿真实验系统组成框图

系统主要由目标/环境模拟系统、导引头姿态模拟系统（以三轴飞行转台为主要设备）、仿真计算机系统、实时通信接口系统、总控制台系统、光学暗室六大部分组成。

（1）目标/环境模拟系统。目标/环境模拟系统由激光目标模拟器、干扰模拟器、背景模拟器、场景合成系统和视线运动系统组成。它用来模拟激光导引头视景中的目标激光散射、有源干扰及自然背景的辐射和运动特性。它既能为导引头的静态和动态性能测试提供实验光源，又能接入激光制导仿真回路，在仿真计算机生成的信号控制下，形成实时动态激光目标和干扰环境。

（2）导引头姿态模拟系统。导引头姿态模拟系统由三轴转台和相应附件组成，三轴转台由台体、控制柜、功放电源柜及监控操作台几部分组成。它既能和目标/环境模拟系统一起，为导引头的静态和动态性能测试提供一个硬、软件平台，又能接入激光制导仿真回路，模拟导引头的俯仰、偏航和滚转运动。

（3）仿真计算机系统。仿真计算机主机通过 A/D、D/A 控制器连接高速并行的 D/A、A/D 子系统，用于控制具有模拟量输入/输出的仿真设备。仿真计算机系统是全系统的核心，它既能用数学模型对激光导引头进行全数字仿真，又能只用数学模型模拟自动驾驶仪、舵机和弹体的运动，同时生成控制三轴转台和目标/环境模拟系统的数字指令，与导引头实物及其他仿真设备一起构成仿真回路来研究系统的行为特征。

（4）实时通信接口系统。实时通信接口系统采用反射内存实时网，在各子系统的控制计算机中插入反射内存卡，全系统通过光纤连成一个雏菊花链似的环形网络。它用于完成仿真计算机、三轴转台控制系统、两轴转台控制系统、激光目标/干扰模拟器控制系统、总控制台计算机之间的实时通信和时间同步控制等。

（5）总控制台系统。总控制台系统由控制台机架、系统管理与控制计算机、控制面板及接口、监控系统几部分组成。它是整个半实物仿真系统的控制中心、调度中心和监测中心，用来完成全系统状态的设定、检测与加载，全系统的信号变换、时统、信号分发调度和通信控制，进行数据处理及仿真结果的分析、显示等。

（6）光学暗室。光学暗室用于为激光导引头半实物仿真系统提供必需的空间环境和工作环境。

2）测试原理及方法

（1）激光导引头视场角测试。导引头固定在三轴转台上，通过转动目标模拟器的两轴转台，实现激光光斑在漫反射屏上的移动。实时检测激光导引头输出，当激光光斑进入导引头视场角范围时，导引头将输出两路电压信号，记录下此时转台角度，继续转动转台，当光斑出视场时，导引头无输出信号，将转台转过的角度进行记录，并通过数学模型换算成漫反射屏上的位置后，再进一步换算为激光导引头视场角。

（2）激光导引头灵敏度测试。测试之前，完成激光器输出能量和衰减片系数的标定。测试时，缓慢调节激光器输出能量，当激光器能量由大变小时，记录激光导引头输出，当达到激光导引头灵敏阈时，激光导引头无输出信号，此时，计算激光器输出能量大小，即为激光导引头的灵敏度。

（3）激光导引头阈值测试。与灵敏度测试方法相似，不断调节激光器出瞳能量，当达到导引头阈值时，导引头输出不再变化，此时计算激光器输出能量大小，即为激光导引头的阈值。

（4）激光编码特性测试。激光制导武器能进行正常识别和跟踪的前提条件就是识别特定编码的激光。通过设置几种不同的编码体制，对激光电源进行外触发。当照射激光编码体制与导引头编码体制不一致时，此时导引头不敏感，无输出信号；只有当二者一致时，导引头才能正常工作。

（5）激光照射器能量特性测试。启动目标激光电源，采用高精度能量计对输出的激光能量进行测试，调节激光器内部的衰减控制电机，记录每次输出的激光器能量，得到激光器能量变化曲线与电机转动角度之间的关系，为导引头各项性能指标的测试提供基准。

（6）激光导引头的频率特性测试。测量在不同能量密度和不同光斑大小条件下导引头输出的频率特性。设置导引头视场角随时间变化，考核导引头对变化视场的敏感能力。测试条件下，让俯仰和方位视场均按正弦规律变化，测量导引头两路输出电压随时间的变化，以考核导引头的频率特性。

（7）电压、电流等典型信号测试。对电压和电流等典型信号，采用满足要求的自动化测试设备进行测试。

三、红外制导

红外制导技术是指在导弹或灵巧弹药的制导系统中，利用目标辐射的红外能量来实现对目标的捕获、跟踪和测量，并精确控制和引导导弹或灵巧弹药飞向目标的一种制导技术。红外制导一般可分为红外点源制导和红外成像制导两大类。

红外精确制导，因其全被动工作方式，不易受电子干扰，能够昼夜作战，能识别真假目标、隐蔽性好、分辨率高等特点，使之成为光学精确制导中最有发展前景的技术。

（一）红外点源制导

红外点源制导（非成像制导）是一种被动制导系统，是以被攻击目标的典型高温部分（如飞机发动机的喷口、军舰的烟囱口等）的红外辐射作为制导信息源，能够在给定的条件下完成对目标的搜索、识别和跟踪，通过红外接收系统把这种辐射转换成反映目标空间位置信息的电信号，导引导弹击中目标。它探测的目标本身能辐射红外线，无需外部照射，多数军事目标（军舰、飞机、坦克等）都是良好的红外辐射源。

在红外点源制导武器中，主要有两种制导方式，即遥控指令制导和被动式寻的制导。

1. 遥控指令制导

遥控指令制导是指利用制导武器以外的红外探测系统对目标和制导武器进行测量，提供目标和制导武器的坐标信息，并根据导引规律形成相应的指令，通过无线或有线传到弹上实现闭环控制，将制导武器引向目标或预定区域。

2. 红外点源寻的制导

红外点源寻的制导是指制导武器上的红外寻的器（也称为红外导引头）接收从目标辐射来的红外波段的光能量，将其转变为电信号，然后经过信号处理，确定目标的位置参数，并形成相应的制导指令，控制制导武器导向所攻击的目标。由于导弹本身不辐射用于制导的能量，也不需要其他的照射能源，因此具有攻击隐蔽性好、可发射后不管等优点，广泛应用于空对空、地对空导弹，也应用于某些反舰和空对地武器。

红外点源寻的系统一般由红外导引头、弹上控制系统、弹体及导弹目标相对运动学环节等组成。其中,红外导引头是核心设备,用来接收目标辐射的红外能量,确定目标的位置及角运动特性,形成相应的跟踪和引导指令。其典型组成结构如图 6.5.17 所示。

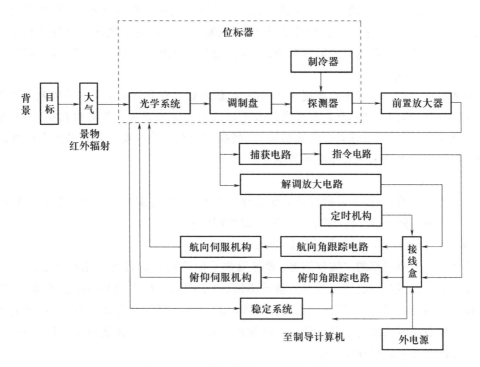

图 6.5.17 导弹红外点源导引头组成框图

该红外点源导引头由以下几个部分组成:

(1)光学接收器:类似于雷达接收天线,汇聚由目标产生的红外辐射,并经光学调制器或光学扫描器传送给红外探测器。

(2)光学调制器:通过滤光片实现光谱滤波,通过对入射红外辐射进行调制编码实现空间滤波。

(3)红外探测器及其制冷装置:将经汇聚和调制的红外辐射转变为相应的电信号,一般红外光子探测器都需要制冷,因此,制冷装置也是导引头的组成部分之一。

(4)信号处理:主要采用模拟电路,一般包括捕获电路和解调放大电路等,对来自探测器的电信号进行放大、滤波、检波等处理,提取出经过编码的目标信息。

(5)导引控制:在跟踪电路和伺服机构的支持下,驱动红外光学接收器实现对目标的搜捕与跟踪,包括航向导引控制和俯仰导引控制两个部分。

(二)红外成像制导

红外成像制导系统利用红外探测器探测目标的红外辐射,获取目标红外图像进行目标捕获与跟踪,并将导弹引向目标。

红外成像制导采用中、远红外实时成像器,以 $8 \sim 14 \mu m$ 波段红外成像器为主,可以提供二维红外图像信息,利用计算机图像信息处理技术和模式识别技术,对目标的图像进行自动处理,模拟人的识别功能,实现寻的制导系统的智能化。

红外成像导引技术是一种自主式“智能”导引技术,它代表了当代红外导引技术的发展趋势。

红外成像又称热成像，红外成像技术就是把物体表面温度的空间分布情况变为按时间顺序排列的电信号，并以可见光的形式显示出来，或将其数字化存储在存储器中，为数字机提供输入，用数字信号处理方法来分析这种图像，从而得到制导信息。它探测的是目标和背景间微小的温差或辐射频率差引起的热辐射分布图像，其信息量大大超过非成像系统，能够区分真假目标，有效克服各种光电干扰。

红外成像制导克服了红外点源制导的局限性，随着红外探测器研制工艺的成熟以及微电子技术的飞快发展，热成像技术已具有很高的水平。从单元探测器加二维光机扫描、多元线阵探测器加一维光机扫描，发展到无需光机扫描的"凝视"系统，这些类型的热像技术在红外成像制导领域里都可以找到被采用的相应导弹型号。

1. 成像方式

从成像方式来看，目前发展的红外成像制导有两种：一种是多元红外探测器线阵扫描成像制导系统；另一种是多元红外探测器平面阵列成像制导系统。

1）多元红外探测器线阵扫描成像制导系统

它采用线阵或小规模的二维探测器（即普通焦平面阵列），通过光学系统如旋转反射镜或棱镜对目标实现机械扫描成像。与点源制导相比，由于探测器提供的是目标的图像，所以制导系统的性能有明显的提高，可昼夜使用及在有雾、烟、尘等有限的恶劣条件下使用，对关机的雷达和停止工作数小时的坦克及其他目标亦能发现和跟踪，对隐蔽和伪装目标的识别能力较强，并增加了探测目标和发射导弹的距离。

2）多元红外探测器平面阵列成像制导系统

该系统采用二维高密集度的焦平面红外探测器阵列，图像由电子扫描器读出，或采用固体成像器件。凝视红外探测器可像人眼注视景物那样摄取目标。它由成千上万个红外探测单元排成二维阵列，与先进的信号处理电路集成或组装在一起而构成，既具有目标探测功能，又具有信号处理功能。

2. 制导方式

红外成像制导属于被动式制导，目前装备和发展的红外成像制导武器的制导方式有两种：红外成像指令制导和红外成像寻的制导。

1）红外成像指令制导

法国汤姆逊公司的"响尾蛇"导弹是采用红外成像指令制导的典型武器，其工作原理如图6.5.18所示。

安装在随动发射装置上的红外成像位标器发现并跟踪超低空飞行的目标，同时发射导弹。由宽视场的红外位标器将导弹引入制导雷达的窄波束之中（初制导），然后由制导雷达给出导弹的位置信号，和红外成像跟踪器给出的目标信息一起输给计算机，算出导弹与目标的偏差并形成无线电指令。指令由制导雷达传给弹上接收机，实现闭环控制，按一定的规律使导弹飞向目标。待导弹进入红外成像跟踪器的视场后，视场内出现两个目标：一个是自己的导弹，另一个是需攻击的目标，相应的处理器分别输出它们的坐标偏差信息，经变换形成制导指令控制导弹飞向目标，直到摧毁目标。

上述例子是采用无线电雷达传送指令的。为了简化系统，有的采用导线传送指令，称为有

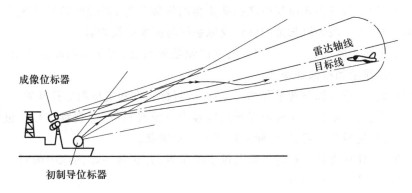

图 6.5.18 红外成像指令制导工作原理图

线制导,有的是利用光纤传送,称为光纤制导,也可用激光发送指令。

2)红外成像寻的制导

红外成像导引头分为实时红外成像器和视频信号处理器两部分,一般由红外摄像头、图像处理电路、图像识别电路、跟踪处理器和摄像头跟踪系统等部分组成,如图 6.5.19 所示。

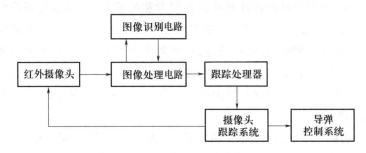

图 6.5.19 红外成像导引头的基本组成

实时红外成像器用来获取和输出目标与背景的红外图像信息,它必须有实时性,视频信号处理器用来对视频信号进行分析、鉴别,排除混杂在信号中的背景噪声和人为干扰,对背景中可能存在的目标,完成探测、识别和定位。

实时红外成像器包括红外光学系统、扫描器、红外探测器、制冷器、稳速装置、信号放大器、信号处理器和扫描变换器等几部分。

(1)红外光学系统:主要用来聚焦来自目标和背景的红外辐射。

(2)扫描器:一般为光学和机械扫描的组合体。光学部分由机械驱动完成两个方向(水平和垂直)的扫描,实现快速摄取被测目标的各部分信号,分为物方向扫描和像方向扫描两类:物方向扫描是指扫描器在成像透镜前面的扫描方式;像方向扫描是指扫描器在成像透镜后面的扫描方式。

(3)红外探测器:是实时红外成像器的核心。目前用于红外成像导引头的探测器主要工作于 $3 \sim 5\mu m$ 波段和 $8 \sim 14\mu m$ 波段。

(4)制冷器:用于对红外探测器降温。

(5)稳速装置:用于稳定扫描器的运动速度,以保证红外成像器的质量。

(6)信号放大器:用于放大来自红外探测器的微弱信号。

(7)信号处理器:用于提高视频信噪比和对获得的图像进行各种变换处理。

（8）扫描变换器：将各种非电视标准扫描获得的视频信号，通过电信号处理变换成通用电视标准的视频信号，将一般光机扫描的红外成像系统与标准电视兼容。

视频信号处理器实际上是一台专用的数字图像处理系统，其基本功能包括图像预处理、图像识别、跟踪处理、显示和稳像处理等。

（1）图像预处理：把目标与背景分离，为后面的目标识别和定位跟踪打基础。

（2）图像识别：首先要确定在成像器视频信号内有没有目标，在视频信号中包含目标信号的情况下，给出目标的最初位置，以便使跟踪环节开始捕获。

（3）跟踪处理：计算出目标在每一帧图像中的位置，并将每一帧图像中的目标位置信号输出，从而实现序列图像中的目标跟踪。

（4）显示：人机交互界面。为操作人员提供清晰的画面，结合手控装置和跟踪窗口可以完成人工识别和捕获。

（5）稳像处理：依据红外成像器内的陀螺仪所提供的成像器姿态变化的数据，将存于图像存储器内被扰乱的图像进行调整稳定，以保证图像的清晰。

3. 制导过程

在导弹发射之前，由制导站的红外前视装置搜索和捕获目标，根据视场内各种物体热辐射的差别在制导站显示器上显示出图像。目标的位置确定之后，导引头便跟踪目标。导弹发射后，摄像头摄取目标的红外图像，并进行处理，得到数字化的目标图像，经过图像处理和图像识别，区分出目标、背景信号，识别出真假目标并抑制假目标。跟踪装置按预定的跟踪方式跟踪目标，并送出摄像头的瞄准指令和制导系统的引导指令，引导导弹飞向预定的目标。

4. 红外图像处理

在红外成像寻的制导中，实时红外成像器是其"眼睛"，提供了探测和分析目标的可能性；视频信号处理器是其"大脑"，是实现所谓的智能化全自动探测的核心。

1）红外图像处理的特点

红外成像寻的制导中的图像处理主要包括以下几个特点：

（1）对应于目标和背景的温度和发射率的分布，红外成像导引头只能从红外特有的低反差图像中抽取所需的信号，可利用的基本信息是以像元强度形式出现的。

（2）红外图像中最简单的模型是二值图像，即目标比邻近背景暗或亮两种情况，由于图像处理过程是在背景噪声环境中进行的，因此常用统计图像识别技术。

（3）红外图像摄取的帧速为 25～30 帧/s，目标表面的辐射分布在两帧之间基本上保持不变，这为逐帧分析目标特征和对目标定位提供了保证。

（4）图像处理方法建立在二维数据处理和随机信号分析的基础上，其特点是信息量大、计算量大、存储量大，因而大容量、高速信息处理是弹载计算机的关键。

（5）要求有快速有效的算法，因为需要根据具体目标、实战条件和背景、干扰等条件实时识别和跟踪目标。

2）红外图像处理的内容

红外图像处理的具体内容主要包括信号预处理、目标识别和目标跟踪三个方面。

（1）信号预处理。预处理是目标识别和跟踪的前期功能模块。预处理包括 A/D 转换、自适应量化、图像滤波、图像分割、瞬时动态范围偏量控制、图像的增强和阈值检测等，其中，图像分割是主要环节,因为它是识别、跟踪处理的基础。

（2）目标识别。自动目标识别对于"发射后不管"导弹的红外成像导引头是一个最为重要也是最为困难的环节。要识别目标,首先要找出目标和背景的差异,对目标进行特征提取。其次是比较,选取最佳特征,并进行决策分类处理。其中,目标特征提取是关键。归纳起来,可供提取的目标物理特征主要有:目标温差和目标灰度分布特征、目标形状特征（外形、面积、周长、长宽比、圆度、大小等）、目标运动特征（相对位置、相对角速度、相对角加速度等）、目标统计分布特征、图像序列特征及变化特征等。

另外,红外成像导引头的识别软件还必须解决点目标段（远距目标）和成像段（近距目标）的衔接问题,以及远距离目标、目标很小、提供像素很少时的识别问题。

（3）目标跟踪。目标跟踪的关键技术是跟踪算法。从理论上讲,跟踪算法较多,如热点跟踪、形心跟踪、辐射中心跟踪、自适应窗跟踪、十字跟踪和相关跟踪等。

红外成像寻的制导系统对目标的跟踪应该是自适应跟踪,即随着目标与导弹的相对变化,自适应地改变跟踪参数,达到不丢失目标的目的。

思考题

1. 制导系统的功能有哪些?
2. 摄动制导与显式制导有哪些区别?
3. 简述制导系统测试的步骤和内容。
4. 简述加速度计正向脉冲数检查原理。

第七章

姿态控制系统及其测试

>>>

导弹在飞行过程中,不可避免地受到各种内部干扰(弹体结构误差、控制仪器误差、发动机推力误差等)和外部干扰(气流、风等气象条件的变化)的影响,使导弹的飞行姿态发生变化而偏离预定弹道。这时,控制系统根据姿态变化(三个姿态角偏差及其速度误差)的大小自动进行纠正,使导弹飞行姿态保持稳定。保证导弹"飞得稳"的系统,就是姿态控制系统。

姿态控制系统是导弹控制系统的一个重要组成部分,其功能是稳定和控制导弹绕其质心的角运动。姿态控制系统的稳定作用在于克服各种干扰,使导弹的姿态角相对预定姿态角的偏差控制在允许的范围内。其控制作用是按制导系统发出的指令,控制弹体的姿态角,从而改变推力方向,实现要求的运动状态。

姿态控制系统使导弹具有飞行的稳定性,是制导系统工作的基础和前提。导弹绕质心的运动可以分解为绕三个惯性主轴的角运动,与之对应的有三个基本控制通道,分别对导弹的俯仰轴、偏航轴、滚动轴进行控制。三个控制通道的组成基本相同,包括测量装置、信号处理装置和执行机构。由于弹道导弹一般是绕质心的小角度运动,三个控制通道之间的交连并不严重,因而在分析姿态控制系统时,可以将三个通道视为各自独立的通道。

第一节 姿态控制系统

一、姿态控制系统的任务与组成

姿态控制系统的根本任务是在导弹飞行中控制导弹绕质心的运动,保证导弹稳定飞行。姿态控制系统要在各种干扰作用下保证导弹绕其弹体三个轴(俯仰轴、偏航轴和滚动轴)的姿态角稳定在容许的范围内。姿态控制系统还要在导弹飞行过程中执行程序转弯控制和导引控制作用,按照制导系统送来的程序转弯指令和横、法向导引指令,操纵导弹推力方向控制,改变导弹运动方向,从而保证导弹准确命中目标。

姿态控制系统包括俯仰、偏航和滚动三个控制通道,分别对导弹的俯仰轴、偏航轴、滚动轴进行控制和稳定。从原理上说,导弹姿态控制系统是多回路的反馈控制系统,导弹是控制对象,也是姿态控制回路中的一个环节。从硬件构成来说,各通道组成基本相同,每个通道一般包括三个基本部分:敏感装置、信号处理装置和执行机构。敏感装置的任务是测量导弹的姿态角、姿态角速度以及横向和法向的线加速度;信号处理装置负责信号的变换放大,弹上计算机对送来的控制信号进行加工处理；执行机构的作用是用于操纵产生控制力和力矩的装置，即用于操纵推力矢量的装置。

按控制回路的组成和实现原理划分，可分为连续式控制和数字式控制两种基本方式，前者的控制信号是模拟量，后者是数字量或采样脉冲，以数字计算机来实现控制信号的变换、综合和传输，其作用与模拟式姿态控制系统基本相同。

二、姿态控制系统的工作原理

导弹姿态控制系统的功能框图如图 7.1.1 所示。姿态控制系统具有对角运动敏感测量、信号变换与处理、放大以及控制信号执行的功能，是一个典型的闭环自动控制系统。

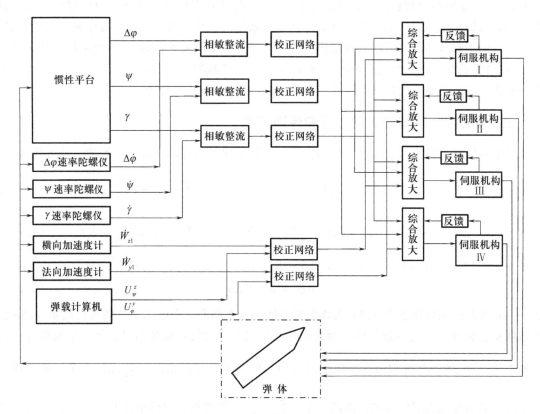

图 7.1.1　导弹姿态控制系统的功能框图

由图 7.1.1 可以看出：导弹的姿态角信号 $(\Delta\varphi,\psi,\gamma)$ 是由惯性平台测量并输出的；姿态角速度信号 $(\Delta\dot\varphi,\dot\psi,\dot\gamma)$ 是由三个速率陀螺仪分别测量并输出的；弹体坐标系的横、法向加速度是由横、法向加速度计测量输出的。这些输出信号经各自的相敏整流、校正网络、综合放大之后，送到伺服机构，对导弹进行姿态控制。

相敏整流装置，将来自平台和速率陀螺仪的两路交流信号转变为正负极性的直流信号，以便进行直流变换和直流综合放大。

校正网络，对输入的电压信号，按规定的传递函数进行数学变换，校正系统的开环频率特性或闭环极点分布，改善姿态控制系统的动、稳态品质。

综合放大装置，对输入的各种信号（包括校正输出和反馈信号），进行叠加并放大，输出一定功率的信号去控制相应的执行机构。

导弹的姿态角信号，在有稳定平台的控制系统中往往利用平台框架角传感器输出的信号经坐标变换获得。这种坐标变换，在作某种简化处理后，也可以直接由装在稳定平台框架轴上的分解器实现。在一般情况下，这种坐标变换可以由弹载数字计算机完成。姿态控制系统所需的角速度信号通过速率陀螺仪获取，它直接安装在弹体上，具体安装位置取决于抑制弹体弹性振动影响的需要。在模拟式姿态控制系统中，通常由以集成化的运算放大器为主体的变换综合放大器实现姿态控制系统中的信号变换、放大和处理。

随着计算机技术的发展，已经有许多导弹的姿态控制系统实现了数字化，即系统所要求的信号处理、校正网络由弹载数字计算机完成，甚至一些信号变换和放大功能也可以由弹载计算机作为输入输出电路的一部分来实现。导弹控制系统广泛采用数字技术具有十分重要的意义，它不仅适应了现代导弹对控制系统提出的日益复杂和苛刻的要求，为控制系统采用新技术开辟了广泛途径，而且对提高控制系统的可靠性、简化弹上仪器配置和电路、提高系统的灵活性均有显著作用。姿态控制系统的执行机构可以是电动的、气动的或液动的。

三、姿态控制系统的运动方程和传递函数

这里直接给出姿态控制系统的运动方程。俯仰平面考虑弹体弹性振动后的运动方程为

$$\Delta \dot{\theta} = c_1 \Delta \alpha + c_2 \Delta \theta + c_3 \delta_\phi + c''_3 \dot{\delta}_\phi + \sum_{i=1}^{n} c_{1i} \dot{q}_i + \sum_{i=1}^{n} c_{2i} q_i + c'_1 \alpha_w + \overline{F}_{B_y} \tag{7.1.1}$$

$$\Delta \ddot{\phi} + b_1 \Delta \dot{\phi} + b_2 \Delta \alpha + b_3 \delta_\phi + b''_3 \ddot{\delta}_\phi + \sum_{i=1}^{n} b_{1i} \dot{q}_i + \sum_{i=1}^{n} b_{2i} q_i = \overline{M}_{B_z} - b_2 \alpha_w \tag{7.1.2}$$

$$\ddot{q}_i + 2\xi_i \omega_i \dot{q}_i + \omega_i^2 q_i = D_{1i} \Delta \dot{\phi} + D_{2i} (\Delta \alpha + \alpha_w) + D_{3i} \delta_\phi + D''_{3i} \ddot{\delta}_\phi - Q_{i_y} \tag{7.1.3}$$

$$\Delta \phi = \Delta \theta + \Delta \alpha \tag{7.1.4}$$

式中：$\Delta \dot{\theta}$ 为弹道倾角角速度；$c_1 \Delta \alpha$ 为攻角偏差通过推力和升力引起的弹道倾角的增量；$c_2 \Delta \theta$ 为弹道倾角变化通过重力引起的弹道倾角的增量；$c_3 \Delta \delta_\phi$ 为燃气舵偏转通过控制力引起的弹道倾角的增量；$c''_3 \dot{\delta}_\phi$ 为燃气舵偏转产生的惯性力引起的弹道倾角的增量；$\sum_{i=1}^{n} c_{1i} \dot{q}_i$ 为弹体弹性振动产生的气动力变化引起的弹道倾角的增量；$\sum_{i=1}^{n} c_{2i} q_i$ 为发动机推力的横向分量引起的弹道倾角的增量；$c'_1 \alpha_w$ 为风干扰引起弹道倾角的增量；$\overline{F}_{B_y}$ 为作用于导弹纵向运动的标称干扰力；$\Delta \ddot{\phi}$ 为弹体俯仰角加速度；$b_1 \Delta \dot{\phi}$ 为俯仰角速度产生的阻尼力矩引起的俯仰角加速度；$b_2 \Delta \alpha$ 为攻角 α 产生的气动力矩所引起俯仰角加速度；$b_3 \delta_\phi$ 为燃气舵偏转角产生的控制力矩引起的俯仰角加速度；$b''_3 \dot{\delta}_\phi$ 为燃气舵偏转产生的惯性力矩引起的俯仰角加速度；$\sum_{i=1}^{n} b_{1i} \dot{q}_i$ 为弹体弹性振动产生的气动力矩引起的俯仰角加速度；$\sum_{i=1}^{n} b_{2i} q_i$ 为发动机推力矢量偏转和推力作用点横向位移对质心的力矩引起的俯仰角加速度；$\overline{M}_{B_z}$ 为作用于导弹 $O_1 z_1$ 轴的标称干扰力矩；$-b_2 \alpha_w$ 为风干扰产生的力矩引起的俯仰角加速度；q_i 为第 i 次振型振动的广义坐标；ω_i 为第 i 次振型的固有频率；ξ_i 为

第 i 次振型的阻尼系数; $D_{1i}\Delta\dot{\phi}$ 为俯仰角速度产生的广义气动力; $D_{2i}(\Delta\alpha+\alpha_w)$ 为攻角(包括风干扰产生的攻角偏差)所产生的广义气动力; $D_{3i}\delta_\phi$ 为控制机构(发动机偏角)产生的广义力; $D''_{3i}\ddot{\delta}$ 为燃气舵偏转产生的广义惯性力; Q_{i_y} 为沿 y_1 轴干扰力对应的广义力。

偏航运动方程式与俯仰方程式相似:

$$\dot{\sigma} = c_1\beta + c_2\sigma + c_3\delta_\psi + c''_3\dot{\delta}_\psi + \sum_{i=1}^n c_{1i}\dot{q}_i + \sum_{i=1}^n c_{2i}q_i + c'_1\beta_w + \overline{F}_{B_z} \tag{7.1.5}$$

$$\ddot{\psi} + b_1\dot{\psi} + b_2\beta + b_3\delta_\psi + b''_3\ddot{\delta}_\psi + \sum_{i=1}^n b_{1i}\dot{q}_i + \sum_{i=1}^n b_{2i}q_i = \overline{M}_{B_y} - b_2\beta_w \tag{7.1.6}$$

$$\ddot{q}_i + 2\xi_i\omega_i\dot{q}_i + \omega_i^2 q_i = D_{1i}\dot{\psi} + D_{2i}(\beta+\beta_w) + D_{3i}\delta_\psi + D''_{3i}\ddot{\delta}_\psi - Q_{i_z} \tag{7.1.7}$$

$$\psi = \sigma + \beta \tag{7.1.8}$$

滚动扰动方程:

$$\ddot{\gamma} + d_1\dot{\gamma} + d_3\delta_\gamma + d''_3\ddot{\delta}_\gamma = \overline{M}_{B_x} \tag{7.1.9}$$

$$\ddot{q}_\gamma + 2\xi_\gamma\omega_\gamma\dot{q}_\gamma + \omega_\gamma^2 q_\gamma = d_{31}\delta_\gamma + d''_{31}\ddot{\delta}_\gamma \tag{7.1.10}$$

$$\gamma_s = \gamma + \theta_1(X_s)q_\gamma \tag{7.1.11}$$

式中: $\theta_1(X_s)$ 为 X_s 处的扭转振型函数。

当 c_{1i}、c_{2i}、b_{1i}、b_{2i} 与方程中其他系数相比都很小,而且弹性振动的广义坐标只有几毫米时,方程中与这些系数有关的项可以忽略。从物理意义上讲,正常情况下几毫米的弹性变形产生的力和力矩不会对刚体的姿态运动造成大的影响。同样如果略去了弹性振动对刚体姿态运动的影响,那么在弹性方程中与 $\Delta\dot{\phi}$、$\Delta\alpha$ 有关的项可以视为外部激振力,对弹性振动回路的稳定性无影响。同理可以对偏航和滚动方程进行简化。

令初始条件为零,分别对三个通道的简化运动方程求拉普拉斯变换,并推导得传递函数为

$$K_0^\phi W_0^\phi(s) = \frac{\Delta\phi(s)}{\delta_\phi(s)} = -\frac{A_3 s^3 + A_2 s^2 + A_1 s + A_0}{B_3 s^3 + B_2 s^2 + B_1 s + B_0} \tag{7.1.12}$$

$$K_0^\psi W_0^\psi(s) = \frac{\psi(s)}{\delta_\psi(s)} = K_0^\phi W_0^\phi(s) \tag{7.1.13}$$

$$K_0^\gamma W_0^\gamma(s) = \frac{\gamma(s)}{\delta_\gamma(s)} = -\frac{d''_3 s^2 + d_3}{s^2} \tag{7.1.14}$$

式中: $A_1 = b_3$; $A_2 = b''_3(c_1-c_2) - b_2 c''_3$; $A_3 = b''_3$; $A_0 = b_3(c_1-c_2) - b_2 c_3$; $B_0 = -b_2 c_2$; $B_3 = 1$; $B_2 = b_1 + c_1 - c_2$; $B_1 = b_2 + b_1(c_1-c_2)$ 。

四、姿态控制系统传递函数框图

(一) 问题简化

由于偏航、俯仰和滚动三个通道会通过发动机喷管偏转、弹体、平台框架等互相交链。因此,先将问题简化,在初步分析时,先忽略三个通道的交链,系统被视为三个独立的通道,而在三通道的模拟实验中解决交链的问题。

控制元件具有某些非线性,如仪表的不灵敏区、饱和以及伺服机构的非线性,在分析时,先

略去这些非线性影响,而在数字仿真中解决非线性问题对系统的影响。

（二）各通道的传递函数框图

姿态控制系统从测量元件(平台、速率陀螺仪、加速度计)经变换放大器至伺服机构,作用到弹体,构成闭环回路。现在以一级姿态控制系统的偏航和滚动通道为例,画出各通道的传递函数框图(图7.1.2和图7.1.3)。

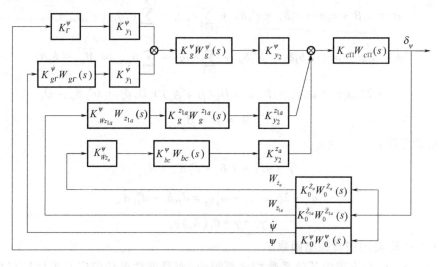

图 7.1.2　偏航通道传递函数框图

图 7.1.2 中：$K_0^{\dot{Z}_a}W_0^{\dot{Z}_a}(s)=\dot{Z}_a(s)/\delta_\psi(s)$；$K_0^{\ddot{Z}_{1a}}W_0^{\ddot{Z}_{1a}}(s)=\ddot{Z}_{1a}(s)/\delta_\psi(s)$；$K_\Gamma^\psi$为平台偏航角传递系数；$K_{y_1}^\psi$为相敏放大器放大系数；$K_g^\psi W_g^\psi(s)$为网络传递函数；$K_{y_2}^\psi$为综合放大器放大系数；$K_{g\Gamma}^{\dot\psi}W_{g\Gamma}(s)$为速率陀螺仪传递函数；$K_{y_1}^{\dot\psi}$为速率通道相敏放大系数；$K_{Wz_{1a}}^\psi W_{z_{1a}}(s)$为横向加速度计传递函数；$K_g^{z_{1a}}W_g^{z_{1a}}(s)$为横向校正网络传递函数；$K_{y_2}^{z_{1a}}$为综合放大器横向传递系数；$K_{Wz_a}^\psi$为平台上$z$加速度计传递系数；$K_{bc}^\psi W_{bc}(s)$为(横向导引)网络传递函数；$K_{y_2}^{z_a}$为综合放大器(横向导引)传递系数；$K_{c\Pi}W_{c\Pi}(s)$为伺服回路传递函数。

俯仰通道的传递函数框图与偏航通道类似,只不过俯仰通道的法向导引信号必须经过计算机的复杂运算后送到综合放大器,控制弹道倾角偏差小于允许值。

滚动通道较为简单,如图7.1.3所示,通过平台姿态角和速率陀螺仪实现滚动通道的稳定控制。

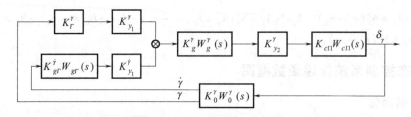

图 7.1.3　滚动通道传递函数框图

伺服回路由图7.1.4求出,其中,$K_{UM}W_{UM}(s)$为伺服回路本身的传递函数。伺服回路的传递系数为

$$K_{c\Pi} = \frac{K_{UM}}{1 + K_{oc}K_{y_2}^{oc}K_{UM}} \approx \frac{1}{K_{oc}K_{y_2}^{oc}} = \frac{1}{\beta}$$

式中：K_{oc} 为反馈电位计等效转角反馈系数；$K_{y_2}^{oc}$ 为伺服放大器静态放大系数。

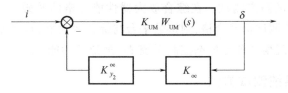

图 7.1.4　伺服回路框图

（三）各通道的静态传递系数

从各通道传递函数框图可以得到静态传递系数：

$$a_0^\psi = K_\Gamma^\psi K_{y_1}^\psi K_g^\psi K_{y_2}^\psi K_{c\Pi} \tag{7.1.15}$$

$$a_1^\psi = K_{g\Gamma}^{\dot\psi} K_{y_1}^{\dot\psi} K_g^\psi K_{y_2}^\psi K_{c\Pi} \quad (s) \tag{7.1.16}$$

$$a_2^{\dot z_a} = K_{Wz_a}^\psi K_{bc}^\psi K_{y_2}^{z_a} K_{c\Pi} \quad (s/m) \tag{7.1.17}$$

$$a_2^{\ddot z_{1a}} = K_{Wz_{1a}}^\psi K_g^{z_{1a}} K_{y_1}^{\dot z_{1a}} K_{c\Pi} \quad (s^2/m) \tag{7.1.18}$$

（四）通道控制方程

由系统单通道结构图可直接得到该通道的控制方程：

$$\delta_\psi(s) = \{[a_0^\psi \psi(s) + a_1^\psi W_{g\Gamma}^\psi(s)\dot\psi(s)]W_g^\psi(s) - a_1^{\dot z_a}W_{bc}(s)\dot W_{z_a}(s) -$$
$$a_2^{\ddot z_{1a}}W_{\dot z_{1a}}(s)W_g^{\ddot z_{1a}}(s)\dot W_{z_{1a}}(s)\}W_{c\Pi}(s) \tag{7.1.19}$$

$$\Delta\delta_\phi(s) = \{[a_0^\phi \phi(s) + a_1^\phi W_{g\Gamma}^\phi \dot\phi(s)]W_g^\phi(s) + a_1^{\dot y_a}W_{bc}(s)\dot W_{y_a}(s) +$$
$$a_2^{\ddot y_{1a}}W_{\dot y_{1a}}(s)W_g^{\ddot y_{1a}}(s)\dot W_{y_{1a}}(s)\}W_{c\Pi}(s) \tag{7.1.20}$$

$$\delta_\gamma(s) = [a_0^\gamma \gamma(s) + a_1^\gamma W_{g\Gamma}^\gamma \dot\gamma(s)]W_g^\gamma(s)W_{c\Pi}(s) \tag{7.1.21}$$

式中：$W_{z_a}(s) = \dot W_{z_a}W_{bc}(s) = \dot W_{z_a} \cdot \frac{1}{s} = W_{z_a}(s)$。

第二节　姿态控制系统测试

姿态控制系统是分系统测试的重要内容，其测试目的是判断姿态控制系统各组成仪器是否正常，仪器之间的信号是否匹配，各通道静、动态参数是否满足系统要求，各姿态信号输出的极性是否正确，由放大器和伺服机构组成的反馈回路（简称小回路）性能参数是否满足指标要求等。

一、姿态控制系统测试原则

由图 7.1.1 可知，导弹的姿态控制系统是一个具有 8 个通道输入的复杂系统。在姿态控制系统测试中，根据"链测试"原则，只有每个通道的测试均合格时，才能最后判定姿态控制系统测试合格。在测试矢量的选择上，根据唯一确定原理，要注意两个问题：一是测试必须逐一进行,当检查某一通道时,非检查的通道输入应为零;二是在确定测试某一通道后,对系统的测试也要从局部入手,逐级相连,最后扩展到全系统。例如,对 $\Delta\varphi$ 通道检查,需要首先断开惯性器件(即惯性平台、横/法向稳定仪和速率陀螺仪)与综合放大器的联系,先进行综合放大器(此时伺服机构不启动)本身的静态测试。在综合放大器性能合格的基础上,再启动伺服机构,进行小回路测试。若小回路测试仍然合格,则接通平台与综合放大器,启动平台,进行 $\Delta\varphi$ 通道的全系统通路极性检查,以观察和评定姿态控制系统 $\Delta\varphi$ 通道的性能。

二、姿态控制系统测试方法

姿态控制系统测试过程中,基本方法是给被测对象输入端施加各种激励信号,测量由此激励信号产生的输出值,经数据处理后判明仪器或系统的静、动态特性。这里分别介绍激励信号施加方法和测试数据处理方法。

(一) 激励信号的施加方法

施加激励信号是进行测试的一个必要条件。不同系统和不同条件下可采用多种不同方法施加激励信号。

1. 用转台施加激励信号

姿态控制系统的输入信号来自敏感装置,在敏感装置装弹之前,即半装弹状态下进行系统测试时,将敏感装置固定于转台上,通过转台的运动使敏感装置敏感并产生输出信号。这种方法比较直观和全面,它既可用于全系统的参数测量,又可用于包括敏感装置在内的系统极性检查。常用设备有平台倾斜台、速率陀螺回转台和横/法向倾斜台等,分为手动和伺服转动两类。

2. 向敏感装置中的力矩器施加激励信号

当敏感装置装弹后,即在全装弹状态下,就无法用转台施加激励信号。向敏感装置中的力矩器施加激励电流产生力矩,可用此力矩激励敏感装置产生输出信号。常用的敏感装置有陀螺稳定平台、速率陀螺仪、横/法向加速度计等。力矩器产生的力矩分别加在速率陀螺仪的输出轴、加速度计的转动轴和陀螺稳定平台上的陀螺仪输出轴上,即可激励它们产生输出信号。设力矩器的力矩特性为

$$M = K_M I \tag{7.2.1}$$

则有

$$u_\omega = K_\omega M, \ u_a = K_a M, \ u_\theta = \int_0^t K_\theta M \mathrm{d}t$$

式中:I 为力矩器输入电流;K_M 为力矩器的力矩系数;M 为力矩器产生的力矩;u_ω 为速率陀螺仪输出;u_a 为加速度计输出;K_ω、K_a、K_θ 为敏感元件结构所决定的常数;u_θ 为陀螺稳定平台的输出;t 为力矩保持时间。

力矩器输入电流可由地测系统恒流源精确提供,因此敏感装置输出的精度主要取决于 K_M、K_ω、K_a、K_θ 值。用于参数测量时,为了减少这些常数值的误差影响,可以把测试系统精确测量装置的输出值作为敏感装置后面的设备输入信号值。这样,这些常数值的误差就只影响敏感装置这一个环节的测试精度。这种激励信号施加方法常用于对系统的功能和极性进行检查。但这种方法并不能把所有可能引起系统极性错误和系统功能失常的因素都检查到。例如,速率陀螺仪的工作极性、参数和陀螺电机的转向、转速有关,但用力矩器检查时,对电机是否工作却不能检查出来。为了弥补这个不足,有的采用测量电机电源的相序和在电机中设置转速测量装置的

方法。转速测量装置是一个感应线圈,电机转动部分的齿状导磁体会使线圈中的磁通变化而产生脉动感应电势,测量感应脉冲的频率即可得到电机的转速。

3. 用模拟信号代替敏感器件输出

用模拟信号代替敏感器件给其后的回路施加激励信号的方法主要有两种:一是断开敏感器件与其后回路的连接,由测试系统给回路施加激励,这需要考虑此时电路状态与飞行时电路状态的不同;二是在敏感装置的输出端并加模拟激励,这需要考虑敏感装置输出端并施激励的可承受性和等效性。

(二) 测试数据的处理方法

数据处理的方法要与测试系统的功能相适应,常用的几种方法有扣零输出法、单通道数据处理、系统综合数据处理,具体如下:

1. 扣零输出法

在激励信号作用下,直接测量对应的输出值,其中包含了被测系统的零位输出,因此需要在被测对象输出值中减去零位值。也可以对被测对象分别施加正、负激励信号,将这两种激励输出值相减,得到正负激励输出之差,自动扣除了零位。

2. 单通道数据处理

姿态控制系统有多个输出通道,每次只对某一通道的某一环节的输出进行测试并处理测试数据。在处理测试数据时,通常将静态传递系数容许的误差范围,换算成固定输入相对应的输出值的容许变化范围。这就要求输出信号源输出稳定、准确的信号。

3. 系统综合数据处理

在系统设计时,均已对系统中各个环节的传递系数误差范围做了具体要求,测试数据合格范围能明确确定。系统静态传递系数由各个环节的传递系数组成,需根据各环节传递系数误差范围综合出系统的传递系数误差范围。

三、姿态控制系统测试内容与原理

在进行姿态控制系统测试时,按照从局部到整体的测试原则,先进行各单机的测试,检查姿态控制系统各组成仪器的性能、参数是否合格;再进行各通道的系统测试,检查姿态控制系统各组成仪器之间的通路、极性与电路匹配性能,评定是否满足控制系统测试要求,确保控制的正确性。

(一) 平台系统测试原理

1. 平台油温测试

液浮式惯性平台系统的性能和精度与浮油的黏性有很大关系,而浮油的黏性又受温度的影响较大。进行正确的油温检查,是保证平台系统正常工作的前提条件之一,也是在各阵地使用时必须进行的一个测量项目。

平台油温检查包括对平台上的 G_x、G_y、G_z 三个陀螺仪的油温,对 A_x、A_y、A_z 三个加速度计的油温,对平台的电子线路的恒温槽温度及横/法向加速度计的油温等 9 个油温参数的测量。

9 个测温电路分别设置了一个热敏电阻,并且在生产厂就已选配好。在常温下热敏电阻阻值为 $1k\Omega$,油温每增加 1 时,热敏电阻增加 3Ω,反之则减小 3Ω。测试电路的功能就是要测量出该热敏电阻相对于 $1k\Omega$ 的偏差,且误差只能在 $1\sim 2\Omega$。

为了保证测试精度,在设计测量线路时,必须注意测量引线电阻的平衡补偿。

恒流源式电阻测量的原理如图 7.2.1 所示。

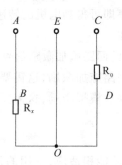

图 7.2.1　恒流源式电阻
测量示意图

图 7.2.1 中，R_x 为被测的油温电阻，AB 段为测量引线，R_0 为地面测试发控设备中专门设置的 $1\mathrm{k}\Omega$ 标准电阻，且将其另一端 D 用与 AB 段同样类型和长度的测试电缆连接到油温电阻的测量公共端 O 点上。

首先，将 $1\mathrm{mA}$ 的恒流源加到 AE 两点之间，并采样这两点之间的电压，即

$$U_{AE} = I_0 (R_x + R_{AB} + R_{OE}) \tag{7.2.2}$$

其次，将 $1\mathrm{mA}$ 的恒流源加到 C、E 两点之间，并采样这两点之间的电压，即

$$U_{CE} = I_0 (R_0 + R_{DO} + R_{OE}) \tag{7.2.3}$$

将式（7.2.2）减去式（7.2.3），有

$$\Delta U = I_0 (R_x - R_0) + I_0 (R_{AB} - R_{DO}) \tag{7.2.4}$$

由于选用的是长度相同的同类型电缆，且恒流源的输出是 $1\mathrm{mA}$，故有 $R_{AB} = R_{DO}$，$I_0 = 1$。于是，式（7.2.4）可简化为

$$\Delta U = I_0 (R_x - R_0) = R_x - R_0 \tag{7.2.5}$$

式（7.2.5）表明，在恒流源输出为 $1\mathrm{mA}$ 的情况下，两次采样所得的电压差即是油温电阻值相对于标准值的偏差数。只要恒流源的精度足够高，这种测量方法可以保证很高的测量精度，且数据处理也较为简单。

2. 平台零位测试

当平台的框架角传感器不在零位时，将有 $500\mathrm{Hz}$ 的交流信号输出，弹载计算机采集这个角度，经过稳定功率放大器，变成电流信号，输入到平台力矩电机，产生控制力矩，带动相应的框架转动，使框架角传感器输出为零。三路共同作用即可使台体、内框架归于零位。

平台启动调平，地面测试与发射控制系统采集平台三个框架角传感器的输出，其输出为零值的允许范围内。

3. 平台姿态角传递系数检查

在半装弹状态下，将平台固定在三自由度伺服转台上，平台启动调平稳定后，转台绕某一轴转动一个角度，另外两轴保持水平零位。地面测发控系统采集平台姿态角的输出与输入之比，求出静态误差传递系数值，判断是否在要求的合格范围之内。在测试数据的处理上，常将静态传递系数容许的误差范围换算成与固定输入相对应的输出值的容许变化范围。这样，在固定输入的情况下，通过输出值范围就可直接判断输出值是否合格。这就要求激励信号源输出稳定、

准确的信号。

在全装弹状态下,稳定平台固定在弹体内,不能依靠转动基座而给出各种姿态角。根据运动的相对性原理,在基座固定的情况下改变平台台体的指向,即可给出各种姿态信号,即利用"归偏"来进行通路极性检查的方法(图7.2.2)。

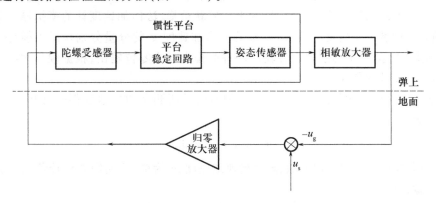

图 7.2.2　归偏工作原理框图

平台姿态传感器输出信号经过相敏放大器解调后,送到地面设备的归零放大器中,与地面所加的归偏指令电压 u_s 求和。若 u_0 不为零,则归零放大器向平台陀螺受感器加电流,引起陀螺进动,在平台伺服回路的作用下,驱动相应的平台框架轴(或台体轴)转动,台体指向改变,导致姿态传感器输出也发生变化,经相敏放大后,送到归零放大器的信号 u_g 也随之变化。

当 $u_0 = u_s + u_g = 0$ 即 $u_s = -u_g$ 时,归零放大器不再向陀螺受感器加电流,平台台体也就不再继续转动,平台达到了一个新的稳定平衡状态。此时启动伺服机构,采样舵反馈电压,就完成了姿态控制的通路极性检查。由于姿态角控制通道有三个(俯仰、偏航、滚动),上述归零放大器也有三个。当进行 $\Delta\varphi$ 通道的通路极性检查时,该通道的 u_s 指令电压为给定的电压值,ψ 与 γ 通道的 u_s 指令电压则为零,最后系统运行的结果是 $u_s = -u_g$,$\Delta\varphi$ 通道归偏。

由于姿态传感器的传递系数 K_{Γ}^{φ} 和相敏放大器的传递系数 $K_{Z_P}^{\varphi}$ 都是已知的,且有

$$K_{\Gamma}^{\varphi} K_{Z_P}^{\varphi} \Delta\varphi = u_g \tag{7.2.6}$$

$$u_g = -u_s \tag{7.2.7}$$

于是,有

$$\Delta\varphi = -u_s / K_{\Gamma}^{\varphi} K_{Z_P}^{\varphi} \tag{7.2.8}$$

从式(7.2.8)中可以看出,适当选取指令电压值,就可以获得满足归偏需要的俯仰角 $\Delta\varphi$。根据已知的 $\Delta\varphi$,完全可以计算出伺服机构反馈电压的大小和极性。将这个计算值再加上适当的误差,可以得到伺服机构反馈电压的标称值范围。如果伺服机构的反馈电压值在此范围内,则可判明 $\Delta\varphi$ 通道极性检查合格,反之,则不合格。姿态角 ψ 与 γ 通道的通路极性检查和 $\Delta\varphi$ 通道的检查类似。

(二)速率陀螺仪测试原理

将速率陀螺仪固定在三自由度伺服转台上,速率电机供电,启动速率陀螺仪,接通采样开关测量速率零位电流。启动三自由度伺服转台,以一定的角速度绕速率陀螺仪的输入轴转动,地面测试系统采集速率陀螺仪的输出电流值,将此电流值减去零位电流,就可计算出速率陀螺仪

的传递系数。

（三）横/法向加速度计测试原理

在惯性器件不装弹的条件下（如技术阵地），将横/法向加速度计置于弹体外的横/法向倾斜台上。首先对将横/法向加速度计进行零位测试，启动横/法向加速度计，并将各自倾斜台调整为水平，测量此时的输出值，即为零位输出。要获得横/法向加速度计的模拟输入量，只需将横/法向倾斜台倾斜一个角度。这样，地球的重力加速度 g_0 的分量分别作用到横/法向加速度计的敏感轴上，引起横/法向加速度计输出。将此输出减去零位输出，根据倾角大小，就可计算出横/法向加速度计的传递系数。

对于某一个确定的倾斜角度 α，横/法向加速度计所测量的加速度都是已知的。法向加速度计的输出为

$$u_{y1} = u_{y0} + Kg_0\sin\alpha \tag{7.2.9}$$

式中：K 为法向加速度计的传递系数；g_0 为当地加速度；α 为横/法向倾斜台转角；u_{y0} 为法向加速度计的零位输出值。

根据上述确定的法向输出值，可以计算出伺服机构的反馈电压合格值范围，与实际的测量值进行比较，就可以判定横/法向通道通路极性检查是否合格。

（四）变换放大器测试原理

启动变换放大器，地面测发控计算机执行测试程序，在变换放大器的输入端提供各种信号，地面测发控设备采样综合放大器的输入输出信号的电压值。通过地面测发控计算机的自动处理，检查综合放大器的综合零位、静态放大倍数和综合功能的正确性。

（五）综合放大器和伺服机构小回路测试

伺服机构小回路测试的内容包括小回路零位检查、位置特性检查和动态检查。

（1）小回路零位检查：将综合放大器的输入端接地，间隔一定时间依次启动相应的伺服机构。地面测发控系统接通采样开关，测量伺服机构的输出值，进行小回路零位检查。

（2）位置特性检查：在综合放大器的输入端分别施加不同的信号，地面测发控系统接通采样开关分别测量舵输出，验证各通道传递系数的正确性。

（3）动态检查：由地面测发控计算机控制产生慢变的正弦波信号，并接入综合放大器的输入端，地面测发控系统接通采样开关，采用相关运算的方法求出小回路的幅相特性。

（六）综合零位测试

构成姿态控制系统的各组成仪器都有自己的初始零位值。例如，平台工作后，三个框架处在机械零位的情况下，传感器的电气应输出为零（或小于某一给定值）；综合放大器在输入为零的条件下（输入端接地），其输出应为零（或小于某一允许值）。当这些单个仪器连接起来而形成系统后，情况就发生了变化，前一个仪器的零位输出，实际上成了后一个仪器的输入，此时系统的零位，称为综合零位。

综合零位是衡量系统静态性能的一项重要指标。对于姿态控制系统而言，综合零位是在这样的状态下测试的，即启动平台，启动速率陀螺仪，平台归零、调平好后，测量综合放大器的输出电流。显然，综合放大器的输出，就是整个姿态控制系统各个通道电气零位与机械零位的综合值。

（七）姿态转台通路测试原理

地面测发控系统通过转台提供需要的 $\Delta\varphi$、ψ、γ 角，模拟导弹在飞行中由于受某种干扰而引

起弹体的姿态变化,测量舵机的值,完成姿态转台通路静态传递函数和偏转极性的检查。

姿态转台通路极性检查的具体测试原理是:地面测发控系统给出指令,启动平台,调平好,给弹载计算机装定相关文件,输出开关量,将相应的综合放大器输入接至弹上,检查伺服油面电压,启动相应的伺服机构,转台按照要求转动,接通相应的采样开关,进行测量。测试过程中由计算机控制进行自动测试,地面测发控计算机自动处理数据,确定静态传递系数以及姿态转台通路的极性。例如,通过转动倾斜台的角度而给出 $\Delta\varphi$ 角度,而 ψ 和 γ 不动(即为零),这个 $\Delta\varphi$ 指令送到变换放大器的 $\Delta\varphi$ 输入端,经相敏放大、网络校正、综合放大后,最后控制二、四舵伺服机构的输出,通过对二、四舵反馈信号的测量,可以判明 $\Delta\varphi$ 通道的静态传递系数及偏转极性。

(八) 速率转台通路测试原理

地面测发控系统通过转台提供需要的 $\Delta\dot{\varphi}、\dot{\psi}、\dot{\gamma}$ 角,模拟导弹在飞行中由于受某种干扰而引起弹体的姿态角速率变化,测量舵机的值,完成姿态速率转台通路静态传递函数和偏转极性的检查。

速率转台通路极性检查的原理是:将速率陀螺仪正确安装到伺服转台上,速率陀螺仪启动好,平台不启动。启动速率转台,安装在转台上的俯仰速率陀螺仪感应到这一输入角速度,速率陀螺仪输出 $\Delta\dot{\varphi}$ 指令($\dot{\psi}$ 和 $\dot{\gamma}$ 没加指令可视为零),这个 $\Delta\dot{\varphi}$ 指令送到放大器的 $\Delta\dot{\varphi}$ 输入端,经相敏放大、网络校正、综合放大,最后也是控制二、四舵伺服机构的输出。同样,通过二、四舵反馈信号的测量,可以判明 $\Delta\dot{\varphi}$ 通道的静态传递系数及伺服机构的偏转极性。

(九) 横/法向通道测试原理

地面测发控系统通过转台提供需要的 $\dot{W}_{z1}$、$\dot{W}_{y1}$ 加速度,模拟导弹在飞行中由于受某种干扰而使弹体产生的横向/法向加速度,测量舵机的值,完成横/法向通路静态传递函数和偏转极性的检查。

在惯性器件不装弹的条件下,横/法向加速度计置于弹体外的横/法向倾斜台上,并通过工艺电缆与弹上电缆网连接。此时,要获得横/法向加速度计的模拟输入量,只需将横/法向倾斜台倾斜一个角度。这样,地球的重力加速度 g_0 的分量分别作用到横/法向加速度计的敏感轴上,引起横/法向加速度计输出。以法向加速度输出 $\dot{W}_{y1}$ 为例($\dot{W}_{z1}$ 为零),经网络校正、综合放大,最后控制二、四舵伺服机构的输出。同样,通过二、四舵反馈信号的测量,可以判明 $\dot{W}_{y1}$ 通道的静态传递系数及伺服机构的偏转极性。

在惯性器件全装弹的情况下,横/法向加速度计的通路极性检查所需的加速度输入量,是通过地面测试发控设备向横/法向加速度计受感器加指令电流而获得的。此时,系统的原理框图如图7.2.3所示。

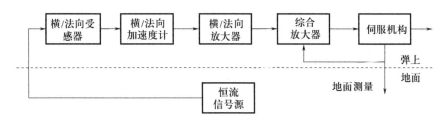

图 7.2.3　横/法向通路极性检查原理框图

由图 7.2.3 可知,在地面测发控设备的恒流信号源作用下,横/法向放大器有输出,并送入到综合放大器的横/法向通道,在综合放大器中进行综合与放大后送至伺服机构。通过采样伺服机构的反馈电压,与给定值比较,即可判断横/法向通路极性检查是否合格。

（十）稳定系统模拟飞行动态测试

地面信号源给惯性器件受感器加信号,使之产生各种干扰环境下的动态波形信号(阶跃或正弦波等),使各通道的变换放大器伺服机构和开关喷管工作。在这些动态波形下,地面计算机根据模飞时刻和动态信号变化速率,选择不同的采样速率采集各仪器的输入输出波形,经过数据处理,可以得到各仪器或系统的幅频特性和相频特性,并判明其是否满足要求。

思考题

1. 姿态控制系统在导弹飞行过程中的任务功能有哪些?
2. 简述导弹姿态控制系统的组成和工作原理。
3. 姿态控制系统激励信号的施加方法有哪些?
4. 测试数据的处理方法有哪些?
5. 简述平台归偏工作原理,并思考如何将平台锁定在任意给定的位置。
6. 根据链测试原则,结合信号激励与数据处理的方法,简述姿态控制系统测试的主要内容和方法。

第八章

安全自毁系统及其测试

>>>>>>>>>>>>>>>>>>>>>>>>>>>>>>>>>>>>>

第一节　安全自毁系统概述

导弹飞行安全主要指发射场区和航区的安全。安全自毁系统是保证导弹发射、飞行安全的重要系统。在导弹飞行过程中,一旦导弹失灵或发生故障,安全自毁系统能够获得故障信号,并根据航区情况,使故障弹立即或延迟一段时间后在空中炸毁,以减小坠地爆炸所带来的危害,避免发射场区和航区内人民生命、财产受到损失,也避免故障弹残骸落入非敌对国家。

按照实现安全自毁方式的不同,安全自毁系统可分为无线安全自毁系统和惯性安全自毁系统两类。

无线安全自毁系统是利用雷达或其他外测系统作为判断故障弹的手段,由地面站发出无线遥控自毁指令信号,装在弹上的安全指令接收机接收自毁指令信号后实施爆炸。无线安全自毁系统的优点是测量方法完善,可以人工控制,有选择自毁时间和地点的适应能力;缺点是需要的弹载和地面设备庞大,易受干扰,受使用区域的条件限制等。

惯性安全自毁系统以惯性器件作为主要测量工具,不同型号的导弹其自毁条件不同。例如,可在惯性平台上安装极限姿态角的触点,用于判断导弹的飞行姿态是否失稳。惯性安全自毁系统的优点是测量设备与控制系统共用,弹载设备少,系统简单可靠;缺点是难以测定导弹的横向漂移,且不能人工实时选择自毁的时间和地点。

第二节　安全自毁方案

安全自毁方案总体上可分为无线安全自毁方案和惯性安全自毁方案。

一、无线安全自毁方案

无线安全自毁系统在执行任务时,由地面雷达实时地测量导弹在空中的位置和速度,地面计算机通过实时处理,将导弹的实际飞行参数与理论上要求的弹道参数相比较,当偏差值大于允许的范围时,由地面操作人员向装在弹上的无线电接收机发出自毁指令,再由接收机向程序控制器送故障自毁信号,将导弹炸毁。

二、惯性安全自毁方案

无线安全自毁方案存在盲区,在导弹起飞阶段不能执行安全自毁任务。在起飞后的初始飞行段,有可能出现一级发动机不点火、初始大姿态失稳以及程序卡死故障,将严重威胁发射区的安全,因此,必须采取有效的安全自毁方案。

惯性安全自毁系统利用弹载敏感元件感受导弹的飞行状态,并把故障信号送给程序控制器。程序控制器根据故障的性质,按预定的时间程序发出自毁指令,使保险引爆器动作,炸毁导弹,从而起到安全自毁的目的。

(一) 不点火故障自毁

对于冷发射导弹,当导弹弹射出筒后如果不能正常点火,导弹在重力作用下将坠落发射场,对导弹发射场设备、人员安全构成威胁,故对不能正常点火的故障弹在发射场上空应实施自毁。

导弹正常点火后,发动机燃烧室的压力会升高,因此,在发动机燃烧室安装一个对压力敏感的传感器(如压力传感器)来测量燃烧室的压力,在导弹起飞后一个时间段,如果燃烧室压力达不到规定的压力,则给出导弹不点火自毁信号,反之,如果压力正常,则封锁不点火自毁通道,导弹正常飞行。

(二) 飞行程序故障自毁

对于弹道导弹而言,导弹在程序机构或弹载计算机的控制下实现程序转弯。如果程序机构卡死或弹载计算机出现故障,导弹就会以定倾角方式飞行,无法实现按预定程序转弯,从而不能沿预定弹道飞行。对于出现飞行程序故障的导弹,必须在空中自毁掉,称为飞行程序故障自毁。通常的做法是,导弹飞行一段时间后,才允许发出飞行程序自毁指令,如果此时满足飞行程序故障自毁的条件,则将故障弹在空中炸毁。

(三) 姿态失稳自毁

导弹的姿态失稳,是指导弹飞行的姿态角已超出姿态控制系统设计的控制范围,致使导弹飞行姿态角发散,导致导弹偏离预定弹道。姿态失稳自毁是利用控制系统惯性元件敏感的导弹姿态角与预先装定的安全角比较,一旦姿态角达到或超过安全角,就发出自毁指令,将导弹在空中炸掉。姿态失稳自毁角根据导弹飞行阶段的特点分为大姿态自毁角和小姿态自毁角,导弹的许多故障在飞行中表现为姿态失稳。当导弹失稳时,弹体的姿态角超过控制允许的范围后,惯性测量系统敏感飞行姿态角的测量装置送出自毁信号。如对于平台式惯性测量系统,敏感导弹飞行姿态的框架角传感器上有安全自毁触点。当导弹姿态角达到或超过小姿态或大姿态自毁角时,将给出姿态失稳自毁信号。

第三节 安全自毁系统的组成和工作原理

一、安全自毁系统的组成

安全自毁系统通常由测量判断、控制及执行三个部分组成。测量判断部分用于测量、判断导弹的故障,并给出相应的信号,一般由弹载惯性器件及其他有关传感器,或无线电外弹道测量系统完成;控制部分用于接收故障信号,进行自毁条件综合,判断自毁的时机、条件是否符合自毁的条件,如果符合则发出自毁指令,通常由程序控制器完成;执行部分用于实现故障弹的自毁,一般由保险引爆器及各种爆炸器完成。导弹安全自毁系统的弹上仪器和地面设备组成如图8.3.1所示。

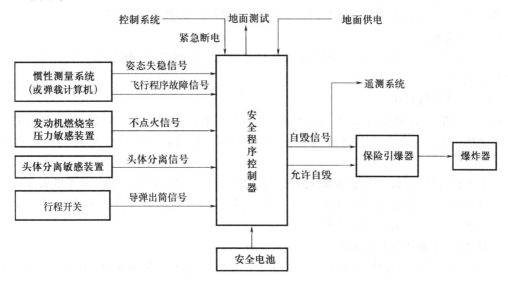

图 8.3.1　安全自毁系统的组成框图

安全自毁系统的弹上仪器主要有安全自毁信号敏感测量装置、安全程序控制器、安全电池、保险引爆器、安全起飞零点敏感装置、自毁爆炸装置、安全弹上电缆网;地面设备主要有安全地面电源和相关的安全测试装置等。

安全电池一般为一次电池(如激活银锌),具有以下特点:抗振性能好,使用时不怕倒置;不用维护,不需加注电解液和预放电;激活时间快,使用方便。

自毁爆炸装置可按导弹安装要求,设计成圆柱形、圆饼形以及其他特殊外形的各种爆炸器,能实现定向爆炸。例如,聚能线性爆炸器,能切割机械强度较高的厚钢板,比较适合切割固体发动机壳体;聚能爆炸索是一种柔性爆炸器,可围绕弹箭壳体安装,使用安装较为方便。

爆炸装置的组成如图8.3.2所示。

图 8.3.2　爆炸装置爆炸过程

图8.3.2中:壳体用于盛装炸药,一般由钢、铜或铅制成;按爆炸性能要求,装药时可选择不同炸药;引爆器又称点火器,由引爆桥丝、引火药和起爆药组成。

爆炸装置的工作过程:电桥丝接通电源加热到引火药的点燃温度而发火,点燃起爆药,再引爆装药,完成爆炸。

二、安全自毁系统的工作原理

导弹在飞行过程中,一旦出现故障,首先由安全自毁系统敏感测量元件获得故障信号,并把故障信号送给安全程序控制器。程序控制器根据故障的性质,按预定的时间程序发出自毁指令,使保险引爆器动作,引爆爆炸器,使导弹炸毁,从而起到安全自毁的作用。安全自毁系统的具体工作过程可分为四个阶段。

（一）安全自毁系统启动

导弹起飞后,安全程序控制器开始工作,并向头部自毁系统送零秒信号。

（二）自毁准备

安全程序控制器开始工作后,28V电源通过相应继电器触点向自毁装置、引爆回路供电,为自毁做好准备。

（三）允许自毁阶段

导弹飞行的不同时段,发出不同的允许自毁指令,允许不同类型的自毁,其间导弹若出现相应类型的故障,安全自毁系统可根据故障的性质在其相应的程序配电时间内将故障弹炸毁。

以不点火自毁为例,压力敏感装置测量一级发动机的压力,如果发动机由于点火线路发生故障,发动机没有正常点火,发动机腔内没有压力,压力继电器的触点始终接通,送出不点火信号。到达预定时间内,实施安全自毁。

（四）解除安全自毁系统工作

导弹起飞且安全飞行预定时间以后,可认为已发射成功,引爆回路断电,安全自毁系统工作结束。

第四节 安全自毁系统单元测试

一、发动机压力敏感装置及其测试

（一）功能和工作原理

发动机压力敏感装置(如压力继电器)测量发动机燃烧室的压力,判断发动机是否点火。当发动机燃烧室的压力大于某一规定值时,表明发动机已点火成功,则压力继电器的接点断开;否则,压力继电器的接点处于接通状态。

（二）测试原理

将发动机压力敏感装置用专用接管接入气路,运用三用表的欧姆挡监视压力继电器的接点是否断开,如图8.4.1所示。

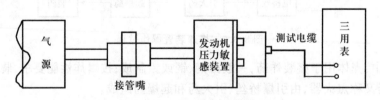

图 8.4.1 压力继电器检测原理

在气路接好后,向发动机压力敏感装置加压(介质为干燥压缩空气)。当压力上升到某一阈值时,发动机压力敏感装置的接点应断开,三用表的欧姆挡显示值应为无穷大,记录接点断开时的压力;将该压力保持0.5min后,减压并记录发动机压力敏感装置接点接通时的压力。发动机压力敏感装置接通时的压力应满足规定的要求。

二、行程开关及其测试

（一）功能

对于采用冷发射方式的导弹,安全自毁系统有两只并联的行程开关。导弹出筒前,行程开关的触点不接通,使自毁系统处于保险状态。在导弹出筒时,行程开关的触点接通,给安全自毁系统发"出筒"信号,作为安全自毁系统的时间零点。

（二）工作原理

行程开关安装在尾段,其结构图如图8.4.2所示。

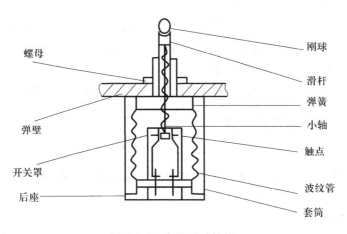

图 8.4.2　行程开关结构

行程开关装弹未装筒前,滑杆处于自由状态,弹簧为预压缩状态,触点为闭合状态。行程开关装弹装筒时,开关受发射筒内壁作用,滑杆、弹簧被压缩,使触点从闭合转为断开状态。当导弹出筒时,作用于行程开关上的外力消失,弹簧迅速复位,触点又从断开转换为闭合状态。

（三）测试原理

测试设备主要有行程开关延时测试支架、电子毫秒仪、兆欧表、万用表等。行程开关测试的原理示意图如图8.4.3所示。

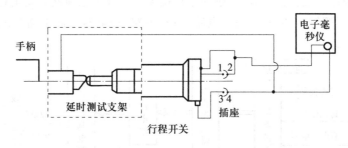

图 8.4.3　行程开关测试的原理示意图

行程开关的测试项目包括接触电阻检查、绝缘电阻检查和延时时间测量。

1. 接触电阻检查

行程开关接触电阻的检查是在闭合状态下进行的,要求开关(1,2)与(3,4)两点间的接触电阻应小于一定的电阻值。当导弹未装填时,须将装弹的两只开关中的一只处于压断状态,用万用表欧姆挡测量另一只开关的接触电阻。

2. 绝缘电阻检查

行程开关绝缘电阻的检查是在压断状态下进行的,用兆欧表测量。要求开关(1,2)与(3,4)两点间及(1,2)与(3,4)两点对外壳的绝缘电阻应大于某一规定阻值。

3. 延时时间测量

延时时间是行程开关的一个重要参数,它表示滑杆从开关滑出到触点接通所需的时间。行程开关的延时时间主要取决于弹簧的性能参数,一般要求不大于某一规定时间。

在测量延时时间之前,应先将延时测试支架手柄放在Ⅰ、Ⅱ象限之间的任意位置上,再装入行程开关,按测试原理示意图8.4.3连接电路。

测试时,将测试支架手柄顺时针转到Ⅳ、Ⅰ象限之间的加速位置处应停留不动,此时开关滑杆处于压缩状态,电子毫秒仪准备计时,之后,再把延时测试支架的手柄从加速位置迅速向Ⅰ象限旋转,从电子毫秒仪上读取并记录数据。

每只行程开关要求测三次。每次测得的开关最大延时量应不超过规定的时间。

三、安全程序控制器及其测试

(一) 功用

安全程序控制器是安全自毁系统的核心部件,能完成供电、转电及断电的控制,给出各种时间程序信号,接收自毁信号进行安全自毁控制。

安全程序控制器的具体功能有:

(1) 发出发动机不点火自毁、小姿态失稳、大姿态失稳、允许自毁、程序机构卡死等程序配电信号。

(2) 能进行发动机不点火、大姿态失稳、小姿态失稳、允许自毁、程序机构卡死自毁控制。

(3) 完成地面与弹上的电源转换。

(4) 完成紧急情况下的断电。

(5) 向遥测系统发遥测信号。

(二) 组成

安全程序控制器安装在仪器舱,通过四个连接器接入弹上电缆网。安全程序控制器由晶体振荡器、专用可编程逻辑器件、整形滤波电路、驱动电路、继电器控制电路和电压转换模块等组成,如图8.4.4所示。

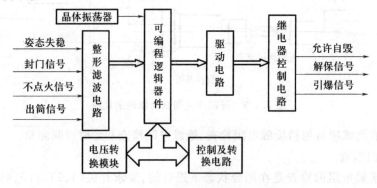

图8.4.4　安全程序控制器组成框图

（三）工作原理

晶体振荡器产生安全程序控制器工作所需的标准时钟脉冲信号。

可编程逻辑器件是安全程序控制器的核心部分，能完成分频、计数、编码、寄存、延时和自毁程序控制等功能。

驱动电路将可编程逻辑器件输出的 5V 信号，变换为 28V 的信号驱动解保、引爆继电器控制电路。

发射前，由地面送 28V 电源使相应继电器动作，将地面供电转为弹上电池供电，并给地面送"转电好"信号，为导弹发射提供必要的条件。导弹出筒后，安全自毁系统的行程开关接通，给安全自毁系统发"零秒"信号，安全自毁系统开始工作。当安全程序控制器收到行程开关发出的启动信号（解除地面封锁门）时，控制门打开，输出标准脉冲信号，经分频器、计数器、编码器产生各个控制程序区间。在不同的控制程序区间段，如果安全程序控制器接收到相应的故障信号，则发出"解保"信号，经延时后分别向头部和体部发出引爆信号，实施自毁控制。

（四）安全程序控制器测试原理

安全程序控制器单元测试共有五个测试项目，其目的是检查安全程序控制器的功能、程序时间和延时时间。

第一项为飞行状态"功能"测试。准备测试时，安全程序控制器测试仪发出"转电"和"接火工品"信号，控制安全程序控制器的转电，并使火工品状态为飞行状态。启动程序控制器程序后，由安全程序控制器测试仪在不同的时间分别向程序控制器发送发动机不点火、大姿态失稳、小姿态失稳故障信号和遥测信号；监测自毁信号，并测量自毁信号之间的延时。

第二项为飞行状态"止爆"测试。准备测试时，安全程序控制器测试仪发出"转电"、"接火工品"和"止爆"信号。启动程序控制器程序后，由安全程序控制器测试仪在不同的时间分别向程序控制器发送发动机不点火、大姿态失稳、小姿态失稳故障信号。安全程序控制器在收到"不点火"故障信号后不应发出自毁信号。

第三项为飞行状态"封门"测试。准备测试时，安全程序控制器测试仪发出"转电"、"接火工品"和"封门"信号，使安全程序控制器不能启动，不发出任何时间信号和自毁信号。安全程序控制器测试仪在不同的时间分别向程序控制器发送发动机不点火、大姿态失稳、小姿态失稳故障信号和遥测信号，并监测程序控制器是否发出自毁信号。

第四项为测试状态功能测试。准备测试时，安全程序控制器测试仪不发出"接火工品"信号。启动程序控制器程序后，由安全程序控制器测试仪在不同的时间分别向程序控制器发送发动机不点火、大姿态失稳、小姿态失稳故障、程序机构卡死故障和遥测信号。安全程序控制器在收到"不点火"等故障信号后应发出自毁信号。安全程序控制器测试仪监测自毁信号，并测量自毁信号之间的延时。

第五项为飞行状态时间点测试。准备测试时，安全程序控制器测试仪发出"转电"、"接火工品"信号。启动程序控制器程序后，安全程序控制器测试仪不发送任何故障信号，安全程序控制器不应发出任何自毁信号。在测试过程中，安全程序控制器测试仪监测自毁信号，接收的时间信号是否在误差范围内收到。

第五节　安全自毁系统综合测试

一、安全自毁系统综合测试的目的和内容

在单元测试合格以后，还需要对安全自毁系统进行综合测试，其目的是检查整个安全自毁系统工作是否可靠、准确，性能参数是否符合要求。

安全自毁系统综合测试包括安全自毁分系统测试、安全自毁系统与控制系统和遥测系统的匹配检查、安全自毁参与控制系统的模拟飞行和模拟发射总检查以及火工品通路测试。

二、安全自毁系统综合测试步骤

安全自毁系统综合测试的步骤如下。

（一）安全测试装置自检

自检的目的：检查安全测试装置本身的工作是否正常，参数是否符合要求。

自检的原理：使测试信号发生器发出的模拟故障信号处于闭环运行状态，在这个状态下，仪器的绝大部分功能电路都参与了工作，从而达到了自检的目的。

（二）地面设备检查

安全自毁系统在综合测试前，需要用安全自毁系统部件等效器对地面设备进行检查，以确定地面设备是否处于良好的工作状态。

（三）安全自毁系统测试

安全自毁系统测试的主要内容包括：

（1）安全自毁系统与控制系统的通信口检查。

（2）弹上绝缘电阻检查。

（3）安全自毁分系统测试包括自毁电路检查、止爆电路检查、发射安全检查及正常飞行程序检查。具体测试过程：地面测发控设备向弹上的安全程序控制器按时序发出各种故障信号，再由安全火工品等效器显示测试结果，其中正常飞行程序检查时，地面测发控不发故障信号。

（4）姿态自毁角检查。由平台配合安全自毁系统进行姿态自毁角检查。当平台姿态角超过允许的角度范围时，则发出姿态故障信号。

（5）安全自毁系统、控制系统、遥测系统的小匹配检查。通过小匹配检查，可以判断安全自毁系统在控制系统和遥测系统工作的情况下是否可靠、准确。

（6）参与全弹模拟飞行测试。测试目的：模拟导弹实际飞行状态，检查安全自毁系统是否工作正常。在测试过程中，用模拟电源代替弹上电池；用安全火工品等效器代替安全火工品；将转接机箱上的"模飞"键按下代替行程开关接通；利用压力继电器发出"不点火"自毁信号；利用程序机构处于零位发出"卡死"自毁信号。

（7）参与全弹模拟发射测试。测试目的：模拟导弹实际发射状态，检查安全自毁系统是否工作正常。在测试过程中，脱落连接器脱落；用模拟电源代替弹上电池；用安全火工品等效器代替安全火工品；发射主令时，用行程开关发"出筒"信号；利用压力继电器发出"不点火"自毁信号。

（8）火工品阻值检查。对安全自毁系统的弹上火工品进行火工品阻值检查测试，检查其是否正常。

思考题

1. 安全自毁系统的作用是什么？
2. 安全自毁方案有哪几种？
3. 简述安全自毁系统的工作过程。
4. 简述安全程序控制器单元测试原理。
5. 安全自毁系统综合测试的目的和内容是什么？

第九章

综合测试

>>>

　　第二至四章重点论述了弹上单个控制系统仪器的测试——单元测试；第五至八章重点论述了四个控制系统分系统的测试——电源配电系统测试、制导系统测试、姿态控制系统测试和安全自毁系统测试；本章重点论述导弹全系统性能的综合检查，即综合测试，对导弹控制系统各个分系统工作的协调性和匹配性进行全面的综合测试，以判断控制系统的整体性能是否良好、参数是否合格、电路是否正常。

第一节　综合测试概述

一、综合测试的内容

　　综合测试的内容包括单项检查、分系统测试、分系统匹配检查和总检查。

　　单项检查：对导弹发射成败至关重要的机械部件或电子线路的工作状态和性能进行的单独检查，确保相应设备的功能正常、参数符合技术要求，从而为分系统测试和总检查顺利进行奠定基础。如发动机点火保险栓开和栓闭功能的检查，脱落连接器（弹地信号连接插头）插拔功能的检查。

　　分系统测试的目的是检查控制系统仪器设备在接入系统后，各分系统的每个环节及整个分系统的性能指标。分系统测试不仅需要全面验证各分系统的性能，还要严格地测试各环节仪器设备在接入系统后的各项功能与参数指标。分系统测试侧重于检查姿态控制系统、制导系统和电源配电系统的静、动态参数和系统通路极性等，所测试的物理量种类以及激励点、测试点的数量较多。分系统测试为整个控制系统的总检查提供了重要的技术基础。

　　分系统匹配检查是在各个分系统测试结束后，在各项性能、参数指标合格的基础上进行的，目的是检查不同分系统之间信号匹配与接口状态的正确性，为全系统总检查做好准备。匹配检查一般包括控制系统与安全自毁系统的匹配检查，控制系统与遥测系统的匹配检查，以及控制系统、遥测系统、外测系统与安全自毁系统的匹配检查等。

　　总检查在导弹各控制系统部件全部参与工作的情况下对导弹的综合性能进行的一种综合检查测试，重点检查控制系统各分系统工作的协调性和典型的系统参数。作为对导弹总体使用性能的最后检验，总检查通常包括模拟飞行总检查、模拟发射总检查和紧急断电总检查。根据惯性器件的状态不同，模拟飞行总检查有时又可分为垂直模拟飞行总检查和水平模拟飞行总检查。通过模拟飞行总检查,实现对飞行时序、全系统极性关系、制导准确性以及各系统之间工作协调性的检查;通过模拟发射总检查,考核调平、瞄准、诸元装定、电源转换、点火发射程序,检查导弹"发射"后飞行状态下的性能和参数;通过紧急断电总检查,实现对发射电路的检查,并且在发射不成功时对各系统实施紧急断电以及关机功能的检查。

二、综合测试的特点

导弹的综合测试是在弹上控制系统各组成仪器已经装弹的情况下进行的,弹上各仪器之间的连接情况与飞行状态下各仪器之间的相互连接情况基本一致。

导弹的综合测试具有如下特点。

(一) 测试对象所带负载具有真实性,所加激励信号具有模拟性

负载的真实性是指综合测试对象之间的连接情况与导弹在飞行中的连接情况相同,每个测试对象所带负载与导弹在飞行中的负载状态也相同。

激励信号的模拟性是指在地面进行综合测试时,测试对象的输入信号不可能是导弹飞行过程中的实时输入信号,而只是地面综合测试系统所给出的模拟激励信号。

(二) 在测试程序上,采用顺序测试原则

综合测试程序一般采用顺序测试原则。在测试过程中,从单项检查、分系统测试到总检查等,要一个环节一个环节地依次进行。只有当每个环节都测试合格后,才能保证全弹测试合格。以模拟飞行总检查为例,需要对控制系统的十多条程序指令进行测试,为此,专门设计了"与门"电路,只有当每条指令都正常时,才能给出飞行正常的信号。

(三) 在测试矢量的选择上,采用唯一确定的方法

由于导弹控制系统是一个多通道输入的复杂系统,在测试矢量的选择上,采用唯一确定的方法十分重要。例如,在导弹姿态控制系统的某一通道进行检查时,一定要控制其他通道的输入信号为零。此时,根据测得的伺服机构反馈电压,才能确定被测通道的性能。

(四) 采用一处激励多处采样,或多处激励一处采样的方法,以提高测试速度

为了提高测试速度,综合测试力求采用一处激励多处采样,或多处激励一处采样的方法。对程序配电器的时间串测试,就是将分布在多处的时间量经过变换,通过一个"或门"电路集中到一起来,再送到测时电路中进行测试,这就是典型的一处激励多处采样的例子。

在模拟飞行中,对姿态控制系统检查时,输入信号既有俯仰角偏差信号 $\Delta\varphi$,又有横/法向加速度 $\dot{W}_{z1A}$ 和 $\dot{W}_{y1A}$ 等,而采样点只有伺服机构的反馈电压信号,这是典型的多处激励一处采样的例子。

(五) 测试规模大,项目多,协调面广

综合测试的测试对象是一个由数十台仪器组成的复杂系统,测试项目多达几百项。在测试过程中,不仅有控制系统参加,还有安全系统、遥测系统、头部等系统参加,各系统之间存在大量的匹配与协调问题。

(六) 尽量保证测试程序与发射程序的一致性

综合测试除了评定导弹控制系统的性能外,还要为导弹发射作好硬件和软件准备,以提高发射成功率。为此,要求在发射过程中所使用的硬件和软件,都必须经过综合测试的考核。未经考核的设备和软件,不能在发射过程中使用。

三、不同状态下的综合测试

在综合测试中，导弹弹体所处的状态不同，相应的测试内容、测试要求和测试时间也有所不同。根据弹体所处的状态不同，可将导弹的综合测试划分为水平测试和垂直测试两种类型。

（一）水平测试

水平测试是在弹载设备装弹（通常情况下惯性器件不装弹）的条件下，弹体呈水平状态放置时进行的测试。此时，火工品没有与弹上电缆网对接，地面测试设备分散放置在综合测试间、电源间等，测试时间也较为宽裕，对弹上控制系统的功能和精度检查最为全面。

1. 水平测试的目的

水平测试是发射前对导弹进行的全面技术准备与测试检查，其目的是及早发现导弹经过运输、转载及其他原因可能产生的各种问题和故障，并根据测试结果判断导弹的性能。

2. 水平测试时导弹的状态

水平测试的必要条件是各系统弹载设备经测试合格，设备和电缆网在弹上已安装对接好；全弹按要求分解为测试状态停放在测试工位，并做好测试前的准备工作；地面测试设备完成自检并处于正常状态。

有的导弹体积较小，舱段结构紧凑，仪器装填难度大。为检查仪器舱经分解再装后，插拔大量连接器可能带来的各种问题，在水平测试中导弹有两种状态，即半装弹状态和全装弹状态。

1）半装弹状态

半装弹状态是指除了控制系统的惯性器件之外，全弹各系统仪器设备均已装弹。弹体分解成测试要求的状态，停放在测试工位。惯性器件安装在专用的倾斜台或回转台上，通过工艺转接电缆与弹上电缆网对接，构成全弹测试状态。

2）全装弹状态

全装弹状态是指各系统的全部弹载设备（包括惯性器件）装弹后的状态。

3. 水平测试的内容

水平测试是全弹综合测试的一种主要形式，测试的内容最为全面，包括弹载设备的单机测试、分系统测试、分系统匹配测试和总检查，力求能够对弹上控制系统的性能做出全面的评价。

4. 水平测试流程

典型的水平测试流程如图 9.1.1 所示。

（二）垂直测试

垂直测试是在弹载设备全部装弹的条件下，弹体呈垂直放置状态时进行的测试。

1. 垂直测试的目的

垂直测试是在发射前对导弹进行的全系统综合性测试，其主要目的有：

（1）对弹载各系统和设备进行射前的最后检查，排除由于导弹经转载、运输、起吊等环节可能造成的故障。

（2）检验测试与发射控制系统及弹载各系统接口电路的正确性与功能的协调性。

（3）检查弹载各系统之间的协调性及测试发射程序的可行性。

（4）提高导弹的发射成功率。

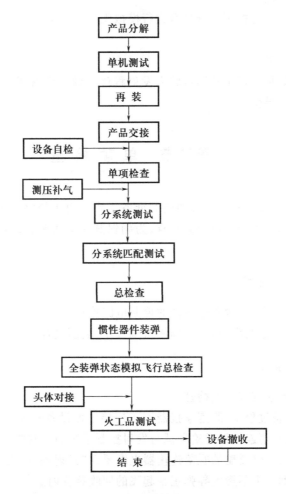

图 9.1.1　水平测试流程

2. 垂直测试时导弹的状态

在垂直测试时,弹载设备已全部装弹,导弹已装入发射筒或竖立在发射台上呈垂直状态。不同的发射方式,其地面发射系统的功能、配置和工作条件差异很大。垂直测试应根据导弹和发射系统的技术状态确定其方法和内容。

3. 垂直测试的内容

发射时间决定着导弹武器系统的生存能力。为实现快速发射,垂直测试的内容和程序都要进行简化。在进行垂直测试时,不能做模拟发射,模拟飞行只能做垂直状态的模拟飞行。

垂直测试的主要内容有:

(1) 单项检查。单项检查通常包括供电电源检查、点火保险栓的"栓开"与"栓闭"电路功能检查、火工品通路检查、伺服机构气压和油面检查等。

(2) 分系统测试。简化后的分系统测试的内容主要包括电源配电系统测试,即检查弹上各母线和电源装置的输出电压与频率、配电器控制的功能以及时序装置的时序正确性;姿态控制系统通路、极性检查;制导系统测试;安全自毁系统、战斗部供电电源等参数检查。

3）模拟飞行总检查

简化的模拟飞行，仅对控制系统自身进行模拟飞行。安全自毁系统和战斗部不参加模拟飞行总检查。

4）射前准备和发射

系统测试之后，如果一切正常即可转入发射程序。弹载设备需要重新启动，进行瞄准及射击诸元装定，进而发射导弹。

第二节　单项检查

单项检查是分系统测试和总检查的前期准备工作。由于控制系统中某些关键电路相对独立，在分系统测试和总检查中难以全面检查，为确保其功能正常、参数符合技术要求，需要对其进行单独检查。

一、单项检查的内容

单项检查的主要内容有：脱落连接器的控制电路检查；点火保险栓的"栓开"与"栓闭"电路检查；火工品通路检查；通路阻值检查；伺服机构气压、油面检查。

二、单项检查原理

（一）脱落连接器的控制电路检查

在测试与发射准备过程中，脱落连接器用于连接地面设备和弹上系统，弹上全部电信号是通过尾部和仪器舱的脱落连接器送给测试与发射控制系统的。其中，尾部的脱落连接器电缆在导弹起飞时自动脱落；而仪器舱的脱落连接器电缆要在"发射预令"之后、"发射主令"以前的一段时间内，电动回收到一个不影响导弹正常起飞的回收装置内。

仪器舱的脱落连接器是否能够自动脱落并回收到位，直接关系到导弹发射的成败。由于该连接器是在特定的时间、特定的地点使用的，人工无法干预。在导弹测试和发射之前，必须对脱落连接器的控制电路进行单独检查，以保证相关电路可靠工作。

脱落连接器的控制电路检查包括脱落连接器的"插"电路检查和"拔"电路检查，如图9.2.1所示。

图9.2.1中，±M为地面检测设备的直流电源母线，−B为弹上控制系统直流电源负母线。当脱落连接器（TC）插合到位后，−B母线与−M母线相连。

1. 脱落连接器的"插"电路检查

脱落连接器的插合通常采用人工手动完成。

初始状态：脱落连接器TC处于拔开状态，"TC回收到位"开关接通，继电器K1工作，K1的常开接点闭合→地面测试设备面板上的"TC脱落到位"灯亮。

当人工开始插合脱落连接器时："TC回收到位"开关断开，继电器K1断电，K1的常开接点断开，"TC脱落到位"灯灭；当TC插合到位以后，继电器K2工作，K2常开接点闭合，地面测试设备面板上的"TC"灯亮，显示脱落连接器插合好，同时，继电器K2的常开接点闭合，向地面测发控计算机馈送脱落连接器TC连接好。

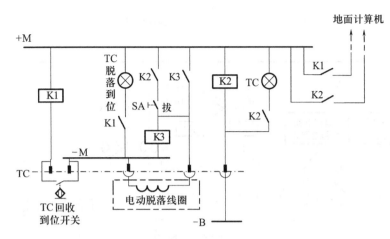

图 9.2.1　脱落连接器控制电路检查示意图

K1—TC 脱落到位；K2—TC 插到位；K3—TC"拔"控制继电路。

某些脱落连接器的"插"动作是采用电机自动完成的,此类脱落连接器的结构较为复杂。

2. 脱落连接器的"拔"电路检查

脱落连接器的拔出通常由电磁机构自动完成。

初始状态:脱落连接器处于插合状态,继电器 K2 工作,K2 的常开接点闭合→地面测试设备面板上的"TC"灯亮。

当按下地面测试设备面板上的"拔"按钮 SA 时,SA 开关接通,继电器 K3 工作并自保,其常开接点闭合,±M 电源为电动脱落线圈供电,脱落连接器自动脱落,继电器 K2 断电,其常开接点断开,地面测试设备面板上的"TC"灯灭。回收机构将脱落连接器插头回收到位后,"TC 回收到位"开关闭合,继电器 K1 工作,其常开接点闭合,地面测试设备面板上的"TC 脱落到位"灯亮,显示脱落连接器脱落正常并回收到位。同时,继电器 K1 的常开接点闭合,向地面测发控计算机馈送脱落连接器 TC 插头脱落正常并回收到位。

某些脱落连接器的拔出采用液压机构完成,此类脱落连接器的结构较为复杂。

（二）点火保险栓的"栓开"与"栓闭"电路检查

点火保险栓(简称保险栓)是指导弹各级发动机点火燃气通道的保险机构。在发动机点火之前,应打开保险栓并锁定,接通燃气通道。

保险栓检查包括"栓开"和"栓闭"电路检查,其目的是检查保险栓电路的工作是否正常。保险栓的功能正常与否,直接关系到导弹点火和发射成败,因此,保险栓的"栓开"和"栓闭"电路是综合测试的必查项目。

下面以机电式保险栓为例,介绍"栓开"和"栓闭"电路检查原理。

机电式保险栓主要由保险栓锁和直流电机两部分组成。检查时按一定的顺序和时间,给保险栓锁通电或断电,控制继电器线包的通、断;通过控制直流电机的正转或反转,打开或闭合保险栓。保险栓的开、闭状态由不同的指示灯指示,易于识别。

保险栓电路检查示意图如图 9.2.2 所示。

图 9.2.2 中:±M 为地面检测设备的直流电源母线;±D 为直流电机的电源母线;继电器 K1、K2 为栓开、栓闭共用;继电器 K3、K5 主要用于栓开;继电器 K4、K6 主要用于栓闭。

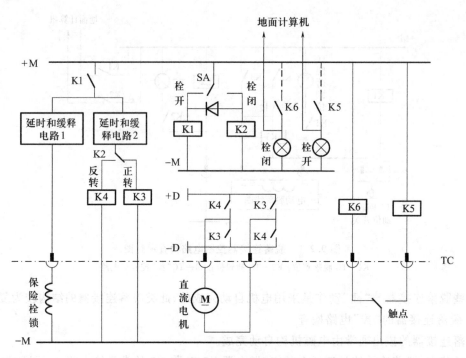

图 9.2.2　保险栓电路检查示意图

1. 保险栓的"栓开"电路检查

保险栓开栓控制顺序是：保险栓锁通电使栓解锁；直流电机正转打开燃气通道；保险栓锁断电使栓锁定；直流电机停转，开栓完毕。

初始状态：开关 SA 处于中间位置，"栓闭"灯亮。

当接通地面测试设备面板上的"栓开"开关 SA 后，继电器 K1 工作，延时和缓释电路 1 工作，±M 母线向保险栓锁供电，保险栓解锁。

在延时和缓释电路 2 工作一段时间后，通过继电器 K2 的常闭接点向继电器 K3 线包供电，K3 的常开接点闭合，±D 母线向直流电机正向供电，电机开始正转，使保险栓内的触点断开，继电器 K6 线包断电，K6 的常开接点断开，"栓闭"灯灭。

电机正转一段时间后，保险栓内的触点闭合，继电器 K5 工作，其常开接点闭合，"栓开"灯亮；之后，延时和缓释电路 1 停止向保险栓锁供电，保险栓闭锁，然后延时和缓释电路 2 停止向直流电机供电，直流电机停转，保险栓"栓开"电路检查完毕。

在"栓开"灯亮的同时，向地面计算机馈送"栓开"电路检查正常，为下一步测试准备状态。

2. 保险栓的"栓闭"电路检查

保险栓闭栓的控制顺序是：保险栓锁通电使栓解锁；直流电机反转阻断燃气通道；保险栓锁断电使栓锁定；直流电机停转，闭栓完毕。

初始状态：开关 SA 处于中间位置，"栓开"灯亮。

当接通地面测试设备面板上的"栓闭"开关 SA 后，继电器 K1、K2 同时工作，其常开接点闭合，延时和缓释电路 1 工作，±M 母线向保险栓锁供电，保险栓解锁；在延时和缓释电路 2 延时一段时间后，通过继电器 K2 的常开接点向继电器 K4 的线包供电，K4 的常开接点闭合，±D 母线向直流电机反向供电，直流电机开始反转，保险栓内的触点断开，继电器 K5 线包断电，其常开接点断开,"栓开"灯灭;电机反转一段时间后,保险栓内的触点闭合,继电器 K6 工作,其常开接点闭合,"栓闭"灯亮。之后,延时和缓释电路 1 停止向保险栓锁供电,保险栓闭锁,然后延时和缓释电路 2 停止向直流电机供电,直流电机停转,保险栓栓闭电路检查完毕。

在"栓闭"灯亮的同时,向地面计算机馈送"栓闭"电路检查正常,为下一步测试准备状态。

(三) 火工品通路检查

火工品装弹后与控制系统、安全自毁系统弹载电缆网连接在一起。为增强使用的安全性,火工品装弹后,往往电缆网与火工品先不对接,使火工品在发射前一直处于短路保护状态。短路保护一般采用短路插头和继电器触点短路。在火工品与弹上电缆网对接后,只能采用继电器触点短路保护方法,如图 9.2.3 所示。

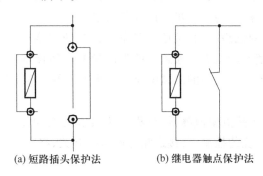

(a) 短路插头保护法　　　　(b) 继电器触点保护法

图 9.2.3　火工品短路保护示意图

火工品通路检查主要是检查继电器短路保护触点的接触可靠性和火工品连接器对接后的接触可靠性,目的是检验火工品与弹上电缆网对接后的通路是否良好。

火工品通路检查原理示意图如图 9.2.4 所示。

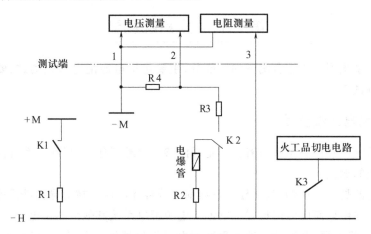

图 9.2.4　火工品通路检查示意图

图 9.2.4 中,±M 为地面检测设备直流电源母线,−H 为火工品负母线。继电器开关 K1 用于向 −H 母线提供 +M 电,继电器开关 K2 用于提供火工品通路测量电路和火工品短路保护,继电器开关 K3 用于断开火工品切电电路。

为确保火工品通路检查的安全性,在电路中设计有火工品短路保护电路和火工品切电电路。一般情况下,火工品短路保护电路将火工品的两端短接在一起,以确保测试安全。在发射预令之前,如果火工品电路的负母线带负电,则火工品切电电路将切断地面电源,以确保测试的安全性。

火工品通路检查的具体过程是:首先,地面测发控系统控制继电器 K3 工作,其常闭接点断开,断开火工品切电电路,以保证在检查火工品通路时,若火工品母线带负电,火工品切电电路不工作;然后,地面测发控系统控制继电器 K1 工作,其常开接点闭合,＋M 母线向－H 母线提供正电;控制继电器 K2 工作,其常闭接点断开,从而断开火工品短路保护电路,K2 的常开接点闭合为火工品通路检查准备电路;此时,通过测量测试端 1 点和 2 点之间的电压,或者测量测试端 1 点和 3 点之间的电阻,就可以间接确定火工品通路是否正常。

在火工品通路检查完毕后,应及时恢复状态,接通火工品短路保护和火工品切电电路,同时将测试结果馈送至地面计算机,为下一步测试准备状态。

火工品是一种易爆炸的危险品,直接危及装备和人员的安全。在进行火工品通路检查时,必须注意以下两点:一是使发动机点火通道上的保险栓处于闭栓状态,防止点火火工品误爆导致发动机点火;二是保证流经火工品的测试电流小于火工品的安全电流。

（四）通路阻值检查

通路阻值检查包括起飞接点阻值测量、行程开关阻值测量、电源转换电路阻值测量等。测试时,在测试与发射控制系统的控制下,接通相应的采样开关,将需要检查的通路阻值引入自动测试系统进行测试。

（五）伺服机构气压、油面检查

伺服机构气压、油面检查是由自动测试系统自动完成的。在地面测发控系统的控制下,将直流稳压电源加到伺服机构气压和油面传感器上;而后接通相应的采样开关,用数字电压表测量传感器输出的电压信号,以判断伺服机构的气压和油面是否符合要求。

第三节　分系统测试

控制系统分系统测试是综合测试的一部分,主要包括电源配电系统测试、姿态控制系统测试和制导系统测试等。

一、电源配电系统测试

电源配电系统涉及控制系统所有仪器是否能够可靠地工作,所以在分系统测试中首先要进行电源配电系统的测试。

由于弹上电池是一次性的,只在导弹发射前几分钟才激活。在对导弹进行测试和模拟发射时,为节约用电,均由地面电源模拟弹上电池向电源配电系统其他仪器供电。通过测试稳压器、三相换流器、高频换流器、脉冲放大器和程序配电器等仪器输出各种直、交流电压信号,就可判断整个电源配电系统工作性能是否良好,功能是否正常。

电源配电系统测试大致可分为二次电源测试、程序配电器时间串测试、伺服机构的工作电压和电流测试。目前,电源配电系统的测试一般由自动测试系统自动完成,也可以手动测量(主要用于实施监控功能)。

（一）二次电源测试

二次电源的测试参数主要有直流电压、交流电压及频率等。

1. 直流电压测试

在测试直流电压时,可通过采样开关接通相应的测试电路,由数/模转换模件(A/D)或数字多用表进行测试。另外一种测量方法是:将被测电压转换为频率(V/F 变换),通过测量频率,推测被测电压,频率的测量常用测时测频仪模件完成。

2. 交流电压及频率测试

在测试交流电压时,可通过采样开关接通相应的测试电路,由数字多用表进行测试。

为提高交流电压测量的精度,可先将交流电压经交 – 直流变换器转换为直流电压,通过测量直流电压,推测交流电压。

对于频率测试,对低频和高频分别采用不同的频率测量方法。对于高频信号,通常采用直接测频的方法。而对于低频信号,则采用间接测频的方法。

间接测频的基本原理是:在被测信号的一个周期 T_x 或周期的倍乘 KT_x 的时间内填充标准脉冲,通过测量脉冲数的方法来间接测量频率。

对于频率为 f_x 的被测信号,只要准确测量出被测信号的周期 T_x 或周期的倍乘 KT_x,即可求得被测信号的频率,即 $f_x = 1/T_x$,或 $f_x/K = 1/KT_x$。设被测信号的周期为 T_x,分频次数为 K,标准脉冲的周期为 T_0,测试时间内的标准脉冲数为 n,则有

$$KT_x = nT_0 \tag{9.3.1}$$

即

$$T_x = \frac{n}{K} T_0 \tag{9.3.2}$$

周期测量误差为

$$\Delta T_x = \frac{n}{K}\Delta T_0 + \frac{T_0}{K}\Delta n \tag{9.3.3}$$

式中:ΔT_0 为标准脉冲的周期误差,可忽略不计;Δn 为测试时间内的标准脉冲数误差,主要包括标准脉冲与被测信号不同步引起的误差,以及整形电路引起的误差。

由式(9.3.3)可知,若忽略标准脉冲的周期误差,且 T_0/K 足够小时,可以保证周期测量误差满足一定的精度要求。

(二)程序配电器时间串测试

程序配电器时间串测试原理与间接测频的原理基本相同,区别是用被测时间量的起止信号作为计数触发的开关门信号。

程序配电器时间串测量误差主要是由于被测信号与时标不同步引起的,通过增加计数脉冲 n 可以提高时间串测量精度。

(三)伺服机构工作电压和电流测试

由于伺服机构的工作电流较大,在电路中的电压降较大,故在启动伺服机构前,将地面电源的调压点转换到伺服机构的供电端,以保证伺服机构能够正常工作。伺服机构启动后,地面测发控系统测量伺服电机两端的电压,并通过测量分流器输出的电压间接测量伺服机构的工作电流。

此外,为便于测试过程中对弹上各种电压和电流进行监测,在地面测试系统中通常设置电压测量波段开关、电压表、电流表等。测试人员可以通过波段开关的选择,在仪表上读取电压值

和电流值。

电源配电系统分系统测试完毕后,将相应的测试结果传送至地面计算机,为下一步测试准备状态,同时其测试结果可以显示在发控主机显示器上,从而便于测试人员观察测试结果。

二、姿态控制系统测试

姿态控制系统测试是分系统测试的重要内容,目的是检查姿态控制系统的静、动态参数是否符合规定的技术要求,通路、极性是否正确。

姿态控制系统通常由敏感装置、变换放大器和执行机构三大部分组成。敏感装置是接收命令或感受干扰所造成的偏差并形成信号的装置,例如陀螺仪、加速度计等。变换放大器对敏感装置所测得的信号进行变换、放大和综合,形成执行机构的输入控制信号。执行机构是将控制信号变成操纵导弹运动的力或力矩的装置,如伺服机构、姿控动力装置和燃气滚控装置等。

姿态控制系统测试内容一般包括静/动态特性测试、小回路测试和通路极性测试。

姿态控制系统测试原理示意图如图 9.3.1 所示。

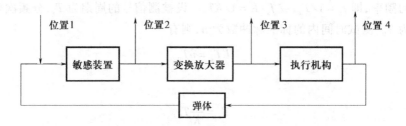

图 9.3.1　姿态控制系统测试原理示意图

（一）姿态控制系统静态特性测试

静态特性测试是指对敏感装置或变换放大器的静态性能进行的测试。

对于敏感装置而言,静态特性测试是从位置 1 提供激励信号,如实际的角信号、角速率信号或恒定的电压信号、电流信号和接地信号,从位置 2 测量敏感装置的输出信号,确定其静态特性。例如平台姿态角传递系数测试,速率陀螺仪测试和横/法向稳定仪测试等。

对于变换放大器而言,静态特性测试是指从位置 2 提供指令信号,如恒定的电压信号、电流信号和接地信号等,从位置 3 测量变换放大器的输出信号,确定其静态特性。

（二）姿态控制系统动态特性测试

在进行姿态控制系统动态特性测试时,一般是在位置 2 向变换放大器提供低频正弦激励信号,而后在位置 3 测量变换放大器的输出信号;根据变换放大器的输入、输出信号,可确定其动态特性。

（三）小回路测试

与动态测试不同的是,小回路测试需要启动执行机构,输出测量点变为执行机构反馈电压点。

进行小回路测试时,从变换放大器输入端位置 2 提供低频正弦激励信号,而后在位置 4 测量执行机构的反馈电压信号;根据小回路的输入信号和执行机构的反馈电压信号,确定小回路的动态性能是否符合规定技术要求。

（四）通路极性测试

通路极性测试的目的是检查姿态控制系统各组成仪器之间的通路、极性和电路匹配性,确保控制的正确性。

姿态控制系统的通路极性测试分为转台通路极性检查和指令通路极性检查。

1. 转台通路极性检查

转台通路极性检查一般是利用伺服转台模拟给出姿态角和姿态角速率(位置1),通过测量舵反馈电压、观察喷管的摆动(位置4)判断某一通道的通路极性是否正常。例如姿态转台通路极性检查、速率转台通路极性检查等。

2. 指令通路极性检查

由地面设备向姿态控制系统的敏感装置输入端(位置1)加不同的指令电压或者电流,模拟给出姿态角和姿态角速率信号,并通过测量舵反馈电压、观察喷管的摆动(位置4)判断某一通道的通路极性是否正常。例如平台指令通路极性检查,横/法向加速度计指令通路极性检查等。

姿态控制系统的具体测试原理详见第七章。

三、制导系统测试

制导系统是导弹控制系统一个非常重要的分系统,其主要功能是:控制导弹按预定的弹道飞行;完成点火控制和关机,实现射程控制;进行横、法向导引计算,控制导弹的姿态,提高命中精度。

制导系统测试主要包括弹载计算机通信检查、弹载计算机自检、正向脉冲数检查、负向脉冲数检查等。制导系统的具体测试原理见第六章。

第四节 系统匹配检查

分系统匹配检查是导弹综合测试的重要内容,它是指导弹的控制系统、安全自毁系统、遥测系统、外测系统之间的匹配检查,目的是检查各系统的协调配合情况是否符合要求。

分系统匹配检查的内容一般包括:控制系统与安全自毁系统的匹配检查;控制系统与遥测系统的匹配检查;控制系统、遥测系统、外测系统、安全自毁系统的匹配检查。

一、控制系统与安全自毁系统的匹配检查

控制系统与安全自毁系统匹配检查的主要内容是安全触点检查。安全触点检查的方法有两种,即手动安全触点检查和指令安全触点检查。下面以平台惯性制导控制系统为例,对这两种测试方式分别进行阐述。

手动安全触点检查的具体方法是:控制系统在接通调平、瞄准的情况下,平台坐标相对地球静止不动。这时,分别由人工转动平台倾斜台外环、内环和台体,当转角超过规定值时,平台内的安全触点接通,安全自毁系统收到"引爆"信号,则表明手动安全触点检查正常。

指令安全触点检查的具体方法是:在断开调平、瞄准的情况下,给平台上三个陀螺力矩受感器施加指令电流,使平台坐标相对基座转动。当转角超过规定值时,安全触点接通,安全自毁系统应收到"引爆"信号。

二、控制系统与遥测系统的匹配检查

控制系统与遥测系统匹配检查的目的,是检查遥测系统能否准确无误地接收并记录控制系

统发出的各种信号和信息（脉冲、时间串、数字量等）。

控制系统与遥测系统匹配检查的主要内容有平台脉冲变换器检查、时间指令变换器检查、弹载计算机数字量变换器检查、耗尽关机检查、起始电平检查等。

（一）平台脉冲变换器检查

给平台的陀螺力矩受感器施加指令电流，使平台绕某一轴转动一定角度，此时，平台上的三个加速度计分别测量地球重力加速度的分量。分别启动弹载计算机和遥测系统同时记录平台在一定时间内输出的脉冲数，并进行比较。正常情况下，弹载计算机与遥测系统记录的平台输出脉冲数偏差应在一定范围内。

（二）时间指令变换器检查

时间指令变换器检查的主要目的是检查导弹飞行中的点火、分离、关机等各种时间串指令发出后，遥测系统能否正确接收并记录，同时检查两系统之间工作是否协调。

时间指令变换器检查的方法是：用模拟飞行程序模拟导弹的飞行过程，按模飞程序计算关机方程，实时给出各种时间指令信号。地面测试与发射控制系统和遥测系统同时接收各种时间指令，并进行比较。正常情况下，两系统记录的结果应相同。

（三）弹载计算机数字量变换器检查

弹载计算机数字量变换器检查的主要目的是检查导弹在飞行过程中，弹载计算机发出的导引数字量、关机特征量等数字信息，遥测系统能否准确接收并记录。

弹载计算机数字量变换器检查的方法是：用测试程序控制弹载计算机发出全 0、全 1、01、10 和变码等 5 种遥测码，由地面遥测系统接收记录，并进行比对判读。

（四）耗尽关机检查

由地面测试与发射控制系统控制压力继电器发出耗尽关机信号，遥测系统应及时接收到该信号。

（五）起始电平检查

起始电平检查的主要目的是观察控制系统配电后，其输出信号在遥测系统中反映出的电平值是否正常。起始电平检查的方法是：控制系统按一定的顺序为各仪器配电，遥测系统进行初始电平的检查和记录，作为起始电平检查的基准。检查完毕后，控制系统各仪器按一定的顺序断电。

三、控制系统、安全自毁系统、外测系统与遥测系统的匹配检查

控制系统、安全自毁系统、遥测系统和外测系统匹配检查的主要内容有惯性器件油温检查、电压信号检查和数字量检查。目的是检查控制系统发出的各种模拟信号（交直流电压、油温），控制系统、安全自毁系统和外测系统发出的时序指令，遥测系统能否准确无误地测量记录下来。通过测试数据比对，确定各系统测试结果是否一致，检查各系统的工作是否协调一致。

控制系统、安全自毁系统、遥测系统和外测系统之间匹配检查的过程是：控制系统、安全自毁系统、外测系统、遥测系统的地面、弹上设备按顺序启电，遥测系统和外测系统做好测量准备，等待控制系统起飞信号。起飞后，控制系统启动匹配测试程序，控制系统发出时序指令，相当于模拟飞行总检查从起飞零秒到导弹弹头解保、引爆为止。

在模拟飞行中控制系统发出的故障信号如图 9.4.1 所示。

安全自毁系统接收故障信号，并根据飞行时序发出自毁信号，解保、引爆导弹。在某一特定

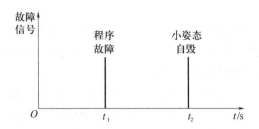

图9.4.1 匹配检查中控制系统发出的故障信号

的时间段内,控制系统在时间 t_2 时发出小姿态自毁信号,安全自毁系统和外测系统获得该信号。地面外测系统发出无线电指令,安全指令接收机接收该信号并传送给安全自毁系统,安全自毁系统接收外测系统无线电指令,并执行自毁命令,完成导弹自毁。在匹配检查中,遥测系统对控制系统发出的各种信号、指令进行测量和记录。

控制系统、安全自毁系统、外测系统、遥测系统的匹配检查原理如图9.4.2所示。

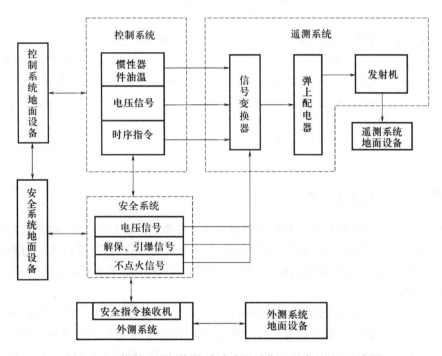

图9.4.2 控制、遥测、外测、安全自毁系统匹配检查原理示意图

(一)惯性器件油温检查

惯性器件油温检查的主要目的是控制系统发出陀螺仪、加速度表的油温电阻信号后,遥测系统能否正确测量、记录下来,同时检查两系统电阻测量是否能协调、匹配。具体方法是控制系统地面设备和遥测系统同时测量并记录打印,然后进行比较。正常情况下,两系统的测试结果应一致。

(二)电压信号检查

电压信号检查的主要目的是检查控制系统与安全自毁系统配合后输出的电压信号,遥测系统能否正确地测量和记录,然后进行比较,其测试结果应一致。

（三）时序指令检查

时序指令检查的主要目的是检查导弹模拟飞行中的不点火指令、程序机构卡死故障、小姿态自毁、无线电指令，以及相应的解保、引爆指令等时间指令信号发出后，遥测系统是否能正确接收并记录，同时检查各系统之间是否工作协调、匹配。

时序指令检查的原理是：用模拟飞行程序模拟导弹的飞行过程，安全压力继电器发出不点火信号，安全自毁系统接收该信号延时后发出解保、引爆信号，按飞行程序控制系统发出程序故障信号，安全自毁系统接收该信号延时后发出解保、引爆信号，遥测系统接收并记录。在某一时间内控制系统发出小姿态自毁信号，地面外测系统获得该信息后，发出无线电自毁指令，安全指令接收机接收无线电指令，并传递给安全自毁系统，安全自毁系统发出解保、引爆信号。控制系统和遥测系统分别接收一系列时间指令信号并记录，然后进行比较。正常情况下，两系统记录的结果应一致。

第五节　总　检　查

总检查是在各分系统经过分系统测试，参数合格、功能正常的基础上进行的，是全系统电路的综合联试，其目的是检查各系统工作的协调性、电路的相容性以及飞行控制程序的正确性。为此，需要进行不同状态、不同技术内容的总检查，总检查通常包括模拟飞行总检查、模拟发射总检查、紧急断电总检查。根据惯性器件的状态不同，模拟飞行总检查有时又分为垂直模拟飞行总检查和水平模拟飞行总检查。

根据导弹技术状态的不同，可以进行其中的一次或几次总检查。每一次总检查的测试内容和目的也有所不同。

一、垂直模拟飞行总检查

垂直模拟飞行总检查是测试与发射控制系统在"检查"状态下进行的，由测试与发射控制系统控制弹载设备，实现按预定的程序和弹道完成一次完整飞行过程，通过飞行过程中时序信号和电气参数的判读，确定导弹的通路、极性、功能是否正常，参数是否符合技术要求，实现导弹全系统的综合测试。

参与垂直模拟飞行总检查的分系统有电源配电系统、姿态控制系统、制导系统、安全自毁系统、遥测系统、外测系统和引控系统等。技术阵地的垂直模飞与发射阵地的垂直模飞是有差别的。在技术阵地，惯性器件放在地面转台上，并处于垂直状态，通过工艺转接电缆与弹上电缆网相连，导弹处于半装弹状态。在发射阵地，导弹的所有设备均已装弹，导弹处于垂直起竖状态。

（一）垂直模拟飞行总检查的目的

模拟飞行总检查由地面测试与发射控制系统施加模拟导弹在飞行过程中的各种激励信号或指令，测试导弹在"模拟飞行"过程中的技术参数，以判断导弹有关电路功能是否正常，参数是否符合技术要求。

（二）垂直模拟飞行总检查的特点

垂直模拟飞行总检查的主要特点有：

（1）导弹是在地面测试与发射控制系统控制下飞行的。弹载设备与地面设备连接的脱落连接器不断开，由此可以通过地面设备按预定的程序和要求，给弹载设备和系统施加控制指令和模拟信号,采集弹上设备有关信息并监视导弹各系统在飞行中的工作状态。

（2）弹载设备和发射电路中的一些重要电路和控制信号,如转电电路、点火电路、级间分离电路以及导弹起飞、出筒等信号,是通过用继电器接点转换或者等效形式给出的,这些电路是一种功能性模拟检查。

（3）弹载计算机按预定条件装定模拟飞行数据,它与导弹在真正飞行中的射程控制量是不同的。制导系统通过地面测试与发射控制系统给平台的三个加速度计提供正比于加速度确定值的模拟指令电流,等效于导弹飞行中所受加速度的作用,弹载计算机完成制导方程的解算,输出点火和关机指令,并按预定的弹道输出程序转弯指令。

（4）所有火工品用火工品等效器等效。弹上的全部火工品均没有对接,只是连接的火工品等效器。这样,控制指令、安全自毁功能以及火工品分支电路的通路均得到安全、完善的检查。

（5）平台和速率陀螺安装在转台上,转台使用模拟飞行仿真程序。通过程控或人工操纵平台和速率陀螺转台给出模拟导弹各种姿态误差信号,用以检查姿态控制系统的通路和极性、各环节的工作性能以及安全自毁电路的功能。

（6）模拟电池激活。模拟飞行过程中,弹上电池两端的供电是从脱落连接器上某些特定的供电点供给的,电池电压的鉴别检查值,实际上是地面供电电压。

（7）脱落插头不脱落,由地面测试与发射控制系统模拟给出脱落信号。

（8）起飞接点、压力继电器模拟接通。

（9）弹上发动机的保险栓打开。

（三）垂直模拟飞行总检查的内容

垂直模拟飞行总检查的主要测试内容有:

（1）地面电源向弹上供电的电路。

（2）伺服机构启动电路。

（3）电池激活电路。

（4）电源转换电路。

（5）发动机点火控制电路。

（6）姿态稳定控制电路。

（7）制导电路。

（8）级间分离电路。

（9）发动机关机控制电路。

（10）头体分离电路。

（11）头部解保、引爆电路。

（四）垂直模拟飞行总检查程序

垂直模拟飞行总检查一般采用倒计时的测试流程,从开始测试、"起飞"零秒至模拟飞行结束。导弹的型号不同,其测试流程中每一时间段内工作内容也略有差异。

垂直模拟飞行总检查程序大致可分为零秒前的操作程序和零秒后的飞行程序。操作程序是指在完成总检查的过程中,各系统按统一约定的时间、顺序进行准备和操作项目。飞行程序包括设计程序和因测试需要所增加的部分操作程序。

垂直模拟飞行总检查的程序一般应包括以下内容:

（1）地面电源启电，控制系统启电，安全自毁系统启电，遥测系统启电，外测系统启电，转台启电。

（2）平台加温，弹上二次电源输出交、直流电压检查。

（3）启动惯性测量系统（如启动速率陀螺、平台），完成惯性测量系统的初始对准。

（4）弹载计算机装定。

（5）模拟电池激活，检查电压。

（6）伺服转台按程序启动。

（7）打开保险栓，启动伺服机构。

（8）转弹上供电，脱落连接器模拟脱落。

（9）模拟起飞接点接通，启动弹载计算机。

（10）发动机点火。

（11）头体分离。

（12）解保。

（13）引爆。

（14）紧急断电，恢复状态。

（五）垂直模拟飞行总检查测试原理

垂直模拟飞行总检查可分为准备阶段、发射预令阶段、发射主令和模拟飞行阶段。

准备阶段主要工作有：地面向弹上供电，启动弹上仪器，构成"预备好"条件；打开弹上点火装置保险栓，启动伺服机构，构成"伺服机构工作"条件。

发射预令阶段主要工作有：封锁弹载计算机，电源转换，检查电池电压，模拟脱落连接器脱落。

发射主令和模拟飞行阶段主要工作有：按下"发射主令"按钮，接通模拟起飞接点，启动弹载计算机，解算点火方程和关机方程，级间分离，测量关机时间，头体分离，解保、引爆，并且在一切正常的情况下，综合输出"弹检好"信号。

1. 准备阶段

准备阶段通过地面测试与发射控制系统的各种操作和控制，使弹上系统处于待发射状态。

"预备好"是发射链式连锁电路中各发射条件均已满足的结果。满足"预备好"的条件主要有：控制系统弹载设备加电、供电正常；自动脱落连接器插合到位；点火控制器在零位；平台程序机构在零位；程序配电器在零位；平台启动好、调平好，速率陀螺启动好；瞄准系统瞄准好；制导系统诸元装定好；安全系统准备好；遥测系统准备好；头部准备好。

在"预备好"条件满足后，地面测试与发射控制系统控制启动弹上伺服机构，伺服机构启动好的标志是给出"伺服机构工作"信号。地面测试与发射控制系统打开弹上点火装置的保险栓，开栓好的标志是给出"弹上栓开"指示。

2. 发射预令阶段

满足"预备好"和"伺服机构工作"条件后，按下"发射预令"按钮，整个控制系统正式进入发射预令阶段，自动执行下列程序：

1）封锁弹载计算机

弹载计算机的装定是各组数据依次进行的。在模拟飞行的情况下，因装定的是固定存储量，故各组数据都相同。封锁计算机，就是在向弹载计算机装定最后一组数据，并校核装定数据正常的条件下,弹载计算机封锁整个装定通道,地面设备不能向弹载计算机发送数据。这样,计算机中装定的就是最后一组数据,并且在整个模拟飞行过程中不会发生变化。

2）电源转换

弹载计算机封锁之后,向地面测发控系统发出"许发"指令。地面收到该指令后,立即发出转电控制指令,使弹上控制系统使用的电源由地面供电转换到弹上电池母线供电。实际上,弹上电池母线上的电仍是由地面电源供给的。为提高转电时弹上供电的稳定性,地面测发控设备常采用延时电路,使得地面供电与弹上供电在转换期间有一段重合时间(一般为 1～2s),然后才切断地面供电,转换到弹上电池母线供电。

3）弹上电池的电压测量

完成电源转换后,地面测试与发射控制系统测量弹上电池的电压,并判断其是否满足技术指标要求。如果满足指标要求,则发出"电池好"信号,为脱落连接器脱落做准备。

4）模拟脱落连接器的脱落

脱落连接器的模拟脱落原理示意图如图 9.5.1 所示。

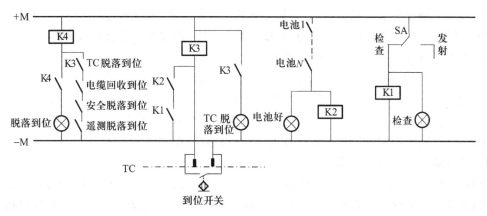

图 9.5.1　脱落连接器模拟脱落原理示意图

K1—检查；K3—TC 脱落到位；K2—电池好；K4—脱落到位。

在进行模拟飞行总检查时,地面测发控系统状态开关 SA 放"检查"状态→继电器 K1 工作。当由地面供电转换到弹上电池母线供电,并且弹上电池电压合格后→"电池好"灯亮,继电器 K2 工作→K1、K2 的常开接点闭合→继电器 K3 工作→其常开接点闭合,模拟 TC 脱落到位,代替回收到位开关接通而模拟给出"TC 脱落到位"信号。当遥测、安全自毁系统的脱落连接器都模拟发出"脱落到位"信号时,地面设备模拟发出电缆回收到位信号→继电器 K4 工作→其常开接点闭合→"脱落到位"灯亮,模拟发出"脱落到位"信号。

图 9.5.1 中,TC 为脱落连接器。

3. 发射主令和模拟飞行阶段

"脱落到位"信号是确认发射预令后的各项操作及执行结果都是正常的,导弹即处于发射状态。

导弹实际飞行中,其加速度、速度的产生是以火箭发动机产生的推力为主的各种力综合作用的结果,导弹姿态的变化除了程序转弯指令引起外,大部分是飞行过程中各种扰动引起的,而在地面进行模拟飞行总检查时,需要模拟生成导弹的推力和各种干扰的影响,以考核制导系统计算的正确性和姿态控制系统的性能。

1）模拟飞行时视加速度的生成

模拟飞行时，根据装定的模拟飞行数据，地面测发控系统向三个加速度计力矩器施加具有一定规律的指令电流 I_x、I_y 和 I_z，模拟给出视加速度值 $\dot{W}_x$、$\dot{W}_y$ 和 $\dot{W}_z$。

2）模拟飞行时弹体姿态角、姿态角速率的加入

导弹飞行过程中，指令系统发出各种时间控制指令，保证飞行按标准弹道程序进行。地面综合测试设备接收并检查这些指令，以判断模拟飞行程序是否正常。根据飞行程序需要，地面测发控设备实时地向弹上控制系统施加不同的激励信号，以检查系统的姿态控制功能是否正常。为提高测试效率，采用了多处激励、一处采样的技术。为求得测试结果的唯一性，使用分时切割施加激励信号的方法，以保证在某一特定时刻，所采集到的控制系统的输出信号（一、二级伺服机构的反馈电压），唯一地反映了系统的姿态控制在所加激励信号通道上的输出特性，而在不同时刻采集到的数据，又实时地唯一对应于不同的激励信号通道。

为了考核姿态控制系统的性能，在地面模拟飞行时，模拟起飞接点接通，启动程控转台工作，转台按预定弹道要求的规律转动，模拟导弹的飞行姿态角、飞行角速率的变化。检查稳定系统的响应情况，确定姿态稳定通道的通路、极性是否正确，参数是否符合技术要求。

3）模拟飞行时点火方程和关机方程检查

弹上主配电器收到起飞接点接通指令后，发出弹载计算机启动命令，启动弹载计算机。地面测发控系统收到起飞接点接通指令后，开始向加速度计力矩器施加适当的指令电流，模拟给出加速度信号。该信号被送到弹载计算机进行点火方程和关机方程的解算。通过测量点火时间和关机时间，从而判断制导系统解算点火方程和关机方程的精度。

4）综合输出"检测好"信号

在模拟飞行过程中，为了保证二级点火信号能正常给出，地面综合测试设备必须在适当的时刻，给出模拟压力继电器接点闭合信号。此外，综合测试设备还要采集所有时间控制指令、火工品的引爆控制信号和数字输入量，用链式连锁的方法将它们综合起来，最后给出"检测好"信号作为模拟飞行结束的标志。

模拟飞行中的时间指令共 8 个，如表 9.5.1 所列。

表 9.5.1　模拟飞行中的时间指令

代　号	名　称	类　型	备　注
t_{d1}	一级点火	时间量	
t_{jf}	级间分离	时间量	
t_{d2}	二级点火	时间量	
t_{k2}	二级关机	时间量	
t_{tf}	头体分离	时间量	
t_{d4}	反推火箭点火	时间量	根据射程确定
t_{kjb}	引控解保	时间量	
t_{kyb}	引控引爆	时间量	
注：在模拟飞行中，不同类型的导弹地面测发控系统所测量的时间指令有所不同，但一般都包括表 9.5.1 所列的时间量			

在模拟飞行中发控计算机采样数字输入量有 13 个,如表 9.5.2 所列。

表 9.5.2　模拟飞行中的数字输入量

序号	名　　称	类　型	序号	名　　称	类　型
1	一级放大器接弹载计算机	数字输入量	8	允许二级关机	数字输入量
2	弹载计算机启动好	数字输入量	9	二级关机	数字输入量
3	起飞接点接通	数字输入量	10	头体分离	数字输入量
4	一级点火	数字输入量	11	反推火箭点火	数字输入量
5	级间分离	数字输入量	12	引控解保	数字输入量
6	二级点火	数字输入量	13	引控引爆	数字输入量
7	二级放大器接弹载计算机	数字输入量			

注:在模拟飞行中不同类型的导弹地面测发控系统所测量的数字输入量有所不同,但一般都包括表 9.5.2 所列的时间量

当 8 个时间量和 13 个开入量都正常时,地面测发控系统给出"检测好"信号,模拟飞行过程结束。

5)通过模拟飞行考核测试与发射控制系统

模拟飞行除了检查弹上控制系统飞行综合能力外,也是对测试与发射控制系统发射电路性能的一次重要考核。

在导弹模拟起飞以前,地面综合测试设备全部的应用程序和真正的发射程序基本上是一致的(只有脱落连接器脱落信号除外),既然在模拟飞行过程中这些程序能正常运行,那么,发射过程中这些程序也照样可以正常运行。

综上可知,全弹的模拟飞行检查是对整个控制系统(包括弹上全部仪器及地面综合测试设备)性能的一次全面检查。

二、模拟发射总检查

模拟发射总检查是地面测发控系统在"发射"状态下进行的,通过模拟导弹的实际发射过程,检查控制系统(包括弹上全部仪器及地面测发控系统)的发射电路,观察与监视导弹在飞行中的工作情况,进而判别导弹在"飞行"中的工作性能。

参与模拟发射总检查的系统有控制系统、安全自毁系统、遥测系统、瞄准系统、头部系统(头部等效器)等。

模拟发射总检查与垂直模拟飞行总检查的差别在于测试状态的不同。"模拟发射"状态规定为:各系统脱落插头真脱落,分离插头分离,转电,转电后各个系统通过模拟电缆向弹上设备供电,起飞采取拔起飞压板方式,发动机耗尽则采用接通"压力模拟"开关的方式,瞄准系统参加测试。

除此之外,"发射"状态模拟发射总检查中各系统的测试内容、信息流程以及数据判读等,与"检查"状态下模拟飞行总检查基本相同。

与模拟飞行总检查相比较,除了弹上电池不激活、全部火工品用火工品等效器代替这两点相同之外,模拟发射总检查还具有下述特点:

（1）模拟发射总检查的全部程序是测试与发射控制系统在"发射"状态下运行的,而模拟飞行程序是测发控系统在"检查"状态下运行的。电池激活信号送出后,地面电源通过模拟电缆代替弹上电池向弹上仪器供电。

（2）弹载计算机装定的模拟发射数据。

（3）瞄准系统参加测试,"瞄准好"作为执行发射预令的必要条件。

（4）按照发射程序所规定的时间,脱落连接器真正脱落;起飞接点、行程开关的接通和所有分离连接器分离都由人工操作。

（5）在脱落连接器全部脱落之后,由地面电源通过模拟电缆向弹上电池供电。地面测发控系统与弹上控制系统的联系全部中断。导弹"起飞"后,弹载设备在脱离地面设备控制下,按预定程序自主"飞行",完全模拟导弹发射后在空中的飞行程序。

（6）制导系统的工作,是由平台上 y 向加速度计输出自身 $1g_0$ 重力作用下的脉冲当量,作为制导方程的输入量。弹载计算机按此状态完成点火、关机方程的解算,实时给出点火、关机指令。这种状态较为真实、准确,所给出的点火、关机时间精度比模拟飞行高。

（7）为了检查姿态控制系统的性能,在模拟发射过程中,可以在某些确定的时间通过弹上惯性器件的工艺测试台（如平台的伺服转台、速率陀螺回转台）向姿态控制系统加适当的指令信号,从遥测参数中获取姿态控制系统的飞行数据。

（8）飞行准备过程中的各项操作程序,以及"发射预令""发射主令"之后的地面测发控系统所处的状态,都与真实发射时相同,使得模拟发射程序更接近于真实的发射程序。

三、紧急断电总检查

紧急断电总检查是地面测发控系统状态开关置于"发射"情况下进行的,是对弹载控制、安全自毁、遥测、外测及头部各系统紧急断电电路的联合检查。

紧急断电总检查准备工作和模拟发射总检查相同,在发射预令之前的所有程序相同,不同在于发射预令以后进行紧急断电。紧急断电总检查瞄准系统只作线路配合,不实际瞄准,其他参加的系统同模拟发射总检查。

（一）紧急断电总检查的目的

紧急断电是对导弹各分系统及测发控系统应变能力的一次检查和考核,目的是检查紧急断电功能是否正常,保证在出现紧急状况时紧急断电电路能够可靠工作,避免事故的发生。

需要执行紧急断电操作的典型故障有:

（1）发射预令以后,控制系统转电不正常,在限定时间内不能排除故障。

（2）调平条件被破坏,在限定时间内仍未恢复好。

（3）脱落连接器不能脱落,或者脱落后不能回收到位。

（4）瞄准系统工作不正常。

（二）紧急断电总检查的原理

紧急断电是在发射故障状态下的保护性应急措施。它应用于导弹发射过程中,弹载各系统已由地面电源转为弹上电源供电之后,出现异常或发射故障,不能满足最低发射条件要求时,必须终止发射。此时,需要首先断开各系统弹载电源供电。

在发射程序进行到"发射预令"之前,弹上控制系统由地面电源供电。若在该阶段出现故障,可通过切断地面电源的方式终止发射程序。

但是,在"发射预令"下达以后,如果弹载计算机已经封锁,"允许发射"信号已发出,电源转换已完成,仪器舱部位的自动脱落连接器已经脱落,弹载设备供电控制电路均已断开,不能自行控制断开弹载电源供电。此时如果出现故障需要终止发射程序,不能用切断地面电源的方式切断弹上供电,必须执行"紧急断电"操作,由唯一的控制通道,即发射控制台,给出"紧急断电"指令,经尾段脱落连接器分别送到控制、安全自毁、遥测、外测及头部各系统,以切断弹上控制系统及其他分系统的电源。

由以上分析可知,"紧急断电"执行的时机是在"发射"状态下,发射程序进行到从"发射预令"到"发射主令"这一时间内。在发射预令以后,如果弹载设备出现故障需要终止发射,则按下发射控制台的"紧急断电"按钮,执行紧急断电操作,可终止发射程序。

"紧急断电"的原理示意图如图9.5.2所示。

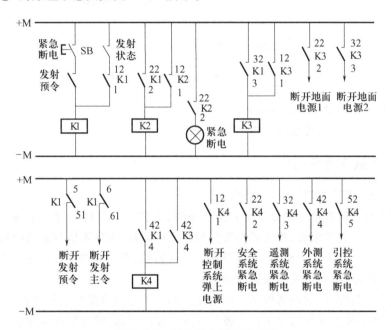

图 9.5.2　紧急断电原理示意图

紧急断电的简要工作过程如图9.5.3所示。

在按下"紧急断电"按钮 SB 后,通过继电器 K1、K3 和 K4,断开弹上电池供电,断开地面电源输出。在下达"紧急断电"指令的同时,将控制信号同时送给其他分系统执行紧急断电命令。

（三）"紧急断电"的善后处理

执行"紧急断电"后,除非弹上电池故障,且故障排除时间在电池激活后允许的放置时间内,可组织第二次发射。

执行"紧急断电"后,若不再实施发射,则按下述程序处理:

（1）重新插上已经拔开的脱落连接器。

（2）关闭弹上保险栓。

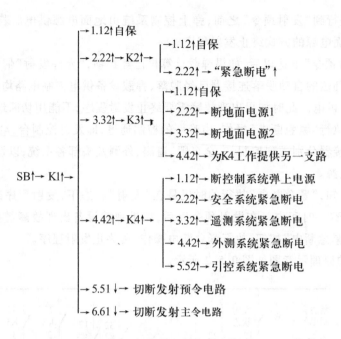

图 9.5.3 紧急断电的简要工作过程

（3）使全弹火工品处于短路保护状态。

（4）连接放电器电缆，控制弹上电池放电。

四、水平模拟飞行总检查

（一）全装弹状态下模拟飞行总检查的目的

垂直模拟飞行总检查是导弹处于半装弹状态时，惯性器件在地面转台上的情况下进行的。在垂直模拟飞行总检查结束后，惯性器件要分别装入仪器段，由此可能带来的问题有：

（1）将惯性器件装入仪器舱时，需要重新分解仪器舱，牵动舱内设备的连接电缆，可能破坏已测试好的通路状态，造成电缆网通路故障。

（2）惯性器件装弹后，惯性器件本身的电缆网和信号通路也需要重新检查。因为在半装弹状态下，惯性器件是放在弹外通过工艺电缆与弹上电缆网对接，惯性器件装弹后，重新接入弹上电缆网，接插件连接是否可靠、信号通路是否正常，需要通过检查验证。

（3）导弹装入发射筒后，由于受操作条件的制约，排除弹载设备和电缆连接故障十分困难。

全装弹状态下的水平模拟飞行总检查是在惯性器件全部装弹、弹体对接好、导弹处于水平状态下所进行的模拟飞行总检查，目的是为了检查惯性器件装弹后的通路和系统功能的正确性。

（二）全装弹状态下模拟飞行总检查的特点

（1）弹上仪器全部装弹，弹体对接好。

（2）平台不能调平，不能瞄准，总检查所需的"调平好""瞄准好"条件，可模拟给出。

（3）模拟飞行中不开栓。

（4）弹上火工品装好，固定端接短路插头，自由端接火工品等效器。

（5）对伺服机构的极性不作观察。

（6）弹上电池不激活。

（三）全装弹状态下的水平模拟飞行总检查原理

全装弹状态下的水平模拟飞行检查与半装弹状态下的垂直模拟飞行总检查电路工作情况基本相同，只是相关的飞行参数略有不同。

 思考题

1. 导弹的综合测试主要包括哪些内容？
2. 简述导弹综合测试的特点。
3. 单项检查的项目主要有哪些？
4. 垂直模拟飞行总检查可分为哪几个阶段？各个阶段的主要工作是什么？
5. 模拟发射总检查测试的特点是什么？
6. 简述全装弹状态下进行模拟飞行总检查的原因和目的。
7. 简述紧急断电总检查的工作原理。

第 十 章

发 射 控 制

>>>

导弹发射是在导弹经过单项检查、分系统测试和总检查之后进行的。测试与发射控制系统对导弹实施发射,是作战使用的最终目的。与总检查相比,实际发射更能够全面地检查导弹武器系统的性能。

在导弹发射之前,测试与发射控制系统能够对弹上各个系统及其总体进行全面的功能检查与监视,对弹上惯性器件进行自动加温、装定飞行参数,使导弹处于待命状态。在接到发射指令后,测试与发射控制系统使弹上电池转入供电工作状态;当弹上各系统均正常工作的情况下,按下"发射主令"按钮,接通发动机点火电路,实施导弹发射。

第一节 导弹发射控制的基本任务

导弹发射控制的基本任务概括如下。

一、对导弹进行发射前测试

导弹在进入发射场之前,已经过全面、细致的单元测试和综合测试,确认导弹是合格的,是可供发射的。为了保证导弹可靠安全发射,进入发射场之后,仍需进行一次测试,但测试项目要少而精。

在导弹发射场,关键的检查项目主要有电源配电系统二次电源检查、电爆管通路检查、通路阻值检查、速率陀螺仪油温检查、平台油温检查、伺服机构电压检查等。可列入射前检查的项目有程序配电器时间串测试、小回路动态测试等。射前测试项目必须达到所要求的精度指标,如果在测量过程中发现参数超差或故障,应仔细分析,进行故障定位,并采取有效措施排除故障。

二、完成发射控制过程中的调平、瞄准和装定任务

导弹测试合格后,测试与发射控制系统随即进入发射程序。待惯性器件加温合格后,随即启动惯性平台,进行调平和瞄准,并对弹载计算机进行诸元装定。

三、综合并监视导弹发射条件

测试与发射控制系统要综合控制系统、安全自毁系统、遥测系统和瞄准系统等多个分系统

的发射条件,才能实施发射任务。这些条件包括:控制系统弹载设备供电正常,自动脱落连接器插合到位,安全自毁系统及遥测系统测试正确,瞄准系统瞄准好;平台启动好、调平好、速率陀螺仪启动好,弹载计算机装定好,头部准备好等。只有当这些发射条件都满足时,测试与发射控制系统才能进入点火发射程序。

四、对导弹实施点火发射

实施点火发射是导弹发射控制的一项关键任务。在进入点火发射程序后,主要工作内容有:激活弹上电池,打开发动机点火保险机构,启动伺服机构,完成电源转换,接通点火电路,点火发射。

五、紧急情况处理

导弹的发射控制,既要将合格的导弹安全可靠地发射出去,同时要保证故障弹安全可靠地退出发射控制程序。导弹发射控制紧急情况的处理方式主要有两种:一是在电源转换前,控制地面电源切断供电;二是在电源转换后,通过"紧急断电"操作断开整个导弹系统及地面电源。

六、发射后撤离或组织连续发射

在发射结束后,应快速撤离发射设备,或者对已进入发射程序的后续导弹实施发射任务。

第二节　导弹发射控制程序

发射控制台是导弹发射的指挥与控制中心。在发射过程中,各系统与发射有关的状态信号送到发射控制台,作为发射条件综合的判据。

发射控制程序是导弹在发射场完成发射准备工作的依据。不同发射方式的导弹,其发射控制程序差别很大。根据发射电路的工作情况,可将导弹的发射控制程序大致划分为三个阶段,即发射准备阶段、发射预令阶段和发射主令阶段。各阶段的执行命令由指挥员下达,各阶段的工作或发射程序是否完成、能否进入下一阶段,是以发射控制台上的状态信号为标志的。

一、发射准备阶段

发射准备阶段是发射前的准备工作和测试阶段。

"预备好"是弹载各系统做好发射前准备工作的综合性显示。"预备好"为激活弹上电池提供条件,同时为发射预令电路做好准备。"预备好"灯亮,表示发射程序可以继续进行。

满足"预备好"的具体条件如下:

(1) 控制系统弹载设备加电、供电正常。

(2) 自动脱落连接器插合到位。

(3) 点火控制器在零位。

(4) 平台程序机构在零位。

(5) 程序配电器在零位。

（6）平台启动好、调平好,速率陀螺仪启动好。

（7）瞄准系统瞄准好。

（8）制导系统诸元装定好。

（9）安全系统准备好。

（10）遥测系统准备好。

（11）头部准备好。

在发射状态下,"预备好"条件由链式连锁电路控制。若上述任何一个条件不满足,则"预备好"条件不具备,发射程序不能往下进行。

当"预备好"条件满足之后,才能通过钥匙开关使相应的继电器通电,激活弹上电池。地面测发控系统控制打开保险栓;启动弹上伺服机构,伺服机构启动好的标志是给出"伺服机构工作"信号。

二、发射预令阶段

执行发射预令程序的两个前提条件是"预备好"和"伺服机构工作"。当这两个条件都具备时,"发射预令"才能执行。否则,即使按下"发射预令"按钮,电路也不能接通,转电不能进行,自动脱落连接器不能脱落。

按下"发射预令"按钮后,自动执行发射预令程序。发射预令阶段的主要工作有:

（1）封锁弹载计算机。

（2）完成弹上激活电池的电压鉴别。

（3）进行电源转换,使弹载各系统由地面供电转为弹上电池供电。

（4）接通弹上电爆管通路。

（5）控制系统各自动脱落连接器脱落等。

三、发射主令阶段

发射主令阶段的主要任务是对导弹实施点火发射。执行发射主令程序的前提条件是仪器舱部位的脱落连接器"脱落到位",并且回收到位。

按下"发射主令"按钮后,自动执行发射主令程序。

发射主令阶段的主要工作有:

（1）发射动力装置的燃气发生器点火,将导弹弹射出筒。

（2）切断调平、瞄准线路。

（3）接通发动机点火电路,完成发射任务。

导弹的发射控制属于链锁式条件逻辑型的顺序控制方式,这种控制过程完全可以实现全自动进行。在实际应用中,通常采用半自动的发射控制方式,这主要是从发射的安全性、全武器系统的配合以及指挥方便的需要考虑的。

为了实现对导弹发射权的控制,可以在发射控制电路的关键部位接入电子密码锁。电子密码锁通常接入弹上电池激活电路中,以控制导弹的发射过程。在导弹发射控制过程中,当"预备好"条件满足后,对电子密码锁进行解锁,接通电池激活电路,从而为继续执行下一阶段的发射程序提供条件。如果由于某种原因不提供解锁密码,安全控制锁不能打开,则不能接通电池激活电路,发射程序不能继续进行。

第三节　发射预案

为了顺利完成导弹发射任务,除了导弹武器系统本身需要做好充分的准备外,还需要有发射场区、末区指挥通信、遥测以及地面勤务保障系统的配合与支援。因此,在确定"发射窗口"后,就力求能够按计划将导弹发射出去。

在发射过程中,导弹和测试与发射控制系统都有可能出现故障,由于时间和条件上受限制,不可能按常规办法去处理和排除故障,只能靠技术指挥判断、决策,这就需要事先准备预案,以便有效处置发生的紧急情况。

发射预案是对事先能预料到的、有可能发生的各种问题或故障,提出针对性措施和解决方案。发射预案的主要内容有:最低发射条件;射前应急情况的处理;各仪器允许推迟发射的最大延迟时间;分析发射过程中弹载设备及地面系统可能出现的故障;排除故障的原则、程序和方法等。

一、最低发射条件

最低发射条件是保障导弹发射及飞行成功的最基本要求。若最低发射条件不具备,应终止发射。

最低发射条件包括:

(1)气象条件:必须保障发射场区对气象条件(如风速、云量、气温、雨雪、能见度等)的最低要求。

(2)弹载控制系统、安全自毁系统工作不正常,不能发射。

(3)惯性器件加温电阻值应满足如下要求:

① 加速度计的加温电阻值应在 $R_1 \pm 10\Omega$ 范围之内。

② 速率陀螺仪的加温电阻值应在 $R_2 \pm 10\Omega$ 范围之内。

③ 惯性系统电子线路的加温电阻值应在 $R_3 \pm 10\Omega$ 范围之内。

④ 弹上电池的电压值应满足表 10.3.1 的要求。

表 10.3.1　弹上电池的电压要求

名　称	激活后电池空载电压	转弹上负载后电池电压
伺服机构电池	$>V_1$	$>V_2$
仪器舱电池	$>V_3$	$>V_4$
安全电池	$>V_5$	$>V_6$
引控电池	$>V_7$	$>V_8$

(4)发射车指控设备、测试与发射控制系统、瞄准系统、安全自毁系统测试设备、发射装置及供配电系统工作正常。

(5)遥测系统的弹载设备(传输设备与匹配装置)以及地面接收站不能正常工作时,不能发射。

(6)导弹测试与发射控制系统、瞄准系统、惯性导航系统、发射装置及其他辅助系统等出现故障,在允许延迟时间内未能排除时,不能发射。

（7）与指挥中心的通信要保持畅通，在主要通信工具出现故障时不能发射。

二、允许最大延迟时间

在发射过程中，排除某些故障或处理一些问题需占用一定时间，但不能超过规定的最大延迟时间。为保证按程序完成发射任务，在确定发射预案时，需确定在发射程序中的各时间段内所允许的最大延迟时间，供操作和指挥人员掌握运用。

确定最大允许延迟时间的依据是各系统及设备的工作时限。在同一时间段内，按各系统及设备允许推迟时间的最小值为最大允许延迟时间。各系统仪器的极限工作时间如表 10.3.2 所列。

表 10.3.2　各系统仪器的极限工作时间

所属系统	设备名称	极限时间	备　注
控制系统	弹上电子设备	$T_1(\text{h})$	
	伺服机构	$T_2(\text{s})$	
	惯性器件	$T_3(\text{h})$	
	伺服机构电池	$T_4(\text{s})$	电池激活后搁置时间为 $T_{10}(\text{h})$
	仪器舱电池	$T_5(\text{min})$	
安全系统	弹上仪器	$T_6(\text{h})$	
	安全电池	$T_7(\text{min})$	
遥测系统	弹上仪器	$T_8(\text{h})$	
	遥测电池	$T_9(\text{h})$	
引控系统	弹上仪器	$T_{11}(\text{h})$	
	引控电池	$T_{12}(\text{h})$	

三、射前应急情况的处理

导弹执行发射程序后，应严格地按照规定的时序完成各项准备工作。如果其中出现某种故障或异常情况，可按下述规定排除故障或者应急切电、终止发射。

（一）发射准备阶段

（1）在弹载各系统设备均已加电的情况下，若出现故障时执行如下预案：

① 若控制系统电池加温超过一定时间加温灯仍不灭，可采用断开加温电源的方法停止加温，允许发射。

② 若弹载设备及测试与发射控制系统出现故障，且在允许延迟时间内不能排除，则终止发射。

③ 若控制系统出现需用较长时间才能排除的故障，则应暂停对弹载设备供电。待故障排除后，重新执行发射准备程序。

④ 若地面站收不到遥测信号（或信号不正常），应迅速排除故障。在限定时间内故障不能排除时，应终止发射。

（2）若出现如下故障时，应进行紧急切电：

① 调平、瞄准条件破坏，并在限定时间内不能恢复。

② 弹载计算机装定通道工作不正常,并在限定时间内不能排除故障。

③ 弹载计算机出现故障,在限定时间内不能排除故障。

(3) 若出现如下故障,需要采取断电措施,终止发射:

① 对于控制系统主电池、安全电池和头部电池,如果其中有一个不能激活或激活后电压不满足要求。

② 发动机保险机构不能开栓。

③ 伺服机构启动不正常,再次启动仍不正常。

在发射准备阶段,应按允许最大延迟时间处理故障。此时,如果保险机构已经开栓,应予关闭,以保证排除故障的安全性;在处理故障时,如预计可能超过允许最大延迟时间,应断开伺服机构、关闭发动机保险机构。

排除故障后,在不超过各系统允许最大延迟时间的条件下,可重新执行发射准备程序,再次组织发射。

(二)"发射预令"阶段

若在发射预令阶段出现故障,则按如下原则处理:

(1)"发射预令"按钮按下后,若弹载计算机不能自动封锁,允许手动封锁弹载计算机。

(2) 若"调平"灯灭,并且超过允许时间仍未恢复好,应终止发射。

(3) 任何一个脱落连接器不能脱落,或者脱落后不能回收到位时,应终止发射。

(4) 控制系统转电不正常,在限定时间内不能排除故障,终止发射。

(5) 终止发射时,若发射控制台不能执行"紧急断电",则各系统可自行手控切电。

(三)"发射主令"阶段

在"发射主令"按钮按下后,如果燃气发生器不点火,应采取下列应急措施。

(1) 重复按下一次"发射主令"按钮。

(2) 等待一定时间后若燃气发生器仍不点火,应终止发射,并立即采取如下措施:

① 若电爆管未启爆,立即关闭发动机点火保险机构,断开点火电缆,进行应急处置。

② 若电爆管已经启爆,在按下"发射主令"按钮一段时间后才能进行闭栓和紧急断电。

第四节　导弹发射控制技术的发展展望

导弹发射控制技术的发展方向是提高导弹武器系统的快速反应能力和生存能力。为此,要求尽量减少导弹在发射场的工作项目,简化使用流程,缩短发射准备时间,同时采用多种发射方式。

导弹发射控制技术的发展趋势主要有以下几方面。

1. 提高可靠性,简化使用流程

导弹武器系统研制中,必须加强可靠性设计和使用性设计,以及全面质量控制的生产工艺保证,让交付部队的导弹武器系统在经历长期储存、远距离越野机动等恶劣环境的考验后,仍能正常发射和稳定飞行,并准确命中目标,导弹使用全过程可靠性的提高,能够延长或免除平时的维护和定期检测,最大程度地简化和改变目前技术准备流程,大大缩短技术准备时间,提高武器的快速反应能力。

2. 采用多种发射方式提高生存能力

作为一种导弹武器系统型号，为提高其快速反应能力和生存能力，一般应具备两种以上的发射方式，如兼容陆基机动发射和地下井发射，以"躲"和"抗"相结合的部署样式。发射方案的选择必须综合考虑威胁的敏感性、持久性、安全性、风险性以及作战计划等诸多因素。

3. 提高自动化水平，实现快速发射

导弹武器系统的自动化主要包括导弹控制系统数字化、地面设备智能化以及发射操作自动化。这些都依赖于计算机技术的快速发展，使导弹武器系统的操作按预先编制的程序自动进行，并能进行故障诊断和冗余故障切换，既可防止人为差错，又可缩短操作时间，实现快速准备和快速发射的目的。

4. 研制高集成、全自动、机动性强的发射车，实现越野机动、快速发射

导弹发射车应是高集成度的多功能发射车，一辆载弹发射车作为一个作战单元，独立完成发射任务，具有机动运输、起竖发射、定位定向、调平瞄准，测试发控、发电配电、温控调节、通信指挥、诸元准备等诸多功能，所有车上的操作实现自动化，发射车能在急造山路、土路、草原湿地上快速机动。

5. 采用陆基无依托快速发射，实现随机发射

无依托的含义是发射场不要预先准备，要实现载弹发射车机动过程中随机停下发射，要达到这一目标，需解决以下主要问题。

1）快速定位

导弹发射车占领发射点后，首先应快速测定发射点的坐标位置，即经度、纬度和高程三个位置参数，目前有以下两类快速定位方案：

（1）惯性定位。利用发射车上的惯性测量装置（惯性平台或惯性测量组合）和弹载计算机组成的惯性测量系统，在系统启动并进行初始对准后，从一个已知坐标出发，沿机动路线行进，每隔一定时间停车进行修正，到达随机发射点后，即可获得该发射点的坐标位置参数。

（2）全球卫星定位系统（GPS/GLONASS/北斗卫星导航系统）定位。利用车载 GPS/GLONASS/北斗卫星导航系统，在发射点上，开机接收至少四颗导航卫星信息，通过弹载计算机解算即可获得发射点的经度、纬度和高程的三个位置参数。目前，综合利用美国 GPS 的 C/A 民用码、俄罗斯 GLONASS 和我国的北斗卫星导航系统的卫星信息，可以提供更高的定位精度。

2）快速定向和方位瞄准

地地导弹武器系统的定向和瞄准，多采用大地测量定向和光电准直瞄准方法，操作复杂，占用时间长，不能适应快速机动发射需要，必须采用如下方案：

（1）地面陀螺定向瞄准方案。一般可采用摆式陀螺经纬仪（或陀螺罗盘）定向，利用陀螺的进动性原理能测量地球自转角速度，以达到自动寻北的目的，通过准直光管转换到弹上惯性器件的基准棱镜，完成导弹方位瞄准任务。

（2）弹上自主定向瞄准方案。利用弹上自身的惯性器件（惯性平台或捷联惯性组合）或增加寻北陀螺自行测定惯性器件的法向轴与北向的偏差角，弹载计算机自动装定，起飞后按偏差角自行定向飞行。

3）降低发射承载压强

发射车载弹后可能会导致地面下陷或发射车倾倒。为了实现随机发射点发射，又不用临时加固地面，需要采取降低发射载荷压强的措施。

6. 采用水平瞄准和水平检测，以提高隐蔽性

导弹起竖后直立状态下暴露的时间越长，被敌方侦察卫星发现的可能性就越大。为此，可在导弹水平状态下完成瞄准和必要的检测、通电加温、启动等发射准备工作，导弹起竖后即可发射，这种发射方式可缩短导弹发射准备时间，提高导弹武器系统的生存能力。

➤ 思考题 ➤

1. 导弹机动发射控制的基本任务是什么？
2. 阐述典型的导弹发射控制程序。
3. "预备好"灯亮的条件有哪些？
4. 导弹发射的最低发射条件有哪些？
5. 简述导弹发射控制技术的发展趋势。

第十一章

导弹分布式测控技术

>>>>>>>>>>>>>>>>>>>>>>>>>>>>>>>>>>>>>>

随着计算机控制技术、通信技术、网络技术和仪器仪表技术的发展,导弹分布式测控系统以其集成化、自动化、智能化和环境适应程度高等特点得到了快速发展与应用。导弹分布式测控系统以通信总线为媒介,依靠连接在总线上的智能测控终端完成导弹的测控功能。分布式测控系统根据分布区域可以分为现场总线式测控系统和网络化测控系统。

第一节　导弹分布式测控技术概述

一、分布式测控技术特点

分布式测控系统(Distributed Measurement and Control System,DMCS)通过总线网络与分布在各个测点的模块进行数据交换,达到远程测量及控制的目的,是一种分散式的测控系统。分布式测控系统是计算机网络技术在测控领域的延伸及应用,是测控系统的更高级发展,具有如下特点:

(1)结构网络化。分布式测控系统最显著的特点体现在网络化结构上,它支持如总线型、星型、树型等拓扑结构,与集中式测控、分层递阶式测控结构相比,显得更加扁平与稳定。

(2)节点智能化。各智能化节点之间通过网络实现信息传输和功能协调,每个节点都是组成分布式测控系统的一个实体,且具有各自相对独立的功能。

(3)测控现场化、功能分散化。网络化结构使原先由中央控制器实现的任务放到智能化现场设备上执行,使危险因素得到分散,从而提高了系统的可靠性和安全性。

(4)系统开放化、产品集成化。分布式测控系统的开发遵循一定标准,是一个开放性系统,不同厂商根据统一标准开发自己的产品,这些产品之间实现互操作和集成。

二、导弹分布式测控技术

随着对现代导弹功能任务拓展和性能要求的提升,对导弹测控技术的要求也越来越高。传统的点对点的集中式控制系统布线复杂、维护困难、可靠性不高、可扩展性差等一系列的问题日益突出。另一方面,导弹武器经过数十年的发展,嵌入式硬件技术不断成熟,各设备硬件可靠性大幅度提升,尤其是以总线网络技术为代表的高性能通信网络逐渐发展成熟。形成了以现场总线通信网络为纽带的分布式测控系统。单个分散的测量控制设备变成网络终端(节点),各节点具体完成控制与测试等功能,总线按照协议进行数据与指令的传输与交换,为节点之间提供高速可靠的信息通道。

基于总线网络的分布式测控技术的导弹测控系统具有如下优点:

(1)利用总线传输各类程序指令信号,简化了控制系统结构,有利于提高导弹测控系统的工作可靠性;

(2)采用总线体制进行分布式综合集成,使得控制设备模块化、通用化、接口标准化和智能化,有利于控制与测试的一体化设计;

(3)弹上和地面测控设备作为总线节点获取全部测试信息,为实现导弹的在线故障诊断和健康监控管理提供了条件。

分布式测控系统根据分布区域可以分为现场总线式测控系统和网络化测控系统。对于单一导弹的测试和飞行控制来说,采用现场总线式测控系统,能够在有限区域内根据弹上和地面测控系统的需求不同,结合各现场总线自身的特点,选择不同的现场总线构成测控系统。现场总线式测控系统以实时性和可靠性作为主要设计指标,通常选择技术成熟、可靠性高的总线作为通信网络。常用的弹上现场总线以 1553B 总线为代表,地面现场总线以 CAN 总线为代表。各被测试设备,尤其是弹上设备,兼具控制和自测试功能,即多应用 BIT(Built – in Test)技术也称机内自测试、机内自检测、机内自检技术。各通信节点单元内部均集成有智能微处理单元(如 SOC、DSP、FPGA 等)、采样电路(A/D、D/A、时序回采电路等)、标准总线接口电路等,实现测控功能的智能化、数字化。对于多个导弹远距离大区域跨度下的测试与发射控制来说,可以选择有线和无线等多种形式的网络组建网络化分布式测控系统。导弹的测试与发射控制由具备测试、发射控制和指挥功能的网络终端完成,通过实时网络完成数据与指令的交互,使得导弹能按照一定的流程完成相应的测控功能。

第二节 导弹测控系统总线技术

一、总线技术概述

(一)总线定义

总线(bus)是一种组件间规范化交换数据的方式,即利用一种通用的方式为各组件提供数据传送和控制逻辑。总线是一种描述电子信号传输线路的结构形式,是一类信号线的集合,是子系统间传输信息的公共通道。通过总线能使整个系统内各部件之间的信息进行传输、交换、共享和逻辑控制等功能。

(二)总线通信原理

总线的作用就是用来传输信息,为了各子系统的信息能有效及时地被传送,避免彼此间的信号相互干扰和物理空间上过于拥挤,总线采用了多路复用技术。所谓多路复用就是指多个用户共享公用信道的一种机制,目前最常见的主要有时分多路复用(时分多址)、频分多路复用(频分多址)和码分多路复用(码分多址)等。

1. 时分多址(TDMA)

时分多址是将信道按时间分割成多个时间段,不同来源的信号要求在不同的时间段内得到响应,彼此信号的传输时间在时间坐标轴上不会重叠。

2. 频分多址(FDMA)

频分多址就是把信道的可用频带划分成若干互不交叠的频段,每路信号经过频率调制后的频谱占用其中的一个频段,以此来实现多路不同频率的信号在同一信道中传输。而当接收端接收到信号后将采用适当的带通滤波器和频率解调器等来恢复原来的信号。

3. 码分多址(CDMA)

码分多址是指被传输的信号都有各自特定的标识码或地址码,接收端根据不同的标识码或地址码来区分公共信道上的传输信息,只有标识码或地址码完全一致传输信息才会被接收。

(三) 总线分类

总线分类的方式有很多,从不同的角度看,总线可以分成不同的种类,下面介绍按照功能、传输方式和时钟信号方式的分类方法。

1. 按功能分类

从功能上对数据总线进行划分,可分为地址总线(address bus)、数据总线(data bus)和控制总线(control bus)。有的系统中,数据总线和地址总线可以在地址锁存器控制下被共享,即复用。

地址总线是专门用来传送地址的。在设计过程中,常见的设计是从 CPU 地址总线来选用外部存储器的存储地址。地址总线的位数往往决定了存储器存储空间的大小,比如地址总线为 16 位,则其最大可存储空间为 2^{16}(64KB)。

数据总线用于传送数据信息,它有单向传输和双向传输数据总线之分,双向传输数据总线通常采用双向三态形式的总线。数据总线的位数通常与微处理器的字长一致。处理器字长 16 位,其数据总线宽度也是 16 位。

控制总线用于传送控制信号和时序信号。如有时处理器对外部存储器进行操作要先通过控制总线发出读/写信号、片选信号和读入中断响应信号等。控制总线一般是双向的,其传送方向由具体控制信号决定,其位数也要根据系统的实际控制需要确定。

2. 按传输方式分类

按照数据传输的方式划分,可分为串行总线和并行总线。从原理上看,并行传输方式优于串行传输方式,但其成本会有所增加。通俗地讲,并行传输的通路犹如一条多车道公路,而串行传输则是只允许一辆汽车通过单线公路。目前常见的串行总线有 SPI、I^2C、USB、IEEE1394、RS232、CAN 等,并行总线常见的有 ISA、PCI、VXI 等。

3. 按时钟信号方式分类

按照时钟信号是否独立,可分为同步总线和异步总线。同步总线的时钟信号独立于数据,即用一根单独的线作为时钟信号线;而异步总线的时钟信号是从数据中提取出来的,通常利用数据信号的边沿作为时钟同步信号。

二、导弹测控总线的特点

各类总线有自己的特点和应用范围,对于导弹测控系统,尤其是弹上电子综合系统,通常采用串行总线在各设备之间实现数字通信,从而构成开放式、数字化、多点通信的实时底层控制网络。弹上总线网络既要通过信息的交联达到功能综合的目的,还要满足各功能子系统的实时性要求,与一般意义的总线技术相比,它具有如下特点:

（1）强实时性。实时性要求网络中各节点间数据传输的时间是确定的，或有时限的，总线网络中数据传输时间不能超出时限。实时性主要体现在总线传输延时等指标上。针对导弹控制系统的特点，这类总线一般要求较高的传输速率和较短的信息帧，执行一次传输的时间较短，以便满足实时运动控制的要求。

（2）高可靠性。导弹在作战使用过程中存在较强的冲击振动和电磁干扰，故障造成的损失往往较大。总线方案一方面带来电缆的简化，有利于提高可靠性，另一方面因为增加了总线接口和自检测任务，系统的局部复杂度有所增加，而导弹工作环境较为恶劣，有可能形成新的故障隐患。要求弹用总线在硬件与通信协议上加强可靠性设计，采取隔离、冗余和多种错误检测与故障恢复机制，降低误码率，防止网络瘫痪，确保总线在恶劣的环境中能够可靠工作。

（3）网络拓扑结构。弹上总线网络多采用总线型，使得连接简化，可靠性提高，同时便于对总线进行管理监测和差错控制。通信协议多采用指令/响应式，消息传输由总线控制器控制，相关终端对指令给予响应。这种方式便于集中控制，总线延时也有保障。在网络连接上应根据各自特点和总体功能需要，灵活地进行配置，可考虑采用多网络组合、总线与专线结合的方式组成合理的导弹测控线路。

（4）传输距离。对弹上测控总线来说，导弹尺寸有限，因此总线传输距离一般在百米以下。传输距离往往和传输速率相互制约，考虑到弹体尺寸和布线的实际要求，应该在满足速率的前提下不少于 30 米。用于实时控制的信息主要是一些运动测量和控制信息，每条数据较短，数据量不大。对于大区域跨度网络测控总线来说，传输距离较远，其实时性和可靠性要求较高。

（5）传输介质。对弹上测控总线来说，可选的介质主要有同轴电缆、双绞线和光纤。同轴电缆的结构和安装比较复杂，而且从目前来看，其性能并没有特别明显的优势。带屏蔽的双绞线结构简单、安装方便，且性能优良，工艺成熟。对于大区域网络测控总线来说，采用无线方式更灵活，但是同轴电缆和光纤等有线介质可靠性较高。

满足以上要求的常用总线见表 11.2.1。其中 MIL – STD – 1553B 与 MIL – STD – 1773 总线原本是美军航空电子综合系统的标准总线，以其优异的性能在航空、航天、航海和其他武器装备上得到广泛的应用。国内对 1553B 和 1773 总线进行了跟踪研究，制定了相应的国军标 GJB289A 和 GJB2633，并已应用于多种武器平台。原本面向工业应用的 CAN 总线因其出色的性能和低廉的价格越来越受到重视，并已有将其用于飞行器领域的趋势。随着光通信技术的发展和机动平台对大数据量传输与分布处理的需求增加，新型高速数据总线如 SAE4074 等普遍采用光纤介质和定向数据分配协议，从而具有更高的信息传输速率、传输容量及适应性。工业以太网目前也作为众多国产工业控制设备选择的总线，是工业总线技术国产化的重要选择。

表 11.2.1 用于系统综合集成的典型数据总线类型

代号	协议方式	拓扑结构	传输介质	标准速率	应用领域
1553B/1773	指令/响应式	总线式	双绞线/光纤	1Mb/s	航空、航天、车船
ARINC429	指令/响应式	总线式	双绞线	100Kb/s	民航飞机
SAE4074.1	令牌传递	总线式	同轴电缆/光纤	50Mb/s	先进战机
CAN	带优先级的 CSMA/CD	总线式	双绞线/光纤	1Mb/s	车辆、工业现场控制
工业以太网	带优先级的 CSMA/CD	总线式	双绞线/光纤	1000Mb/s	工业现场控制
注：CSMA/CD—载波侦听多路访问/冲突检测					

三、1553B 总线

（一）1553B 总线简介

1973 年 8 月美国军方制定了时分制指令/响应式多路传输数据总线军用标准 MIL - STD - 1553,以后逐步完善推出的 MIL - STD - 1553A 和 MIL - STD - 1553B 是迄今最成功、应用最广泛的数据总线。MIL - STD - 1553B 数据总线协议是在电子综合化技术发展过程中形成的现代系统设备互联的网络接口标准。1553B 数据总线协议的总线型拓扑结构的优良特性使它在航空航天中得到了广泛应用。

1.1553B 总线的组成

1553B 数据总线用的是指令/响应式通信协议,有如下三种类型的终端。

1）总线控制器（BC）

BC 是总线的控制、管理者,也是所有通信事件的发起者。任何时刻总线上只有一个终端对总线系统实施控制。终端作为总线控制器时,负责发送命令、参与数据传输、接收状态响应和监测总线系统。

2）远程终端（RT）

RT 是用户子系统到数据总线的接口,它在 BC 的控制下提取数据或接收数据,对接收到的有效命令做出响应,回送状态字,完成相应动作。

3）总线监控器（BM）

BM"监控"总线上的信息传输,对总线上的源数据进行记录,不参与总线的通信。

2.1553B 总线的网络拓扑结构

1553B 总线（数字式时分制指令/响应式多路传输数据总线 ）由数据总线、终端或子系统终端接口组成,如图 11.2.1 所示。通过分时传输（TDM）方式,实现系统中任意两个终端间的信息交换。终端是数据总线和子系统的接口电子组件,从功能上说,它可以是总线控制器、远程终端或总线监控器;从物理结构上说 ,它可以是独立组件,也可以包含在子系统中。

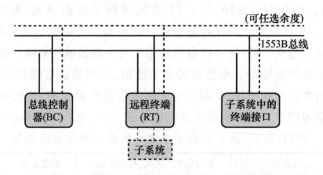

图 11.2.1 1553B 总线网络拓扑结构

1553B 总线系统采用命令/响应式传输的操作方式,只有当总线控制器发出命令后,远程终端才能做出响应。

1553B 总线网络由终端电阻、耦合器、总线电缆、连接器构成,具体结构如图 11.2.2 所示。其中:①为终端电阻;②为单耦合器;③为双耦合器;④为总线电缆;⑤为各种连接器。

1553B 的总线网络包括电缆和支线。支线用于将终端或子系统中的终端接口与主电缆相连。总线中的主电缆和支线均应是带护套的双绞屏蔽电缆,其线间分布电容不超过 100.0pF/m,每米应不少于 13 绞,电缆的屏蔽层覆盖率不低于 75.0%。在 1MHz 的正弦波作用下,电缆的标称特性阻抗 Z_0 应在 70.0 ~ 85.0Ω 范围内。电缆的功率损耗不超过 0.05dB/m。主电缆的两个端头应各接一个阻值等于所选电缆标称特性阻抗$(1 \pm 2.0\%)Z_0$的电阻器。

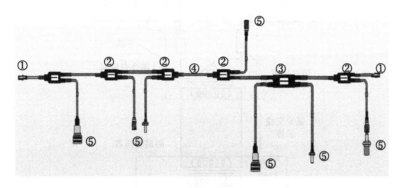

图 11.2.2　1553B 总线网络组成

理论上,通过 1553B 总线可连接多达 32 个子系统(或称终端),完成各子系统间的通信和数据交换,实现各系统的集中控制和显示。在实际使用中,为了保证 1553B 总线传输稳定、可靠,总线在飞行时实际负载率不超过 30%。

1553B 标准中规定了两种耦合方式,一种为直接耦合短接方式,另一种为变压器耦合短接方式。

1) 直接耦合短接方式

直接耦合方式是指用短截线连接总线主电缆和终端的耦合方式,如图 11.2.3 所示。短截线长度应不超过 0.3m。在导弹上,这种直接耦合短截线应尽可能避免使用。

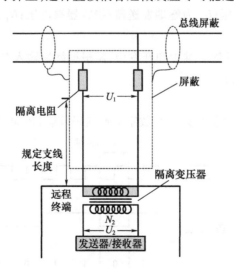

图 11.2.3　直接耦合工作原理图

2) 变压器耦合短接方式

终端通过短截线及耦合变压器连到主电缆上,如图 11.2.4 所示。短截线的长度应不超过

6m。在变压器原、副线圈中由于有交变电流而发生互相感应的现象叫作互感现象。互感现象是变压器工作的基础，它实现了电能到磁场能再到电能的转化。图中的隔离电阻的主要作用是在某个 RT 发生故障时，起到隔离作用，避免因某个 RT 故障而导致整个系统崩溃。

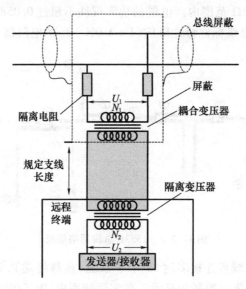

图 11.2.4　耦合变压器工作原理图

以终端发送信号为例，输出信号经过隔离变压器之后还要经过耦合变压器进行耦合，而后送入 1553B 总线。这个过程中间经过了隔离变压器和耦合变压器两次变压，忽略变压器的磁滞损耗等因素，变压器两端的电压关系为

$$\frac{U_1}{U_2} = \frac{N_1}{N_2}$$

式中：U_1 为总线端变压器电压；U_2 为终端发送器/接收器端电压；N_1、N_2 分别为两端变压器线圈匝数。

由上式可知，对 1553B 总线的维护和开发中，需根据终端输入/输出接口的电压来选定耦合变压器和隔离变压器的参数和型号。

3. 数据传输方式

如图 11.2.5 所示，1553B 信号以串行数字脉冲编码调制（PCM）形式在数据总线上传输，采

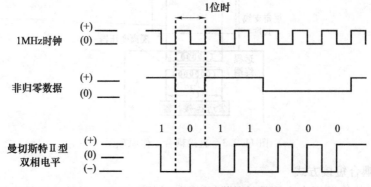

图 11.2.5　1553B 总线传输方式

用曼彻斯特Ⅱ型双相电平码,逻辑 1 为双极编码信号 1/0,即一个正脉冲继之一个负脉冲,逻辑 0 为双极编码信号 0/1,即一个负脉冲继之一个正脉冲。1553B 的数据传输为半双工方式。总线上波特率为 1Mb/s。

4. 数据格式

1553B 信息流由一串 1553B 消息构成。如图 11.2.6 所示,1553B 消息由命令字、数据字、状态字组成。命令字、数据字、状态字都是由 3 位同步头 +16 位有效位 +1 位奇偶校验位,总共 20 位构成。1553B 数据采用奇校验。

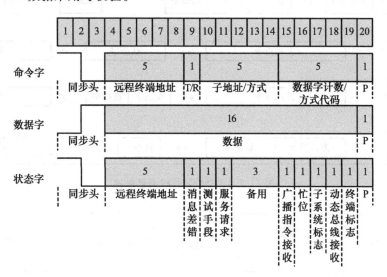

图 11.2.6　1553B 总线数据格式

1) 命令字

命令字应由同步头、远程终端地址字段、发送/接收位(T/R)、子地址/方式字段、数据字计数/方式代码字段及奇偶校验位(P)组成。

2) 数据字

数据字由同步头、数据字段和奇偶校验位组成。

3) 状态字

状态字由同步头、远程终端地址字段、消息差错位、测试手段位、服务请求位、备用位、广播指令接收位、忙位、子系统标志位、动态总线控制接收位、终端标志位及奇偶校验位组成。

4) 1553B 总线消息格式

1553B 通信传输的基本形式是消息。如图 11.2.7 所示,协议标准定义的消息是指"指令字 + 状态字 + 数据字(若干,0～32 均可)"。总线通信先由 BC 发出指令字,最常用的数据传输方式有 RT 到 BC、BC 到 RT、RT 到 RT、BC 到多个 RT 的广播等。

5. 1553B 总线协议

1553B 总线协议是开放的标准,基于 1553B 标准的通信系统可以分为 5 个层次:物理层、数据链路层、传输层、驱动层和应用层,如图 11.2.8 所示。1553B 标准具体规定了物理层和数据链路层的协议,对传输层、驱动层和应用层的协议未做具体规定,用户可以根据下层提供的功能自行确定上层的详细功能及约定,完成总线系统的设计。

物理层:提供通信介质,管理物理媒介上位流的传输,确保具有 1553B 规定传输特性的信息

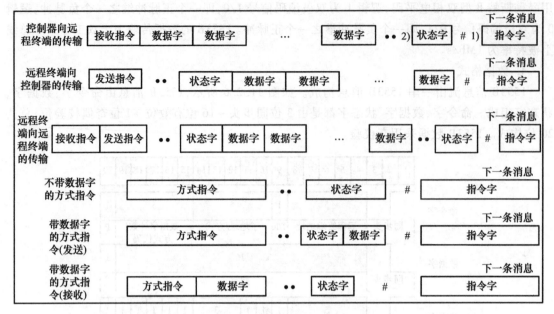

图 11.2.7　1553B 总线消息格式

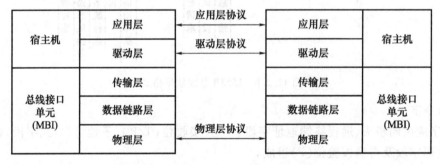

图 11.2.8　1553 总线通信协议模型层次

位送到数据链路层。

数据链路层：控制消息内的传输序列，实现消息按 1553B 总线标准规定的消息格式传输，包括 BC/RT、RT/BC、RT/RT 的传输以及多种方式命令操作，检测通信错误并报告给传输层。该层协议就是 1553B 通信标准。

传输层：控制多路总线的消息传输。主要由 BC 根据数据请求和总线指令表，实现节点之间的消息查询和传输、错误处理、总线通道的切换等。该层协议为改进的静态总线控制协议 ISBC。

驱动层：提供应用层和传输层之间的软接口，由各机的分布执行和 MBI（Multiplexer Bus Interface）终端服务程序组成，为不同的设备中任务的通信提供支持。

应用层：负责系统管理和应用任务的处理，实现弹载系统所要达到的各种目的。该层协议是应用任务之间的一种通信约定，应用任务根据应用层上的约定构成消息，并通过驱动层发送，又根据这种约定通过驱动层接收并解释消息。

通信协议在系统中由各机配合实现。其中低 3 层功能由 MBI 实现，高 2 层功能由各处理机的应用软件和通信软件实现。

6. 1553B 总线的特点

1553B 总线有以下几个特点：

1）线性局域网络结构

合理的拓扑结构使得 1553B 总线成为航空、航天系统或地面车辆系统中分布式设备的理想连接方式。与点对点连接相比，它减少了所需电缆、所需空间和系统的重量。便于维护，易于增加或删除节点，提高了设计灵活性。

2）冗余容错能力

由于其固有的双通道设计，1553B 总线通过在两个通道间自动切换来获得冗余容错能力，提高可靠性。

3）支持"哑"节点和"智能"节点

1553B 总线支持非智能的远程终端。这种远程终端提供与传感器和激励器的连接接口，非常适合智能中央处理模块和分布式从属设备的连接。

4）高水平的电器保障性能

由于采用了电气屏蔽和总线耦合方式，每个节点都能够安全地与网络隔离，减少了损坏计算机等设备的可能性。

5）良好的器件可用性

1553B 总线器件的制造工艺满足了大范围温度变化以及军标的要求。器件的商品化使得1553B 总线得以广泛地应用在苛刻环境的工程当中。

6）保证了实时的可确定性

1553B 总线的命令/响应的协议方式保证了实时的可确定性。

1553B 总线是一种集中式的时分串行总线，分布处理、集中控制和实时响应。命令/响应的协议方式保证了实时的可确定性。采用双冗余系统，有两个传输通道，其可靠性机制包括防错功能、容错功能、错误的检测和定位、错误的隔离、错误的校正、系统监控及系统恢复功能，保证了良好的容错性和故障隔离。

（二）1553B 总线接口技术

总线网络终端设备需要通过接口实现总线通信，对于导弹测控系统来说，这些终端设备包括弹上的仪表、伺服机构、弹载计算机和地面的测控终端等设备。1553B 总线的通用接口应完成以下功能：①将总线上的串行信息流转换成处理器可以处理的并行信息；②接收或发送信息时，识别或生成标准的 1553B 信息字和消息；③完成与处理器之间的信息交换，这包括 1553B信息地址的分配，命令字（或状态字）的译码或返回状态字、发送数据字等。

因此，1553B 总线的通用接口所有要实现的任务包括：

（1）数据字的正确接收，包括同步检出、数据检出、曼彻斯特 II 码错误检出、奇偶检测，位/字计数。

（2）数据字的发送，包括发送控制、同步/数据编码、奇偶产生、时钟产生。

（3）字/消息的处理，包括：①接收部分，命令字译码、状态字译码、地址识别、方式指令执行、字计数识别、错误消息检出；②发送部分，字计数、状态寄存；③自测试部分；④子系统接口部分，数据寻址、控制寄存；⑤存储器缓冲区。

总线接口板硬件组成包括如图 11.2.9 所示的 4 个模块。

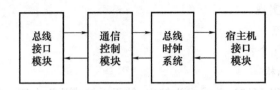

图 11.2.9　总线接口板硬件组成

总线接口模块：包括隔离变压器、收/发器、1553B 协议处理器。用来实现双余度总线配置，满足变压器耦合要求及对串行曼彻斯特 Ⅱ 码型的接收/发送。

通信控制模块：由 CPU 处理器、EPROM、RAM、信道切换逻辑等组成，完成接收与发送消息的打包和解包处理，以便于子系统接收/发送。

总线时钟系统：实现系统的同步，用于监视总线控制器的工作，一旦 BC 发生故障，系统立即启动热备份的总线控制器。

宿主机接口模块：实现宿主机与总线接口板间的接口，连有双端口存储器、驱动电路和译码电路。双端口存储器是主机和总线接口板进行信息交换的缓冲区，能够减少主机的负荷。

下面以典型的具备模拟量输入/输出功能的总线接口板为例。1553B 总线接口板硬件原理框图如图 11.2.10 所示，其中除了曼彻斯特码编、解码器可由 FPGA 来实现，它与 CPU 之间的相关电路，如共享 RAM、总线协议处理模块和存储器管理、处理器与存储器接口逻辑等也可以由 FPGA 来实现，CPU 则可采用 TMS320LF2407，两者之间数据通过 16 位的数据线连接，通过地址线与控制线选通以及读写控制。

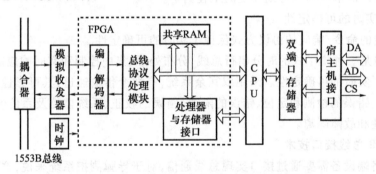

图 11.2.10　1553B 总线接口硬件逻辑原理图

为了更加清楚、完整地描述整个功能，以及以较好的方式实现电路设计，考虑到具体电路设计因素及由于设计的不同对整个电路实现速度和占用资源的影响，分别对 4 个模块进行了细化。在细化过程中，尽量使每个模块间关联的信号最少，以避免电路中出现竞争冒险。此外在进行模块的划分时，考虑电路设计的合理性，注意模块的复用，使资源达到更合理的运用。系统结构如图 11.2.11 所示。

（1）模拟收发器部分：接收部分是将双电平曼彻斯特码转化为单电平曼彻斯特码，而发送部分则是将单电平曼彻斯特码转化为双电平曼彻斯特码，包括模拟发送器和模拟接收器两部分。

① 模拟接收器：数字逻辑与数据总线相接的最基本模拟部件。由于 FPGA 纯粹基于数字电路设计，所以对于模拟接收中的模拟量处理部分，要经过外部模拟电路进行实现。尽管总线上的信号是以数字形式传输的，但连接终端的双绞屏蔽线电缆，其特性会引起信号衰减，终端收

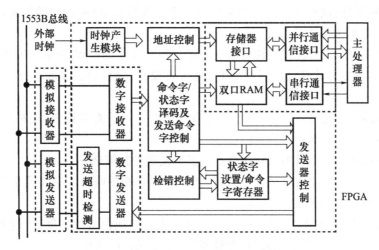

图 11.2.11　总线接口系统结构图

到的信号常是一个失真的正弦波。总线上的输入信号通过滤波消除了高频噪声。门限检出为抑制低频噪声创造了条件且具有与逻辑检测相兼容的数字输出,并将双极性的曼彻斯特码转换为单极性的曼彻斯特码。

② 模拟发送器:数字逻辑与数据总线相接的模拟部件,它将 FPGA 发出的单极性信号转变为符合 MIL - STD - 1553B 标准的双极性信号。

(2) 总线接口部分:接收部分实现的功能是将曼彻斯特码转换为单极性不归零码(NRZ码),并且实现对同步头的检测,以及奇偶位的校验,实现串/并转换。发送部分实现的功能是将曼彻斯特码转换为双极性不归零码,并且实现对同步头的编码,实现状态字、数据字和命令字的编码,以及产生奇偶位,进行并/串转换。根据 1553B 通信协议的规定,发送器禁止发送大于800ms 的消息。包括数字接收器、数字发送器和发送超时检测三部分。

① 数字发送器:该部分即为曼彻斯特码编码,它将单极性不归零码转换为单极性曼彻斯特码,而且实现对同步头的编码,以及奇偶位的产生,并对数据进行并/串转换。

② 数字接收器:该部分即为曼彻斯特码解码,功能与接收器刚好相反,是将单极性曼彻斯特码转换为单极性不归零码,同时实现对同步头的检测、奇偶校验位检测、位计数检测、同步时钟的提取以及数据的串/并转换。

③ 发送超时检测:在 MIL - STD - 1553B 协议标准中规定,发送器禁止发送大于 800ms 的消息。本模块就是对发送器进行计时控制,当发送器发送的消息时间大于 800ms 时,它就关断发送器。

(3) 总线协议处理模块:实现命令字、状态字以及方式命令译码,进行 RT 地址比较,子地址比较,进行命令字、状态字和方式命令译码,进行错误检测及发送中断信号等,并为其余模块发送相应控制量,实现对总线接口的控制。包括命令字/状态字译码及数据控制,地址控制,检错控制,命令字发送及状态字设置,发送器控制等部分。

① 命令字/状态字译码及命令字发送控制部分:该模块实现的功能是在 BC 工作方式下发送命令字,且在 BC/RT/MT 三种工作模式下对命令字或状态字进行译码,产生相应的控制信号实现对其他模块的控制,如对地址控制部分、检错控制部分、命令字发送/状态字设置部分以及发送器控制部分等。本部分是接口芯片的核心部分。

② 地址控制部分：该模块实现对各工作方式下输入双口 RAM 地址的控制以及读写使能。包括地址变换和地址选择两部分。

③ 检错控制部分：该模块用于检测消息传输过程中发生的错误，包括字计数检测及 RT 响应超时检测，并且根据其他模块检测到的 RT 地址错误、奇偶校验错误和位计数错误等产生中断信号。

④ 状态字设置部分：该模块实现 RT 工作方式下的返回状态字设置，及对状态字和当前命令字和上一命令字进行存储。

⑤ 发送器控制模块：针对不同工作方式所需要发送的数据选择。

⑥ 时钟产生：对外部输入时钟进行处理，产生不同频率的时钟。它实质上是一个计数器，对外部输入时钟进行分频处理。

（4）主处理器接口部分：实现主处理器与总线接口交换信息的功能，通过共享 RAM 来实现。包括并行通信接口、串行通信接口、存储器接口和双端口 RAM。

其中每部分的具体功能如下：

① 存储器接口：它实际上是一个隔离器，对外部子系统处理器和总线接口芯片对双口 RAM 进行访问的信号进行处理，它不允许两者同时对双口 RAM 进行读或者写，当两者同时读或写时，进行相应控制，规定两者的访问优先级。

② 双口 RAM：它是整个芯片的数据存储区，用以存储不同工作方式下的各类字，是传输消息的内容数据，也是处理器与总线接口芯片通信的数据交换媒介。

③ 并行通信控制接口：该部分主要实现总线接口芯片与主处理器并行通信。

④ 串行通信接口：该部分即为了实现总线接口芯片的串行通信，在 FPGA 中嵌入 UART(通用异步收发器)，可以与具有 UART 的通信接口部件相连接，例如通过 RS232 总线与 PC 机进行串行通信。

第三节 导弹测控 BIT 技术

一、BIT 技术概述

（一）BIT 定义

BIT 技术也称机内自测试、机内自检测、机内自检技术。机内测试即系统或设备内部提供的检测和隔离故障的自动测试，代表了一种新的"可测试性设计"概念。它要求在系统和设备设计的同时就考虑系统的测试问题，并同时进行系统的可测试性设计。

随着电子设备功能和结构日益复杂，可靠性、维修性要求日益增高，"黑箱"方法已越来越难以满足需求。为此，要求测试人员以更积极的方式介入测试过程，不仅要承担传统测试中激励生成者和响应分析者的角色，而且要成为整个测试过程的主导者和设计者，通过改善被测试对象的设计使其更便于测试，即提高被测对象的可测试性。

测试性是指产品能及时准确地确定其状态（可工作、不可工作、性能下降）和隔离其内部故障的设计特性。以提高产品测试性为目的的设计称为测试性设计。

测试性的内涵主要包括自动测试设备（ATE）和 BIT 两个方面。传统的测试主要是利用外部的测试仪器（ETE）对被测设备进行测试，ATE 是 ETE 的自动化产物。由于 ATE 费用高、种类多、操作复杂、人员培训困难,而且只能离线检测,随着武器装备维修性要求的提高,迫切需要武器装备本身具备检测、隔离故障的能力以缩短维修时间。所以,BIT 在测试性研究当中占据了越来越重要的地位,成为维修性、测试性领域的重要研究内容。

机内测试通过良好的结构化和层次性设计,对测试单元(如芯片)、可置换组件(如电路板)和系统等各级故障实现故障检测隔离的自动化,大量减少了维修资料、通用测试设备、备件补给库存以及维修人员数量,从而降低产品全寿命周期费用。

BIT 技术是改善机载设备测试性与诊断能力的重要途径。现代化的机载装备武器系统设计非常复杂,而实验和维修手段却相对落后,很多还采用常规的测试方法,这就是推动 BIT 技术产生、发展的动力。BIT 是测试和维修的重要手段,它使以前系统中用手工完成的绝大多数测试实现了自动化。在实际应用中,常规 BIT 技术在提高装备测试性能和维修性、简化测试维修设备、提高测试维修效率、降低测试维修费用等方面起到了很大的作用。

具体而言,BIT 技术对于设备有以下几方面的重要作用。

(1)提高诊断能力。通过多层分布式 BIT 设计,可以对芯片、电路板等实现自动化故障检测、诊断和隔离。

(2)简化测试设备。在检测中应用 BIT,可以减少专用或通用测试设备,提高检测效率。

(3)减少技术保障。应用 BIT 不仅可以减少技术人员的数量,同时也可以降低对操作人员的技术要求。

(4)降低维修费用。应用 BIT 能快速和及时发现故障,并采取维修措施,降低维修费用。

BIT 技术应用范围越来越广,正发挥着越来越重要的作用。为了判定复杂导弹系统是否处于正常工作状态,或者为了发现并隔离故障,采用 BIT 技术已经成为一种发展趋势。

(二) BIT 的性能指标

在 GJB2547—95《装备测试性大纲》等规范中,为武器装备研制规定了 BIT 性能指标。BIT 的性能主要用故障检测率(Failure Detection Rate,FDR)、故障隔离率(Failure Isolation Rate, FIR)和故障虚警率(Failure Alarm Rate,FAR)三项指标进行度量。

故障检测率是指在规定的时间内,检测到的系统故障总数与可能发生的故障总数(根据故障模式和影响分析及可靠性分析结果确定)之比。

故障隔离率是指已检测出的并被隔离到规定等级(1~2 个外场 LRU)故障总数与在同一时间内被检测出的故障总数之比。

虚警率是指系统发生的虚警数与故障显示总次数之比。

对于上述三项指标,BIT 设计中一般规定出具体量值,如 FDR ≥ 95%,FIR ≥ 90%,FAR ≤ 5%。同时 BIT 设计还应充分利用设备的固有资源,特别是计算机的功能,在不增加或尽量少增加机内测试电路和装置(一般 BIT 所带来的硬软件额外增加量不应超过电子系统电路元器件的 10%,以保证系统的可靠性)的前提下,完成应有的测试任务。在可能的情况下,BIT 可全部或部分地通过软件来实现,特别是主要功能及其参数的检测,以便充分了解设备在部件或组件级的工作状况,还要与系统的电路设计综合为一体。

(三) BIT 的测试模式

按照不同的工作机理,可将 BIT 分为两种类型:周期 BIT 和启动 BIT。

周期 BIT(Periodic BIT,PBIT)也称连续 BIT,它是指当设备通电,BIT 就自动开始工作,直到电源断开为止。由于 PBIT 能按一定的时间间隔独立地进行测试,不需要外界干扰,也不影响设备性能,因此 PBIT 是 BIT 的主要工作类型。启动 BIT(Initiated BIT,IBIT),它需要操作人员启动,并引入激励信号才能工作。启动 BIT 又分为自动 BIT 和维修 BIT 两种模式。自动 BIT 在 BIT 工作以前需要有启动请求,当操作人员通电以后,它就持续地进行检测,不需要操作人员干预,就能提供系统的状态信息;维修 BIT 能使工作人员分段或交互式进行启动测试,它是一种对话式 BIT,多用于地面维修。

二、BIT 技术原理

BIT 技术从原理方面分析,包括以下四个方面的内容。

（1）检测技术。准确地在线采集和测量反映机电装备状态的各种信号和参数,如转速、频率、电压、电流、温度等,其关键在于提高精度和简化检测方法。机电装备的结构类型和功能模块不像电子系统那样较为规范,工作状态、环境和故障具有一定的特殊性。

（2）信号处理技术。将现场采集到的各种信号经过变换,提取反映设备状态的特征信息。

（3）故障诊断技术。根据设备检测信息,经过信号处理技术获得设备的特征信息,进行设备故障分离定位决策,确定故障部位、原因与程度。

（4）故障预测及故障处置技术。故障预测是指依据设备故障特征指标的专家和历史观测信息,建立故障预报模型,预测故障发生的时机。故障处置是依据故障诊断或故障预报的决策结果,确定停机更换或维修处置措施。

常见的复杂系统往往包含大量的模拟电路、数字电路以及相应的继电控制电路等,因此,研究这些电路的 BIT 故障诊断原理非常重要。

（一）BIT 基本原理

1. BIT 技术研究内容

BIT 包括状态检测、故障诊断、故障预测、故障决策四个方面内容。

1）BIT 状态检测

设备状态检测是故障诊断的基础,状态信息获取的准确性与完备性直接影响 BIT 故障检测与诊断能力。状态检测包括制定 BIT 检测方案、确定被测信号和参数、选用传感器等。具体应考虑以下几个方面的问题。

（1）准确地采集和测量被测对象的各种信号和参数,如功率、电压、电流、温度等。关键在于提高检测精度和简化检测方法,要针对不同测试对象,合理地应用各种新型智能传感器,从而减小体积和功耗,提高精度和稳定性,降低数据处理难度。

（2）针对基于边界扫描机制的电路板日益增多的情况,侧重考虑基于边界扫描机制的智能电路板级的 BIT 检测方案。

（3）对检测过程中得到的原始状态数据进行必要的滤波处理,减少由于噪声和干扰造成的 BIT 虚警。

（4）在 BIT 状态检测过程中,单个检测点得到的数据往往只能反映被测对象的部分信息,不同检测点的信息之间可能存在冲突,为了提高检测的有效性,可对不同检测点得到的数据信息进行融合处理。

（5）采用智能传感技术、自适应滤波技术等进行信息的获取和分析,降低虚警和提高 BIT 的检测性能。

2）BIT 故障诊断

BIT 故障诊断根据被测对象的故障模式和特征参量,结合检测得到的系统状态信息,判断被测对象是否处于故障状态,并确定故障的原因、部位和程度。BIT 故障诊断除了应用传统的故障诊断理论和方法外,近年来智能故障诊断领域的研究成果,大多数相关理论和技术也都可以应用于 BIT 的故障诊断。

3）BIT 故障预测

BIT 故障预测依据设备的历史检测信息,建立设备故障预报模型,预测设备未来发生故障的时间。故障预测的关键是建立设备的故障预报模型。常用的故障预报模型有时间序列预测模型、灰色预测模型、维纳随机过程模型、基于支持向量机和神经网络的模型等。

4）BIT 故障决策

BIT 故障决策针对不同的故障源和故障特征,在综合各方面情况的基础上,采用最优化方法,提出最合理的维修方案、维护策略和处理措施。BIT 故障决策的主要依据是故障危害度分析,例如,电源系统 BIT 决策的内容主要有降级运行、跳闸保护、余度供电等多种备选处理方案,决策的方式可分为现场决策和远程支持决策。

（二）BIT 系统结构

BIT 系统根据系统规模的不同具备分层集成组织结构。图 11.3.1 中为大型复杂系统中的分层集成式 BIT 系统结构。系统由元件级 BIT、板级 BIT 和系统级 BIT,自下而上,递阶而成。元件级 BIT 主要指设计于元件内部的自测试单元;板级 BIT 主要由板级控制单元、信息处理单元和板级测试总线构成;系统级 BIT 主要由系统级控制单元、系统级测试总线以及智能综合诊断系统构成。系统级 BIT 和板级 BIT、板级 BIT 和元件级 BIT 之间分别通过系统级测试和维修总线、板级测试总线进行连接。

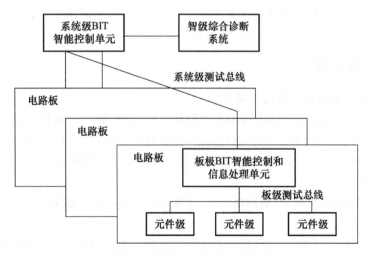

图 11.3.1　分层集成式 BIT 系统结构

系统级 BIT 控制单元根据测试和维修要求制定全系统测试方案,并将测试命令通过系统级测试传达到各板级 BIT;板级 BIT 控制和信息处理单元接收测试命令后,根据电路板实际情况采取具体测试和诊断策略,并通过板级测试总线启动各元件级 BIT;元件测试结束后,测试结果由板级测试总线回送至板级 BIT,板级 BIT 控制和信息处理单元综合元件级 BIT 结果和板级自身的诊断反馈信息,进行浅层次智能诊断,并将测试和诊断结果向系统级 BIT 报告;系统级 BIT

智能综合诊断系统对板级 BIT 数据进行智能综合诊断，并根据诊断结果给出系统重构、降级使用或更换维修等建议。

具有分层集成组织结构的 BIT，可以综合利用下级 BIT 较强的信息获取能力和上级 BIT 强大的信息处理能力，用来提高和改善 BIT 的性能。该组织结构既有利于实现横向各 BIT 的并行测试，又便于实现纵向各级的测试复用，提高了测试效率，降低了 BIT 测试费用。

这种 BIT 结构既是 BIT 技术长期探索的结果，也是电子系统固有的层次化特点的要求，体现了系统开发的"并行设计"思想。

（三）BIT 关键技术

BIT 技术是复杂系统整体设计、分系统设计、状态监测、故障诊断、维修决策等方面的关键性共性技术。BIT 技术的应用使复杂的机电装备的使用、维修变得快捷、方便，最大程度地减少了机电装备的排故和维修时间。

BIT 作为系统测试和故障诊断与隔离的新技术，是一种重要的系统故障检测方法，是提高系统可测试性和诊断能力的重要途径，在电子设备可靠性与可维护性设计中日益受到重视。BIT 是一种不依赖外界设备，仅依靠自身内部硬件及软件实现系统测试的技术。即由系统内部给出各部分激励，并对其执行结果通过系统判据实现系统测试的一种技术。因此，BIT 的实现不仅需要硬件，还需要软件支持。

BIT 中的关键技术主要有：

（1）通用 BIT 技术：主要有余度 BIT 技术、环绕 BIT 技术和并行测试 BIT 技术。

（2）数字 BIT 技术：超大规模集成电路（VLSI）芯片 BIT 的单板综合、边界扫描技术。

（3）模拟 BIT 技术：模拟电路 BIT 技术、电压求和 BIT 技术、比较器 BIT 技术。

（4）智能 BIT 技术：智能 BIT 技术以人工智能、信息论、系统论、控制论等为理论基础，以传感器技术、电子电路技术和计算机技术为支撑手段，以大幅度提高 BIT 的设计、检测、诊断和维修能力。智能 BIT 理论和技术是一个很有发展潜力的研究方向。

三、BIT 技术实现

（一）分析 BIT 要求和确定技术指标

BIT 研制和使用的经验表明，在具体着手设计之前，进行详尽的测试要求分析和提出正确合理的技术指标是十分重要的。只有这样，才能使设计和制造出来的 BIT 满足要求。测试要求分析不充分，往往会造成虚警率过高、故障不能重现的比例过大等现象。

1. BIT 设计的一般要求

主要技术指标：故障检测率、故障隔离率、虚警率、故障分辨力、诊断时间。

使用要求：

（1）BIT 的可靠性。BIT 是用来检查和监视被监控对象的，首先必须保证 BIT 的工作可靠。通常要求 BIT 的可靠性指标应比被监控对象高一个数量级。

（2）BIT 对使用环境的要求。BIT 应能在其运行环境下正常工作。BIT 对环境温度、湿度、风沙、盐碱的适应能力及抗振能力，均应与其运行环境相一致。

（3）BIT 的体积、重量需要符合设计使用要求。

（4）BIT 的价格应合理。

（5）BIT 本身应具有良好的可维护性。

BIT 设计步骤如图 11.3.2 所示。

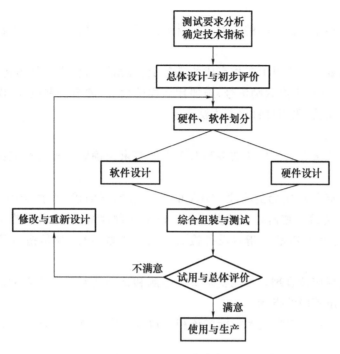

图 11.3.2　BIT 设计步骤

2. 分析测试要求

对被监控对象的测试要求进行分析,通常应有相应的测试要求分析规范,规定分析的内容和步骤。一般说来,可按如下顺序进行测试要求分析并制成相应的表格与文件。

(1)熟悉被监控对象的原理和功能。首先要透彻地分析被监控对象的工作原理、组成框图、电路连接及应完成的功能。

(2)将被监控对象分块。按 BIT 的使用场合和目的,把被监控对象逐步分解为相对独立或半独立的子系统或模块,这些模块或子系统之间有明确的接口连接。

(3)掌握对被监控对象的性能要求。通过大量查阅技术资料,掌握被监控对象的运行顺序与运行速度,运行时间约束,性能参数的性质、精度、正常值、允许容差、动态特性、监控项目内容及顺序,明确使用要求和注意事项。

(4)列出被监控对象及其各分块的输入/输出接口性能。这里所说的接口有两个含义:一是被监控对象的物理特点及机械连接,包含尺寸、重量、安装位置、固定方式;二是电气接口,包括被监控对象与其他系统之间及内部各分块之间的电路连接关系,电缆长度、尺寸、位置等。

(5)确定测试项目。被监控对象中的每个分块都可能发生故障,但是,并不是所有分块的全部故障都要由 BIT 来检测和定位,对于那些关键的故障部位,可选择由 BIT 监控。对其他一般故障,则应根据其发生概率、危害程度等来确定是否由 BIT 监控。

(6)进行故障模式与故障诊断分析。对于需要由 BIT 测试的分块,要进一步分析其可能发生的故障及其对整个系统的影响,分析故障影响的严重程度和故障发生的概率。从设计、使用和管理上采取措施,重点关注致命性和多发性故障。

为了进行故障诊断,需要确定每种故障的判别标准,对性能参数来说就是要确定其正常与否的阈值。

这些工作都要根据广泛搜集的技术资料、标准、规程和使用单位的维护经验及详尽的理论分析计算来完成。

（7）提出测试要求。在以上工作完成的基础上,提出测试要求。具体包括:确定测试哪些项目,在什么部位施加多少组激励信号,施加什么样的信号,测量哪些响应,响应信号变化范围及故障判断标准或阈值,采用哪种诊断方法等。

3. 确定性能指标

性能指标应按测试要求分析的结果和对 BIT 的要求来确定。提出性能指标时应注意以下几个问题。

（1）技术指标必须有明确的含义。BIT 的技术指标不明确,往往会引起混淆和争议,使得 BIT 的性能难以衡量。被监控故障数可以有以下几种理解:第一种是指 BIT 检测到的实际故障数;第二种是指由现有故障指示设备检测到的故障数;第三种是指 BIT 监控到的全部故障数。

（2）规定的指标应该合理。不能要求 BIT 检测和诊断达到百分之百的故障。对 BIT 在不同场合下使用应提出不同的指标。

（3）不同系统使用的 BIT 技术指标应该相互协调。应注意所允许的测试对象的参数容差范围。

（4）根据需要提出使用要求。根据 BIT 的使用环境和各种条件提出其应满足的使用要求,如温度、湿度、抗振性、体积、重量、可靠性、成本、维修性等。

（二）BIT 的总体设计

在对被监控对象进行充分分析,并根据需要提出测试要求和技术指标之后,便进入总体设计阶段,主要包括确定研制方案、选择硬件和软件、初步评价系统设计、划分硬件和软件功能等。

1. 确定研制方案

通常有以下三种可供选择的方案:自行设计、选用测试系统、应用芯片等。

1）自行设计

自行设计就是从头开始设计和研制全部所需的硬件和软件。设计的依据是测试要求和技术指标,按照对 BIT 运行速度、输入/输出量的性质、幅度、数量、种类和所采用的诊断算法等要求考虑所使用的硬件和软件。

硬件可在元件级(芯片)或板级的基础上组装。采用元件组装比较灵活实用,但工作量很大,要经过方案设计、原理试验、样机组装、系统调试、修改提高、试用检验等阶段,周期很长。

自行设计时,硬件方面必须保证系统的运行速度、内存和外存容量、接口种类和性能、输入/输出方式满足任务的要求。根据硬件设计,自行编制或借用现有的系统软件或对现有软件进行修改。采用自行设计方式时,最好有相应的测试开发系统,以便缩短研制周期,降低研制费用。这种方式的优点是硬件、软件资源可以得到充分利用,大批量生产时最为经济,而且性能可完全满足要求。缺点是对研制工具和研制人员的技术水平要求较高,研制周期长,工作量大。

2）选用测试系统

如果某个现有的测试系统可以满足 BIT 要求,这当然是最理想的。

一般情况下,测试系统是在某个系统的基本配置上加配一些接口和输入/输出选件。但往往会遇到没有选件的情况,这时则需另行研制。

通常难以选到完全满足要求的现有测试系统。在使用现有的测试系统时,主要考虑两点:①性能及硬件、软件配置能否满足诊断装置的基本要求和使用条件,是否具备加配所需外设和接口的能力;②满足使用环境要求,如温度范围、抗振能力、抗干扰性能、可靠性等。

这种方式的优点是研制工作量小,有成熟的标准接口和软件可供选用,对一些开发比较充分的系统更是如此。

3)应用芯片

对于规模较小、内存容量要求不大、输出方式比较简单的故障装置,可以选用微处理器。微处理器结构紧凑,新型的微处理器也有相当的随机存储容量和固定存储容量、较强的输入/输出能力。

2. 选择硬件、软件

测试系统的硬件和软件选择主要应考虑以下几个方面。

(1)运算速度和精度。运算速度和精度主要由系统的主频、字长决定,也和指令系统、系统软件、选择的算法、有无硬件运算部件等有关。

(2)存储要求。内存容量要足以保证所需的系统软件、应用软件和所需处理的数据正常运行。外存容量应足够大且应存取速度快、工作可靠、使用方便。在监控系统中还应考虑掉电保护问题。

(3)接口能力。测试设备与被监控设备之间的接口,应能输出所需的激励,检测来自被监控装置的响应信号,在输入/输出量的种类、性质、幅值、数量、速度上均应满足要求。接口配接和设计,是 BIT 硬件设计的主要工作之一。

BIT 装置的软件由系统软件和应用软件两部分组成。

3. 初步评价系统设计

在确定研制方案,初步选择测试系统之后,开始设计 BIT 的系统逻辑结构和应用程序功能,进行初步检验和评价,以保证系统设计的可行性。通常使用的检验方法如下:

(1)手工检验。即在纸面上对设计的情况进行检验,主要检验系统逻辑设计是否合理,程序功能可否实现。手工检验最为廉价,也能做出一定的评价,但无法评价整个系统的性能,而且十分费时和烦琐。

(2)测试程序。有效的测试程序必须由设计人员根据故障诊断时用到的典型操作和计算来编制。

(3)数字仿真。所谓仿真,就是用高级语言编写程序,在计算机或分时系统上模拟应用程序的执行。数字仿真是检验系统设计较为经济的方法。

数字仿真可以充分利用现有资源,可以比较完整地反映所设计系统的状况,但设计仿真程序要花费大量时间,且精确仿真费用昂贵。

4. 划分硬件和软件功能

总体设计的一个重点是划分硬件和软件完成的功能。有些功能,既可用硬件完成,也可用软件完成,例如延时、故障特征形成、部分数据采集和处理功能等。因此,在着手进行硬件和软件设计之前,要明确规定哪些功能由硬件完成,哪些功能由软件完成。一般而言,BIT 要满足连续实时监控要求,在满足此要求前提下,尽可能由软件完成较多的功能。当然,这种划分不是固定不变的,在研制过程中遇到矛盾时应及时调整。

BIT 的软件、硬件研制步骤如图 11.3.3 所示,在划分软件、硬件的功能之后可并行开展软件和硬件的研制工作。

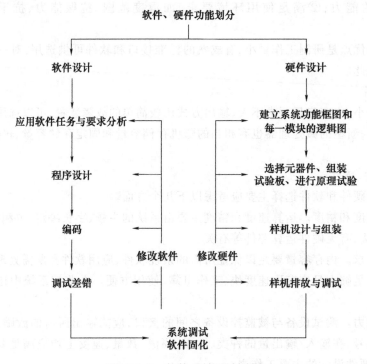

图 11.3.3　软件、硬件研制步骤

（三）设计方案

由于测试系统的不断发展,其运算速度日益提高,体积更趋小型化,这使得 BIT 设计变得越来越完善。当然,不同的设备具有不同的故障特点,而不同测试系统处理器又具有不同的信息处理能力,所以 BIT 电路的具体方案会随着被检设备和诊断设备型号的不同,而有很大的差别。但每个 BIT 都应具有三个方面的功能:故障特征的产生和提取、故障模式的识别和分类、故障的自动补偿和告警显示。

一种可能的 BIT 设计方案如图 11.3.4 所示,BIT 工作流程如图 11.3.5 所示。

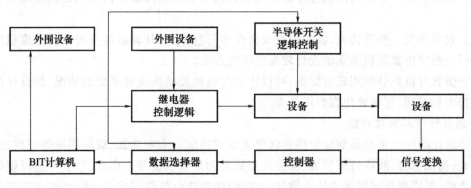

图 11.3.4　BIT 设计方案

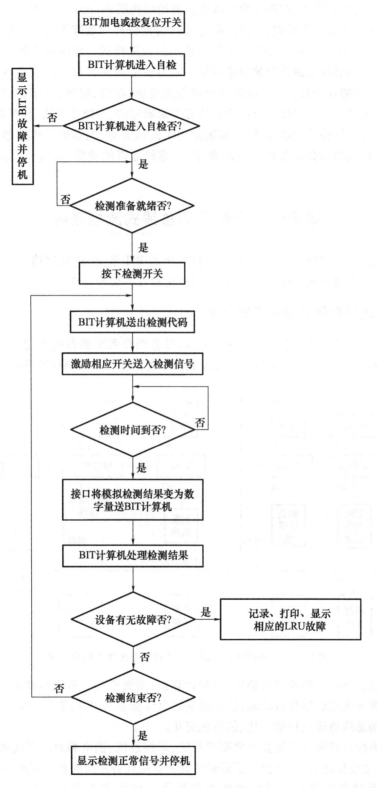

图 11.3.5　BIT 工作流程

设计某个设备的 BIT 时，首先应确定故障分离的结构层次，比如是 LRU 还是电路级；然后，对该结构层次的所有故障模式进行分析，确定实行自检分离的故障模式。一般来说，要选中可引起设备丧失功能的、人工较难查找的或频数较高的故障模式。根据确定的故障模式，用分析和实验的方法，找出对应的最重要的故障特征。最好使故障特征和故障模式有对应的关系，否则应采用模式识别的方法来判别。故障特征可能是电压、波形、阻抗、频率、噪声、脉冲响应、概率密度、功率谱密度等。确定故障特征的方法有激励响应法、故障注入法、计算机模拟法等。确定故障特征后，再选取特征提取方法，进而确定 BIT 测试方案，包括确定传感器的类型、精度和安放位置，测试区域的划分以及测试点的确定，计算机通道的设置、访问和模拟多路开关的应用等。

第四节　导弹现场总线式测控系统

导弹现场总线式测控系统各单机作为测控系统的 BIT 节点，形成网络化、智能化的体系结构，该测控系统具有综合化、智能化、小型化、虚拟化和可扩展等特点。

一、导弹现场总线式测控系统结构

为满足导弹武器通用化、系列化的发展需求，导弹测控系统朝着模块化、组合化、标准化和数字化发展。图 11.4.1 为一种典型导弹总线式网络控制系统体系结构原理图。

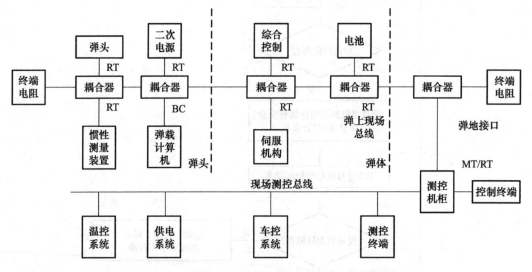

图 11.4.1　典型导弹总线式网络控制系统体系结构框图

弹上现场总线将弹上惯性测量装置、弹载计算机、伺服机构等有机地联系在一起。各单机基于 BIT 测试技术实现数字化自检测，按地面现场总线标准与弹上现场总线接口要求，各单机之间按弹上现场总线协议进行数字化、信息化交互。

地面现场测控总线将发射装置上的测控系统、车控系统、供电和温控系统等有机地联系在一起，充分利用总线信息交互的优势，更好地实现各系统设备之间的互连互通和协同工作。

飞行控制系统和地面测控系统的各个设备分别作为弹上现场总线的独立节点，具备 BIT 功能，是独立的 BIT 节点。弹上的各设备除了具备总线接口功能外，还能够通过总线通信接收地面测控系统的测控指令,利用各设备的 BIT 功能电路独立进行机内测试工作,并把测试结果通过总线网络传递给地面测控终端。弹上设备实现了控制与测试功能集成的 BIT 设计。

　　由于采用了总线体制,控制系统弹上设备和地面测发控设备对外接口实现标准化,具备开放性和可扩展性,且简化了设备间的连接,减轻了系统重量,电磁兼容性好,实现了信息共享。

二、导弹现场总线式测控系统工作原理

　　导弹现场总线式测控系统主要由弹上飞行控制系统和地面测发控系统组成,其中弹上飞行控制系统功能原理如图 11.4.2 所示。

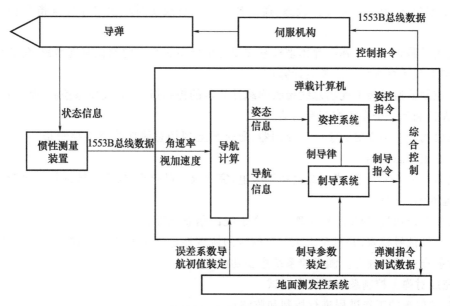

图 11.4.2　某导弹飞行控制系统功能原理框图

　　1）制导系统

　　制导系统接收惯性测量装置的测量信息,经过弹载计算机导航解算变换成导弹位置、姿态信息,根据位置信息确定质心运动的偏差,按设计的制导律确定横向导引和法向导引控制信号,控制导弹质心始终沿着标准弹道附近小偏差范围内飞行,同时进行关机特征量等制导计算,给出关机控制信号。

　　2）姿控系统

　　姿态控制系统根据惯性测量系统测得的姿态角/姿态角速率的偏差,以及设计的姿态控制律,形成喷管或者舵机的控制指令,经伺服机构推动执行机构动作,纠正导弹姿态偏差。姿控系统由弹载计算机完成对信号的采样、处理、综合、校正、分配、变换,通过 1553B 总线发送控制指令,实现三通道稳定。

　　3）综合控制

　　综合控制采用弹上现场总线集成方式,实现飞行控制通信和弹地通信。弹载计算机作为弹上现场总线控制器(BC),完成弹上现场总线通信任务调度和控制;惯性测量装置、综合控

制器、伺服机构等弹上设备作为远程终端（RT），实现各自的控制功能；地面测发控系统作为远程终端（RT），同时实现总线监视（BM）功能。在这个信息传输通路中，弹载计算机发出指令，远程终端做出响应，按事先约定的协议接收或发送规定的信息，完成任意两个节点（或终端）的信息交换。考虑到在导弹发射前，导弹测试及发射流程等任务是由地面测发控系统启动，为此弹载计算机采用定时查询地面测发控系统的方式来获取相应的通信任务启动信息，并完成相应的数据传输管理和控制，实现弹地通信。弹载计算机上电后完成初始化工作，之后进入正常工作状态，具备弹上现场总线通信任务调度能力。测发控系统首先完成飞控程序的加载和启动，之后按弹载计算机的任务请求时序，结合地面工作流程，启动相应的测试、数据交换、控制等流程。

弹载计算机为控制系统中央控制设备，主要完成导航/制导/姿态控制计算、弹上现场总线管理、测试等功能，根据导弹飞行状态，通过弹上现场总线实时输出时序控制指令和姿态控制指令。

惯性测量装置测量导弹在弹体坐标系或惯性坐标系三个方向的视速度增量、角速率和角度增量，经弹上现场总线传送给弹载计算机。

综合控制器通过弹上现场总线接收弹载计算机的控制指令，完成姿态控制、制导控制、导引控制、点火控制和安全自毁控制等功能。

伺服机构具有独立的数字闭环控制器，通过弹上现场总线接收姿态控制指令，实现不同飞行段的三通道姿态控制。

配电器与电池配合，完成弹载设备供配电；完成火工品点火、安全自毁的控制供配电功能。

4）地面测发控系统

测发控系统通过CAN总线实现与各个系统的信息交互，利用模拟接口实现对各个系统的供电和配合性信号检查，并对全系统配合信号的协调性进行全面的检查和测试，最终完成对导弹实施发射点火控制任务。测发控系统主要功能如下：

① 完成对弹上控制系统的综合测试；
② 对发射车的工作进程进行控制和监测；
③ 完成对弹上控制系统的供配电及巡检测试；
④ 完成对发动机点火装置等的测试和检查；
⑤ 实现诸元计算装定及对导弹实施远距离发射和控制；
⑥ 完成定位、定向功能；
⑦ 具有一定的故障定位能力。

测发控系统设备间采用地面现场总线连接，即测发控系统设备与车控、供配电、温控等系统设备均建立在统一的地面现场总线体制上，各设备之间依靠地面现场总线完成相互之间的信息交互。

弹上智能仪器具有BIT功能，与地面设备配合完成故障定位，测量结果数字化后通过弹上现场总线下传至地面测发控系统。在确定控制系统的测试程序、项目和内容时，要求测试电路简单、方法实用，对难以测试的物理量或性能指标，采用大回路覆盖小回路的实现方法，间接确定其状态的正确性。弹测电路集成在弹上仪器中，弹测电路与控制电路采用光电隔离设计，以确保控制信号的可靠性。考虑到弹测电路不宜复杂，具体实现时弹测电路只完成数据采集功能，不产生用于标定的激励信号。

测发控系统利用地面现场总线将发射系统有关设备有机联系在一起,充分利用总线信息交互的优势,更好地实现各系统设备之间的互连、互通和协同工作。同时,指挥计算机通过以太网与测控机柜通信,完成诸元传递、信息上报和交互。

三、典型 BIT 节点结构

典型 BIT 节点结构如图 11.4.3 所示。

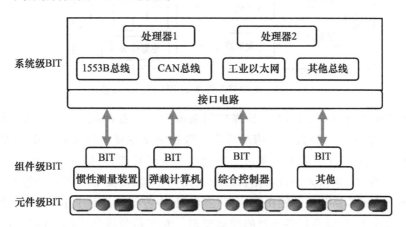

图 11.4.3　导弹控制系统智能 BIT 系统结构通用模型

导弹控制系统在各个组件上,需要设计组件级别的 BIT 接口模块,关键元件需要元件级别的 BIT 模块,所有组件及其测试信号都需要接入、汇总到系统级的 BIT 设备中。系统级 BIT 包含多个处理器模块,分别实现系统的控制、测试、环境感知、任务处理和故障诊断等工作。测试与故障检测优化、故障隔离、系统可用性的系统级 BIT 设计、基于边界扫描技术的元件级测试框架等,是导弹控制系统 BIT 一体化设计中要考虑的问题。这样可以将系统级测试、板级测试、元件级测试融合设计成一个高效、稳健的集成化、层次化、一体化 BIT 系统。

在弹上设备、单机、部组件电路板测试性设计的实现方面,需要综合考虑测试的复杂性最小化、完备性最大化问题,以实现电路网络节点的选择和优化。在电路板级 BIT 设计中,通常采用基于微处理器的边界扫描智能 BIT 结构,微处理器负责完成测试生成、智能测试控制、响应分析、通信接口和故障诊断等功能。模拟电路测试功能和数字电路测试功能分别由相应的常规测试电路和数模转换电路实现。

典型弹上设备的 BIT 接口电路框图如图 11.4.4 所示。该电路对弹上设备单机或部组件不同类型的状态参数进行实时控制和测量,完成数据采集和故障检测,其测试结果是分析、判定控制系统性能和工作状态的重要依据。BIT 电路采用微处理器加可编程外围器件(PSD)和复杂可编程逻辑阵列(CPLD)的结构。BIT 电路主要包括数据采集模块、静态检测模块、参数装定模块及信息处理模块。

由于采用微处理器加 PSD 与 CPLD 的设计方案,大大提高了系统集成度,减少了接口电路的体积和重量,提高了系统硬件的可靠性及灵活性。微处理器可以采用 SOC、单片机、DSP 等多种类型。

高集成度的 PSD 芯片,为微处理器提供系统可编程的并发闪存、静态随机存取存储器

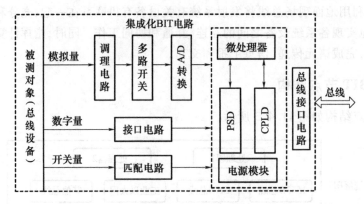

图 11.4.4　典型弹上设备的 BIT 接口电路框图

（SRAM）、可编程逻辑和额外的 I/O。导弹控制系统弹上设备（如弹载计算机、惯性测量装置等）需要完成大量的模拟量和数字量信号采集。数据测试主要包括关键部组件的电压振荡波形及脉冲串的测试，设计中需要充分考虑测试过程的抗干扰能力，提高测试的可信度。在数据采集中，针对信号强弱、幅值大小以及阻抗匹配电路的不同，需要对电压信号进行分类，同一类的阻容滤波网络放到多路开关的输出端，可节省电阻、电容器件。对于小信号，每个通道需要在多路开关前设置放大器，以满足各通道的增益要求。对于信号强且干扰大的信号，需要光电隔离器件隔离，以免影响微处理器测试电路。

在 CPLD 的设计中，将硬件设计软件化，当被测对象接入点发生改变或增减时，仅需相应电路部分软件做适应性修改，底层硬件电路及上层应用软件都不需做大的改动，大大节约系统维护成本。

第五节　导弹网络化分布式测控系统

网络化分布式测控是未来导弹测控的重要形式，涉及高可靠网络通信、自动化测试发射、实时状态监控与健康管理等诸多关键技术，是具有复杂体系结构的一项系统工程。

一、网络化分布式测控系统功能

网络化分布式测控系统通过有线或无线网络接收指挥系统的指令或任务，完成导弹的测试、状态转换与发射，并实时开展导弹武器健康管理，上报导弹武器系统的健康状态。具体功能如下：

（1）通过网络通信系统发出测试、状态转换与发射等指令，确保导弹按照指令完成测试、状态转换与发射。

（2）对导弹实施指挥控制，能够实时接收上级下达的导弹指令，并对导弹进行相应的发射控制；能够选择打击目标；能够防止导弹的非授权发射。

（3）完成导弹实时测试控制，具备将测试、发射等关键状态信息、故障信息回传控制中心的能力。

（4）完成导弹系统的健康监测，主要对导弹武器装备、发射装备、指挥装备、通信网络装备的日常健康状态等进行实时在线监测及故障预测分析。

二、网络化分布式测控系统组成

网络化分布式测控系统本质上是一个具有复杂体系结构的实时网络化测控系统,主要包括导弹测试发射系统、基础通信网络和指挥终端设备三大部分,其典型结构组成如图 11.5.1 所示。

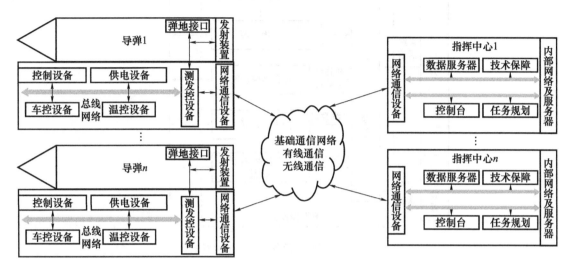

图 11.5.1 网络化分布式测控系统结构示意图

导弹测试发射系统主要包括导弹测发控设备、供电设备、控制设备、车控设备、网络通信设备等;基础通信网络主要包括多种类型的有线、无线通信设备及通信链路;指挥中心设备主要包括控制台、相关技术保障设备、任务规划设备及数据服务器等。

(一) 测发控设备

测发控设备主要功能如下:

(1) 实现信号的采集、处理、逻辑控制和输出;

(2) 完成导弹的配电、点火等发射控制功能;

(3) 在发射前对导弹及发射装置进行功能检查、测试;

(4) 导弹发射控制。

测发控设备主要包含测发控计算机、综合测控装置、测控电源、健康监测与记录装置、配电控制器、信号适配装置以及监控计算机。测发控设备通过网络通信设备的标准网络接口进入网络化分布式测控系统。其功能组成如图 11.5.2 所示。

测发控计算机集成测发控、状态监控、网络交换和智能现场总线等功能,缩短控制链路,满足快速发射的要求。综合测控装置主要完成弹上飞行控制系统仪器配电、转电及紧急断电,接收导弹的状态信息并实施对导弹的发射控制等功能。通过计算机控制继电器输出,实现测试、发射控制逻辑的输出及系统状态数据的采集。测控电源的作用是将发射装置提供的直流电转换成独立直流可调稳压隔离电源。健康监测与记录装置监听控制系统总线通信,实现对系统工作状态的实时监控,将信息存储在本地存储模块。

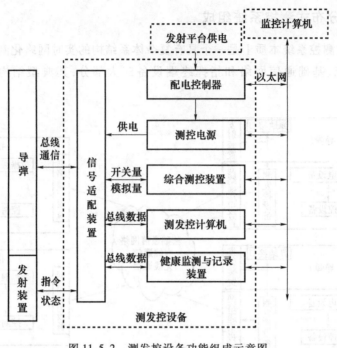

图 11.5.2　测发控设备功能组成示意图

（二）网络通信设备

网络通信设备作为发射装置内外信息交互控制中心，完成发射装置内外信息交互，并负责向测发控设备发出测试、状态转换和发射命令，接收导弹测试关键状态信息等功能，为发射装置与指挥中心设备提供高速可靠的通信链路。

网络通信设备主要由电源模块、控制模块、综合管理模块和分组传输网模块等组成，通常双机冗余或三机冗余。系统以控制模块为核心，实现对控制命令及流程的传输，完成对导弹测发控状态控制、诸元传递等功能；以分组传输网模块和内网交换模块为信息通道，实现信息交互，并完成地面系统的内部控制。

（三）指挥中心设备

指挥中心设备对上接收上级命令，对下指挥发射装置，围绕武器发射控制、作战指挥、战场管控的信息主线，提供行动控制（网络化分布式测控、指挥），装备管理（装备健康监测、测试监控），及通过基础信息平台实现基础服务（含通用服务支撑、安全防护）等功能。

三、网络化分布式测控系统工作过程

指挥中心控制台发出测试、发射指令，通过网络信道操纵测发控系统完成导弹测试、发射控制等功能；导弹测试参数和状态数据通过总线送到地面；地面完成关键状态量的测量；流程运行数据和测试结果由测发控设备自动判读并传送至指挥中心。为实现无人管理，由导弹健康监测软件监测导弹工作状态，将 I/O、A/D、弹上现场总线、网络等数据，抽象为三类数据：开关量类数据、模拟量类数据、事件类数据，通过软件在线实时解析分析数据，当发现故障时自动匹配相符的故障模式，结合系统的状态确定异常设备。可采用智能故障诊断系统，监视控制系统的工作状况，进行故障定位和系统重构。

思考题 ➤

1. 简述导弹分布式测控系统的定义与特点。
2. 简述导弹测控系统总线技术的特点。
3. 简述 1553B 总线的特点。
4. 简述导弹 BIT 技术的定义与基本原理。
5. 简述网络化分布式测控系统的功能与工作过程。

第十二章

导弹诸元计算

>>>

弹道导弹依靠精确的诸元计算,在发射前计算出导弹飞行时的控制基准,以确保导弹按照要求的精度准备命中目标,实现预计的作战意图。诸元计算误差将直接影响导弹命中精度。弹道诸元计算是在弹道支撑下,确保导弹精确命中目标的重要步骤。因此,本章以弹道为基础,开展相关问题阐述。

第一节　导弹弹道诸元概述

诸元计算可为导弹武器系统和各分系统提供所需基准数据,是作战保障的主要组成部分。诸元计算的质量将直接影响命中精度、打击效果,影响其他技术保障和指挥决策的正确性。

一、诸元计算的作用

诸元计算是导弹武器发射准备过程中的一项不可缺少的重要技术保障任务,在导弹作战训练和飞行试验中起着极为重要的作用。诸元计算是根据导弹性能状态参数和发射条件预先计算出导弹射击诸元参数,并装定至弹上。导弹起飞后按照其装定参数进行飞行控制,使导弹准确命中目标。诸元计算直接关系到导弹的成功发射和命中精度。

导弹武器系统定型后,通过对多次试验的子样分析和研究、改进某些诸元计算值和计算软件的方法,充分挖掘其原有潜力,可提高导弹的射程和射击精度,从而进一步发挥武器系统效能、提高作战能力、节约经费开支。

诸元计算可为机关首长的作战指挥决策和火力运用作战方案拟制提供理论依据。诸元计算人员,平时负责随时向指挥机关提供必需的数据和军事信息,为军事训练、飞行试验和合理制定作战方案以及战时为指挥首长做出正确的指挥决策提供理论依据,保证导弹的发射成功。

二、弹道诸元计算的基本内容

诸元计算是根据导弹实际发射条件和武器系统状态参数,预先计算出一条由发射点至目标点的最优或准优弹道,形成控制、瞄准、加注、头部姿态控制和引信控制系统的诸元量,保证导弹按选择的弹道和一定的精度命中目标。

通常,诸元计算包括大地基础诸元、射击诸元和头部诸元三部分。除大地基础诸元和头部诸元外的所有诸元称为射击诸元。

（一）大地基础诸元计算

根据已知发射点和目标点起始数据，进行坐标转换，计算发射点至目标点间的大地距离和大地方位角。

（二）瞄准方位角计算

由于地球自转和扁率等因素的影响，导弹发射时并不直接瞄准目标，而是偏离目标一个方位，即导弹瞄准方位角不等于大地方位角，瞄准射程不等于大地距离。瞄准方位角取决于众多因素，必须根据实际发射条件计算。

（三）关机特征值和制导参数计算

大多数弹道导弹是采用自主式或复合式制导系统进行制导的。自主式制导系统包括捷联惯性制导系统、平台计算机惯性制导系统、星光制导系统、匹配制导系统等。采用不同的制导系统，其关机装定值和制导参数计算的方法及其复杂程度也不同。根据发射条件、导弹状态参数、射程和射击精度要求，按照关机方程和制导系数关系式，计算关机装定值和制导参数，临发射前预先装定弹上。导弹飞行时，实时比较计算值与标准装定值，当两者相等时发出关机命令，控制发动机关机。

（四）飞行程序选择

当导弹射程和射击精度一定时，可选择一条最佳飞行程序弹道，使得能量消耗最少。反之，当飞行程序选择一定时，则对应着一条射程最大且能量消耗最少的弹道。为了使得工程上易于实现和计算方便，常采用两种飞行程序方案：一种是固定飞行程序方案，即在射程范围内飞行程序固定不变，对于不同的射程只是通过控制发动机关机时间来实现；另一种是变弹道飞行程序方案，即在其射程范围内固定几种飞行程序，一种飞行程序对应着一定的射程范围，发射时根据射程选择相应的飞行程序，或者根据射程和射击精度指标要求，选择最佳的飞行程序。

第二节　导弹弹道诸元典型计算方法

弹道诸元典型的计算方法将按照大地基础诸元解算、飞行程序角选择、标准弹道计算、关机系数和关机特征量计算的步骤逐步展开。

一、大地基础诸元计算

大地基础诸元包括大地距离和大地方位角。它是在已知发射点和目标点后通过大地问题解算，得到的发射点到目标点之间的最小距离和相对方位。

当已知 P_1 点的大地坐标 (L_1, B_1) 及 P_1 点至 P_2 点的大地线长 S、大地方位角 A_1 时，计算 P_2 点的大地坐标 (L_2, B_2) 和 P_1 点至 P_2 点的反方位角 A_2 称为大地问题正解。当已知 P_1 和 P_2 点的大地坐标 (B_1, L_1) 和 (B_2, L_2) 时，计算 P_1 至 P_2 点的大地线长 S 和大地正、反方位角 A_1、A_2，称为大地问题反解。大地问题反解亦称基础诸元计算。B_1、L_1 及（相应于目标点 P_1）S、A_1 称为基础诸元，它是诸元计算的基础和起算数据。

（一）大地线的定义

曲面上的大地线一般是曲面曲线。在该曲线上任一点相邻两弧素位于该点的同一法截面中。设 P 为曲面中的曲线 AB 上的任一点，dS_1 和 dS_2 为 P 点的相邻两弧素，PK 为曲面在 P 点的法线。由于 $\mathrm{d}S_1$、$\mathrm{d}S_2$ 都是弧素，所以，P_1、P_2 与 P 点无限接近，故弧素可用它们的微小弦线 PP_1、PP_2 来代替。于是 $\mathrm{d}S_1$ 位于法截面 PKP_1 中，$\mathrm{d}S_2$ 位于法截面 PKP_2 中。如果上述两个法截面重合，且曲线上任一点都具有这个性质，则 AB 就是曲面上的大地线。

大地线的定义可以等价地叙述为：在曲线 AB 上任一点 P，曲面的法线位于曲线在该点的密切面上，则曲线 AB 为大地线。这里的密切面就是上面定义中的"同一法截面"。

（二）大地问题解算的基本思路

长期以来，人们研究大地问题解算，对于不同的应用对象，得出了许多解算公式。尽管这些公式的形式不同，但总的来说，都是以大地线的微分方程为基础。按照解算途径可以分为两类。一类是将大地线两端点大地经差 l、大地纬差 b、大地方位角差 a 展开为大地线长 S 的幂级数。例如勒让德级数、高斯平均引数公式等。这类公式的解算精度与距离有关，距离越长，收敛越慢，甚至发散。因此，它只适于短距离。另一类是利用球面作辅助面，将椭球面上的元素按照一定的条件投影到球面上，先在球面上解算，然后再把解算结果转换到椭球面上。例如贝塞尔计算公式，尽管计算量稍大一些，但不受距离限制，适于任何距离的大地问题解算。同时，解算精度很高，距离误差不超过 $0.1\mathrm{m}$，方位角误差不超过 $0003''$。另一些公式，也是利用球面作为辅助面，但椭球面和球面元素的转换关系式与距离有关，仅适于中距离，例如巴乌曼解算公式。随着采用电子计算机进行计算，根据计算量大小选择相应计算公式无太大必要，完全可以采用统一的公式——贝塞尔计算公式。

（三）贝塞尔大地问题解算原理

贝塞尔大地问题解算公式选定以椭球中心为球心、长半轴为半径的球作为辅助球。按下列三个步骤解算：

（1）按一定投影条件将椭球面元素投影到球面上。

（2）在球面上解算大地问题。

（3）将求得的球面元素按投影关系转换为椭球面元素。

贝塞尔大地问题解算公式的投影条件是：

（1）椭球面上一点 P 在球面上的投影为 P''，而 P 点的归化度等于 P'' 的球面纬度。

（2）椭球面上两点间的大地线在球面上的投影为大圆弧。

（3）大地方位角 A_1 投影后其值不变。

（四）贝塞尔大地问题正解计算

已知 P_1 点的大地坐标 (L_1, B_1)、P_1 点至 P_2 点的大地线长 S、大地方位角 A_1，求 P_2 点的大地坐标 (B_2, L_2) 及 P_1 至 P_2 点的反方位角 A_2。

1. 解算步骤

1）椭球面上的面元素投影到球面上

（1）求 B_1 对应的球面纬度 u_1：

$$\tan u_1 = \sqrt{1 - e^2}\, \tan B_1 \tag{12.2.1}$$

（2）计算辅助量 m、M：

$$\begin{cases} \sin m = \cos u_1 \sin A_1 \\ \tan M = \dfrac{\tan u_1}{\cos A_1} \end{cases} \tag{12.2.2}$$

（3）计算大地线长 S 在球面上的投影弧长所对的球心角 σ：

$$\sigma = \alpha S + \beta \sin\sigma \cos(2M + \sigma) + \gamma \sin2\sigma \cos(4M + 2\sigma) \tag{12.2.3}$$

式（12.2.3）右端含有待求量 σ，采用迭代法求解。初值取

$$\sigma_0 = \alpha S \tag{12.2.4}$$

第 i 次迭代值

$$\sigma_i = \alpha S + \beta \sin\sigma_{i-1} \cos(2M + \sigma_{i-1}) + \gamma \sin2\sigma_{i-1} \cos(4M + 2\sigma_{i-1}) \tag{12.2.5}$$

迭代次数按精度要求确定。要使 $|\Delta S| < 0.3\mathrm{m}$，则需 $|\sigma_i - \sigma_{i-1}| < 0.01''$；要使 $|\Delta S| < 0.03\mathrm{m}$，则需 $|\sigma_i - \sigma_{i-1}| < 0.001''$。按前者的要求，一般需迭代三次。当迭代满足要求时，有

$$\sigma = \sigma_i$$

在式（12.2.3）~式（12.2.5）中，α、β、γ 按下式计算：

$$\begin{cases} \alpha = \dfrac{\rho\sqrt{1 + e'^2}}{a}\left(1 - \dfrac{k^2}{4} + \dfrac{7k^4}{64} - \dfrac{15k^6}{256}\right) \\[3mm] \beta = \rho\left(\dfrac{k^2}{4} - \dfrac{k^4}{8} + \dfrac{37k^6}{512}\right) \\[3mm] \gamma = \rho\left(\dfrac{k^4}{128} - \dfrac{k^6}{128}\right) \\[3mm] k^2 = e'^2\cos^2 m \end{cases} \tag{12.2.6}$$

当 $\rho = 1$ 时，σ 以 rad（弧度）为单位；当 $\rho = \dfrac{180°}{\pi}$ 时，σ 以（°）为单位；当 $\rho = \dfrac{180 \times 60 \times 60}{\pi}$ 时，σ 以 s 为单位。

2）解算球面三角形

（1）求反方位角 A_2'：

$$\tan A_2' = \frac{\tan m}{\cos(M + \sigma)} \tag{12.2.7}$$

（2）求 P_2 点的归化纬度 u_2：

$$\tan u_2 = -\cos A_2' \tan(M + \sigma) \tag{12.2.8}$$

（3）求球面经差 λ：

$$\begin{cases} \lambda = \lambda_2 - \lambda_1 \\[2mm] \tan\lambda_1 = \sin m \tan M = \sin u_1 \tan A_1 \\[2mm] \tan\lambda_2 = \sin m \tan(M + \sigma) = \sin u_2 \tan A_2' \end{cases} \tag{12.2.9}$$

3）将球面元素转换到椭球面上

（1）求 B_2：

$$\tan B_2 = \sqrt{1 + e'^2}\,\tan u_2 \tag{12.2.10}$$

（2）求 L_2：

$$
\begin{cases}
L_2 = L_1 + l \\
l = \lambda - \sin m \left[\alpha' \sigma + \beta' \sin \sigma \cos(2M + \sigma) + \gamma' \sin 2\sigma \cos(4M + 2\sigma) \right] \\
\alpha' = \left(\dfrac{e^2}{2} + \dfrac{e^4}{8} + \dfrac{e^6}{16} - \dfrac{e^2}{16}(1 + e^2)k'^2 + \dfrac{3e^2}{128}k'^4 \right) \\
\beta' = \rho \left[\dfrac{e^2}{16}(1 + e^2)k'^2 - \dfrac{e^2}{32}k'^4 \right] \\
\gamma' = \rho \dfrac{e^2}{256}k'^4 \\
k'^2 = e^2 \cos^2 m
\end{cases}
\tag{12.2.11}
$$

计算 l 时，ρ 与式（12.2.6）中的含意相同，且应保持与 λ、σ 的单位相一致。

（3）求 A_2。A_2 与 A_2' 相等，不需换算。

2. 象限判断

由于 m、M、λ_1、λ_2、A_2 都是通过反三角函数求出的，应用上列各公式计算时，一律取其第 I 象限值。然后，根据所在象限的判断，求出其所在象限值，如表 12.2.1 所列。

表 12.2.1　象限判断

A_1	m	M	λ_1	A_2		λ_2
I	I	I	I	$\tan A_2 > 0$	III	与 $(M + \sigma)$ 同象限
II	I	II	II	$\tan A_2 < 0$	IV	与 $(M + \sigma)$ 同象限
III	IV	II	III	$\tan A_2 > 0$	I	与 $[360° - (M + \sigma)]$ 同象限
IV	IV	I	IV	$\tan A_2 < 0$	II	与 $[360° - (M + \sigma)]$ 同象限

表 12.2.1 仅适于 $B_1(u_1) > 0$ 的情况，当 $B_1(u_1) < 0$ 时，可得出相应的判定表，此处从略。

用表 12.2.1 确定各量所在象限后，其值可由第 I 象限值求出。如为第 II 象限，所在象限为 180°减第 I 象限值；如为第 III 象限，其值为 180°加第 I 象限值；如为第 IV 象限，其值为 360°减第 I 象限值。

（五）贝塞尔大地问题反解计算

已知 P_1 点的大地坐标 (L_1, B_1) 和 P_2 点的大地坐标 (L_2, B_2)，求 P_1 至 P_2 点的大地线长及正、反方位角 A_1、A_2。

1. 解算步骤

1）将椭球面上的元素投影到球面上

（1）求 B_1、B_2 的归化纬度 u_1、u_2：

$$
\begin{cases}
\tan u_1 = \sqrt{1 - e^2} \tan B_1 \\
\tan u_2 = \sqrt{1 - e^2} \tan B_2
\end{cases}
\tag{12.2.12}
$$

（2）椭球面上经度差 l 相应的球面经差 λ 按下列公式迭代计算：

$$\begin{cases} \lambda = l + \sin m\left[\alpha'\sigma + \beta'\sin\sigma\cos(2M+\sigma)\right] \\[2mm] \cos\sigma = \sin u_1\sin u_2 + \cos u_1\cos u_2\cos\lambda \\[2mm] \sin m = \cos u_1\cos u_2\dfrac{\sin\lambda}{\sin\sigma} \\[2mm] \tan M = \dfrac{\sin u_1}{\sin m}\tan A_1 \\[2mm] \tan A_1 = \dfrac{\sin\lambda}{\cos u_1\tan u_2 - \sin u_1\cos\lambda} \end{cases} \tag{12.2.13}$$

取 λ 的初值 $\lambda_0 = l$，其他量的初值可由此依次算出，一般迭代三次。最后，再按式（12.2.13）第一式算出 λ。

2）解算球面三角形

（1）求 P_1'、P_2' 间大圆弧所对的球心角 σ：

$$\cos\sigma = \sin u_1\sin u_2 + \cos u_1\cos u_2\cos\lambda \tag{12.2.14}$$

（2）求正、反方位角 A_1'、A_2'：

$$\begin{cases} \tan A_1' = \dfrac{\sin\lambda}{\cos u_1\tan u_2 - \sin u_1\cos\lambda} \\[3mm] \tan A_2' = \dfrac{\sin\lambda}{\sin u_2\cos\lambda - \tan u_1\cos u_2} \end{cases} \tag{12.2.15}$$

3）将球面元素转换到椭球面上

（1）求 A_2。A_1 与 A_1' 相等，A_2 与 A_2' 相等，不需转换。

（2）将 σ 转化为 S：

$$S = \frac{1}{\alpha}\left[\sigma - \beta\sin\sigma\cos(2M+\sigma) - \gamma\sin 2\sigma\cos(4M+2\sigma)\right] \tag{12.2.16}$$

α、β、γ 按式（12.2.6）计算，ρ 与 σ 的单位一致。

2. 象限判断

与正解问题类似，A_1、A_2、σ、m、M 所在象限按表 12.2.2 判定。

表 12.2.2 仅适用于北半球即 $B_1 > 0$ 的情形。

表 12.2.2　象限判断

A_1		σ	m	M		A_2	
$\tan A_1 > 0$	I			I	$\tan A_2 > 0$	III
$l > 0$						
		$\cos\sigma$	I	I		
$\tan A_1 < 0$	II				$\tan A_2 < 0$	IV
$l > 0$				II		
$\tan A_1 > 0$	III				$\tan A_2 > 0$	I
$l < 0$						
		$\cos\sigma$	II	IV		
$\tan A_1 < 0$	IV			I	$\tan A_2 < 0$	II
$l < 0$						

二、飞行程序角选择

飞行程序角的计算目的是选择主动段飞行程序。导弹从垂直起飞到主动段最佳抛射状态，其弹轴俯仰角 φ 都是按一定的规律随飞行时间而变化的，这种俯仰角随时间 t 变化的规律称为飞行程序，常以符号 φ_{cx} 表示。导弹弹道形状基本上是由飞行程序决定的，对于飞行程序固定不变的导弹，其主动段弹道形状也就基本不变了。当导弹射程和射击精度一定时，可选择一条最佳飞行程序弹道，使得能量消耗最少。反之，当飞行程序选择一定时，则对应着一条射程最大且能量消耗最少的弹道。

弹道导弹飞行程序采用的是垂直起飞逐渐转弯的方案。飞行程序（或者弹道）一般分为四段（图 12.2.1）：

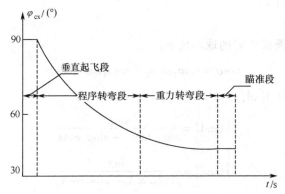

图 12.2.1　一种典型弹道导弹飞行程序

（1）垂直起飞段：从起飞到程序转弯。

（2）程序转弯段：从程序转弯到空气动力急剧变化的跨声速段。

（3）重力转弯段：从跨声速到最近射程对应的发动机停火时间。

（4）瞄准段：从最近射程对应的发动机停火时间到最大射程对应的发动机停火时间。

在以上各段中，垂直起飞段显然取 $\varphi_{cx} = \pi/2$；弹道段只有重力作用使弹道转弯，故该段 $\alpha = 0$，$\varphi_{cx} = \theta$；瞄准段 $\varphi_{cx} = $ 常值；剩下的问题是确定转弯段的 $\varphi_{cx}(t)$。由于直接给出 φ_{cx} 的变化规律不容易调整到使其满足前述一系列要求，工程法总是先按经验给出转弯段冲角 α 的变化规律，然后反算 φ_{cx}，提供的 $\alpha(t)$ 为

$$\alpha(t) = -4\bar{\alpha} e^{a(t_1 - t)} \left[e^{a(t_1 - t)} - 1 \right] \qquad (12.2.17)$$

式中：a 为可调系数；$\bar{\alpha}$ 为该段最大冲角值。将以上值代入初步弹道方程或精确弹道方程求解，不断调整 $\bar{\alpha}$ 值，使其满足开始提出的几点要求。如经调整还迭代不出满足以上要求的弹道，则再修改 t_1 和 a 并重新迭代，直到选出符合要求的 $\varphi_{cx}(t)$ 为止。

三、标准弹道计算

诸元计算是导弹和卫星发射中一项重要的战斗保障，它的任务就是根据实际发射条件和武器状态为导弹各系统计算一组基准参数，以保证导弹实际发射后能以要求的精度命中目标。

对某一实际发射条件来说，假设已经计算出其对应的诸元量，那么在此实际发射条件下只要导弹各系统实现了各自对应的诸元量，就能保证导弹按要求命中目标，并且其质心在空中形

成一条由发射点到目标点的飞行轨迹——弹道。显然,如果能事先计算出这条由发射点到目标点的实际飞行弹道,那么只要控制导弹沿这条实际飞行弹道飞行,就能保证导弹按要求命中目标。因此,诸元量与实际飞行弹道之间存在一一对应关系,并可由实际弹道确定。至此问题的关键在于是否能在导弹实际发射前事先将实际飞行弹道求出呢?答案是不可能的,因为飞行弹道取决于飞行条件,而实际飞行条件只有在飞行结束时才是确定的。标准弹道就是在这种情况下被引入的,它引入了一组能事先确定并且近似于实际发射条件的标准条件,这样就可以事先确定出实际飞行弹道的近似形式——标准弹道。标准条件愈接近于实际条件,标准弹道就愈接近于实际弹道,依据标准弹道所计算的诸元量也就愈准确可靠。如何依据标准弹道计算结果确定诸元量,正是诸元计算所要解决的问题。

标准弹道计算是诸元计算的基础,如何才能确定出一条以一定精度通过目标点的标准弹道呢?实际上,只给定标准条件还不能使弹道唯一地确定下来,还必须给出瞄准方位角 A_T 和预令关机时间 t_{yl},也就是说,在标准条件下射程的远近是通过预令关机时间的提前或滞后来调整的,而弹道的横向偏差是通过瞄准方位角 A_T 的改变来调整的,因此,标准弹道的选择就归结为在标准条件下选择瞄准方位角 A_T 和预令关机时间 t_{yl} 的问题。

瞄准方位角 A_T 和预令关机时间 t_{yl} 与给定的发射条件之间并没有一个简单的关系表达式,所以工程应用中一般只能用逐次逼近的方法进行。

四、关机特征量及关机系数计算

制导系数指的是关机方程和导引方程的常系数;而制导量则是指关机方程和导引方程装定值(导引方程装定值有时也称为变系数)。导弹采用不同的制导系统,其关机装定值和制导参数计算的方法及其复杂程度也不同。根据发射条件、导弹状态参数,射程和射击精度要求,按照关机方程和制导系数关系式,计算关机装定值和制导参数,临发射前预先装定弹上。

以射程为控制函数,当 $\Delta L = 0$ 时关机方程为

$$\Delta W = W_j - \overline{W}_p \tag{12.2.18}$$

式中

$$\overline{W}_p = \frac{\partial L}{\partial V_{xa}}\overline{V}_{xa1} + \frac{\partial L}{\partial V_{ya}}\overline{V}_{ya1} + \frac{\partial L}{\partial V_{za}}\overline{V}_{za1} + \frac{\partial L}{\partial x_a}\bar{x}_{a1} + \frac{\partial L}{\partial y_a}\bar{y}_{a1} + \frac{\partial L}{\partial z_a}\bar{z}_{a1} + \frac{\partial L}{\partial t}\bar{t}_1$$

$$= K_{c1}\overline{V}_{xa1} + K_{c2}\overline{V}_{ya1} + K_{c3}\overline{V}_{za1} + K_{c4}\bar{x}_{a1} + K_{c5}\bar{y}_{a1} + K_{c6}\bar{z}_{a1} + K_{c7}\bar{t}_1 \tag{12.2.19}$$

$$W_j = \frac{\partial L}{\partial V_{xa}}V_{xa1} + \frac{\partial L}{\partial V_{ya}}V_{ya1} + \frac{\partial L}{\partial V_{za}}V_{za1} + \frac{\partial L}{\partial x_a}x_{a1} + \frac{\partial L}{\partial y_a}y_{a1} + \frac{\partial L}{\partial z_a}z_{a1} + \frac{\partial L}{\partial t}t_1$$

$$= K_{c1}V_{xa1} + K_{c2}V_{ya1} + K_{c3}V_{za1} + K_{c4}x_{a1} + K_{c5}y_{a1} + K_{c6}z_{a1} + K_{c7}t_1 \tag{12.2.20}$$

式中:$\overline{W}_p$ 为标准推力装定值;$K_{ci}(i=1,2,\cdots,7)$ 为推力终止方程系数,取决于标准弹道,由诸元计算分队完成,且预先装定至弹载计算机上;$\overline{V}_{xa1}$、$\overline{V}_{ya1}$、$\overline{V}_{za1}$、$\bar{x}_{a1}$、$\bar{y}_{a1}$、$\bar{z}_{a1}$、$\bar{t}_1$ 为级间分离时的标准弹道参数;W_j 为实际推力终止特征值,由弹载计算机实时计算获得。当 $\Delta W = 0$ 时,发出一级发动机关机指令,控制发动机关机。

(一) 制导系数计算

关机方程常系数和导引方程常系数是制导系数计算的基础,有解析法和求差法两种计算方法。

1. 解析法

根据弹道学椭圆理论可以推导落点射程 L 和落点横向偏差 H 对关机点参数 $V_x^a, V_y^a, \cdots$ 的解析表达式。根据几何关系可以得出关机点弹道倾角 θ_H 对关机点 $V_x^a, V_y^a, \cdots$ 的解析表达式。因此完全可以运用数学上求偏导的方法求出这些偏导数解析表达式，这就是解析法的基本思想。

2. 求差法

求差法的基本思想是人为地给出关机点参数的各种干扰，在此基础上解算干扰弹道，求出干扰弹道落点的射程与横向偏差；然后与标准弹道求差得出射程偏差与横向偏差；最后与关机点给定干扰求差商，用差商代替偏导数和全导数。这里要注意一点，所求偏导数是对于惯性坐标系而言的，所以给干扰量时应给出相对惯性坐标系的参数偏差。

解析法与求差法各有优缺点：解析法概念清楚，计算简单，在计算机上耗费机时少，例如以 10 万次/s 的计算机为例，用解析法求偏导数总共用机时间不到 1s（不包括解标准弹道时间），但解析法忽略因素较多；而求差法概念也比较清晰，并且克服了解析法的缺点，但因尚需解多次干扰弹道，故花费机时较多，而且从统计学观点出发，单次实验产生的误差也较大。

典型的求差法计算制导系数的具体步骤如下：

（1）解一条标准弹道。记下标准弹道落点的射程 $\overline{L}_l$、大地方位角 $\overline{A}_l$、关机点相对于发射坐标系的弹道参数 $\overline{V}_x$、$\overline{V}_y$、$\overline{V}_z$、$\bar{x}$、$\bar{y}$、$\bar{z}$、$\bar{t}_K$ 及相对于初始发射坐标系的弹道参数 $\overline{V}_x^a$、$\overline{V}_y^a$、$\overline{V}_z^a$、$\bar{x}^a$、$\bar{y}^a$、$\bar{z}^a$；同时还要记下标准弹道关机点前 Δt 秒处的弹道参数。

（2）解干扰弹道。分别给出关机点偏差，并解干扰弹道。由于解算弹道需要相对于发射坐标系的弹道参数值，所以还存在一个参数转换的问题。干扰弹道解算从关机点开始，依次解算后半程弹道直到落地，并分别记下各干扰弹道落点射程 L_{li} 和方位角 A_{li}，进而求出落点射程偏差 ΔL_i 和横向偏差 ΔH_i，即

$$\begin{cases} \Delta L_i = L_{li} - \overline{L}_l \\ \Delta H_i = R^* \sin \dfrac{L_{li}}{R^*} \sin(A_{li} - \overline{A}_l) \end{cases} \tag{12.2.21}$$

（3）用差商代替导数：

$$\begin{cases} \dfrac{\partial L}{\partial V_x} = \dfrac{\Delta L_1}{\Delta V_{x1}^a} \\[2mm] \dfrac{\partial L}{\partial V_y} = \dfrac{\Delta L_2}{\Delta V_{y2}^a} \\[2mm] \dfrac{\partial L}{\partial V_z} = \dfrac{\Delta L_3}{\Delta V_{z3}^a} \\[2mm] \dfrac{\partial L}{\partial x} = \dfrac{\Delta L_4}{\Delta x_4^a} \\[2mm] \dfrac{\partial L}{\partial y} = \dfrac{\Delta L_5}{\Delta y_5^a} \\[2mm] \dfrac{\partial L}{\partial z} = \dfrac{\Delta L_6}{\Delta z_6^a} \end{cases} \qquad \begin{cases} \dfrac{\partial H}{\partial V_x} = \dfrac{\Delta H_1}{\Delta V_{x1}^a} \\[2mm] \dfrac{\partial H}{\partial V_y} = \dfrac{\Delta H_2}{\Delta V_{y2}^a} \\[2mm] \dfrac{\partial H}{\partial V_z} = \dfrac{\Delta H_3}{\Delta V_{z3}^a} \\[2mm] \dfrac{\partial H}{\partial x} = \dfrac{\Delta H_4}{\Delta x_4^a} \\[2mm] \dfrac{\partial H}{\partial y} = \dfrac{\Delta H_5}{\Delta y_5^a} \\[2mm] \dfrac{\partial H}{\partial z} = \dfrac{\Delta H_6}{\Delta z_6^a} \end{cases}$$

（二）制导量计算

关机方程所实施的控制是开环控制,故关机只需提供一个控制关机装定值。其计算是在计算出制导系数后,将其数据代入而计算的结果。装定量的计算均是在标准弹道迭代结束时计算得到的。

▶ 思考题 ▶

1. 简述诸元计算的内容。
2. 诸元计算的方法有哪些？

第 十 三 章

导弹初始定位与对准

>>

导弹在发射前必须进行初始定位与对准。导弹的初始定位就是确定导弹发射点、目标点在大地坐标系、发射坐标系或惯性坐标系中的准确位置。导弹的初始对准,本质上是实现惯性测量装置坐标系与发射坐标系对准。对于平台惯性制导系统而言,初始对准就是使平台的台体坐标系与发射坐标系对准。对于捷联惯性制导系统而言,初始对准就是使导航数学坐标系与发射坐标系对准,关键是确定初始时刻发射坐标系与惯性坐标系之间的姿态矩阵。

初始对准的精度和时间是衡量初始对准的两个重要指标。在实际应用中,由于惯性仪表加工制造和安装时造成的误差和环境变化而引起的仪表测量的误差等因素的影响,很难实现精确对准,即初始对准不可避免地会存在一些对准误差。对于射程为 10000km 的导弹,$1'$ 的初始对准误差引起的弹头落点横向偏差可达 1.85km。显然,初始对准误差对导弹命中精度有较大影响。对于机动发射的导弹武器系统,初始对准的精度和时间在一定程度上决定了导弹武器系统的命中精度和快速反应能力。

第一节　导弹初始定位

导弹的初始定位就是确定导弹发射点、目标点在大地坐标系、发射坐标系或惯性坐标系中的准确位置。实现导弹初始定位的方法主要有大地测量法、惯性导航法、卫星导航定位法、无线电导航定位法、车辆行驶航位推算法、匹配定位法、组合定位法等。

大地测量法:利用大地测量的原理,测定某位置的精确位置信息。大地测量法可以实现非常准确的导弹初始定位,但这种方法实现初始定位的时间长,不适宜快速机动定位的需要。

惯性导航法:利用惯性导航原理,确定导弹不同时刻、不同位置所处的精确位置信息。惯性导航法受惯性器件漂移等误差因素的影响,长时间保持位置基准的精度较困难。

卫星导航定位法:利用卫星导航原理,确定导弹不同时刻、不同位置所处的精确位置信息。卫星导航定位法实现定位的原理前述章节已有介绍,在此不再赘述,这种定位方法可以实现随机、快速、高精度的位置测量与初始对准,但在战时,卫星的抗干扰或欺骗是一个突出的问题。

无线电导航定位法:无线电导航定位法的原理与卫星导航类似,因为地面无线电导航台的位置可以通过大地测量精确确定,利用地面无线电导航台位置信息,采用类似卫星导航解算原理,四个导航台就可实现某导弹精确的位置定位。

车辆行驶航位推算法：如果导弹发射车启动机动前的位置已知，利用车辆里程计、道路交通信息，采用航位推算原理，就可推算导弹当前时刻的位置信息。

匹配定位法：事先对一些具有匹配特征的山地、建筑、大地基准点等进行精确测量，形成基准地形图、景象图，这些地形、景象对应的精确测量位置事先精确测量好，利用雷达等传感装置测量导弹与这些匹配点的相对关系，采用地形匹配、景象匹配等匹配导航的原理，确定导弹的精确位置。

组合定位法：以惯性定位为主，结合卫星定位、航位推算定位、匹配定位、地理信息定位和其他技术手段，实现对导弹的精确初始定位。典型的组合定位系统如图 13.1.1 所示。

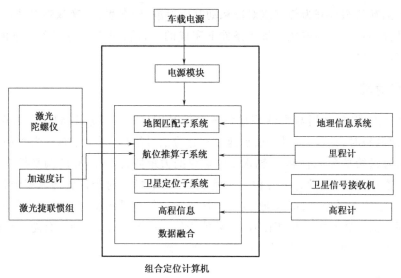

图 13.1.1　组合定位系统

在正常情况下，惯性定位、卫星定位和地理信息三个子系统协同工作，以惯性定位为主，辅以卫星定位系统和地理信息系统，实时提供复合定位数据。在单一子系统失效的情况下，采用冗余技术仍能保证系统提供较高精度的定位数据。当采用无依托机动发射作战模式时，导弹发射车首先要在某一已知点完成位置和初始姿态对准。在发射车机动过程中，地理信息系统实时显示行军路线。如果能够收到卫星信号则自动进行惯性和卫星复合定位；如果卫星信号失效，自动进行惯性定位；如果行车途中存在已知位置点（经、纬度和高程），则可进行位置信息修正，以补偿惯性器件的漂移造成的定位误差。

第二节　导弹初始对准

初始对准是惯导系统的关键技术。初始对准的精度直接影响到导弹的命中精度，初始对准的时间是反映导弹武器系统快速反应能力的重要战术指标。

按对准阶段来分，初始对准一般分为粗对准和精对准两个阶段。粗对准的精度可以低一些，但要求速度快。精对准是在粗对准的基础上进行的，通过处理惯性敏感元件的输出信息，实现惯性测量坐标系与发射惯性坐标系的精确对准。

按对准轴系来分，初始对准可分为水平对准（又称调平）和方位对准（又称瞄准）。水平对准的目的是使惯性测量坐标系的测量平面调整到与发射惯性坐标系平面平行，即与当地水平面平行；方位对准通过将惯性测量坐标系的测量平面绕其方位轴旋转，使测量轴的指向稳定在射击方位或与射击方位保持已知的夹角。对于平台惯导系统而言，通常先进行水平对准，然后进行方位对准。

按对外部信息的依赖程度来分，初始对准可分为自主对准和非自主对准。自主对准只依靠重力矢量和地球自转角速度矢量通过解析方法实现初始对准，其优点是自主性强，缺点是所需的对准时间较长。非自主对准通过光学或机电方法将外部参考坐标系引入系统，实现惯导系统的初始对准。

按基座的运动状态可分为静基座对准和动基座对准。顾名思义，静基座对准是导弹静止的，而动基座对准是导弹在运动或风干扰等条件下完成的。目前，对于动基座条件下的导弹初始对准问题是研究热点之一。

一、水平对准

在进行水平对准时，利用与惯性测量装置坐标系固连的加速度计测量发射点处的重力矢量。当测量平面倾斜时，在重力作用下，加速度有相应信号输出。对于平台式惯性制导系统来说，加速度输出信号送给平台 x_P 轴和 z_P 轴水平陀螺仪的力矩器，构成闭环的调平控制回路，使测量平面呈水平状态；当加速度没有信号输出时就认为"调平好"。对于位置捷联式惯性制导系统而言，可以采用补偿法调平原理，即横向（法向）加速度计将测量的发射点的重力矢量的分量与垂直陀螺仪外环轴上传感器的输出相比较，其差值送给功率放大器，驱动垂直陀螺仪修零机构，使垂直陀螺仪的 $\boldsymbol{H}$ 矢量被调整到与当地水平对准面一致。

二、方位对准

导弹的方位对准，俗称瞄准，是赋予导弹初始射向和初始姿态的过程，目的是保证导弹有较高的横向精度。在进行方位对准时，需要首先根据发射点和目标点的位置确定导弹的射击方向，并确定北向基准。

（一）射击方向的确定

为描述导弹发射点和导弹的射击方向，建立起与地球固连的发射坐标系 $O_f x_f y_f z_f$，如图 13.2.1 所示。

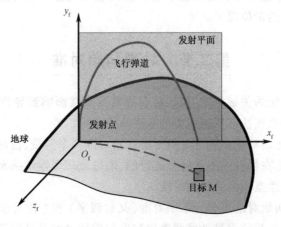

图 13.2.1　发射坐标系示意图

发射坐标系 $O_f x_f y_f z_f$ 的原点 O_f 为导弹发射点，$O_f x_f$ 轴在过 O_f 点的水平面内，指向导弹的射击方向为正，$O_f y_f$ 轴与 O_f 点的铅垂线方向一致，指向上方为正；$O_f z_f$ 轴与 $O_f x_f$ 轴、$O_f y_f$ 轴构成右手笛卡儿坐标系。由于地球是运动的，因此发射坐标系在惯性空间中是个动坐标系，其三轴的方向随地球的旋转而变化。

发射坐标系的 $O_f x_f y_f$ 平面是通过发射点 O_f 且包含射击方向 $O_f x_f$ 轴的铅垂面，导弹的飞行弹道应在此平面内，所以此平面被称为发射平面或射击平面，简称为射面。导弹如果在射面内飞行，再配合相应的射程控制，就可准确命中目标。

导弹的射击方向并不是发射点与目标点之间的大地连线方向。导弹在发射之后需要经过一定时间的飞行才能到达目标，而目标点却随着地球的自转而相对于惯性空间运动，因此导弹的射击方向不能直接对准目标点。在导弹发射之前，必须预先经过精确计算，将地球自转角速度、发射点与目标点的高程等因素的影响综合考虑，最后才能确定出导弹的射击方向和飞行弹道，从而保证命中目标。

导弹的射击方向以射击方位角 α_{mz} 的形式给出。射击方位角的具体定义是以真北方向为起始方向，顺时针旋转至射击方向所转过的角度，如图 13.2.2 所示。

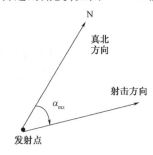

图 13.2.2　射击方向的确定

（二）北向基准的确定

确定地球北向基准的因素有两个：北极星和地球自转角速度。借助这两个因素确定北向基准的方法包括：①大地测量法；②惯性导航法；③天文定向法；④陀螺寻北法。本质上讲，确定北向基准的原始基准常通过天文方法或陀螺敏感地球自转角速度的方位来建立。

战时导弹需要实现无依托发射，天文定向法虽然测量精度高，但受到天候限制，使用时必须是晴朗夜空连续观测，平时可用于阵地测量，但不能用于战时实时测量；大地测量法是从已知点和已知边出发，将基准引至阵地，从而实现测量，测量时间长，也只可用于阵地测量与维护，无法用于导弹无依托定向；其他方法或者测量精度低，或者战时条件无法实施。陀螺寻北法在地理南北纬度 75° 范围内，不受地形、气候及外磁场等自然条件或环境的干扰，不依赖于已知点的测量，无论昼夜均可独立自主地完成寻北任务，可随时为导弹武器发射系统提供准确的方位信息，寻北精度高。

1. 北向方位基准天文定向法

北向方位基准天文定向法的工作原理如图 13.2.3 所示。

预定地球上某点的北向基准，可在该点架设光学经纬仪，让光学经纬仪对准北极星，进行多次观测，记录经纬仪对准北极星时的观测时间、俯仰角以及相对某参考方位的方位角，再根据星历表推算在特定时间北极星方位与北向方位之间的关系，计算参考方位相对真北方向的方位

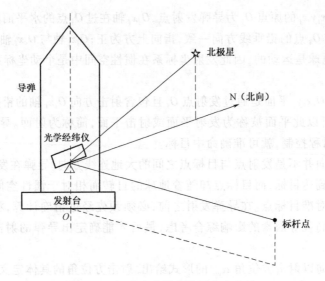

图 13.2.3　北向方位基准天文定向法

角,从而得到准确的北向基准。

2. 北向方位基准的陀螺寻北法

由于陀螺仪相对于惯性空间有定轴性的特性,而地球相对于惯性空间有自转效应,这样此安装在地球表面某一纬度 ϕ 处的陀螺仪可以测量出地球相对于惯性空间的自转角速度 ω_{IE} ,如图 13.2.4 所示。

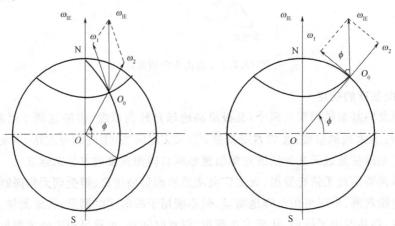

图 13.2.4　地球自转角速度及其分量示意图

将地球的自转角速度分解为水平分量 ω_1 和垂直分量 ω_2 ,其中,水平分量沿地球经线指向真北。因此,通过惯性技术测量或敏感地球自转角速度的水平分量,便可以获得地球的北向信息。

陀螺寻北定向法利用陀螺敏感地球自转角速度产生进动原理,构造陀螺闭环稳定系统,确定北向基准。现有的陀螺寻北定向方法主要有罗经法、速度法和角度法。罗经法采用摆式罗经原理,靠地球自转产生的陀螺力矩使陀螺仪重心偏离铅垂线产生重力矩,由于重力矩产生的进动和地球自转产生的相对运动的相互作用,使陀螺主轴围绕子午面做简谐振荡,可以通过测量摆动中心找出真北方向。速度法利用在当地水平线上工作的速率陀螺仪,测定地球自转角速度的北向分量和东向分量,从而计算出真北方向。角度法采用二自由度陀螺仪,通过光电传感器测出其相对当地水平面的表观运动角度,从而估计出当地子午线方向。

下面简要介绍采用摆式陀螺仪为敏感元件的罗经法陀螺寻北定向原理。

1) 摆式陀螺仪

摆式陀螺仪主要由陀螺电机、陀螺房组合件和悬带构成,如图 13.2.5 所示。位于悬带上端的固定点 O 是摆式陀螺仪的支点,相对于整个陀螺仪来说是不动点。摆式陀螺仪的几何形状和质量分布均对称于轴线 Oz,重心 G 在陀螺仪转子的质心 P 之下,与悬挂点 O 之间的距离为 l。陀螺仪的重心 G、陀螺电机质心 P 及悬挂点 O 都在同一轴线 Oz 上,但互不重合,构成质量偏心,由此产生与陀螺轴相垂直方向的摆性作用,从而构成摆式陀螺仪。摆式陀螺仪由于绕 Oy 轴转动的自由度受其重力限制,因此它基本上应属于二自由度陀螺仪。

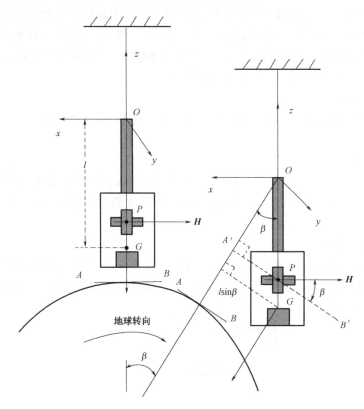

图 13.2.5 摆式陀螺仪及其寻北定向原理

2) 摆式陀螺仪寻北定向原理

设摆式陀螺仪的质量为 m,悬挂于架设于地球表面某处的仪器上。若在开始的某一瞬间,陀螺仪的转子轴处于水平位置,其动量矩 $\boldsymbol{H}$ 的方向指向东方,此刻摆式陀螺仪所受的重力方向既通过重心 G,又通过陀螺仪的支点 O,因此重力对支点的重力矩为零,陀螺仪不产生进动。陀螺仪表现出其定轴性,即陀螺转子轴保持着所指的惯性空间方向。由于地球始终以固定速率由西向东转动,假设相对惯性空间来说,地球以自转角速度 ω_{IE} 转过了 β 角,则该地点的水平面 AB、陀螺仪支点 O 都相对于惯性空间转过了 β 角,而陀螺仪转子轴仍保持原方向未变。此时重力的方向已不再通过支点 O,于是,借助于地球自转而自动产生了一个作用于陀螺仪缺少转动自由度的 y 轴方向的外力矩,即重力矩 M_G,其大小为

$$M_G = mgl\sin\beta \qquad\qquad (13.2.1)$$

由于摆式陀螺仪的重心 G 在支点 O 之下，重力矩的方向指向北方，因此总有一个指向北方的外力矩（重力矩）作用在陀螺房上。陀螺的动量矩 **H** 沿最短路径向外力矩方向进动，从而实现陀螺转子轴的自动寻北。

在外力矩的作用下，陀螺仪寻北进动的角速度为

$$\omega = \frac{mgl}{H}\sin\beta \qquad\qquad (13.2.2)$$

摆式陀螺仪进动的角速度 ω 与外力矩 M_G 成正比，而与陀螺仪动量矩 **H** 成反比。当 m、l 和 **H** 确定后，摆式陀螺仪进动角速度 ω 就随 β 角的变化而变化。当陀螺转子轴进动到指向真北时，陀螺动量矩 **H** 方向与子午线方向重合。但由于重力矩的存在，陀螺仪转子轴并没有停止运动，还要继续向西摆动。当向西边摆到一定位置时停了下来（即逆转点），然后又在重力矩作用下往回摆，即又向子午面方向进动，就这样重复运动，结果就构成了一个围绕真北方向的往复摆动。通过测量陀螺仪转子轴的摆动中心，便可找到真北方向。

（三）方位对准方法

导弹方位对准的主要方法有光电瞄准、陀螺寻北自对准、星光对准等。

1. 光电瞄准

1）光电瞄准系统的组成

光电瞄准系统的组成一般包括光电准直经纬仪、标杆仪、信号仪、瞄准控制器、发射台回转控制装置、瞄准控制回路等。光电瞄准准直经纬仪主要用来测量俯仰角、方位角以及准直光管发出的基准光束与反射回路光束之间的夹角。

2）光学瞄准基准的确定

光学瞄准适用于预先有准备的发射方式，一般需要提前确定发射场。在选定发射场内进行精密大地测量，事前确定北向基准，根据场地条件和可能打击目标，选定三个点位：标杆点、发射点和瞄准点，如图 13.2.6 所示。

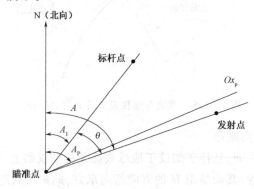

图 13.2.6　光学瞄准基准

在图 13.2.6 中，瞄准点是架设光电经纬仪的位置点，发射点是起竖并发射导弹的位置点，标杆点是瞄准的基准点。由瞄准点和标杆点的连线方向确定瞄准的基准方向，基准方向与真北方向的夹角 A_1 为基准方位角。瞄准点与发射点的连线方向确定瞄准的方向（即射击方向），通常瞄准点位于射向线的延长线上。瞄准方向与北向的夹角 A 即为瞄准方位角。瞄准点、标杆点和发射点提前通过精确大地测量量测好，并在发射场埋设永久性标记。

3）光电瞄准原理

平台惯性制导系统与捷联惯性制导系统方位对准的原理相似。下面以平台惯性制导系统初始对准为例，阐述导弹方位对准的原理。

导弹进入发射阵地后，弹体连同发射台架设在发射点处，准直经纬仪架设在瞄准点处，标杆仪架设在标杆点处。

光电瞄准的主要过程分为两步。

（1）确定射向。首先用光电经纬仪对准标杆仪，并记下经纬仪水平度数盘的度数 α_1；然后将经纬仪顺时针或逆时针转一个角度 θ（即瞄准方向转动量），此时经纬仪水平度数盘的读数为 α_2，$\theta = A - A_1$（正瞄）或 $\theta = A - A_1 \pm 180°$（反瞄），$A_1$ 和 A 分别为基准方位角和瞄准方位角。$\theta_{测} = \alpha_2 - \alpha_1$，此时经纬仪发出的光的光轴方向即代表射向。

（2）方位瞄准。在确定射向后，调整经纬仪发出的光的光轴对准导弹上的瞄准窗口。这一过程通常也分两步：第一步，粗瞄。通过转动发射台回转控制装置控制发射台转动，带动弹体转动，当经纬仪发出的一束平行光照射到导弹的瞄准棱镜上时，棱镜的反射光被经纬仪捕获时结束粗瞄过程。第二步，精瞄。根据准直经纬仪或信号仪测量的瞄准误差角（由入射光与反射光之间的偏差信号度量），通过瞄准控制台给弹上平台方位陀螺仪力矩器施加控制信号 i_y，台体绕 Oy_p 轴转动，使 Ox_p 轴转到与射向重合或保持某个角度。

导弹光电方位对准的另一种方式是通过转动平台，实现台体轴 Ox_p 对准射向的方式实现粗对准。

导弹光电方位瞄准的原理如图 13.2.7 所示。

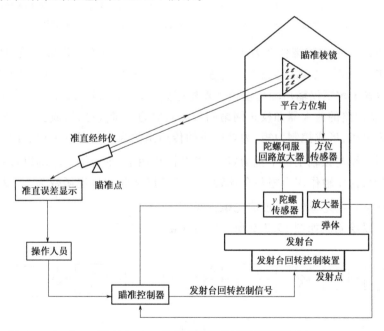

图 13.2.7　导弹光电方位对准原理图

导弹精瞄过程可以设计一个闭环的瞄准控制回路来完成，其工作原理如图 13.2.8 所示。

当平台台体轴 Ox_p 处于的实际方位角 A_p 与给定的方位角 A 存在误差 ΔA 时，准直经纬仪测量到该误差信号，送给瞄准控制器，经变换放大后形成控制指令电流 i_y，送给平台 Oy_p 轴上的 y

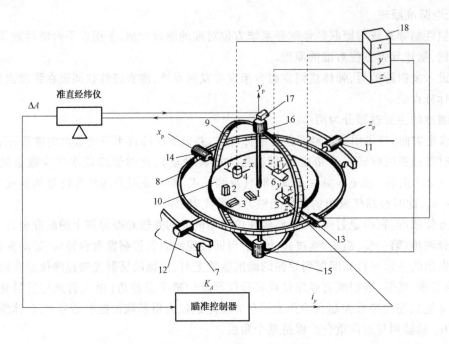

图 13.2.8 导弹精瞄原理图

1—x 方向加速度计；2—y 方向加速度计；3—z 方向加速度计；4—x 方向陀螺仪；

5— y 方向陀螺仪；6— z 方向陀螺仪；7— 基座；8— 外框；9— 内框；10— 台体；

11— 外框轴力矩电机；12— 框架角传感器；13— 内框轴力矩电机；14— 框架角传感器；

15— 台体轴力矩电机；16— 框架角传感器；17— 棱镜；18— 稳定放大器。

方向陀螺仪力矩器。y 方向陀螺仪在力矩 $M_y = K_y i_y$ 的作用下,在其输出轴上输出转角 β,根据二自由度陀螺仪工作原理,二者的传递关系为 $\beta(s)/M_y(s) = 1/s(J_1 s^2 + C_1)$。$y$ 方向陀螺仪绕其输出轴的转动角 β 被 y 陀螺仪输出轴角度传感器感应到,形成电信号 $K_\beta \beta$,送给平台 Oy_p 轴稳定回路控制器,设控制回路的放大器和校正网络的传递函数为 $K_n W_n(s)$,形成控制电流,送至平台台体轴 Oy_p 轴力矩电机,形成控制力矩,力矩电机的传递函数为 $K_m/(T_m s + 1)$;在平台 Oy_p 轴力矩电机形成的控制力矩与该轴上的干扰力矩 k_{fy} 的共同作用下,平台绕 Oy_p 轴以转动角速度 $\dot{A}_p$ 和转动角度 A_p 转动,台体轴作用力矩与台体轴转动角速度之间的传递函数为 $1/(J_2 s + C_2)$,该转动角速度作用在 y 方向陀螺仪上,形成陀螺力矩 $H \dot{A}_p$。

上述过程可以绘制成如图 13.2.9 所示的传递函数结构图。

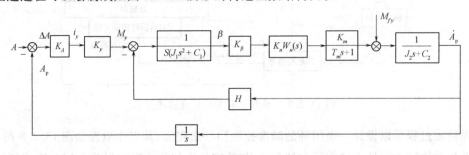

图 13.2.9 导弹精瞄传递函数结构图

2. 导弹自对准

1）惯性自对准

由陀螺稳定平台、导航计算机和控制显示装置构成惯性导航系统,通过平台稳定系统使平台坐标系跟踪地理坐标系。平台台体轴上三个轴向的加速度计测量导弹在地理坐标系中的三个分量,经导航计算,给出导弹所在地的经度、纬度、高程和北向基准。

由于惯性器件的漂移等因素,惯性导航会产生累积误差。为消除这种误差,需要进行零速修正,即每间隔一段时间或每行驶一定距离,需要使装载惯性导航系统的发射车停下来,对导航信息进行一次测量和修正。

惯性自对准具有全自主、全天候可用的特点,但对平台的精度要求较高,而且为保持高精度导航,还需要通过惯性导航系统误差系数标定和补偿,以及零速修正等方式加以维持。

2）陀螺自寻北

陀螺自寻北有以下两种方式:

（1）首先根据陀螺罗盘原理,利用弹上陀螺稳定平台伺服回路、加速度计及计算机构成闭环系统,实现平台的自主对准。然后,将平台台体的 Ox_p 轴转到瞄准方向并锁定,或使 Ox_p 轴直接寻到瞄准方向,完成方位瞄准。

（2）对平台上的陀螺进行精确测漂,在精确调平、方位粗对准并精确锁定的基础上,断开调平回路,同时采集加速度计的输出,结合测到的陀螺漂移,建立误差方程,应用最小二乘法,估计出初始方位角 α_0,然后将平台 Ox_p 轴转到瞄准方向并锁定,完成方位瞄准。

3. 星光对准

利用星敏感器测量导弹相对于视场内恒星的方位,结合特定时间的星历表,通过航位推算,确定导弹的飞行方位,进而实现方位对准。

4. 复合对准

综合利用多种对准手段,如卫星与惯性组合复用、惯性与星光组合复用,可以实现不同对准方式的相互取长补短,从而获得更高的对准精度。

 思考题

1. 导弹初始对准的本质是什么?
2. 简述典型的导弹组合初始定位系统的工作原理。
3. 导弹的射击方向是如何确定的?
4. 简述摆式陀螺仪寻北定向原理。
5. 以平台惯性制导系统初始对准为例,阐述导弹光电方位对准的原理。

第十四章

导弹命中精度分析

>>>

　　导弹命中精度是导弹武器的重要战技指标,也是决定导弹武器作战效能的重要影响因素。那么,什么是导弹武器的命中精度?如何度量导弹武器的命中精度,或度量导弹命中精度的指标是什么?影响导弹命中精度的主要误差源有哪些?它们的传播机理是什么?如何评定导弹武器的命中精度?在工程上如何提高导弹武器的命中精度?这些问题是导弹武器作战使用中需要直接面对和回答的问题。本章对这些问题进行一些探讨。

第一节　导弹命中精度的概念

　　导弹在飞行时受各种干扰因素的影响,弹头实际落点与预定落点(目标点)之间存在一定的偏差。因为各种干扰具有一定的随机性,导弹弹头的落点及落点的偏差也具有一定的随机性。

一、弹头落点散布坐标系

　　为描述落点散布,建立落点散布坐标系(图 14.1.1),取目标点为坐标原点 O,地心与目标点连线向上的延长线取为 Oy 轴,地心、发射点与目标点三点确定射面,取 O 在射面内沿射向的延伸线为 Ox 轴,Oz 轴与 Ox 轴、Oy 轴构成右手坐标系。在散布坐标系内,沿 Ox 轴向的弹头落点

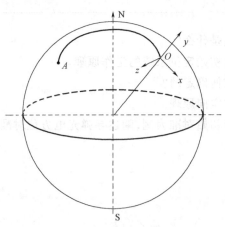

图 14.1.1　弹头落点散布坐标系图

偏差 ΔL，称为纵向偏差（或射程偏差）；沿 Oz 轴向的弹头落点偏差 ΔH，称为横向偏差。

二、弹头落点散布规律

弹头落点的横向偏差和纵向偏差是一个随机变量，通常服从正态分布率。

纵向偏差概率密度函数为

$$f_1(x) = \frac{1}{\sqrt{2\pi}\,\sigma_x}\exp\left(-\frac{(x-u_x)^2}{2\sigma_x^2}\right) \tag{14.1.1}$$

横向偏差概率密度函数为

$$f_2(z) = \frac{1}{\sqrt{2\pi}\,\sigma_z}\exp\left(-\frac{(z-u_z)^2}{2\sigma_z^2}\right) \tag{14.1.2}$$

式中：σ_x^2、σ_z^2 分别为弹头落点纵向、横向偏差的方差；u_x、u_z 分别为弹头落点纵向、横向偏差的均值。

在弹头落点散布坐标系内，弹头落点位置由坐标系的纵向坐标和横向坐标确定，是二维随机变量。

当弹头落点纵向偏差和横向偏差相互独立时，落点散布的联合概率密度为

$$f(x,z) = f(x) \cdot f(z) = \frac{1}{2\pi\sigma_x\sigma_z}\exp\left[-\left(\frac{(x-u_x)^2}{2\sigma_x^2}+\frac{(z-u_z)^2}{2\sigma_z^2}\right)\right] \tag{14.1.3}$$

当弹头落点纵向偏差和横向偏差相互不独立，二者的相关系数为 ρ 时，弹头落点散布的二维概率密度函数为

$$f(x,z) = \frac{1}{2\pi\sigma_x\sigma_z\sqrt{1-\rho^2}} \cdot$$
$$\exp\left[-\left(\frac{1}{2(1-\rho^2)}\left(\frac{(x-u_x)^2}{\sigma_x^2}+\frac{2\rho(x-u_x)(z-u_z)}{\sigma_x\sigma_z}+\frac{(z-u_z)^2}{\sigma_z^2}\right)\right)\right] \tag{14.1.4}$$

三、导弹命中精度指标

导弹落点偏差受各种干扰影响，而干扰有常值干扰和随机干扰两类。

常值干扰使导弹落点产生系统误差，这类误差的变化规律是确定的，而且可通过分析和实验确定其规律和数值，在发射或飞行时通过补偿的方法可消除这类误差的影响。

随机干扰使导弹落点产生随机误差。因随机因素预先不可确切地知道其大小和变化规律，在发射时无法通过预补偿消除这类误差。

导弹落点的系统偏差用射击准确度来表征。射击准确度就是导弹落点散布中心偏离目标瞄准点距离大小的准确程度。

导弹落点的随机误差用射击密集度来表征。射击密集度就是导弹实际落点偏离散布中心远近的密集程度。射击密集度又称散布度，描述导弹落点的分散情况。

导弹射击精度是射击准确度和射击密集度的总称。

因为常值干扰引起的系统误差预先可以修正，如果常值误差被完全修正，则导弹的散布中心与目标点完全重合，此时导弹的射击准确度为 100%，在这种条件下导弹的命中精度实际上就是射击密集度。

导弹的射击密集度通常以弹头落入某散布地区内的分布概率来表示。度量射击密集度的指

标有三种，即均方根误差、公算偏差和圆概率偏差。

（一）均方根误差

对以目标中心 C 所定义的落点偏差坐标系而言，若以瞄准点为目标中心，且无系统误差，则其纵、侧向分布规律用均方根 σ_L、σ_H 可表示为

$$f(\Delta L) = \frac{1}{\sqrt{2\pi}\sigma_L}\exp\left[-\frac{1}{2}\left(\frac{\Delta L}{\sigma_L}\right)^2\right] \tag{14.1.5}$$

$$f(\Delta H) = \frac{1}{\sqrt{2\pi}\sigma_H}\exp\left[-\frac{1}{2}\left(\frac{\Delta H}{\sigma_H}\right)^2\right] \tag{14.1.6}$$

当 $\sigma_L = \sigma_H = \sigma$ 时，目标为半径等于 R 的圆目标，其命中概率为

$$P = 1 - \exp\left[-\frac{1}{2}\left(\frac{R}{\sigma}\right)^2\right] \tag{14.1.7}$$

（二）公算偏差

在没有系统误差的条件下，导弹落入以目标点（散布中心）为中心的前后或左右区间内的概率为 50% 时，该区间长度的 1/2 即为公算偏差，又称为概率偏差，常用 B 或 E 表示。

公算偏差 B、落点偏差 σ、落点相对散布中心的最大偏差 Δ 三者之间存在如下关系：

$$\begin{cases} B = 0.6745\sigma \\ \Delta = 2.7\sigma \\ \Delta = 4B \end{cases} \tag{14.1.8}$$

导弹落入纵向或横向上一个、两个、三个、四个公算偏差范围内的概率分别为 0.25、0.677、0.916、0.996。

（三）圆概率偏差

导弹落入以散布中心为圆心、半径为 R 的圆内的概率为 50% 时，该圆的半径 R 称为圆概率偏差，常用 CEP 表示，其数学描述为

$$P\{|R - R_0| \leqslant \text{CEP}\} = 50\% = 0.5 \tag{14.1.9}$$

当弹头纵向随机偏差的标准差与横向随机偏差的标准差相等时，$\sigma = \sigma_x = \sigma_z$，$R = \text{CEP} = 1.1774\sigma$。

当 $\sigma_x \neq \sigma_z$ 时，有

$$R = \text{CEP} = \begin{cases} 0.615\sigma_L + 0.562\sigma_H & (\sigma_L < \sigma_H) \\ 0.615\sigma_H + 0.562\sigma_L & (\sigma_H < \sigma_L) \end{cases} \tag{14.1.10}$$

或

$$\text{CEP} = \begin{cases} 0.9118B_L + 0.8332B_H & (B_L < B_H) \\ 0.9118B_H + 0.8332B_L & (B_H < B_L) \end{cases} \tag{14.1.11}$$

第二节　导弹射击精度评定

一、射击密集度点估计

设落点偏差服从正态分布，即

$$\Delta L = N(\mu_L, \sigma_L^2) \tag{14.2.1}$$

$$\Delta H = N(\mu_H, \sigma_H^2) \tag{14.2.2}$$

式中: μ_L、μ_H 分别是散布中心对目标点的纵向、横向偏差的均值; σ_L^2、σ_H^2 分别是散布中心对目标点的纵向、横向偏差的方差。

(一) 矩估计法

矩估计法就是用样本的方差 S^2 作为总体的方差 σ 的估值,用样本的均值作为总体均值的估值,即

$$S_L^2 = \frac{1}{n-1} \sum_{i=1}^{n} (\Delta L_i - \overline{\Delta L}), \overline{\Delta L} = \frac{1}{n} \sum_{i=1}^{n} \Delta L_i \tag{14.2.3}$$

$$S_H^2 = \frac{1}{n-1} \sum_{i=1}^{n} (\Delta H_i - \overline{\Delta H}), \overline{\Delta H} = \frac{1}{n} \sum_{i=1}^{n} \Delta H_i \tag{14.2.4}$$

按矩估计法可得总体的估计值为

$$\sigma_L^2 = S_L^2 \tag{14.2.5}$$

$$\sigma_H^2 = S_H^2 \tag{14.2.6}$$

$$\mu_L = \overline{\Delta L} \tag{14.2.7}$$

$$\mu_H = \overline{\Delta H} \tag{14.2.8}$$

(二) 最小平方误差估计法

当估值 $\hat{\sigma}$ 与真值 σ 之间误差的平方的期望为最小时,该估值 $\hat{\sigma}$ 为最小平方误差估值。即求 $E[(\hat{\sigma} - \sigma)^2] = \min$ 对应的 $\hat{\sigma}$。根据概率论知识可得

$$\sigma_L = a(n) S_L \tag{14.2.9}$$

$$\sigma_H = a(n) S_H \tag{14.2.10}$$

$$a(n) = \sqrt{\frac{2}{n-1}} \frac{\Gamma\left(\frac{n}{2}\right)}{\Gamma\left(\frac{n-1}{2}\right)} \tag{14.2.11}$$

二、射击密集度区间估计

给定显著性水平 α,找出使下式成立的 $\hat{\sigma}_u$ 和 $\hat{\sigma}_L$($\hat{\sigma}_u$ 和 $\hat{\sigma}_L$ 分别为置信上限和置信下限,$1 - \alpha$ 为置信水平或置信概率):

$$P(\hat{\sigma}_L \leqslant \sigma \leqslant \hat{\sigma}_u) = 1 - \alpha \tag{14.2.12}$$

区间 $(\hat{\sigma}_L, \hat{\sigma}_u)$ 称为参数 σ 的置信区间。

若 $\hat{\sigma}_L = 0$,式(14.2.12)成为 $P(\sigma \leqslant \hat{\sigma}_u) = 1 - \alpha$,对应的估计为单侧区间估计。

双侧区间估计的置信上限和下限分别为

$$\hat{\sigma}_L = \frac{n-1}{\chi_{\frac{\alpha}{2}}^2} S^2 \tag{14.2.13}$$

$$\hat{\sigma}_u = \frac{n-1}{\chi_{1-\frac{\alpha}{2}}^2} S^2 \tag{14.2.14}$$

式中：χ^2 为自由度为 $n-1$ 的 χ^2 分布值。

单侧区间估计为

$$\hat{\sigma}_u = \frac{n-1}{\chi^2_{1-\frac{\alpha}{2}}}S^2 \tag{14.2.15}$$

射击密集度估计可按纵向、横向分开估计，此时 $S = S_L$ 或 $S = S_H$：

$$S_L^2 = \frac{1}{n-1}\sum_{i=1}^{n}(\Delta L_i - \Delta\bar{L})^2 \tag{14.2.16}$$

$$S_H^2 = \frac{1}{n-1}\sum_{i=1}^{n}(\Delta H_i - \Delta\bar{H})^2 \tag{14.2.17}$$

第三节　影响导弹命中精度的主要误差源及误差传播模型

影响导弹命中精度的误差多达上百种，不同精度的导弹需要考虑的因素不同，精度要求越高，考虑的误差因素越多。从制导控制的角度看，主要误差包括制导误差和非制导误差两大类。

制导误差主要包括工具误差和方法误差两部分。工具误差是制导系统测量装置（如陀螺仪、加速度计等）的测量误差所造成的导弹落点偏差。方法误差是由于制导方法不完善，关机方程、导引方程等制导方程中忽略高阶项的舍入误差，以及计算机量化、字长有限截尾、计算误差等共同造成的落点偏差。

非制导误差是制导系统没有对其测量的误差因素或制导系统没有考虑的误差因素所造成的导弹落点偏差。例如，发射点定位定向误差、发动机后效误差等，这些误差因素主动段惯性测量装置不能测量。再如，导航计算中未考虑引力模型的高阶项。这些误差因素均会引起导弹的落点偏差。

一、影响导弹命中精度的主要误差源

按导弹的飞行过程和误差产生的物理背景不同，影响导弹命中精度的主要误差源包括：

（一）导弹发射前误差

导弹发射前的误差主要包括两部分：① 初始条件误差，包括发射时的初始位置误差、初始方位误差、初始速度误差；② 发射前的调平、瞄准、装定误差，其中调平和瞄准误差又称为初始对准误差。

（二）主动段误差

主动段误差主要由制导误差引起，包括制导方法误差和制导工具误差。

（三）后效段误差

这些误差包括发动机关机后效误差、头体分离爆炸螺栓起爆后效误差和仪器舱余压后效误差等。

（四）再入误差

头体分离后，弹头依靠主动段获得的速度作惯性飞行，因目标区上空的实际大气参数与标准大气存在差异，弹头烧蚀引起气动外形变化，弹头再入时攻角等角运动初始条件误差、弹头结构偏差、气动力系数、大气密度、气动特性偏差、风场影响等，都会引起再入误差。

二、主要误差源引起的误差传播模型

(一)工具误差传播模型

以 A_x 加速度计为例,分析 A_x 加速度计在 x 轴的测量误差对满点的影响,建立相关误差传播模型。

x 轴方向的视加速度误差模型为

$$\delta A_{x1} = K_{0x} + K_{1x}A_{x1} + K_{yx}A_{y1} + K_{zx}A_{z1} \qquad (14.3.1)$$

考虑到导弹飞行中的滚动角和偏航角较小,可忽略不计(即 $\psi = \gamma = 0$),设俯仰角为 ϕ,则导弹在弹体坐标与 x_1 轴方向的视加速度误差 δA_{x1} 在惯性坐标系上的投影为

$$\delta A_x = \delta A_{x1}\cos\phi \qquad (14.3.2)$$

$$\delta A_y = \delta A_{x1}\sin\phi \qquad (14.3.3)$$

即

$$\delta A_x = (k_{0x} + k_{1x}A_{x1} + k_{yx}A_{y1} + k_{zx}A_{z1})\cos\phi \qquad (14.3.4)$$

$$\delta A_y = (k_{0x} + k_{1x}A_{x1} + k_{yx}A_{y1} + k_{zx}A_{z1})\sin\phi \qquad (14.3.5)$$

导弹在发射坐标系中的导航方程为

$$\frac{dv}{dt} = A + g(r) \qquad (14.3.6)$$

初值 $t = 0$ 时,有

$$P = P_0 \qquad (14.3.7)$$

$$v_0 = (\Omega \times (R + P_0)) + v_g \qquad (14.3.8)$$

式中:v_g 为导弹制导方位开始工作瞬间相对地面的初速。

$$\frac{dp}{dt} = v \qquad (14.3.9)$$

$$r = R + P \qquad (14.3.10)$$

$$\delta v_x = \int_0^t \delta A_x dt = k_{0x}\int_0^t \cos\phi dt + k_{1x}\int_0^t A_{x1}\cos\phi dt +$$
$$k_{yx}\int_0^t A_{y1}\cos\phi dt + k_{zx}\int_0^t A_{z1}\cos\phi dt \qquad (14.3.11)$$

$$\delta v_y = \int_0^t \delta A_y dt = k_{0x}\int_0^t \sin\phi dt + k_{1x}\int_0^t A_{x1}\sin\phi dt +$$
$$k_{yx}\int_0^t A_{y1}\sin\phi dt + k_{zx}\int_0^t A_{z1}\sin\phi dt \qquad (14.3.12)$$

对式(14.3.11)和式(14.3.12)再次积分有

$$\delta x = k_{0x}\int_0^\tau\int_0^t \cos\phi dt d\tau + k_{1x}\int_0^\tau\int_0^t A_{x1}\cos\phi dt d\tau +$$
$$k_{yx}\int_0^\tau\int_0^t A_{y1}\cos\phi dt d\tau + k_{zx}\int_0^\tau\int_0^t A_{z1}\cos\phi dt d\tau \qquad (14.3.13)$$

$$\delta y = k_{0x} \int_0^\tau \int_0^t \sin\phi dt d\tau + k_{1x} \int_0^\tau \int_0^t A_{x1} \sin\phi dt d\tau +$$

$$k_{yx} \int_0^\tau \int_0^t A_{y1} \sin\phi dt d\tau + k_{zx} \int_0^\tau \int_0^t A_{z1} \sin\phi dt d\tau \tag{14.3.14}$$

纵向落点偏差简化式为

$$\Delta L = \frac{\partial L}{\partial v_x}\delta v_x + \frac{\partial L}{\partial v_y}\delta v_y + \frac{\partial L}{\partial x}\delta x + \frac{\partial L}{\partial y}\delta y \tag{14.3.15}$$

故

$$\Delta L = \frac{\partial L}{\partial v_x}\left(k_{0x} \int_0^t \cos\phi dt + k_{1x} \int_0^t A_{x1} \cos\phi dt + k_{yx} \int_0^t A_{y1} \cos\phi dt + k_{zx} \int_0^t A_{z1} \cos\phi dt \right) +$$

$$\frac{\partial L}{\partial v_y}\left(k_{0x} \int_0^t \sin\phi dt + k_{1x} \int_0^t A_{x1} \sin\phi dt + k_{yx} \int_0^t A_{y1} \sin\phi dt + k_{zx} \int_0^t A_{z1} \sin\phi dt \right) +$$

$$\frac{\partial L}{\partial x}\left(k_{0x} \int_0^\tau \int_0^t \cos\phi dt d\tau + k_{1x} \int_0^\tau \int_0^t A_{x1} \cos\phi dt d\tau + k_{yx} \int_0^\tau \int_0^t A_{y1} \cos\phi dt d\tau + k_{zx} \int_0^\tau \int_0^t A_{z1} \cos\phi dt d\tau \right) +$$

$$\frac{\partial L}{\partial x}\left(k_{0x} \int_0^\tau \int_0^t \sin\phi dt d\tau + k_{1x} \int_0^\tau \int_0^t A_{x1} \sin\phi dt d\tau + k_{yx} \int_0^\tau \int_0^t A_{y1} \sin\phi dt d\tau + k_{zx} \int_0^\tau \int_0^t A_{z1} \sin\phi dt d\tau \right)$$

$$\tag{14.3.16}$$

对式（14.3.16）合并同类项，分别得到与 k_{0x}、k_{1x}、k_{yx}、k_{zx} 有关的误差项，即

$$\Delta L(k_{0x}) = k_{0x}\left(\frac{\partial L}{\partial v_x} \int_0^t \cos\phi dt + \frac{\partial L}{\partial v_y} \int_0^t \sin\phi dt + \frac{\partial L}{\partial x} \int_0^\tau \int_0^t \cos\phi dt d\tau + \frac{\partial L}{\partial y} \int_0^\tau \int_0^t \sin\phi dt d\tau \right) \tag{14.3.17}$$

$$\Delta L(k_{1x}) = k_{1x}\left(\int_0^t A_{x1} \cos\phi dt + \int_0^t A_{x1} \sin\phi dt + \int_0^\tau \int_0^t A_{x1} \cos\phi dt d\tau + \int_0^\tau \int_0^t A_{x1} \sin\phi dt d\tau \right) \tag{14.3.18}$$

$$\Delta L(k_{yx}) = k_{yx}\left(\int_0^t A_{y1} \cos\phi dt + \int_0^t A_{y1} \sin\phi dt + \int_0^\tau \int_0^t A_{y1} \cos\phi dt d\tau + \int_0^\tau \int_0^t A_{y1} \sin\phi dt d\tau \right) \tag{14.3.19}$$

$$\Delta L(k_{zx}) = k_{zx}\left(\int_0^t A_{z1} \cos\phi dt + \int_0^t A_{z1} \sin\phi dt + \int_0^\tau \int_0^t A_{z1} \cos\phi dt d\tau + \int_0^\tau \int_0^t A_{z1} \sin\phi dt d\tau \right) \tag{14.3.20}$$

式（14.3.17）～式（14.3.20）称为加速度计 A_x 的误差环境函数，简称 A_x 加速度计的环境函数。类似地，可以分别导出 A_y、A_z 加速度计和 J_x、J_y、J_z 陀螺仪的环境函数，其表达式分述如下。

A_y 加速度计误差模式为

$$\delta A_{y1} = k_{0y} + k_{1y}A_{y1} + k_{xy}A_{x1} + k_{zy}A_{z1} \tag{14.3.21}$$

δA_{y1} 在惯性系上的分量为

$$\delta A_x = -\delta A_{y1}\sin\phi \tag{14.3.22}$$

$$\delta A_y = \delta A_{y1}\cos\phi \tag{14.3.23}$$

A_y 表示环境函数为

$$\Delta L(k_{0y}) = k_{0y}\Big(\frac{\partial L}{\partial v_x}\int_0^t \sin\phi \mathrm{d}t - \frac{\partial L}{\partial v_y}\int_0^t \cos\phi \mathrm{d}t +$$

$$\frac{\partial L}{\partial x}\int_0^\tau\int_0^t \sin\phi \mathrm{d}t\mathrm{d}\tau - \frac{\partial L}{\partial y}\int_0^\tau\int_0^t \cos\phi \mathrm{d}t\mathrm{d}\tau \Big) \tag{14.3.24}$$

$$\Delta L(k_{1y}) = k_{1y}\Big(\frac{\partial L}{\partial v_x}\int_0^t A_{y1}\sin\phi \mathrm{d}t - \frac{\partial L}{\partial v_y}\int_0^t A_{y1}\cos\phi \mathrm{d}t +$$

$$\frac{\partial L}{\partial x}\int_0^\tau\int_0^t A_{y1}\sin\phi \mathrm{d}t\ \mathrm{d}\tau - \frac{\partial L}{\partial y}\int_0^\tau\int_0^t A_{y1}\cos\phi \mathrm{d}t\mathrm{d}\tau \Big) \tag{14.3.25}$$

$$\Delta L(k_{xy}) = k_{xy}\Big(\frac{\partial L}{\partial v_x}\int_0^t A_{x1}\sin\phi \mathrm{d}t - \frac{\partial L}{\partial v_y}\int_0^t A_{x1}\cos\phi \mathrm{d}t +$$

$$\frac{\partial L}{\partial x}\int_0^\tau\int_0^t A_{x1}\sin\phi \mathrm{d}t\mathrm{d}\tau - \frac{\partial L}{\partial y}\int_0^\tau\int_0^t A_{x1}\cos\phi \mathrm{d}t\mathrm{d}\tau \Big) \tag{14.3.26}$$

$$\Delta L(k_{zy}) = k_{zy}\Big(\frac{\partial L}{\partial v_x}\int_0^t A_{z1}\sin\phi \mathrm{d}t - \frac{\partial L}{\partial v_y}\int_0^t A_{z1}\cos\phi \mathrm{d}t +$$

$$\frac{\partial L}{\partial x}\int_0^\tau\int_0^t A_{z1}\sin\phi \mathrm{d}t\mathrm{d}\tau - \frac{\partial L}{\partial y}\int_0^\tau\int_0^t A_{z1}\cos\phi \mathrm{d}t\mathrm{d}\tau \Big) \tag{14.3.27}$$

A_z 表示的误差模型为

$$\delta A_{z1} = k_{0z} + k_{1z}A_{z1} + k_{xz}A_{x1} + k_{yz}A_{y1} \tag{14.3.28}$$

δA_z 在惯性坐标系上的分量为

$$\delta A_z = -\delta A_{z1} \tag{14.3.29}$$

A_z 表示的环境函数为

$$\Delta H(k_{0z}) = k_{0z}\Big(\frac{\partial L}{\partial v_z}\tau + \frac{\partial L}{\partial z}\cdot\frac{\tau^2}{2} \Big) \tag{14.3.30}$$

$$\Delta H(k_{1z}) = k_{1z}\Big(\frac{\partial L}{\partial v_x}\int_0^t A_{z1}\mathrm{d}t + \frac{\partial L}{\partial z}\int_0^\tau\int_0^t A_{z1}\mathrm{d}t\mathrm{d}\tau \Big) \tag{14.3.31}$$

$$\Delta H(k_{xz}) = k_{xz}\Big(\frac{\partial L}{\partial v_x}\int_0^t A_{x1}\mathrm{d}t + \frac{\partial L}{\partial z}\int_0^\tau\int_0^t A_{x1}\mathrm{d}t\mathrm{d}\tau \Big) \tag{14.3.32}$$

$$\Delta H(k_{yz}) = k_{yz}\Big(\frac{\partial L}{\partial v_x}\int_0^t A_{y1}\mathrm{d}t + \frac{\partial L}{\partial z}\int_0^\tau\int_0^t A_{y1}\mathrm{d}t\mathrm{d}\tau \Big) \tag{14.3.33}$$

x_1 轴陀螺仪 J_x 的误差模型为

$$\delta\omega_{x1} = E_{1x}\omega_{x1} + E_{yx}\omega_{y1} + E_{zx}\omega_{z1} + k_{0x} + k_{1x}A_{x1} + k_{2x}A_{y1} + k_{3x}A_{z1} \tag{14.3.34}$$

$\delta\omega_{x_1}$ 在惯性坐标系上的分量为

$$\delta\omega_x = \delta\omega_{x1}\cos\phi \tag{14.3.35}$$

$$\delta\omega_y = \delta\omega_{x1}\sin\phi \tag{14.3.36}$$

$\delta\omega_x$、$\delta\omega_y$ 在惯性坐标系上引起的视加速度偏差为

$$\delta\theta_x = \delta\omega_x\tau = \delta\omega_{x1}(\cos\phi)\cdot\tau \tag{14.3.37}$$

$$\delta A_y = -A_{z1}\delta\theta_x = -A_{z1}\delta\omega_{x1}(\cos\phi)\cdot\tau \tag{14.3.38}$$

$$\delta A_z = A_y\delta\theta_x = A_{x1}\sin\phi\delta\omega_{x1}(\cos\phi)\cdot\tau \tag{14.3.39}$$

$$\delta\theta_y = \delta\omega_y\tau = \delta\omega_{x1}(\sin\phi)\cdot\tau \tag{14.3.40}$$

$$\delta A_x = A_z\delta\theta_y = A_{z1}\delta\omega_{x1}(\sin\phi)\cdot\tau \tag{14.3.41}$$

$$\delta A_z = -A_x\delta\theta_y = -A_{x1}\cos\phi\delta\omega_{x1}(\sin\phi)\cdot\tau \tag{14.3.42}$$

综合 $\delta\omega_x$、$\delta\omega_y$ 引起的视加速度偏差,可得由 $\delta\omega_{x1}$ 引起的视加速度偏差为

$$
\begin{aligned}
\delta A_x &= \delta\omega_{x1}A_{z1}(\sin\phi)\cdot\tau \\
&= E_{1x}\omega_{x1}A_{z1}(\sin\phi)\cdot\tau + E_{yx}\omega_{y1}A_{z1}(\sin\phi)\cdot\tau + \\
&\quad E_{zx}\omega_{z1}A_{z1}(\sin\phi)\cdot\tau + k_{0x}A_{z1}(\sin\phi)\cdot\tau + k_{1x}A_{x1}A_{z1}(\sin\phi)\cdot\tau + \\
&\quad k_{2x}A_{y1}A_{z1}(\sin\phi)\cdot\tau + k_{3x}A_{z1}^2(\sin\phi)\cdot\tau
\end{aligned} \tag{14.3.43}
$$

$$
\begin{aligned}
\delta A_y &= -\delta\omega_{x1}A_{z1}(\cos\phi)\cdot\tau \\
&= -E_{1x}\omega_{x1}A_{z1}(\cos\phi)\cdot\tau - E_{yx}\omega_{y1}A_{z1}(\cos\phi)\cdot\tau - \\
&\quad E_{zx}\omega_{z1}A_{z1}(\cos\phi)\cdot\tau - k_{0x}A_{z1}(\cos\phi)\cdot\tau - \\
&\quad k_{1x}A_{x1}A_{z1}(\cos\phi)\cdot\tau - k_{2x}A_{y1}A_{z1}(\cos\phi)\cdot\tau - k_{3x}A_{z1}^2(\cos\phi)\cdot\tau
\end{aligned} \tag{14.3.44}
$$

$$\delta A_z = 0 \tag{14.3.45}$$

不考虑重力偏差,对式(14.3.43)、式(14.3.44)积分有

$$
\begin{aligned}
\delta v_x &= \int_0^t \delta A_x \mathrm{d}t \\
&= \int_0^t E_{1x}\omega_{x1}A_{z1}(\sin\phi)\cdot\tau\mathrm{d}t + \int_0^t E_{yx}\omega_{y1}A_{z1}(\sin\phi)\cdot\tau\mathrm{d}t + \\
&\quad \int_0^t E_{zx}\omega_{z1}A_{z1}(\sin\phi)\cdot\tau\mathrm{d}t + \int_0^t k_{0x}A_{z1}(\sin\phi)\cdot\tau\mathrm{d}t + \\
&\quad \int_0^t k_{1x}A_{x1}A_{z1}(\sin\phi)\cdot\tau\mathrm{d}t + \int_0^t k_{2x}A_{y1}A_{z1}(\sin\phi)\cdot\tau\mathrm{d}t + \int_0^t k_{3x}A_{z1}^2(\sin\phi)\cdot\tau\mathrm{d}t
\end{aligned} \tag{14.3.46}
$$

$$
\begin{aligned}
\delta v_y &= -\int_0^t E_{1x}\omega_{x1}A_{z1}(\cos\phi)\cdot\tau\mathrm{d}t - \int_0^t E_{yx}\omega_{y1}A_{z1}(\cos\phi)\cdot\tau\mathrm{d}t - \\
&\quad \int_0^t E_{zx}\omega_{z1}A_{z1}(\cos\phi)\cdot\tau\mathrm{d}t - \int_0^t k_{0x}A_{z1}(\cos\phi)\cdot\tau\mathrm{d}t - \\
&\quad \int_0^t k_{1x}A_{x1}A_{z1}(\cos\phi)\cdot\tau\mathrm{d}t - \int_0^t k_{2x}A_{y1}A_{z1}(\cos\phi)\cdot\tau\mathrm{d}t - \int_0^t k_{3x}A_{z1}^2(\cos\phi)\cdot\tau\mathrm{d}t
\end{aligned} \tag{14.3.47}
$$

再次积分,有

$$
\delta x = \int_0^\tau \delta v_x \mathrm{d}\tau
$$

$$
= \iint_0^{\tau\ t} E_{1x}\omega_{x1}A_{z1}(\sin\phi)\cdot\tau\mathrm{d}t\mathrm{d}\tau + \iint_0^{\tau\ t} E_{yx}\omega_{y1}A_{z1}(\sin\phi)\cdot\tau\mathrm{d}t\mathrm{d}\tau +
$$

$$
\iint_0^{\tau\ t} E_{zx}\omega_{z1}A_{z1}(\sin\phi)\cdot\tau\mathrm{d}t\mathrm{d}\tau + \iint_0^{\tau\ t} k_{0x}A_{z1}(\sin\phi)\cdot\tau\mathrm{d}t\mathrm{d}v +
$$

$$
\iint_0^{v\ t} k_{1x}A_{x1}A_{z1}(\sin\phi)\cdot\tau\mathrm{d}t\mathrm{d}\tau + \iint_0^{\tau\ t} k_{2x}A_{y1}A_{z1}(\sin\phi)\cdot\tau\mathrm{d}t\mathrm{d}\tau +
$$

$$
\iint_0^{\tau\ t} k_{3x}A_{z1}^2(\sin\phi)\cdot\tau\mathrm{d}t\mathrm{d}\tau \tag{14.3.48}
$$

$$
\delta y = -\iint_0^{\tau\ t} E_{1x}\omega_{x1}A_{z1}(\cos\phi)\cdot\tau\mathrm{d}t\mathrm{d}\tau - \iint_0^{\tau\ t} E_{yx}\omega_{y1}A_{z1}(\cos\phi)\cdot\tau\mathrm{d}t\mathrm{d}\tau -
$$

$$
\iint_0^{\tau\ t} E_{zx}\omega_{z1}A_{z1}(\cos\phi)\cdot\tau\mathrm{d}t\mathrm{d}\tau - \iint_0^{\tau\ t} k_{0x}A_{z1}(\cos\phi)\cdot\tau\mathrm{d}t\mathrm{d}\tau -
$$

$$
\iint_0^{\tau\ t} k_{1x}A_{x1}A_{z1}(\cos\phi)\cdot\tau\mathrm{d}t\mathrm{d}\tau - \iint_0^{\tau\ t} k_{2x}A_{y1}A_{z1}(\cos\phi)\cdot\tau\mathrm{d}t\mathrm{d}\tau -
$$

$$
\iint_0^{\tau\ t} k_{3x}A_{z1}^2(\cos\phi)\cdot\tau\mathrm{d}t\mathrm{d}\tau \tag{14.3.49}
$$

由 $\Delta L = \dfrac{\partial L}{\partial v_x}\delta v_x + \dfrac{\partial L}{\partial v_y}\delta v_y + \dfrac{\partial L}{\partial x}\delta x + \dfrac{\partial L}{\partial y}\delta y$,得

$$
\Delta L(E_{1x}) = E_{1x}\omega_{x1}\Big[\frac{\partial L}{\partial v_x}\int_0^t A_{z_1}(\sin\phi)\cdot\tau\mathrm{d}t - \frac{\partial L}{\partial v_y}\int_0^t A_{z_1}(\cos\phi)\cdot\tau\mathrm{d}t +
$$

$$
\frac{\partial L}{\partial x}\iint_0^{\tau\ t} A_{z_1}(\sin\phi)\cdot\tau\mathrm{d}t\mathrm{d}\tau - \frac{\partial L}{\partial y}\iint_0^{\tau\ t} A_{z_1}(\cos\phi)\cdot\tau\mathrm{d}t\mathrm{d}\tau\Big] \tag{14.3.50}
$$

$$
\Delta L(E_{yx}) = E_{yx}\omega_{y1}\Big[\frac{\partial L}{\partial v_x}\int_0^t A_{z_1}(\sin\phi)\cdot\tau\mathrm{d}t - \frac{\partial L}{\partial v_y}\int_0^t A_{z_1}(\cos\phi)\cdot\tau\mathrm{d}t +
$$

$$
\frac{\partial L}{\partial x}\iint_0^{\tau\ t} A_{z_1}(\sin\phi)\cdot\tau\mathrm{d}t\mathrm{d}\tau - \frac{\partial L}{\partial y}\iint_0^{\tau\ t} A_{z_1}(\cos\phi)\cdot\tau\mathrm{d}t\mathrm{d}\tau\Big] \tag{14.3.51}
$$

$$
\Delta L(E_{zx}) = E_{zx}\omega_{z1}\frac{\partial L}{\partial v_x}\int_0^t A_{z1}(\sin\phi)\tau\mathrm{d}\tau - \frac{\partial L}{\partial v_y}\int_0^t A_{z1}(\cos\phi)\tau\mathrm{d}\tau +
$$

$$
\frac{\partial L}{\partial x}\int_0^\tau\int_0^t A_{z1}(\sin\phi)\tau\mathrm{d}t\mathrm{d}\tau - \frac{\partial L}{\partial y}\int_0^\tau\int_0^t A_{z1}(\cos\phi)\tau\mathrm{d}t\mathrm{d}\tau \tag{14.3.52}
$$

$$\Delta L(K_{0x}) = K_{0x}\left[\frac{\partial L}{\partial v_x}\int_0^t A_{z1}(\sin\phi)\tau d\tau - \frac{\partial L}{\partial v_y}\int_0^t A_{z1}(\cos\phi)\tau d\tau +\right.$$

$$\left.\frac{\partial L}{\partial x}\int_0^\tau\int_0^t A_{z1}(\sin\phi)\tau dt d\tau - \frac{\partial L}{\partial y}\int_0^\tau\int_0^t A_{z1}(\cos\phi)\tau dt d\tau\right] \tag{14.3.53}$$

$$\Delta L(K_{1x}) = K_{1x}\left[\frac{\partial L}{\partial v_x}\int_0^t A_{x1}A_{z1}(\sin\phi)\tau d\tau - \frac{\partial L}{\partial v_y}\int_0^t A_{x1}A_{z1}(\cos\phi)\tau d\tau +\right.$$

$$\left.\frac{\partial L}{\partial x}\int_0^\tau\int_0^t A_{x1}A_{z1}(\sin\phi)\tau dt d\tau - \frac{\partial L}{\partial y}\int_0^\tau\int_0^t A_{x1}A_{z1}(\cos\phi)\tau dt d\tau\right] \tag{14.3.54}$$

$$\Delta L(K_{2x}) = K_{2x}\left[\frac{\partial L}{\partial v_x}\int_0^t A_{y1}A_{z1}(\sin\phi)\tau d\tau - \frac{\partial L}{\partial v_y}\int_0^t A_{y1}A_{z1}(\cos\phi)\tau d\tau +\right.$$

$$\left.\frac{\partial L}{\partial x}\int_0^\tau\int_0^t A_{y1}A_{z1}(\sin\phi)\tau dt d\tau - \frac{\partial L}{\partial y}\int_0^\tau\int_0^t A_{y1}A_{z1}(\cos\phi)\tau dt d\tau\right] \tag{14.3.55}$$

$$\Delta L(K_{3x}) = K_{3x}\left[\frac{\partial L}{\partial v_x}\int_0^t A_{z1}^2(\sin\phi)\tau d\tau - \frac{\partial L}{\partial v_y}\int_0^t A_{z1}^2(\cos\phi)\tau d\tau +\right.$$

$$\left.\frac{\partial L}{\partial x}\int_0^\tau\int_0^t A_{z1}^2(\sin\phi)\tau dt d\tau - \frac{\partial L}{\partial y}\int_0^\tau\int_0^t A_{z1}^2(\cos\phi)\tau dt d\tau\right] \tag{14.3.56}$$

同理，y_1 轴陀螺仪 J_y 的误差模型为

$$\delta\omega_{y1} = E_{1y}\omega_{y1} + E_{xy}\omega_{x1} + E_{zy}\omega_{z1} + K_{oy} + K_{1y}A_{x1} + K_{2y}A_{y1} + K_{3y}A_{z1} \tag{14.3.57}$$

$\delta\omega_{y1}$ 在惯性坐标系上的分量为

$$\delta\omega_x = \delta\omega_{y1}\sin\phi \tag{14.3.58}$$

$$\delta\omega_y = \delta\omega_{y1}\cos\phi \tag{14.3.59}$$

$\delta\omega_x$、$\delta\omega_y$ 在惯性坐标系上引起的视加速度偏差为

$$\delta\theta_x = -\delta\omega_x\tau = -\delta\omega_{y1}(\sin\phi)\tau \tag{14.3.60}$$

$$\delta A_y = -A_z\delta\theta_x = -\delta\omega_{y1}A_{z1}(\cos\phi)\tau \tag{14.3.61}$$

$$\delta A_z = A_y\delta\theta_x = A_{y1}\delta\omega_{y1}(\sin^2\phi)\tau \tag{14.3.62}$$

$$\delta\theta_y = \delta\omega_y\tau = \delta\omega_{y1}(\cos\phi)\tau \tag{14.3.63}$$

$$\delta A_x = A_z\delta\theta_y = \delta\omega_{y1}A_{z1}(\cos\phi)\tau \tag{14.3.64}$$

$$\delta A_z = -A_z\delta\theta_y = -\delta\omega_{y1}A_{z1}(\cos^2\phi)\tau \tag{14.3.65}$$

综上，由 $\delta\omega_x$、$\delta\omega_y$、$\delta\omega_{y1}$ 引起的视加速度偏差为

$$\delta A_x = \delta\omega_{y1}A_{z1}(\cos\phi)\tau \tag{14.3.66}$$

$$\delta A_y = -\delta\omega_{y1}A_{z1}(\sin\phi)\tau \tag{14.3.67}$$

$$\delta A_z = -\delta\omega_{y1}A_{x1}(\sin^2\phi + \cos^2\phi)\tau = -\delta\omega_{y1}A_{x1}\tau \tag{14.3.68}$$

由 y_1 轴陀螺仪 J_y 引起的环境函数为

$$\Delta H(E_{1y}) = -E_{1y}\omega_{y1}\left[\frac{\partial L}{\partial v_x}\int_0^t A_{x1}\tau dt + \frac{\partial L}{\partial z}\int_0^\tau\int_0^t A_{x1}\tau dt d\tau\right] \tag{14.3.69}$$

$$\Delta H(E_{xy}) = E_{xy}\omega_{x1}\left[\frac{\partial L}{\partial v_z}\int_0^t A_{x1}\tau dt + \frac{\partial L}{\partial z}\int_0^\tau\int_0^t A_{x1}\tau dt d\tau\right] \tag{14.3.70}$$

$$\Delta H(E_{zy}) = E_{zy}\omega_{z1}\left[\frac{\partial L}{\partial z}\int_0^t A_{x1}\tau dt + \frac{\partial L}{\partial z}\int_0^\tau\int_0^t A_{x1}\tau dt d\tau\right] \tag{14.3.71}$$

$$\Delta H(K_{0y}) = -K_{0y}\left[\frac{\partial L}{\partial v_z}\int_0^t A_{x1}\tau dt + \frac{\partial L}{\partial z}\int_0^t\int_0^\tau A_{x1}\tau d\tau dt\right] \tag{14.3.72}$$

$$\Delta H(K_{1y}) = -K_{1y}\left[\frac{\partial L}{\partial v_z}\int_0^t A_{x1}^2\tau dt + \frac{\partial L}{\partial z}\int_0^t\int_0^\tau A_{x1}^2\tau d\tau dt\right] \tag{14.3.73}$$

$$\Delta H(K_{3y}) = -K_{3y}\left[\frac{\partial L}{\partial v_z}\int_0^t A_{z1}A_{x1}\tau dt + \frac{\partial L}{\partial z}\int_0^t\int_0^\tau A_{y1}A_{x1}\tau d\tau dt\right] \tag{14.3.74}$$

$$\Delta L(E_{1y}) = -E_{1y}\omega_{y1}\left[\frac{\partial L}{\partial v_x}\int_0^t A_{z1}(\cos\phi)\tau dt + \frac{\partial L}{\partial v_y}\int_0^t A_{z1}(\sin\phi)\tau dt + \right.$$
$$\left.\frac{\partial L}{\partial x}\int_0^t\int_0^\tau A_{z1}(\cos\phi)\tau d\tau dt + \frac{\partial L}{\partial y}\int_0^t\int_0^\tau A_{z1}(\sin\phi)\tau d\tau dt\right] \tag{14.3.75}$$

$$\Delta L(E_{xy}) = -E_{xy}\omega_{x1}\left[\frac{\partial L}{\partial v_x}\int_0^t A_{z1}(\cos\phi)\tau dt + \frac{\partial L}{\partial v_y}\int_0^t A_{z1}(\sin\phi)\tau dt + \right.$$
$$\left.\frac{\partial L}{\partial x}\int_0^t\int_0^\tau A_{z1}(\cos\phi)\tau d\tau dt + \frac{\partial L}{\partial y}\int_0^t\int_0^\tau A_{z1}(\sin\phi)\tau d\tau dt\right] \tag{14.3.76}$$

$$\Delta L(E_{zy}) = -E_{zy}\omega_{z1}\left[\frac{\partial L}{\partial v_x}\int_0^t A_{z1}(\cos\phi)\tau dt + \frac{\partial L}{\partial v_y}\int_0^t A_{z1}(\sin\phi)\tau dt + \right.$$
$$\left.\frac{\partial L}{\partial x}\int_0^t\int_0^\tau A_{z1}(\cos\phi)\tau d\tau dt + \frac{\partial L}{\partial y}\int_0^t\int_0^\tau A_{z1}(\sin\phi)\tau d\tau dt\right] \tag{14.3.77}$$

$$\Delta L(K_{0y}) = -K_{0y}\left[\frac{\partial L}{\partial v_x}\int_0^t A_{z1}(\cos\phi)\tau dt + \frac{\partial L}{\partial v_y}\int_0^t A_{z1}(\sin\phi)\tau dt + \right.$$
$$\left.\frac{\partial L}{\partial x}\int_0^t\int_0^\tau A_{z1}(\cos\phi)\tau d\tau dt + \frac{\partial L}{\partial y}\int_0^t\int_0^\tau A_{z1}(\sin\phi)\tau d\tau dt\right] \tag{14.3.78}$$

$$\Delta L(K_{1y}) = -K_{1y}\left[\frac{\partial L}{\partial v_x}\int_0^t A_{x1}A_{z1}(\cos\phi)\tau dt + \frac{\partial L}{\partial v_y}\int_0^t A_{x1}A_{z1}(\sin\phi)\tau dt + \right.$$
$$\left.\frac{\partial L}{\partial x}\int_0^t\int_0^\tau A_{x1}A_{z1}(\cos\phi)\tau d\tau dt + \frac{\partial L}{\partial y}\int_0^t\int_0^\tau A_{x1}A_{z1}(\sin\phi)\tau d\tau dt\right] \tag{14.3.79}$$

$$\Delta L(K_{2y}) = -K_{2y}\left[\frac{\partial L}{\partial v_x}\int_0^t A_{y1}A_{z1}(\cos\phi)\tau dt + \frac{\partial L}{\partial v_y}\int_0^t A_{y1}A_{z1}(\sin\phi)\tau dt + \right.$$
$$\left.\frac{\partial L}{\partial x}\int_0^t\int_0^\tau A_{y1}A_{z1}(\cos\phi)\tau d\tau dt + \frac{\partial L}{\partial y}\int_0^t\int_0^\tau A_{y1}A_{z1}(\sin\phi)\tau d\tau dt\right] \tag{14.3.80}$$

$$\Delta L(K_{3y}) = -K_{3y}\left[\frac{\partial L}{\partial v_x}\int_0^t A_{z1}^2(\cos\phi)\tau dt + \frac{\partial L}{\partial v_y}\int_0^t A_{z1}^2(\sin\phi)\tau dt + \right.$$
$$\left.\frac{\partial L}{\partial x}\int_0^t\int_0^\tau A_{z1}^2(\cos\phi)\tau d\tau dt + \frac{\partial L}{\partial y}\int_0^t\int_0^\tau A_{z1}^2(\sin\phi)\tau d\tau dt\right] \tag{14.3.81}$$

z_1 轴陀螺仪 J_{z1} 的误差模型为

$$\delta\omega_{z1} = E_{z1}\omega_{z1} + E_{xz}\omega_{x1} + E_{yz}\omega_{y1} + k_{0z} + k_{1z}A_{x1} + k_{2z}A_{y1} + k_{3z}A_{z1} \tag{14.3.82}$$

$\delta\omega_{z1}$ 在惯性坐标系上引起的分量为 $\delta\omega_z = \delta\omega_{z1}$。

$\delta\omega_{z1}$ 在惯性坐标系上引起的视加速度偏差为

$$\delta\theta_z = \delta\omega_z\tau = \delta\omega_{z1}\tau \tag{14.3.83}$$

$$\delta A_x = -A_y\delta\theta_z = -A_{x1}(\sin\phi)\delta\omega_{z1}\tau \tag{14.3.84}$$

$$\delta A_y = -A_x\delta\theta_z = -A_{x1}(\cos\phi)\delta\omega_{z1}\tau \tag{14.3.85}$$

$$\delta A_z = A_y\delta\theta_z = \delta\theta_{y1}A_{x1}(\sin^2\phi)\tau \tag{14.3.86}$$

z_1 轴陀螺仪引起的环境函数为

$$\Delta L(E_{z1}) = -E_{z1}\omega_{z1}\left[\frac{\partial L}{\partial v_x}\int_0^t A_{x1}(\sin\phi)\tau \mathrm{d}t - \frac{\partial L}{\partial y}\int_0^t A_{x1}(\cos\phi)\tau \mathrm{d}t + \right.$$
$$\left. \frac{\partial L}{\partial x}\int_0^t\int_0^\tau A_{x1}(\sin\phi)\tau \mathrm{d}\tau \mathrm{d}t - \frac{\partial L}{\partial y}\int_0^t\int_0^\tau A_{x1}(\cos\phi)\tau \mathrm{d}\tau \mathrm{d}t\right] \tag{14.3.87}$$

$$\Delta L(E_{xz}) = E_{xz}\omega_{x1}\left[\frac{\partial L}{\partial v_x}\int_0^t A_{x1}(\sin\phi)\tau \mathrm{d}t - \frac{\partial L}{\partial v_y}\int_0^t A_{x1}(\cos\phi)\tau \mathrm{d}t + \right.$$
$$\left. \frac{\partial L}{\partial x}\int_0^t\int_0^\tau A_{x1}(\sin\phi)\tau \mathrm{d}\tau \mathrm{d}t - \frac{\partial L}{\partial y}\int_0^t\int_0^\tau A_{x1}(\cos\phi)\tau \mathrm{d}\tau \mathrm{d}t\right] \tag{14.3.88}$$

$$\Delta L(E_{yz}) = E_{yz}\omega_{y1}\left[\frac{\partial L}{\partial v_x}\int_0^t A_{x_1}(\sin\phi)\tau \mathrm{d}t - \frac{\partial L}{\partial v_y}\int_0^t A_{x_1}(\cos\phi)\tau \mathrm{d}t + \right.$$
$$\left. \frac{\partial L}{\partial x}\int_0^t\int_0^\tau A_{x_1}(\sin\phi)\tau \mathrm{d}\tau \mathrm{d}t - \frac{\partial L}{\partial y}\int_0^t\int_0^\tau A_{x_1}(\cos\phi)\tau \mathrm{d}\tau \mathrm{d}t\right] \tag{14.3.89}$$

$$\Delta L(K_{0z}) = K_{0z}\left[\frac{\partial L}{\partial v_x}\int_0^t A_{x_1}(\sin\phi)\tau \mathrm{d}t - \frac{\partial L}{\partial v_y}\int_0^t A_{x_1}(\cos\phi)\tau \mathrm{d}t + \right.$$
$$\left. \frac{\partial L}{\partial x}\int_0^t\int_0^\tau A_{x_1}(\sin\phi)\tau \mathrm{d}\tau \mathrm{d}t - \frac{\partial L}{\partial y}\int_0^t\int_0^\tau A_{x_1}(\cos\phi)\tau \mathrm{d}\tau \mathrm{d}t\right] \tag{14.3.90}$$

$$\Delta L(K_{1z}) = -K_{1z}\left[\frac{\partial L}{\partial v_x}\int_0^t A_{x1}^2(\sin\phi)\tau \mathrm{d}t - \frac{\partial L}{\partial v_y}\int_0^t A_{x1}^2(\cos\phi)\tau \mathrm{d}t + \right.$$
$$\left. \frac{\partial L}{\partial x}\int_0^t\int_0^\tau A_{x1}^2(\sin\phi)\tau \mathrm{d}\tau \mathrm{d}t - \frac{\partial L}{\partial y}\int_0^t\int_0^\tau A_{x1}^2(\cos\phi)\tau \mathrm{d}\tau \mathrm{d}t\right] \tag{14.3.91}$$

$$\Delta L(K_{2z}) = -K_{2z}\left[\frac{\partial L}{\partial v_x}\int_0^t A_{y_1}A_{x_1}(\sin\phi)\tau \mathrm{d}t - \frac{\partial L}{\partial v_y}\int_0^t A_{y_1}A_{x_1}(\cos\phi)\tau \mathrm{d}t + \right.$$
$$\left. \frac{\partial L}{\partial x}\int_0^t\int_0^\tau A_{y_1}A_{x_1}(\sin\phi)\tau \mathrm{d}\tau \mathrm{d}t - \frac{\partial L}{\partial y}\int_0^t\int_0^\tau A_{y_1}A_{x_1}(\cos\phi)\tau \mathrm{d}\tau \mathrm{d}t\right] \tag{14.3.92}$$

$$\Delta L(K_{3z}) = -K_{3z}\left[\frac{\partial L}{\partial v_x}\int_0^t A_{z_1}A_{x_1}(\sin\phi)\tau \mathrm{d}t - \frac{\partial L}{\partial v_y}\int_0^t A_{z_1}A_{x_1}(\cos\phi)\tau \mathrm{d}t + \right.$$
$$\left. \frac{\partial L}{\partial v_x}\int_0^t\int_0^\tau A_{z_1}A_{x_1}(\sin\phi)\tau \mathrm{d}\tau \mathrm{d}t - \frac{\partial L}{\partial y}\int_0^t\int_0^\tau A_{z_1}A_{x_1}(\cos\phi)\tau \mathrm{d}\tau \mathrm{d}t\right] \tag{14.3.93}$$

（二）发射点初始方位误差传播模型

初始方位误差对引起的落点横向偏差 ΔH 为

$$\Delta H = R\sin\left(\frac{L}{R}\right)\sin(\Delta A_0) \tag{14.3.94}$$

式中：L 为射程；R 为地球半径；ΔA_0 为初始方位误差。

（三）发射点初始位置误差传播模型

$$\begin{cases} \Delta L = \Delta x \\ \Delta H = \Delta z \cdot \cos\Phi \end{cases} \quad (\Phi \text{ 为射程角}) \tag{14.3.95}$$

（四）调平瞄准误差传播模型

设导弹绕 x、z 轴调平误差角分别为 α_x、α_z，绕 y 轴瞄准误差角为 α_y。这三个误差角的存在将使弹体坐标系与惯性坐标系不重合，由此引起的加速度计的测量误差为

$$\begin{bmatrix} \delta A_x \\ \delta A_y \\ \delta A_z \end{bmatrix} = \begin{bmatrix} 0 & \alpha_z & -\alpha_y \\ -\alpha_z & 0 & \alpha_x \\ \alpha_y & -\alpha_x & 0 \end{bmatrix} \begin{bmatrix} A_{x1} \\ A_{y1} \\ A_{z1} \end{bmatrix} \tag{14.3.96}$$

式中：δA_x、δA_y、δA_z 分别为惯性坐标系 x、y、z 三轴向加速度计的测量误差；A_{x1}、A_{y1}、A_{z1} 为弹体坐标系加速度计测量的视加速度。

$$\begin{cases} \delta v_x = \alpha_z \int_0^t A_{y1}\,\mathrm{d}t - \alpha_y \int_0^t A_{z1}\,\mathrm{d}t \\[2mm] \delta v_y = \alpha_x \int_0^t A_{z1}\,\mathrm{d}t - \alpha_z \int_0^t A_{x1}\,\mathrm{d}t \\[2mm] \delta v_z = \alpha_y \int_0^t A_{x1}\,\mathrm{d}t - \alpha_x \int_0^t A_{y1}\,\mathrm{d}t \\[2mm] \delta x = \alpha_z \int_0^t \int_0^\tau A_{y1}\,\mathrm{d}\tau\mathrm{d}t - \alpha_y \int_0^t \int_0^\tau A_{z1}\,\mathrm{d}\tau\mathrm{d}t \\[2mm] \delta y = \alpha_x \int_0^t \int_0^\tau A_{z1}\,\mathrm{d}\tau\mathrm{d}t - \alpha_z \int_0^t \int_0^\tau A_{x1}\,\mathrm{d}\tau\mathrm{d}t \\[2mm] \delta z = \alpha_y \int_0^t \int_0^\tau A_{x1}\,\mathrm{d}\tau\mathrm{d}t - \alpha_x \int_0^t \int_0^\tau A_{y1}\,\mathrm{d}\tau\mathrm{d}t \end{cases} \tag{14.3.97}$$

$$\Delta L(\text{调平瞄准误差}) = \frac{\partial L}{\partial v_x}\delta v_x + \frac{\partial L}{\partial v_y}\delta v_y + \frac{\partial L}{\partial v_z}\delta v_z + \frac{\partial L}{\partial x}\delta x + \frac{\partial L}{\partial y}\delta y + \frac{\partial L}{\partial z}\delta z \tag{14.3.98}$$

$$\Delta H(\text{调平瞄准误差}) = \frac{\partial H}{\partial v_x}\delta v_x + \frac{\partial H}{\partial v_y}\delta v_y + \frac{\partial H}{\partial v_z}\delta v_z + \frac{\partial H}{\partial x}\delta x + \frac{\partial H}{\partial y}\delta y + \frac{\partial H}{\partial z}\delta z \tag{14.3.99}$$

 思考题

1. 导弹命中精度的指标有哪些？
2. 影响导弹命中精度的主要误差源包括哪些？
3. 射击密集度点估计的方法有哪些？

第十五章

导弹故障诊断技术

>>>

导弹故障诊断是导弹使用经常会面临的现实问题,由于导弹武器本身是由多专业集成的大型复杂系统,导弹武器系统一旦出现故障,故障的检测、诊断、分析与排除工作是一项极其困难的工作,那么什么是故障?引起导弹故障的原因和机理有哪些?分析排除导弹武器系统故障的方法有哪些?本章力图对这些问题给出一些答案。

第一节　故障诊断的基本概念

一、故障的定义

设备表现出不希望特性的任何现象,如功能丧失、性能退化(性能参数超出额定的范围)、结构件损坏等情况,都可以看作设备故障(Fault)。

关于设备故障的定义有多种提法,我国电子工业部部标 SJ - 2166 - 82 规定,故障是指:

(1) 设备在规定条件下,不能完成规定的功能。

(2) 设备在规定条件下,一个或几个性能参数不能保持在规定的上下限值之间。

(3) 设备在规定的应力范围内工作时,导致设备不能完成其功能的机械零件、结构件或元件的破裂、断裂、卡死等损坏状态。

二、故障的分类

不同类型的设备,从不同的角度观察和分析,可将其故障分为不同的种类。

(1) 按故障存在的程度来分,设备的故障可分为暂时性故障和永久性故障。

暂时性故障:由某些暂时原因引起设备不能正常工作的一类故障称暂时性故障,这类故障通过调整系统参数或运行参数就可恢复正常,如电源浪涌引起电压升高导致设备不能正常工作,适当调低电源电压或当电源浪涌过后,设备就可恢复正常。这类故障带有间断性,时好时坏。

永久性故障:这类故障是由某些元部件损坏引起的,必须要更换或修复损坏的元部件后才能消除。

(2) 按故障发生、发展的进程来分,设备的故障可分为突发性故障和渐发性故障。

突发性故障:这类故障在发生前无明显的征兆,故障在突然之间发生,故障发生的时间很短。

渐发性故障:因疲劳、腐蚀、磨损、漂移等使设备的性能下降而超出允许值引起的故障。

(3) 按故障后果的严重程度来分,设备的故障可分为破坏性故障和非破坏性故障。

破坏性故障:对设备及其操作使用人员的人身安全将会造成危害的一类故障,这类故障发生具有突发性、后果具有永久性。

非破坏性故障:对设备及其操作使用人员的人身安全不会造成伤害的一些故障。

(4) 按故障发生的原因来分,可分为外因故障和内因故障。

外因故障:因为一些外部环境条件导致设备的一些故障称为外因故障。例如,在东南沿海地区,外部环境条件比较潮湿,盐雾较大,酸碱性较高,设备经常出现一些因腐蚀、锈蚀导致电缆接触不良之类的故障;在东北的冬季,因气候比较寒冷,设备经常出现一些低温适应性导致的故障;在西北高原地区,经常出现一些因气压变化导致的故障。

内因故障:设备因为内部自身原因导致的一些故障,称为内因故障。如设备自身元器件的老化导致的设备的性能退化;设备自身元器件的损坏导致设备功能的丧失;设备结构件的破裂、磨损等导致的设备的功能异常等。

(5) 按故障发生的相关性来分,可分为相关故障和非相关故障。

相关故障(也称间接故障):因与设备相关联的一些设备的故障引起的一些连锁反应,造成设备的故障,称为相关故障。这类故障是由与设备相关联的一些外在的间接故障因素造成的设备故障,所以又称为间接故障。

非相关故障(也称直接故障):因设备内部自身的一些直接原因导致设备的故障,称为非相关故障。这类故障又称为直接故障。

(6) 按故障发生的时期来分,设备的故障可分为早期故障、使用期故障和后期故障。

早期故障:设备早期发生的一些故障,称为早期故障。

使用期故障:设备使用期发生的一些故障,称为使用期故障。

后期故障:设备后期发生的一些故障,称为后期故障。

三、故障的基本特征

设备的故障一般具有如下五个基本特征:

(1) 层次性。复杂的设备,可划分为系统、子系统、部件、元件,表现一定的层次性,与之相关联,设备的故障也具有层次性的特征,即设备的故障可能出现在系统、子系统、部件、元件等不同的层次上。

(2) 传播性。元件的故障会导致部件的故障,部件的故障会引起系统的故障,故障会沿着部件 — 子系统 — 系统的路径传播。

(3) 放射性。某一部件的故障可能会引起与之相关联的部件发生故障。

(4) 延时性。设备故障的发生、发展和传播有一定的时间过程,设备故障的这种延时性特征为故障的早期预测预报提供了条件。

(5) 不确定性。设备故障的发生具有随机性、模糊性、不可确知性。

四、设备的故障诊断

设备的故障诊断(Fault Diagnosis)是指借助自动化、半自动化、手动测试设备和人的感官,对反映设备工作性能的状态和参数进行检查测试，根据获得的检测信息进行故障特征提取，依据提取的故障特征进行故障隔离定位，并提出故障维修处置的决策建议。设备的故障诊断包括三方面的内容：故障检测、故障隔离定位和维修决策。

五、其他与故障及故障诊断相关的概念

故障分离（Fault Isolation）：根据故障检测的信息，按照某种信号处理或变换的方式，确定故障发生的原因和具体位置。

故障辨识（Fault Identification）：在故障发生后，确定故障的大小和故障发生的时间。

误报（False Alarm）：系统没有发生故障而报警，"误报率"是衡量故障诊断系统性能的基本指标之一。

漏报（Missing Alarm）：系统发生了故障而没有报警，"漏报率"是衡量故障诊断系统性能的另外一个基本指标。

错报（Mistake Alarm）：系统发生某种形式的故障但是报警为其他形式的故障。

解析冗余（Analytical Redundancy）：与硬件冗余相对应，狭义上指诊断系统变量之间存在的可用数学解析模型表示的冗余关系，广义上泛指利用非硬件冗余方法得到的冗余信息进行故障诊断，冗余信息越多，故障诊断的自由度越大，因而冗余信息是故障诊断的关键。

安全性（Safety）：系统不对人员、设备和环境造成危害的性能。它是故障诊断与容错控制实现的最终目标。

故障预报（Fault Prediction）：根据系统的残差和症状等动态信息，在故障尚未发生时对其运行态势进行估计。

失效（Failure）：处于崩溃或期望功能完全丧失状态的系统、部件或元件。

残差（Residual）：指实际测量值和理论分析值之间的差值，是故障发生的判断依据。

症状（Symptom）：由故障引起的系统外在可观测的表现特征。

故障检测（Fault Detection）：借助自动化、半自动化、手动测试设备和人的感官，对反映设备工作性能的状态和参数进行检查测试，根据测试的结果确定系统是否发生故障。

第二节　故障模式和故障机理

故障模式是故障发生的具体表现形式，故障模式的宏观表现形式为若干故障现象，微观表现形式为部件磨损、疲劳、腐蚀、氧化等。

故障机理是引起故障的物理、化学或其他过程，导致这一过程发生的原因有设备内部原因和外部环境因素。

一、外部环境影响因素

外部环境对设备工作状态的影响，主要表现为自然环境、人为因素以及操作使用影响等三个方面，具体如下。

（一）自然环境对系统的影响

主要包括气象条件（如风、雨、雷、电、高温、低温）、地域条件（如潮湿、干燥、烟雾、风沙、低气压）和电磁环境（如电磁暴、电磁干扰）等影响。系统在过高的自然环境应力作用下，往往会影

响其使用功能和性能。

（二）人为因素对系统的影响

在使用和维修过程中,若发生人为差错,出现"错、忘、漏、损、丢"和使用、维修不当,可能引起系统故障。人为差错主要包括指挥错误、技术状态设置错误、操作动作错误、装配错误、检验错误和维修错误等。对系统危害最大的是技术状态设置错误,一个插头的连接错误或舵片反装错误,可能造成整个导弹发射失败或计划严重推迟。造成人为差错的主观原因有三种类型:操作作风型——责任心不强,不遵守操作规程,疏忽大意,盲目蛮干等;技术技能型——缺乏专业知识和操作技能,不懂或不熟悉设备性能和操作规程;组织管理型——对使用或维修作业组织不严密、管理混乱等。其中,不遵守操作规程和管理混乱,常常会带来严重后果,是必须要给予关注和防止的类型。

（三）使用和维修活动对系统的影响

在使用和维修过程中,若系统受到超出设计允许范围的冲击、振动或静电积累,造成系统机械损伤或螺栓松动,电路板脱落,导线断开、焊点开裂或静电放电等损害,会严重影响系统性能。

二、设备故障机理分析

设备故障的机理主要有以下几方面。

（一）设计缺陷

设计缺陷也是导致电子设备故障的重要原因。设备的可靠性是设计赋予的固有特性,即使承制方制造水平再高、工艺再完善、元器件质量再好,如果存在设计缺陷,设备也会出故障。即使电子元器件质量很好,在组成一定电路功能的电子设备时,如果有设计缺陷,同样会导致设备故障。常见的设计缺陷有:结构、电路设计不合理;抗干扰设计不到位;没有注意降额设计;没有电感线圈的削尖峰设计;通风散热设计差;密封设计差;耐环境设计差;无防差错设计;匹配设计不良;缺乏容错设计;精度、容量、量程设计考虑不周等。

（二）制造缺陷

在生产过程中装配、操作、元器件选用、参数调整或校正不当所形成的固有缺陷,是系统发生故障的重要原因之一。

（三）工艺缺陷

设备制造不完善、工艺质量控制不严格和设备生产人员技术水平低等因素,都会导致设备可靠性下降,产生故障。因此,制造工艺缺陷也是造成电子设备故障的主要原因之一。常见的制造工艺缺陷有:焊接缺陷,如虚焊、漏焊和错焊,常调整和强振动部位处焊接不良等;产品出厂时关键参数的调整和校正不当;设备的各组件组装不合理等。

（四）元器件失效

元器件失效会直接影响电子设备的正常使用,据统计,在正常情况下,元器件失效大约占电子设备整机故障的 40% 左右。元器件失效的原因主要有以下几个方面:元器件本身可靠性低,筛选不严及苛刻的环境条件等。对元器件失效,除了上面介绍的常规元件外,对于可编程的集成芯片器件,如果软件编程有错误或者病毒侵蚀,也往往导致软件瘫痪,元器件失效;在条件恶劣时,如电磁干扰、大电机启停、振动、高温等也会导致元器件失效。

（五）性能老化

如橡胶密封圈、电解电容等,使用时间接近其有效寿命期时,常因性能老化发生故障。

三、典型元器件故障机理分析

元器件故障,又称为失效。熟悉、了解元器件的失效模式和失效机理,对于故障诊断是非常重要的。导弹测试发射控制系统常见的元器件有电阻器、电容器、电感线圈、集成电路、电源模块、继电器、微电机、导线、焊片、传感器等。下面分别对这些元器件的故障机理进行分析。

元器件损坏的现象是多种多样的,但主要原因有两个:一是不正常的电气条件,二是不正常的环境条件。优良的电气条件取决于电路的正确设计。假如元件能够工作在额定的电压、电流和功率范围之内,它的寿命可以延长。假如它过载运用,寿命必然会缩短。环境条件取决于元件周围的工作环境。高温、高湿、机械冲击和振动、高气压与低气压、空气中的尘埃和腐蚀性化学物质等,都可能影响元件的寿命。元件损坏的另一种常见原因是高压启动脉冲或"尖峰信号"。它们是由电感负载接通而造成的,它很容易击穿半导体器件的 PN 结。而且电子电路的故障大约有80% 是硬故障。其中又有60% ~ 80% 是电阻开路、电容短路以及三极管和二极管等引线的开路或短路等造成的故障。

（一）电阻器的失效机理

电阻器在电子设备中使用的数量很大,而且是一种发热元件,由电阻器失效导致电子设备故障的比率也相当高,据统计约占15%。电阻器的失效模式和原因与其产品的结构、工艺特点、使用条件等有密切相关。电阻器失效可分为两大类,即致命失效和参数漂移失效。从现场使用统计表明,电阻器失效的85% ~ 90% 属于致命失效,如断路、机械损伤、接触损坏、短路、绝缘击穿等,只有10% 左右是由阻值漂移导致的。

根据现场使用失效情况统计,电阻器各种失效模式的分布情况如表 15.2.1 所列。

表 15.2.1 电阻器的主要失效模式及其分布

失效模式	电阻器类型	非线绕固定电阻器	非线绕电位器	线绕固定电阻器	线绕电位器
开路	导电层	49%	16%	—	—
	线绕电阻	—	—	67%	40%
	接点	—	—	23%	—
	接触导线	—	—	—	33%
阻值漂移超过允许范围		27%	9%	2%	2%
引线机械损坏		17%	—	7%	10%
接触损坏		—	72%	—	14%
其他		7%	3%	1%	1%

显然,非线绕电阻器和电位器主要失效模式为开路、阻值漂移、引线机械损伤、接触损坏,而线绕电阻器和电位器主要失效模式为开路、引线机械损伤和接触损坏。电阻器失效机理视电阻器类型不同而不同,主要有以下 4 类。

(1)碳膜电阻器:引线断裂、基体缺陷、膜层均匀性差、膜层刻槽缺陷、膜材料与引线端接触不良、膜与基体污染等。

(2)金属膜电阻器:电阻膜不均匀、电阻膜破裂、基体破裂、电阻膜分解、银迁移、电阻膜氧化物还原、静电荷作用、引线断裂、电晕放电等。

（3）线绕电阻器：接触不良、电流腐蚀、引线不牢、线材绝缘不好、焊点溶解等。

（4）可变电阻器：接触不良、焊接不良、接触簧片破裂或引线脱落、杂质污染、环氧胶不好、轴倾斜等。

可变电阻器或电位器主要有线绕和非线绕两种。它们共同的失效模式有：参数漂移、开路、短路、接触不良、动噪声大、机械损伤等。但是，实际数据表明，实验室试验与现场使用之间主要的失效模式差异较大，表15.2.2给出了它们之间的失效模式分布的百分比。

表 15.2.2　实验室环境与现场使用环境电位器失效模式分布的百分比

电阻器类型	失 效 模 式					
	实 验 室			现 场		
	参数漂移	开路	短路	参数漂移	开路	短路
普通线绕	95%	5%	—	49.7%	42.5%	7.8%
微调线圈	93%	7%	—	10%	80%	10%
有机实芯	98%	1%	1%	35.8%	51.1%	12.8%
合成碳膜	99%	1%	—	64.1%	27.3%	8.6%

电位器接触不良的故障，在现场使用中普遍存在。造成接触不良的原因主要有：

（1）接触压力太小，簧片应力松弛，滑动接点偏离轨道，或导电层、机械装配不当，或很大机械负荷（如碰撞、跃落）导致接触簧片变形等。

（2）导电层或接触轨道因氧化、污染，而在接触处形成各种不导电的膜层。

（3）导电层或电阻合金线磨损或烧毁，致使滑动点接触不良。

电位器开路失效主要是由局部过热或机械损伤造成的。例如，电位器的导电层或电阻合金线氧化、腐蚀、污染或者由于工艺不当（如绕线不均匀，导电膜层厚薄不均匀等）所引起电的过负荷，产生局部过热，使电位器烧坏而开路；滑动触点表面不光滑，接触压力又过大，将使绕线严重磨损而断开，导致开路；电位器选择与使用不当，或电子设备的故障危及电位器，使其处于过负荷或在较大负荷下工作。这些都将加速电位器损伤。

（二）电容器的失效机理

电容器常见的失效模式主要有击穿、开路、电参数退化、电解液泄漏及机械损坏等。导致这些失效的主要原因有以下几方面。

1. 击穿

（1）介质中存在疵点、缺陷、杂质或导电粒子。

（2）介质材料的老化。

（3）金属离子迁移形成导电沟道或边缘飞弧放电。

（4）介质材料内部气隙击穿或介质电击穿。

（5）制造过程中机械损伤。

（6）介质材料分子结构的改变。

2. 开路

（1）引出线与电极接触点氧化而造成低电平开路。

（2）引出线与电极接触不良或绝缘。

（3）电解电容器阳极引出金属箔因腐蚀而导致开路。

（4）工作电解质的干涸或冻结。

（5）在机械应力作用下工作电解质和电介质之间的瞬时开路。

3. 电参数退化

（1）潮湿或电介质老化与热分解。

（2）电极材料的金属离子迁移。

（3）残余应力变化。

（4）表面污染。

（5）材料的金属化电极的自愈效应。

（6）工作电解质的挥发和变稠。

（7）电极的电解腐蚀或化学腐蚀。

（8）杂质和有害离子的影响。

由于实际电容器是在工作应力和环境应力的综合作用下工作的,因而会产生一种或几种失效模式和失效机理,还会由一种失效模式导致另外失效模式或失效机理的发生。例如,温度应力既可以促使表面氧化、加快老化进程、加速电参数退化,又会促使电场强度下降,加速介质击穿的早日到来。而且这些应力的影响程度还是时间的函数。因此,电容器的失效机理与产品的类型、材料的种类、结构的差异、制造工艺及环境条件、工作应力等诸因素有密切关系。

（三）集成电路的失效机理

集成电路的失效机理与筛选项目的关系如表 15.2.3 所列。

表 15.2.3　集成电路失效机理与筛选项目

筛选项目 \ 失效机理	高温存储	热冲击力	反偏压	检漏	工作寿命试验	离心加速度	冲击	振动	温度循环	电测试	自测	X射线试验	高压试验	低压试验
划分错位					√					√				
表面或电阻率不均匀					√					√				
污染	√		√		√				√	√				
龟裂、刻痕、碎裂、针孔									√	√				
纯化缺陷	√				√				√					
光刻清洗、切割不良	√									√	√			
扩散掺杂控制不当	√				√					√				
金属化	√				√									
芯片分选龟裂、碎裂		√				√	√	√	√					
芯片键合					√	√	√	√		√		√		
引线键合	√					√	√	√	√					
密封不良或残存金属物				√										√
可伐玻璃封装龟裂、空洞	√			√					√				√	
封装气体不当	√		√		√									
标记不对										√				

（四）接触元件的失效机理

所谓接触元件，就是用机械的压力使导体与导体之间彼此接触，并具有导通电流的功能元件的总称，主要可分为继电器、连接器（包括接插件）和开关三大类。接触元件可靠性水平很低，往往是影响电子设备或系统可靠性的关键元件。据对现场使用中故障的统计，整机故障原因约81% 是由于接触元件故障所引起的。

1. 继电器常见失效机理

（1）接触不良：触点表面嵌藏尘埃污染物或介质绝缘物、有机吸附膜及碳化膜聚合物、有害气体污染膜、电腐蚀、接触簧片应力松弛等使接触压力减小。

（2）触点粘结：火花及电弧等引起接触点熔焊，电腐蚀严重引起接点咬合锁紧，焦耳热引起触点熔焊。

（3）灵敏度恶化：水蒸气在低温时冻结，衔铁运动失灵或受阻，剩磁增大影响释放灵敏度。

（4）接点误动作：结构部件在应力下的谐振。

（5）接触簧片断裂：簧片有微裂纹，材料疲劳破坏，有害气体在温度和湿度条件下产生的应力腐蚀，弯曲应力在温度作用下产生的应力松弛。

（6）线圈断线：潮湿条件下的电解腐蚀，潮湿条件下的有害气体腐蚀。

（7）短路（包含线圈短路）：线圈两端的引出线焊接头接触不良，电磁线漆层有缺陷，绝缘击穿引起短路，导电异物引起短路。

（8）线圈烧毁：线围绝缘的热老化，引出线焊头绝缘不良引起短路而烧毁。

2. 接插件及开关常见失效机理

（1）接触不良：接触表面尘埃沉积，有害气体吸附膜，粉末堆积，焊剂污染腐蚀，接触簧片应力松弛，火花及电弧的烧损。

（2）绝缘不良（漏电、电阻低、击穿）：表面有尘埃和焊剂等污染物且受潮，有机材料检出物及有害气体吸附膜与表面水膜融合形成离子性导电通道，吸潮长霉和绝缘材料老化及电晕和电弧烧灼碳化。

（3）接触瞬断：弹簧结构及构件谐振。

（4）弹簧断裂：弹簧材料的疲劳损坏和脆裂。

（5）吊克力下降（对于连接器）：接触簧片应力松弛、错插和反插及斜插使得弹簧过度变形。

（6）动触刀断头（对于夹压型波段开关）：机械磨损、火花和电弧烧损。

（7）跳步不清晰（对于开关）：凸轮弹簧或钢珠压簧应力松弛，凸轮弹簧或钢珠压簧疲劳断裂。

（8）绝缘材料破损：绝缘体存在残余应力、绝缘老化、焊接热应力。

（五）半导体器件的失效机理

半导体器件的失效模式大致可划分为 6 大类，即开路、短路、无功能、特性劣化、重测合格率低和结构不好等。最常见的有烧毁、管壳漏气、管腿腐蚀或折断、芯片表面内涂树脂裂缝、芯片粘接不良、键合点不牢或腐蚀、芯片表面铝腐蚀、铝膜伤痕、光刻／氧化层缺陷、漏电流大、阈值电压漂移等。如果将器件品种按失效模式不同分类做出累积频数直方图，就能准确地找出主要问题并提出针对性改进措施。

按照导致的原因可将失效机理分为以下 6 种：

（1）设计问题引起的劣化：电路和结构等方面的设计缺陷。

（2）体内劣化机理：指二次击穿、CMOS 闭锁效应、中子辐射损伤、缺陷引起的结构性能退化、瞬间功率过载等。

（3）表面劣化机理：指钠离子玷污引起沟道漏电，辐射损伤、表面击穿（蠕变），表面复合引起小电流增益减小等。

（4）金属化系统劣化机理：指铝电迁移、铝腐蚀、铝划伤、铝缺口、台阶断铝、过电应力烧毁等。

（5）封袋劣化机理：指管腿腐蚀、漏气、壳内有外来物引起漏电或短路等。

（6）使用问题引起的损坏：指静电损伤、电浪涌损伤、机械损伤、过高温度、干扰信号引起的故障、焊剂腐蚀管腿等。

（六）各类晶体管的失效机理

各类晶体管与其失效机理的对应关系如表 15.2.4 所列。

表 15.2.4　各类晶体管及其失效机理

器件类型 ＼ 失效机理	污染	体积	基片键合	倒置	沟道	参数漂移	粒子	气密性	基片破裂	封装缺陷	引线过长	外引线缺陷	引线键合	氧化物缺陷	金属化	第二次击穿
硅合金管	√		√			√	√	√	√			√				
硅扩散管		√	√	√	√	√		√	√	√	√	√	√	√	√	√
硅平面外延管			√	√	√	√		√	√	√	√	√	√	√	√	√
锗扩散管			√	√		√		√	√	√	√	√	√	√	√	
锗合金管	√		√			√		√	√	√	√	√	√			
锗台面管	√		√			√		√	√	√	√	√	√		√	

综合以上所述，元器件主要失效模式和机理如表 15.2.5 所列。

表 15.2.5　常见元器件的失效模式和失效机理

序号	名称	失效模式	失效机理
1	电阻	开路	线径不匀；电腐蚀；污染；热老化；电压电流过载
		短路	电应力或热应力过大
		机械损伤	冲击、振动等机械应力过大，基体开裂，膜体损伤等
		接触不良	加工工艺缺陷；引线疲劳；电腐蚀导致帽盖与碳膜接触不良
		阻值变化	原材料成分缺陷；工艺缺陷
		烧糊	设计时，选用功率不够，导致使用失效
2	电容	开路	引线与电极接触点氧化；电解质干枯；浪涌电流过大等
		短路	电扩散；介质击穿；潮湿环境；浪涌电流过大
		击穿	介质老化；介质存在杂质；金属离子迁移；内部气隙
		电解液泄漏	密封损伤；电腐蚀；低气压；高温；老化
		容量变化	表面污染；介质老化；潮热环境；材料缺陷；电极腐蚀

续表

序号	名称	失效模式	失 效 机 理
3	集成电路	电极间开路	电极间金属电迁移;电腐蚀;工艺缺陷;多余物腐蚀
		电极短路	电极间金属电子扩散;金属化工艺缺陷;多余物
		引线折断	线径不匀;引线强度不够;热应力过大;电腐蚀
		电参数漂移	原材料缺陷;可移动电离子引起的反应
		封装裂缝	封装工艺缺陷;环境应力过大
4	继电器	接触不良	接触面污染;弹簧片应力不足;内部多余物
		误动作	结构件在应力下出现谐振
		触点断裂	设计容量过低,造成过电流烧蚀
		弹簧断裂	电腐蚀;有害气体腐蚀
		漏电	封装环境潮湿;潮气进入;引线绝缘子破损
		线圈断线	电腐蚀;有害气体腐蚀
		动作延迟	内部结构工艺缺陷;多余物造成机械卡滞
5	微电机	积炭多	炭刷材料,工艺缺陷,造成磨损,炭粉堆积
		卡死	炭刷、整流子与转子间隙小;移相电容变化;多余物
6	仪表指示器	指示迟滞	灰尘等多余物使动作摩擦力加大
		指针卡死	轴尖或指针机械变形

　　由表15.2.5可以看出,元器件的失效一般是由设计缺陷、制造和工艺缺陷、原材料缺陷、使用不当和环境影响造成的。在大多数情况下,通过失效分析、试验都可以找到具体原因,从而有针对性地采取有效措施加以纠正。

第三节　故障诊断的内容与步骤

　　设备的故障诊断是指借助自动化、半自动化、手动测试设备或人的感官,对反映设备工作性能的状态和参数进行检查测试,根据获得的检测信息进行故障特征提取,依据提取的故障特征进行故障隔离定位,并提出故障维修处置的决策建议。设备的故障诊断包括三方面的内容:故障检测、故障隔离定位和维修决策。

　　设备发生故障后,首先是向规定级的管理层进行报告,同时,保护故障现场;其次是进行故障诊断,分析定位故障原因和部位,进而进行故障复现,验证定位故障原因的正确性;再其次是分析故障形成机理,进而提出维修处置方法,对故障进行相应处置,排除故障;最后,进行修复后的测试,验证故障处置效果。整个故障诊断及维修处置的步骤如图15.3.1所示。

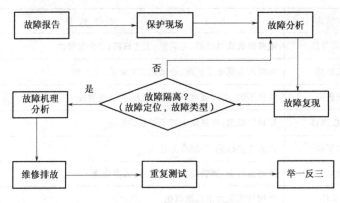

图 15.3.1　故障诊断的步骤

第四节　故障诊断的基本方法

P. M. Frank 教授将故障诊断分为基于信号处理的方法、基于知识的方法和基于动态数学模型的方法。

一、基于信号处理的故障诊断方法

基于信号处理的故障诊断方法通过对系统测量信息的直接分析，进行故障检测和隔离定位，主要包括以下几种。

（一）基于直接测量信号的阈值判别法

对于一个给定的系统，给系统输入施加一个输入激励，系统按照确定的传递函数关系，会有一个对应的输出，在稳态情况下，系统输入输出之间呈现一定的比例，理想情况下输出信号的数量及变化范围应该是在某个确定的范围之内，因此，通过测量并判定在给定输入作用下系统输出信号是否超出某给定阈值范围，就可对系统是否发生故障进行判定，这种故障诊断方法称为基于直接测量信号的阈值判别法。

（二）谱分析法

系统发生故障前后，系统输出观测信号的功率谱、相关谱、频谱等信号的谱特征会发生变化，特别是对于旋转机械设备，这种变化表现得尤其明显。因此，可用对系统输出可观测信号进行信号变换，提取其谱特征信息，基于谱特征信息，通过模式识别，进行故障检测和分离定位，这种故障诊断方法称为谱分析法。

故障诊断谱分析方法的另一种方式是：首先通过辨识获得系统的传递函数，对于非线性系统，通过辨识获得相同的广义频率响应函数（Generalized Frequency Response Function，GFRF）。然后，由系统的传递函数或广义频率响应函数，计算其频谱特征。最后，基于谱特征的分析或模式识别，进行故障检测和分离定位。

（三）小波分析法

基于小波分析的故障诊断方法可以包括三类：利用观测信号的奇异性进行故障诊断；利用脉冲响应函数的小波变换进行故障诊断；利用观测信号的频率结构变化进行故障诊断。目前小波分析的故障检测研究集中在将小波与模糊理论、神经网络结合用于解决非线性系统的故障诊断问题的研究,如将小波变换与模糊理论相结合,应用于发电机匝间短路的智能故障诊断。另外,将小波变换与经典的故障诊断方法结合也是一个有前景的发展方向,对故障残差进行小波分析可以显著提高系统的鲁棒性。

(四) 时频分析法

信号的时频分析使用信号的时间和频率的联合函数 —— 时频分布来表示信号,这种时频分布能够在时间和频率上同时表示信号的能量或强度,描述了信号的频谱含量如何随时间变化。基于时频分析的故障诊断方法通过对信号进行时频分析,提取信号的时频分布特征,根据信号的时频分布特征进行故障检测和隔离定位。

(五) 分形分析法

分形几何将传统几何方法中的整数维数扩展成为连续分数维数,认为自然界中的几何对象 —— 分形,具有不必是整数的分形维数,从而可以描述一大类不十分光滑或不规则的几何和函数。在故障诊断中,可以利用分形几何从测量那些不规则的故障特征信号中提取它的结构特征 —— 分维数,进行故障诊断。目前分形几何在故障诊断中的研究还刚刚开始,对分维特征与故障机理之间的关系的研究还不够,但基于分形几何,能够直接从故障信号中提取反映故障状态的一种新的特征量 —— 一分维数,基于分维数的变化可以实现故障的检测和诊断定位。

(六) 主元分析法

主元分析方法是一种多变量的统计分析方法。利用测量信息的相关性分析,即过程的多余自由度来检测过程异常。基于主元分析,可以区分两类异常条件:一是传感器相关故障,当某一传感器发生故障,存在相关关系的传感器之间的主元关系将被破坏,残差矢量的欧几里得范数会显著增加;二是操作变化的变量变化超出正常的范围。传统的 PCA 方法是一种线性变换方法,主要用于处理二维平面的数据,神经网络和小波等方法的引入,使 PCA 方法可以很好地处理复杂过程和多变量系统的故障。该方法适合于检测缓变故障,适用于大型的、缓变的稳态工业过程监测,如工业造纸过程。

(七) 月时间序列分析法

选择反应系统工作状态的特征参量,建立其时间序列变化模型,根据特征参量的变化情况和趋势,进行故障检测或预测。

(八) 模态分析法

方法的原理是:根据系统闭环特征方程找到对应每一个物理参数变化的根轨迹集合,取任何一个闭环信号,利用最小二乘算法估计被诊断对象的模态参数,采用模式识别技术,将估计模态与某一物理参数对应的根轨迹集合匹配起来,从而分离故障。

(九) 基于 Kullback 信息准则的故障诊断方法

Kullback 信息准则能够度量系统的变化,在不存在未建模动态时,将准则值与故障阈值比较,可以有效检测故障。当存在未建模动态时,可以先基于 Goodwin 随机嵌入式方法把未建模动态特性当作软界估计,利用遗传算法和梯度方法辨识系统的参数和软界。在 Kullback 信息准则中引入一个新指标评价未建模动态特性,设计合适的决策方法实现鲁棒故障检测。由于未建模动态特性的软界不能在线辨识,此方法不能在线实现。

(十) 自适应格型滤波器故障诊断方法

取一个滑动窗内的系统输入和输出数据,利用自适应格型滤波器生成残差系列。当系统处于正常状态时,残差系列将是一个零均值固定方差的高斯过程,如果系统发生故障,则残差系列的均值或方差将发生变化。构造合适的检验统计量,对残差系列进行假设检验,可以在线检测出系统的故障。

（十一）信息融合诊断法

信息融合能将来自某一目标的多源信息加以智能化合成,产生比单一信源更精确、更完全的估计和判决,有望解决对复杂系统进行故障诊断时存在的信号信噪比低、诊断可信度低等问题。该方向目前的研究重点有:兼有稳健性和准确性的融合算法和模型的研究;研究信息融合用的数据库和知识库、高速并行检索和推理机制,开发不确定性推理系统;适用于故障诊断的信息表达方式与融合结构研究;决策层融合技术的研究;数据挖掘技术研究等。

二、基于知识的故障诊断方法

基于知识的故障诊断方法经历了两个发展阶段:基于浅知识(专家经验知识)的方法和基于深知识(诊断对象的模型、统计知识)的方法。基于离散事件的故障诊断方法是最近发展起来的一种新型故障诊断方法,其基本思想是:离散事件模型的状态既反映正常状态,又反映故障状态,系统的故障事件构成整个事件集合的一个子集,正常状态事件构成故障事件的补集。故障检测就是确定系统是否处于故障状态。实际上基于知识的方法主要可以分为两类:基于症状的方法和基于定性模型的方法。

（一）故障模式影响与危害性分析（FMECA）

FMECA 是一种系统化的故障预想技术,通过运用归纳的方法系统地分析产品设计可能存在的每一种故障模式及其产生的后果和危害程度,找出薄弱环节,实施重点改进和控制。

（二）故障树分析方法（FTA）

基于故障树的故障诊断方法以系统的故障事件为顶事件,寻找导致顶事件出现的全部直接原因,并通过逻辑门将这些原因与顶事件联系在一起,然后以这些直接原因为顶事件,向下层层剖析,直到分析到最基本的事件为止,得到一个倒置的树状逻辑结构图 —— 故障树,采用上行法或下行法,得到故障树的割集,每一个割集就是系统的一种故障模式 —— 割集中的元素同时出现必然导致顶事件的出现,通过各割集的条件分析,就可进行故障原因及传播关系的分析。

（三）故障诊断专家系统方法

领域专家根据对系统结构和系统故障历史的深刻了解,以及所掌握的关于领域的经验知识,结合视觉、听觉、嗅觉、触觉或测量设备得到的关于系统运行的表现或客观事实,能够快速地诊断定位故障。故障诊断专家系统方法就是基于人工智能技术中关于知识的获取、知识的表示、基于知识的推理原理,获得领域专家知识,建立基于专家知识进行推理的故障诊断方法。

（四）故障报告与纠正措施系统（FRACAS）

FRACAS 是一种规范化的故障报告、分析和处理的管理技术。在系统发生故障之后,运用FRACAS 对故障实施有计划、有组织、按程序的调查、证实、分析和纠正工作,保证故障原因分析的准确性和纠正措施的有效性,对故障实施闭环控制,彻底消除故障产生的原因,真正实现问题"归零"。

（五）神经网络学习诊断法

神经网络具有自动从样本中学习提取输入、输出映射关系的能力,在故障诊断领域得到很好的应用,主要包括如下两方面:产生或获得反映系统故障的差别信息;学习并建立系统故障状态及对应观测数据之间的非线性映射关系。

（六）基于支持向量机（SVM）的故障诊断方法

支持向量机方法是一种基于学习建立分类关系的一种方法，而且在小样本条件下也能得到较好的学习和推广效果，正是基于支持向量机的这种学习推广能力，在故障特征提取和识别方面，基于支持向量机的故障诊断方法表现出良好的特性。

（七）基于遗传算法的故障诊断方法

遗传算法是一种模拟生物自然进化过程的人工算法，该方法具有很强的全局优化能力，并具有鲁棒性强、隐并行处理结构等显著优点。利用遗传算法在优化方面独特的优势，将遗传算法与支持向量机诊断方法、神经网络诊断法结合，得到一些兼具二者优点的新的故障诊断方法。

（八）基于粗糙集的故障诊断方法

粗糙集（RS）理论是一种新的处理不完全知识的数学工具，它能从实际数据中提取反映系统内在规律的知识，并对知识进行约简，基于粗糙集的故障诊断方法正是利用粗糙集诊断规则提取和约简能力，实现故障的诊断的。

（九）基于模糊逻辑的故障诊断方法

模糊逻辑为描述人类以语言形式描述的一些不确定信息提供了一种手段，以模糊算子为基础建立起来的自适应模糊逻辑系统，可以综合运用领域专家的不确定模糊经验知识和定量数据，建立系统在不同工作状态下输入输出映射关系的模型，基于这种模型可以方便地实现故障的检测和诊断定位。与神经网络方法相比较，基于模糊逻辑的故障诊断方法模型的结构和参数有明确的物理意义，可以对分析的结果进行有物理意义的解释，将人工神经网络的学习机制引入自适应模糊逻辑系统，形成的自适应模糊逻辑系统是一种更有前景的基于学习机制的故障诊断方法。

（十）基于模式识别的故障诊断方法

基于模式识别的故障诊断方法包括两个方面，特征提取和模式匹配。模式匹配可以采用线性或非线性分类的方法，如基于距离的分类方法、基于支持向量机的分类方法。

三、基于动态数学模型的故障诊断方法

基于动态数学模型的故障诊断方法可以定义为：通过比较系统可用的测量信息和系统数学模型代表的先验信息，得到反映系统故障的残差信息，对残差信息进行分析实现故障的检测和定位。基于动态数学模型的故障诊断方法很大程度上取决于系统的动态数学模型是否容易获取，在实际工作中，系统的实际模型和理论模型之间不可避免地存在一定的不匹配，故障检测方法是否对模型不匹配性具有鲁棒性，是基于动态数学模型方法是否适用的关键问题。

基于动态数学模型的故障诊断方法可以包括三类：基于状态估计的方法、基于参数估计的方法和基于等价空间的方法。

（一）基于参数估计的故障诊断方法

基于参数估计故障诊断方法依据如下两个基本事实：

（1）实际的物理系统总是由一些物理元部件构成。

（2）物理系统总可以由某种数学模型描述，系统的模型参数与构成系统的物理元部件参数之间存在某种线性或非线性关系。

系统物理元部件参数的正常值是设计确定的，系统物理元部件参数的变化直接对应着系统特定的故障。系统的模型参数可以基于辨识的方法得到，根据系统模型参数的实时估计值，既

可以推算系统物理元部件参数的变化,依据物理元部件参数的变化情况进行故障的检测和隔离定位,也可以直接根据系统模型参数用模式识别的方法直接进行故障的检测和隔离定位。

基于参数估计故障诊断方法的难点在于:

(1) 实际系统的模参–物参关联方程往往是非线性的,且物参的个数与方程的个数不一定相等,因而物参方程的求解比较困难,有时甚至是不可实现的。

(2) 系统故障发生的时机不确定、形式不确定,系统发生故障后,不仅可能导致系统的模型参数发生变化,也可能导致系统的模型结构也发生变化,因此对于故障诊断问题所面临的参数估计是一个不确定时变、变结构、变参数系统的参数估计。

(二) 基于状态估计的故障诊断方法

基于状态估计的故障诊断方法的原理是:构造系统正常和特定故障情况下的模型,基于模型构造状态观测器或状态估计器,获得系统在正常和特定故障情况下的状态和输出观测信息,将这些信息与实际系统的测量数值进行比较,形成差别信息,基于这种差别信息按照某种决策逻辑进行分析和决策,实现故障的检测和分离定位。常用的状态观测器或状态估计器有 Luenberger 观测器、未知输入观测器方法、滑模观测器、模糊观测器、反推观测器等。

(三) 故障诊断的等价空间法

通过选择合适的变换阵,使变换后的系统与系统噪声、模型失配等因素无关,以新模型为基础建立的观测器得到的残差对模型不确定性具有鲁棒性。

四、几种实用的故障诊断方法

在实际工程应用中,常采用一些简单但有效的故障检测诊断方法,常用的方法包括跟踪寻迹法、隔离检查法、换元检查法、状态检查法、对比法、故障模拟检查法、综合法等。

(一) 跟踪寻迹法

原理:跟踪是指跟踪系统中信息的流向,寻迹是指寻找系统工作的痕迹。跟踪寻迹法是跟踪信号流向逐点寻找故障痕迹,分析判断设备故障所在位置的隔离方法。跟踪寻迹的方法有向后追踪法、向前追踪法和二分查找逼近法三类。

(二) 隔离检查法

隔离检查故障诊断法又称为断点分割法。这种故障诊断的检查方法为:①依照系统组成的功能模块设置断点,进行逐层检测隔离,例如,首先区分是弹上故障还是地面故障,是硬件故障还是软件故障;②依照系统组成的重点、弱点或状态变化设置断点,所谓重点即根据故障现象分析确定的重点怀疑对象,弱点即容易发生故障的环节,状态变化就是系统出现故障时,技术状态与正常时相比变动的地方;③两分法是将系统组成的功能模块每次分成大致相等的两部分进行检查,逐次两分设置。

(三) 换元法

方法原理:换元法又称为替代法、置换法。用备件替代初步怀疑有故障的设备或零部件,若故障消失,则确认怀疑件为故障件,若故障现象依然存在,则排除怀疑件为故障件。

注意事项:①必须确认故障不会对更换上去的备件造成伤害;②尽量选用同型号、同批次、经检测状态正常的备件。

(四) 状态检查法

状态设置错误是人为操作差错和人为责任事故中出现最多、危害最大的一种不安全因素。

这类问题不但会导致测试现象异常,而且可能会导致设备的损坏。

方法原理:检查测试状态、操作状态,以判明故障是否是因状态设置错误而引起。

(五)对比法

方法原理:比较不同测试对象、不同测试设备、不同测试状态和不同测试时间获得的数据,以确认系统或设备是否存在故障的方法。

(六)故障模拟检查法

方法原理:以数学或物理手段模拟系统或设备的环境条件、功能特性,并据此进行故障诊断定位的方法。故障模拟检查方法按检测故障的模拟手段分为数学模拟法、实物模拟法、半实物模拟法;按故障模拟对系统或设备检测的时间先后分为测前模拟法、测后模拟法。

(七)综合诊断方法

方法原理:将多种诊断信息、诊断手段和诊断方法进行综合,获得诊断结果的一种诊断方法。综合诊断方法包括:①诊断信息综合,包括测量信息与观察信息的综合、正向观测信息与反向观测信息的综合、观测信息与环境信息的综合、历史信息与现场信息的综合;②诊断手段综合,包括硬件诊断手段与软件诊断手段的综合、直接诊断手段与间接诊断手段的综合、有线诊断手段与无线诊断手段的综合、物理诊断手段与化学诊断手段的综合;③诊断方法综合。

五、故障维修策略

设备维修有五种策略:事后维修(Breakdown – Maintenance)、定期维修(Time – based Maintenance)、视情维修(Condition – based Maintenance)、智能维修(Intelligence – Maintenance)、预测维修(Prediction – Maintenance)

(一)事后维修

事后维修是指故障发生以后,针对特定发生的故障进行的维修,这种维修方式的优点是针对性强,缺点是这种维修方式故障及其危害已经充分暴露,维修的代价大,它是一种亡羊补牢的维修方式。

(二)定期维修

定期维修是指每间隔固定时间,无论设备是否发生故障,都对设备进行检测与维修。这种维修方式是一种简单的预测维修方式。其难点是维修周期的科学合理确定。维修周期定得太长,则会退化为事后维修,造成维修不足。维修周期定得太短,设备本来处于正常工作状态,对其频繁进行维修,造成维修过剩,形成不必要的浪费。

(三)视情维修

视情维修是指根据情况的需要,需要进行维修时才对设备进行维修,显然,这是一种更科学的维修方式。视情维修的前提是系统中有对系统运行状态进行实时监测的系统或装置。

(四)智能维修

智能维修是指在设备或系统中增加自检测、自诊断、自修复机制,当设备或系统发生故障时,利用这种机制,实现故障的自愈。

(五)预测维修

预测维修是指根据设备或系统的历史运行信息,对系统或设备运行状态及性能退化趋势进行预报,进而预测系统或设备故障及故障的时机,据此进行维修的维修方式。

第五节　几个导弹故障诊断系统实例

一、导弹测试与发射控制系统故障诊断专家系统

领域专家凭借自己在领域的丰富的工作经验,依据设备的外在表现可以快速地判断系统的工作状态、设备是否故障、故障的原因和位置,图15.5.1是一个典型的导弹故障诊断专家系统原理图。

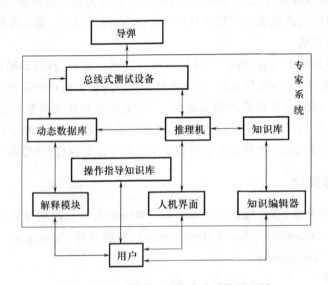

图 15.5.1　导弹故障诊断专家系统原理图

系统由专用接口电路、总线式测试系统、专家系统几大部分组成。专家系统包括知识库、推理机、动态数据库、知识编辑器、解释模块、人机界面、操作指导知识库等几部分组成。

（1）知识编辑器:知识编辑器是一个具有良好人机接口的知识获取界面,通过该界面可以方便地实现知识的增加、删除、修改等过程,它是面向领域专家的,领域专家通过该接口界面,在系统提示下可以方便地把自己的知识输入计算机,变成知识库中的知识,或查找、修改、增加、删除知识库中的知识。

（2）解释模块:解释模块通过给出专家进行推理的线路,对专家为什么和如何得出这种结论做出解释、通过解释机制可以了解专家的思维过程,实现人员培训,也为专家发现知识库中的知识错误提供了一个方便的手段。

（3）动态数据库与人机交互模块:动态数据库接受来自总线式测试设备实时监测到的状态和参数变量。在专家系统进行推理过程中,当实时检测到的信息量不足时,专家系统通过人机交互模块实现专家系统与用户或专家的人机对话,从而实现问诊。问诊的信息也出入动态数据库。动态数据库中主要存放当前的事实和由专家系统推理得到的中间结果。

由于导弹是一个多专业协同配合的复杂大系统,电路也比较复杂,如果将所有的知识放在知识库中,知识库将十分庞大,推理和搜索的效率将比较低。利用导弹的结构和功能分级构特点,采用层次性分级分块诊断模型,大大缩短了推理时间。具体做法是将导弹能分成电源配电系统、制导系统、姿态控制系统、安全系统等子系统(子系统级),

将子系统又按操作步骤和操作动作分成不同的操作(操作级),以操作级为单元建立知识库,诊断时根据当前的状态信息可以直接将故障定位到操作级,然后调用操作级的知识进行推理。知识库中的知识来源于领域专家知识和对系统电路的原理进行分析。

该故障诊断专家系统的推理机采用正反向混合推理。首先根据总线式测试设备实时监测到的异常参数或初始状态选择初始命题,按深度优先搜索策略选择与故障现象直接有关的规则进入正向推理。当发现规则前提中存在未知命题时,进行反向搜索,通过进一步检测或通过人机交互获取这些命题的事实。如果某一命题被证伪,则认为这次匹配失败,选择其他有关的规则继续推理,直到匹配成功或找到故障的位置或完成全部匹配。

二、基于特征检测与模式识别的导弹测试与发射控制系统故障诊断系统

(一)导弹测试与发射控制系统故障特征在线监测

在不改变测试发射控制系统相互连接关系、不改变测试发射控制系统操作规程、不额外增加测试项目的条件下,导弹测试发射控制系统故障监测诊断系统通过信号转接箱,实现对测试发射控制计算机、发控台、等效器、远控盒的状态及参数具体取值及其变化进行全程在线监测。测试发射控制系统状态在线监测的原理框图如图 15.5.2 所示。

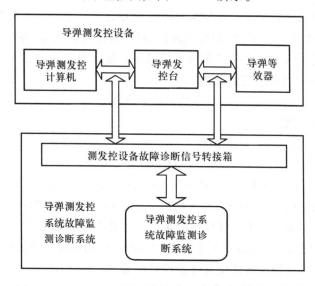

图 15.5.2 测试发射控制系统状态在线监测的原理框图

(二)基于特征检测与模式识别的导弹测试与发射控制系统故障诊断

基于图 15.5.2 所示的原理,导弹测试发射控制系统故障监测诊断系统通过实时数据采集获得测试发射控制系统各信号通道的实时工作状态,将这些实时工作状态按一定方式排列形成一个观测矢量,测试发射控制系统在正常和不同故障状态下这些观测矢量具有不同的表现,以测试发射控制系统在正常和不同故障状态下的这些观测矢量作为故障特征矢量,假定导弹测试发射控制系统在某次工作时实际观测到的特征矢量 $X = (x_1, x_2, \cdots, x_n)^T$,测试发射控制系统第 i 种故障模式下的特征矢量 $\hat{X}_i = (\hat{x}_{i1}, \hat{x}_{i2}, \cdots, \hat{x}_{in})^T, i = 1, 2, \cdots, n$,用最近邻距离模式匹配的方法对故障进行分离定位,若 $\| \hat{X}_m - X \| = \max \| \hat{X}_i - X \|$,则系统当前工作与第 m 种工作模式,基于这一原理,即可实现导弹测试与发射控制系统故障的诊断定位。

三、基于电原理仿真的导弹测试与发射控制系统故障模式仿真、故障诊断与维修决策系统

基于电原理仿真的导弹测试与发射控制系统故障模式仿真、故障诊断与维修决策系统的基本原理是：用基于电原理图图形化定量仿真分析，获得系统在正常和不同故障状态下各可观测接点的定性、定量表现，以此为导弹在正常和不同故障状态下的故障特征。考虑到按照这种方式获得的故障特征的维数很高，用基于粗糙集的方法对故障特征进行约简，去掉冗余特征，获得简约的特征；用支持向量基等学习算法通过学习自动建立系统工作状态和故障特征之间的映射关系。

（一）基于定量仿真分析的复杂电路系统故障特征库快速自动建立

基于定量仿真分析的复杂电路系统故障特征库快速自动建立的方法可总结为如下算法。

步骤1：遍历系统电路图，提取系统包含的电路元件种类。

步骤2：建立电路元件故障模式库。基于元件失效机理分析，结合国家标准和国家军用标准，确定系统包含的电路元件存在的故障模式、故障表现及电路仿真数学模型描述，形成元件故障模式库。

步骤3：建立系统故障特征库。以复杂电路可测接点的定量表现及外部可观测现象（指示灯、模拟/数字式表头指示等）的定性定量表现为特征，构建特征向量，在特定电路工作状态下，通过定量仿真分析，获取不同元件在不同故障模式下特征向量的值，据此建立故障特征库。

（二）基于粗糙集的故障特征约简方法

基于粗糙集的故障特征约简方法可总结为如下算法。

步骤1：删除相同的规则。

步骤2：删除表中多余的列（条件属性）。逐一除去某一条件属性，检查没有该列会不会影响正确分类，若不会，则删除；否则，保留。具体实现方法如下：

若不存在 $\{C-C_r\}_i \cap \{C-C_r\}_j$，且 $D_i \neq D_j, i=1,2,\cdots,n, j=1,2,\cdots,n$，则去掉冗余属性 C_r；若存在 $\{C-C_r\}_i \cap \{C-C_r\}_j$，且 $D_i \neq D_j, i=1,2,\cdots,n, j=1,2,\cdots,n$，则保留属性 C_r。

步骤3：化简每个决策规则中条件属性的多余值。首先计算每个决策规则中条件属性的核值，即去掉该条件属性值时，不能保护相容决策规则相容性的那些条件属性的值。

步骤4：计算各决策规则的属性值简化表的最小解，即最小约简。

（三）基于支持向量机的故障模式学习和识别方法

基于定量仿真分析的复杂电路系统故障特征库快速自动建立算法，可以获得复杂电气系统在不同工作状态和不同故障模式组合下的系统内、外部定量表现，据此可以构造复杂电路系统的故障特征向量。但对于大型复杂系统而言，存在大量的故障模式，如何从大量的故障模式及其定量分析得到的故障特征数据出发，建立故障与故障特征之间的映射关系，是复杂电路系统维修诊断决策所面临的关键问题。

支持向量机是近年来发展起来的一种机器学习算法，具有从学习样本特征数据中自动提取建立待分类样本与样本特征数据之间映射关系的能力，且学习的速度快，精度高，泛化能力□的训练样本少，因此，采用支持向量机可以通过学习自动建立故障与故障特征向量之间□、在此基础上可以实现导弹测试发射控制系统的故障诊断。

□原理，第二炮兵工程学院胡昌华教授主持研制了一套具有完全自主知识产权的基

于电原理图图形化定量仿真分析的复杂电路系统虚拟测试、故障模式仿真、潜在问题分析、维修决策分析平台,基于该平台,完成了三型导弹虚拟测试、故障模式仿真、潜在问题分析、维修决策一体化分析系统的研制。

第六节　导弹测试与发射控制系统故障诊断技术的发展趋势

导弹测试与发射控制系统故障诊断技术的发展主要呈现如下几个趋势。

一、智能诊断

基于学习机制,自动获取故障特征,建立故障特征与故障位置或原因之间的因果关系,这类智能诊断技术得到越来越广泛的研究和应用。

二、集成诊断

不同的故障诊断方法各有其优点和适用范围,也各有其局限,在一个诊断系统中,集成多种诊断方法,发挥各自的优势,相互取长补短,是故障诊断技术的一个新的特点。

三、健康管理

目前健康管理领域的大多数工作集中在部件的早期故障事件的监测和预报上,研究数据驱动的设备性能变化规律预测技术、基于性能变化规律预测的故障预报与健康状况预示技术,揭示系统运行性能和健康状况的变化趋势和规律,实现系统的科学化健康管理,是故障诊断技术的一个重要发展方向。

四、网络化远程故障诊断

随着网络技术的快速发展,分布式远程故障诊断系统的研究及应用为及时、全面、智能的诊断维护服务提供了可能,网络化远程故障诊断成为故障诊断技术发展的又一重要趋势。

 ▶ 思考题 ▶

1. 简述故障的定义、分类和故障诊断的基本方法。
2. 简述电子设备的主要故障模式和故障机理。
3. 简述典型的导弹测试与发射控制系统故障诊断系统的基本原理。
4. 导弹测试与发射控制系统故障诊断技术的发展趋势有哪些?

参 考 文 献

[1] 李先钧,石兆和,李书春,等.控制检测可靠性[M].北京:宇航出版社,1996.

[2] 胡昌华,周涛,郑建飞,等.自主航行技术[M].西安:西北工业大学出版社,2014.

[3] 张金槐.远程火箭精度分析与评估[M].长沙:国防科技大学出版社,1995.

[4] 陈世年,等.控制系统设计[M].北京:宇航出版社,1996.

[5] 张毅,杨辉耀,李俊莉.弹道导弹弹道学[M].长沙:国防科技大学出版社,1999.

[6] 薛成位.弹道导弹工程[M].北京:宇航出版社,2006.

[7] 龙乐豪.总体设计[M].北京:宇航出版社,1991.

[8] 黄纬禄.弹道导弹总体与控制入门[M].北京:宇航出版社,2006.

[9] 沈秀存.导弹测试发控系统[M].北京:宇航出版社,1994.

[10] 徐延万.控制系统(上)[M].北京:宇航出版社,1991.

[11] 徐延万.控制系统(中)[M].北京:宇航出版社,1991.

[12] 朱忠惠.推力矢量控制伺服系统[M].北京:宇航出版社,1995.

[13] 孙白波.遥测·安全·监控[M].北京:宇航出版社,1994.

[14] 陆元九.惯性器件[M].北京:宇航出版社,1993.

[15] 崔吉俊.火箭导弹测试技术[M].北京:国防工业出版社,1999.

[16] 冉隆遂.运载火箭测试发控工程学[M].北京:宇航出版社,1989.

[17] 陈世年.控制系统设计[M].北京:宇航出版社,1996.

[18] 钟万登.液浮惯性器件[M].北京:宇航出版社,1992.

[19] 丁衡高.惯性技术文集[M].北京:国防工业出版社,1994.

[20] 梅硕基.惯性仪器测试与数据分析[M].西安:西北工业大学出版社,1991.

[21] 吴立勋.外测与安全系统[M].北京:宇航出版社,1994.

[22] 何铁春,周世勤.惯性导航加速度计[M].北京:国防工业出版社,1983.

[23] 胡恒章.陀螺仪漂移测试原理及其实验技术[M].北京:国防工业出版社,1981.

[24] 胡昌华,许化龙.控制系统故障诊断与容错控制的分析与设计[M].北京:国防工业出版社,2000.

[25] 胡昌华,郑建飞,李进,等.非全姿态惯性平台小角度射前自标定方法[J].宇航学报,2008,29(1):192-196.

[26] 杨立溪.惯性平台的"三自"技术及其发展[J].导弹与航天运载技术,2000(1):21-24.

[27] 黄玉龙,杨广志.基于伺服机构的动态测试系统[J].计算机测量与控制,2005,13(9):892-893.

[28] 王志刚,施志佳.远程火箭与卫星轨道力学基础[M].西安:西北工业大学出版社,2006.

[29] 赵红超,王亭,等.弹道导弹的推力矢量控制系统设计[J].飞行力学,2007,25(4):44-47.

[30] 秦永元.惯性导航[M].北京:科学出版社,2007.

[31] 毛奔,林玉荣.惯性器件测试与建模[M].哈尔滨:哈尔滨工程大学出版社,2008.

邓正隆.惯性技术[M].哈尔滨:哈尔滨工业大学出版社,2006.

EFÈVRE H C.光纤陀螺仪[M].张桂才,王巍,译.北京:国防工业出版社,2002.

华,叶银忠.现代故障诊断与容错控制[M].北京:清华大学出版社,2000.

许明德,陈风孚,等.飞航导弹测高装置与伺服机构[M].北京:宇航出版社,1993.

基于相关原理的动态测试系统[J].计算机自动测量与控制,1993(1):44-48.

V,Goshen - Meskin D. Identity between INS position and velocity error models[J]. Journal of

Guidance,Control,and Dynamics,1981,4(5):568 – 570.

[38] 徐克俊. 航天发射故障诊断技术[M]. 北京:国防工业出版社,2007.

[39] 高光磊,宋锦,王振华. 固体导弹伺服系统的现状和发展趋势[J]. 战术导弹技术,2009,2: 58 – 61.

[40] 登哈德 W G,等.惯性元件试验(文集)[M].《惯性元件试验》翻译组,译.北京:国防工业出版社,1978.

[41] Skvortzov,Vladimir,Cho Yong Chul,Lee. Byeung – Leul. Development of a gyro test system at Samsung Advanced Institute of Technology[C]. IEEE PLANS – 2004 Position Location and Navigation Symposium,2004.

[42] Sang Man Seong. A Compensation Method for Setting Misalignment Error in Gyroscope Deterministic Error Estimation Test[C]. SICE – ICASE,International Joint Conference,2006:2939 – 2941.

[43] Klotz H A,Derbak C B. GPS – aided navigation and unaided navigation on the joint died attack munition [J]. IEEE Position Location and Navigation Symposium,1998:412 – 419.

[44] Zhou Zhijie,Hu Chang hua Xu Dong ling,et al A Model for Real – Time Failure Prognosis Based on Hidden Markov Model and Belief Rule Base[J]. European Journal of Operational Research,2010.

[45] Kong Xiangyu,Hu Changhua,Han Chongzhao. On the Discrete – Time Dynamics of a Class of Self – Stabilizing MSA Extraction Algorithms[J]. IEEE Transactions on Neural Networks,2010,21(1): 175 – 181.

[46] Hu Changhua,Si Xiaosheng,Yang Jianbo. System Reliability Prediction Model Based on [J]. Evidential Reasoning Algorithm with Nonlinear Optimization[J]. Expert Systems with Applications,2010,37: 2550 – 2562.

[47] Hu Changhua,Si Xiaosheng,Yang Jianbo. Dynamic ER Algorithm for System Reliability Prediction [J]. International Journal of Systems Science,2010,DOI: 10. 1080/002077 20903267874.

[48] Zhou Zhijie,Hu Changhua,Yang Jianbo,et al. Online Updating Belief Rule Based System for Pipeline Leak Detection under Expert Intervention[J]. Expert Systems with Applications,2009,36: 7700 – 7709.

[49] Zhou Zhijie,Hu Changhua, Yang Jianbo, et al. A Sequential Learning Algorithm for Online Constructing Belief – Rule – Based Systems[J]. Expert Systems with Applications,2010,37: 1790 – 1799.

[50] Zhou Zhijie,Hu Changhua,Chen Maoyin,et al. A Robust APD Synchronizations Cheme and Its Application to Secure Communication[J]. Journal of the Franklin Institute,2009,346: 808 – 817.

[51] Kong Xiang yu,Hu Chang hua,Han Chong zhao. A Self – Stabilizing Neural Algorithm for Total Least Squares Filtering[J]. Neural Process Letters,2009,30: 257 – 271.

[52] Hu Chang hua,Si Xiaosheng. On – Line Updating with a Probability – Based Prediction Model Using Expectation Maximization Algorithm for Reliability Forecasting[J]. IEEE Transactions on System Man and Cybernetics. 2011, 41(6):1268 – 1277.

[53] Si Xiao sheng,Hu Changhua,Yang Jian bo. A New Prediction Model Based on System Behavior Prediction [J]. IEEE Transactions on Fuzzy Sytems,2011,19(4):436 – 451.

[54] Fan Hongdong, Hu Changhua, Chen Maoyin, et al. Cooperative Predictive Maintenance of Repairable Failure Modes and Resource Constraint[J]. IEEE Transactions on Reliability,2011,60(1):144 – 157.

[55] Zhou Zhijie,Hu Changhua,Xu Dongling,et al. New Model for System Behavior Prediction Based on Belief – Rule – Based Systems[J]. Information Sciences,2010. 2010,180(24):4834 – 4864.

[56] Zhou Zhijie, Hu Changhua, Chen Maoyin, et al. An Improved Fuzzy Kalman Filter for State Estimation of Non – Linear System[J]. International Journal of Systems Science. 2010,41(5):537 – 546.

[57] Si Xiaosheng,Hu Changhua,Zhou Zhijie. Fault Prediction Based on Evidential Reasoning Algorithm[J]. Science in China Series F: Information Science,2010,53(10):2032 – 2046.

[58] Kong Xiangyu,Hu Changhua,Chongzhao Han. Convergence Analysis of Deterministic Discrete Time System of a Self – Stabilizing MCA Algorithm[J]. Neurocomputing,2012,36:64 – 72.

[59] Kong Xiangyu,Hu Changhua,Han Chongzhao. A Unified Neural Networks Learning Algorithm for Principal a Minor Component Extraction. IEEE Transactions on Neural Networks,2012,23(2):185 – 198.

[60] Si Xiaosheng, Hu Changhua, Kong Xiang yu, et al. A Residual Storage Life Prediction Approach for Systems with Operation State Switches[J]. IEEE Transactions on Industrial Electronics,2014,61(11):6304－6315.

[61] Kong Xiangyu, Hu Changhua, Han Chongzhao. A Self－Stabilizing MCA Algorithm in High－Dimensional Data [J]. Neural network,2010,23(7):865－871.

[62] Zhou Zhijie, Hu Changhua, Fan Hongdong, et al. Fault Prediction of the Nonlinear Systems with Uncertainty [J]. Simulation Modeling Practice and Theory,2008,16(6): 690－704.

[63] Zhou Zhijie, Hu Changhua. An Effective Hybrid Approach Based on Grey and ARMA for Forecasting Gyro Drift [J]. Chaos Solitons and Fractals,2008,35(3): 525－529.

[64] 司小胜,胡昌华,周志杰. 基于证据推理的故障预报模型[J]. 中国科学 F 辑：信息科学,2009,39:1－21.

[65] 胡昌华,司小胜,周志杰,等. 新的证据冲突衡量标准下的 D－S 改进算法[J]. 电子学报,2009,37(7): 1578－1583.

[66] 张伟,胡昌华,焦李成. Bootstrap——自适应混沌克隆网络与陀螺漂移预测[J]. 自动化学报,2009,37(9): 2035－2040.

[67] 胡昌华,陈斌文,刘丙杰. 复杂系统潜在问题分析理论及应用[M]. 北京：科学出版社,2008.

[68] 胡昌华,张琪,乔玉坤. 强跟踪粒子滤波算法及其在故障预报中的应用[J]. 自动化学报,2008,34(12): 1522－1528.

[69] 张伟,胡昌华,焦李成,等. 基于字符串编码克隆选择的建模算法及可靠性预测[J]. 自动化学报,2008,34(1): 105－108.

[70] 胡昌华,董博,郑建飞,等. 数字式惯性平台稳定回路的离散变结构控制[J]. 中国惯性技术学报,2008,16(3): 314－319.

[71] 刘本德,胡昌华. 基于频域核系数的动态模拟电路故障诊断[J]. 电子测量与仪器学报,2008,22(5): 83－87.

[72] 胡昌华,李国华,周涛. 基于 MATLAB 的系统分析和设计——小波分析[M].3 版.西安：西安电子科技大学出版社,2008.

[73] 张伟,胡昌华,焦李成. 遗忘因子最小二乘支持向量机及在陀螺仪漂移预测中的应用研究[J]. 宇航学报,2007,28(2): 448－451.

[74] 胡昌华,扈晓翔,骆功纯. 基于试验设计与弹道仿真的制导工具误差快速评价方法[J]. 中国惯性技术学报,2007,15(5): 542－546.

[75] 陈伟,胡昌华,曹小平,等. 基于最小二乘支撑矢量机的陀螺仪漂移预测[J]. 宇航学报,2006,27(1): 135－138.

[76] 刘丙杰,胡昌华. 基于神经网络的潜在通路分析[J]. 宇航学报,2006,27(3): 474－477.

[77] 周志杰,胡昌华,周东华. 基于非解析模型的动态系统故障预报技术[J]. 信息与控制,2006,35(5): 608－613.

[78] 蔡光斌,胡昌华,蔡艳宁,等. 基于定性推理的开关/继电器电路故障诊断[J]. 系统仿真学报,2006,18(S2): 829－831.

[79] 冯庆堂. 地形匹配新方法及其环境适应性研究[D]. 长沙：国防科技大学研究生院,2004.

徐丽清.1553B 总线接口技术及 FPGA 实现[D].西安：西北工业大学,2006.

王志颖.复杂装备智能机内测试技术研究[D].成都：电子科技大学,2011.

成,董今朝,李光升.机内测试技术综述[J].计算机测量与控制技术,2013,21(3):1－3.

剑,贾爱梅.大型设备测试性技术研究现状分析[J].机械制造与自动化,2013,42(4):9－12.

空电子设备机内自检的设计[J].航空电子技术,2002,33(4):37－39.

戎,易晓山,等.智能机内测试理论与应用[M].国防工业出版社,2002.